FAA系统工程手册

汤锦辉　陆　岩　刘忠训　邵　欣　刘　铭
董相均　王　冲　朱立彬　周　臣　李　静　译

電子工業出版社
Publishing House of Electronics Industry
北京 · BEIJING

内容简介

本书是根据美国联邦航空管理局（FAA）最新发布的*FAA System Engineering Manual*（2015年9月第1.1版）翻译的，该手册规定了FAA首选的系统工程流程、方法和工具，详述了采办管理系统（AMS）寿命周期及整体所需成果，明确了系统工程有效做法的能力范围，规定了用于支持项目管理行动的系统工程最佳实践。全书主要内容包括引言、系统工程与采办管理系统寿命周期、系统工程流程、技术管理原则、专业工程，附录为上述章节所讨论的主题提供更多详细信息。

本书是美国联邦航空局近年来开展国家空域系统规划论证与工程建设的方法总结，是国际上最新的系统工程理论与方法专著之一，内容涉及了系统工程实践范围的企业与项目两个层面，所提出的系统工程方法能够在采办寿命周期的早期检测并解决缺陷问题，从而能够最大限度地降低投资风险、缩减成本并减少工期拖延。

本书可供航空领域系统工程师、项目经理及其他学科需要进行某些系统工程工作的工程师、专业工程师和专家学者等学习和参考，也可供系统工程、体系工程、武器装备学、管理科学与工程等相关专业的研究人员、工程技术人员、管理人员参考阅读，以增强其全局意识、体系思维与系统工程实践能力。

图书在版编目（CIP）数据

FAA系统工程手册 / 汤锦辉等译. —北京：电子工业出版社, 2017.1
ISBN 978-7-121-29793-9
Ⅰ. ①F… Ⅱ. ①汤… Ⅲ. ①系统工程—手册 Ⅳ.①N945-62
中国版本图书馆CIP数据核字(2016)第205208号

责任编辑：郭穗娟
印　　刷：北京七彩京通数码快印有限公司
装　　订：北京七彩京通数码快印有限公司
出版发行：电子工业出版社
　　　　　北京市海淀区万寿路173信箱　邮编　100036
开　　本：787×1 092　1/16　印张：21　字数：531千字
版　　次：2017年1月第1版
印　　次：2023年9月第2次印刷
定　　价：119.00元

凡所购买电子工业出版社图书有缺损问题，请向购买书店调换。若书店售缺，请与本社发行部联系，联系及邮购电话：(010)88254888，88258888。
质量投诉请发邮件至zlts@phei.com.cn，盗版侵权举报请发邮件至dbqq@phei.com.cn。
本书咨询联系方式：(010)88254502，guosj@phei.com.cn。

序

近年来，全球航空运输快速发展，对空中交通管理系统提出了更高的要求。同时，空管系统正经历着深刻的变革，逐渐成为促进航空运输发展的核心动力。空管系统是一个复杂的大系统，其中，管制指挥、通信、导航、监视、气象等各分系统之间的支撑和交互关系非常紧密。因此，空管系统体系化、信息化和网络化程度对提高空管系统运行效率起着决定性作用。

目前，我国空管系统规模庞大、技术复杂，系统工程思想在我国空管系统需求论证、设计研制、运行维护和使用保障等全寿命周期中得到广泛应用并发挥了积极作用。在全球空管一体化和军民融合深度发展的大背景下，我国空管系统的使命任务更加多样化，军民航空管联合运行等重难点问题亟待解决，业务流程、系统功能和技术标准也越来越复杂，对空管系统顶层规划与体系设计的前瞻性、整体性和全局性要求不断提高。因此，迫切需要进一步探索空管系统工程理论与方法，建立健全空管系统需求生成机制，持续优化空管系统体系结构，合理制定空管系统发展路线图，以进一步增强空管系统建设与发展的科学性、针对性和前瞻性，逐步提高我国现代化空管能力。

2015 年 9 月，美国联邦航空管理局发布了《FAA 系统工程手册》（第 1.1 版），国家空管系统论证评估中心觉得该书有一定价值，就组织人员开展了该手册的翻译、出版工作。该手册规定了 FAA 首选的系统工程流程、方法和工具，是 FAA 近年来开展国家空域系统规划论证与工程建设的方法总结，反映了国际上领先的系统工程理论研究成果。该手册的翻译出版对于我国国防工业领域尤其是航空领域开展体系规划论证、系统工程建设等工作，也将具有重要的参考价值。

中国工程院院士

陈志杰

前　　言

联邦航空管理局（FAA）系统工程手册（SEM）1.1 版概述了 FAA 重要系统工程实践的实施框架。本系统工程手册规定了 FAA 员工应当遵循的系统工程方法，并详细说明了该机构为了完成提供全球最安全、最高效的航空系统的使命，是如何协商一致来开展这些实践的。

自 2006 年国家空域系统工程手册 3.1 版出版以来，FAA 系统工程也发生了诸多演变和进步。近几年的相关研讨会和多种意见征询也促进了这种显著改变，从而在 2014 年出版了 FAA 系统工程手册 1.0 版。

1.0 版系统工程手册也吸收了 2008 年 9 月题为《确定劳动力以响应国家需要——下一代航空运输系统》报告的建议。下一代航空运输系统（NextGen）是国家空域系统（NAS）的一次全面改革，它使得航空旅行更加高效可靠，也确保每次飞行是安全和令人放心的。为了完成向下一代航空运输系统的过渡并继续支持国家航空运输系统，FAA 必须遵循系统工程的最佳实践方法。此外，国家公共行政学院（National Academy of Public Administration）也呼吁 FAA 在支持向下一代航空运输系统过渡的同时，提高 FAA 内部的系统工程能力。

FAA 系统工程手册 1.1 版的编写团队对协助编写本手册及其前版的作者、编辑和审稿人表示衷心的感谢。系统工程手册更新团队将尽量采纳这些建议，并协调解决各种议题的冲突。

计划每 1～2 年对系统工程手册进行一次更新，目的是确保本手册与政策、指南及模板保持最新的联系，并持续提高本系统工程手册对目标受众的实用性。若需提交有关本系统工程手册的反馈，请发送电子邮件至 seforum@faa.gov。

目　录

第 1 章　概述 1

1.1　目的和范围 1

1.2　读者对象 1

1.3　手册内容简介 2

1.4　计划、执行、检查及行动 4

1.5　系统体系 5

1.5.1　系统体系的定义 5

1.5.2　集成挑战 6

1.5.3　附加信息 6

1.6　企业体系结构 7

第 2 章　系统工程与采办管理系统寿命周期 9

2.1　采办管理系统寿命周期管理 9

2.2　采办管理系统寿命周期管理流程的阶段 11

2.2.1　服务分析研究 11

2.2.2　服务分析和战略规划 12

2.2.3　概念及需求定义 15

2.2.4　投资分析 20

2.2.5　实施解决方案 32

2.2.6　服役管理 40

第 3 章　系统工程流程 43

3.1　运行概念的开发 43

3.1.1　输入 44

3.1.2　流程的组成 44

3.1.3　输出 47

3.1.4　概念成熟度等级 47

3.2　功能分析 48

3.2.1　输入 50

3.2.2　流程的组成 51

3.2.3　输出 59

3.2.4　整个寿命周期的功能分析 60

3.3 需求分析......62
3.3.1 需求的开发......63
3.3.2 需求管理流程......72
3.3.3 寿命周期需求分析......74
3.3.4 需求分析的特殊考量......77
3.4 体系架构设计综合......80
3.4.1 输入......81
3.4.2 流程的组成......82
3.4.3 输出......88
3.4.4 寿命周期体系架构设计综合......89
3.4.5 体系架构设计综合流程工具......91
3.4.6 特殊考量......92
3.5 跨领域技术方法......93
3.5.1 建模与模拟......93
3.5.2 原型设计......96
3.5.3 在寿命周期中使用跨领域技术方法......97
3.5.4 工具......98
第 4 章 技术管理原则......99
4.1 综合技术管理......99
4.1.1 输入......100
4.1.2 综合技术管理方式......100
4.1.3 制订技术计划......101
4.1.4 技术监测和控制......108
4.1.5 输出......114
4.1.6 流程改进......114
4.2 接口管理......115
4.2.1 接口管理计划......115
4.2.2 输入......116
4.2.3 接口管理流程步骤......116
4.2.4 输出......119
4.3 风险管理......119
4.3.1 输入......120
4.3.2 风险管理流程要素......121
4.3.3 输出......139
4.3.4 系统集成研究......139
4.3.5 风险、问题和机遇的管理工具和输出......140

4.4　配置管理……141
4.4.1　输入……142
4.4.2　配置管理流程要素……143
4.4.3　输出……148
4.5　系统工程信息管理……148
4.5.1　输入……149
4.5.2　系统工程信息管理流程要素……150
4.5.3　输出……153
4.5.4　工具……153
4.6　决策分析……153
4.6.1　输入……154
4.6.2　流程要素……154
4.6.3　输出……162
4.7　验证及确认……162
4.7.1　产品寿命周期的验证与确认……163
4.7.2　验证过程……166
4.7.3　验证过程……168
4.7.4　验证和确认工具……169
第 5 章　专业工程……170
5.1　可靠性、可维护性和可用性工程……170
5.1.1　定义……170
5.1.2　RMA 工程运用……173
5.1.3　信息……174
5.1.4　RMA 过程任务……176
5.1.5　结果……183
5.2　寿命周期工程……184
5.2.1　寿命周期工程的步骤……184
5.2.2　综合后勤保障……189
5.2.3　部署与过渡……190
5.2.4　不动产管理……191
5.2.5　维持……192
5.2.6　处置……193
5.2.7　工具……194
5.3　电磁环境效应和频谱管理……194
5.3.1　电磁环境效应……194
5.3.2　频谱管理……200

5.4 人因工程......203
5.4.1 输入......203
5.4.2 人因工程的流程......205
5.4.3 输出......210
5.5 信息安全工程......211
5.5.1 信息安全工程的法定依据......211
5.5.2 开展信息安全工程的驱动......212
5.5.3 信息安全工程框架......213
5.5.4 采办管理系统寿命周期中的信息安全工程活动......219
5.5.5 信息安全工程授权流程活动......222
5.6 系统安全工程......228
5.6.1 定义......229
5.6.2 系统安全工程的流程任务......232
5.6.3 输出......232
5.7 危险材料管理、环境工程及环境、职业安全与健康......233
5.7.1 定义......234
5.7.2 危险材料管理/环境工程和环境、职业安全与健康的输出......237
参考文献......241
首字母缩略语及术语表......254
附录 A 有关系统体系的特殊考虑事项......275
附录 B 综合技术管理细节......282
附录 C 系统工程技术评审及相关检查单......300
附录 D 使用 PDCA 的示例......322

第 1 章　概　　述

联邦航空管理局（FAA）系统工程手册（SEM）是一份指导性文件，其中规定了主要系统工程（SE）要素，以及在 FAA 运行过程中应实施的行业和政府最佳实践。

系统工程是一门专注于整个系统（不同于系统组成部分）设计和应用方面的学科。在企业层面，系统工程管理能够整合众多相互依赖的 FAA 投资项目，以促成安全和效率目标。在项目层面，系统工程能够优化性能、效益、运行和寿命周期成本。根据项目需求的复杂度，针对个别项目定制流程、工具及技术的应用。本系统工程手册是系统工程范围内适用于支持 FAA 的业务要求的，经行业和政府认可做法的汇编。

本系统工程手册中定义的系统工程最佳实践适用于管理 FAA 内部复杂事务和变革。系统工程始于最初确定某项需求之时，并在该项目的整个寿命周期内得以延续。系统工程的正确应用，有助于保证项目能够按照最佳实践来执行。系统工程能够在采办寿命周期的早期检测并解决缺陷问题，从而能够降低风险、缩减成本和减少工期拖延。

1.1　目的和范围

本手册的目的是为 FAA 开展系统工程工作提供指导：

（1）规定了 FAA 首选的系统工程流程、方法和工具。

（2）详述了采办管理系统（AMS）寿命周期及整体所需成果。

（3）明确了系统工程有效做法的能力范围。

（4）通过确定系统工程要素在 AMS 决策和采办流程中的时间安排和应用，明确了 AMS 寿命周期的各个阶段。

（5）规定了用于支持项目管理活动的系统工程最佳实践。

（6）作为 FAA 内部开发培训的参考。

1.2　读者对象

本系统工程手册可作为 FAA 员工在本机构内执行系统工程或参与解决方案开发工作的指南。本手册是为广大从业者受众而编写的，读者对象包括新晋升的 FAA 系统工程师、项目经理，其他学科需要进行某些系统工程工作的工程师，专业工程师和主题专家（SME），以及需要能够方便地参考 FAA 范围内系统工程实践的经验丰富的系统工程师。表 1-1 展示了某些主要用户能够从本系统工程手册中获得的帮助。

表 1-1　用户角色及系统工程手册的使用

用户角色	系统工程手册的使用		
	（视需要）培训	参考	主要业务用途
项目经理		X	提供团队成员进行的有关系统工程的任务的认知
初级系统工程师	X	X	提供如何在联邦航空管理局框架内完成系统工程的基础认知
高级系统工程师	X	X	当用户不是当前用户时，向其提供有关系统工程主题的指导
其他工程师	X	X	使其了解需要进行哪些系统工程工作及首选方法
主题专家（SME）	X	X	使其了解主题专家的输入是如何融入系统工程流程之中的
专业工程师	X	X	使其了解专业工程师的工作是如何融入系统工程流程中的
测试从业者		X	使其了解系统工程希望从测试团队获取怎样的测试支持

1.3　手册内容简介

本系统工程手册提供在联邦航空管理局内部实施系统工程的框架。下述章节介绍了在某个解决方案、项目或计划的整个寿命周期内构成系统工程的多种流程和活动。

（1）第 2 章：系统工程及采办管理系统寿命周期。

（2）第 3 章：系统工程流程。

（3）第 4 章：技术管理。

（4）第 5 章：专业工程。

（5）附录为上述章节所讨论的主题提供更多详细信息。

以下具体介绍第 2～5 章。

第 2 章：系统工程及采办管理系统寿命周期，是说明一个所需的解决方案自明确利益相关者的要求，至将该解决方案应用于运行环境的过程中所要经过的阶段。规定了采办管理系统各个阶段中的系统工程角色、最佳实践和成果。

第 3 章：系统工程流程是说明如何生成系统工程成果和工件（文件）的学科。在整个系统工程寿命周期内反复进行这些流程，并完成下述功能：

（1）确定并记录运行概念。

（2）进行有效的功能分析。

（3）定义某个系统的需求。

（4）通过设计说明将这些需求转换成为有效的解决方案。

（5）支持解决方案的成功开发。

（6）准备所需的系统工程文件。

第 4 章：技术管理是介绍一种全面管理方法，采用这种方法能够提升流程有效性，并确保与这些流程相关的各种计划和系统活动具有最优质量。技术管理流程是使系统工程流程进行迭代，并在采办管理系统寿命周期内取得更多详尽证明文件的首要机制。

第 5 章：专业工程是对既非管理学科，也无核心系统工程流程的专业技术领域的一种全方位分类。在任何成功的工程工作中，专业工程学科都具有不可或缺的作用。本系统工程手册中介绍的专业工程学科包括可靠性、可维护性和可用性（RMA），寿命周期工程，电磁环境效应和频谱管理，人因工程，信息安全工程，系统安全工程，危险物品管理，以及环境、职业安全和健康。

图 1-1 是对 FAA 系统工程图形概述。其中，最上一行列出了在追踪解决方案开发时，每个国家空域系统（NAS）重要项目或非国家空域系统项目所使用的采办管理系统寿命周期阶段。中间的大方框内包括本系统工程手册的整个寿命周期阶段所涉及的并详细叙述的各种流程和技术。通常按照中间大方框第二和第三行方框内所列出的技术管理原则和技术，开展图中间大方框第一行方框内的系统工程流程；根据需要应用专业工程学科。系统工程流程循环发生，并陆续编制出更为详尽的解决方案文件；右侧方框内列出了主要示例。

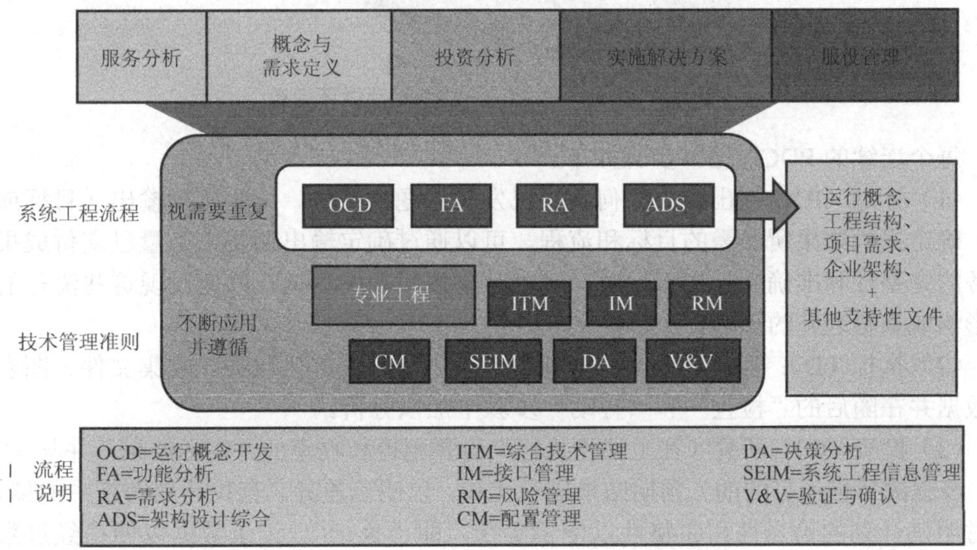

图 1-1 联邦航空管理局系统工程概述

1.4 计划、执行、检查及行动

本系统工程手册中的系统工程流程和技术管理流程会在某一项目整个采办寿命周期的多个阶段内重复出现。系统工程师可考虑对某些流程采用“计划、执行、检查、行动（Plan, Do, Check, Act，简称 PDCA）”循环，以协助进行工作组织并持续进行流程改进。

PDCA 循环概念最初是在 20 世纪 30 年代，由开创统计过程控制的贝尔实验室统计学家先驱沃特·休哈特（Walter Shewhart）提出的。被众多人士称为现代质量管理之父的爱德华兹·戴明博士（Dr. Edwards Deming）则使 PDCA 成为一股风潮。戴明博士总是把这个循环称作“休哈特循环”。在戴明博士职业生涯的后期，他把 PDCA 改为了“计划（Plan）、执行（Do）、研究（Study）及行动（Act）”，因为他感到“检查”过于强调检验工作，却忽略了分析工作（安德森，2011 年）。图 1-2 是该循环的示意。

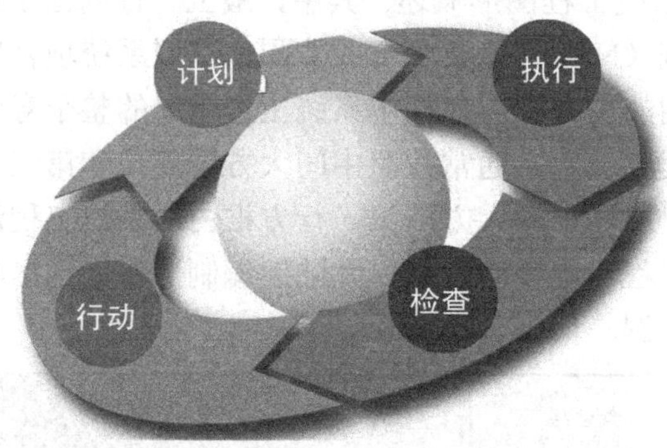

图 1-2　计划、执行、检查及行动循环示意

每个连续的 PDCA 循环步骤如下。

（1）计划（P）：提出有关如何解决已发现问题的想法。按照预期输出（目标或目的）确定提供结果所必需的目标和流程。可以通过确定输出期望来衡量已交付成果或服务的完整性和准确性。在可行时，应当从小规模开始测试，以便发现这些流程的负面影响或意料之外的影响。

（2）执行（D）：实施计划，执行流程，产生成果或提供服务。收集文件、图表所需数据并在随后的“检查”和“行动”步骤中加以分析。

（3）检查（C）：研究（在上述“执行”步骤测得和收集的）实际结果，并与（“计划”步骤的目标或目的的）预期结果进行比较，以明确差异。查找计划实施中的偏差，同时明确计划的恰当性和完整性以便于实行，即“执行”。记录数据以便在经过数次 PDCA 循环后更易于发现趋势，并且将收集的数据转换为信息。信息即为下一步骤“行动”之所需。

（4）行动（A）：需要针对实际与计划结果之间存在的显著差异采取纠正措施。对差异进行分析以明确引起差异的根本原因。确定应在何处实时更改，包括流程或成果的改进。若在完成上述四个步骤后未产生改进需求，则应细化 PDCA 的适用范围，并在下次重复该循环时细化计划和改进工作，或者需要关注流程的不同阶段。

注释：某些现代的培训师也将“A”称为“调整（Adjust）”。相比于将“A”理解为（实际已在第二个步骤（“D”）进行的）行动和实施工作，这种阐述有助于使学员明白第四个步骤更加倾向于修正当前状态与计划状态之间的差异。

在附录 D“使用 PDCA 的示例”中给出了有关 PDCA 使用的基础示例。

1.5 系 统 体 系

随着 FAA 下一代航空运输系统（NextGen）开发工作的进行，国家空域系统（NAS）正演变成为一个更为复杂的系统体系（SoS）。即使在 FAA 的非国家空域系统部分，系统体系也正在发展。为了处理某一系统体系，系统工程师需要了解什么是系统体系，以及它将带来怎样的独特挑战。系统体系是一种相对较新的概念，只有少数已确立的系统工程流程是专门针对系统体系的。本节将介绍系统体系定义，以及某些必须克服的整合问题，并且列出包含系统体系指南的系统工程手册技术流程清单。

可以采用多种形式来定义一个“系统”。国际系统工程协会（INCOSE）手册将一个系统定义为“组织实现一个或多个既定目的交互要素的组合”。此前的系统工程手册中指出，“一个系统是其组成部分的综合体，这些组成部分被结合成为某种运行或支持环境，以完成某一确定的目标。这些组成部分包括人员、硬件、软件、固件、信息、规程、设施、服务及其他支持要素。”在讨论系统体系时，这两种定义都很有用。

1.5.1 系统体系的定义

系统体系是协同工作以达成某些共同目的的独立控制系统的集合。其中也可能存在显著的特征，诸如物理分配系统、系统间相连之处出现的功能，以及系统的多样化（迈尔，1998 年）。一个系统体系可以随着时间的推移而演进，而且比独立系统的发展更为复杂。一个系统体系中的多样化系统之间相互协调以便能够有效地协同工作。独特的组件系统将联合形成一个全新的系统体系，这一全新系统的功能不同于任何一个单一系统所具有的功能，而且一个系统体系中的不同系统能够结合起来取得单一系统无法取得的结果（卡洛克，2001 年）。

在一个真正的系统体系中，每个组成系统都必须具有独立于其他系统的自身目的，而且组成系统必须保持其独立性。广播式自动相关监视（ADS-B）是系统体系的一个示例，它向国家空域系统（NAS）中的不同设备和飞机提供共享姿态感知。广播式自动相关监视（ADS-B）从全球定位系统（GPS）获取信息，利用飞机应答机广播该信息，并由其他飞机使用类似的应答机接收信息，由地面无线站接收信息并通过通信网络分送给空中交通管制（ATC）设施，由空中交通管制自动化系统（例如，标准终端自动替换系统（STARS）和航路自动化现代化（ERAM））进行处理和显示。这些系统都是独立运行的，但这些系统的组合将为国家空域系统（NAS）提供广播式自动相关监视（ADS-B）的功能。

系统体系的优势如下：

一个系统体系具有不属于组成系统的突现能力和特征。就其本质而言，系统体系能够为组成系统之间提供更好的互操作性。重点在于对识别系统体系的识别认知及它给系统工程师带来的独特挑战。可以更好地理解系统相关性和（系统间的）关系，从而形成更具协作性的环境，各系统共同协作，互利互惠。在确认某一系统体系后，系统体系的管理人员及系统工程师可以和组成系统的管理人员及系统工程师协同工作，利用并影响这些系统的发展，以满足系统体系的独特要求。允许系统工程师专注有助于系统体系成功的至关重要领域，而不用担心组成系统的问题对该系统的影响。系统体系方法使得 FAA 能够利用新的或现有系统提供所需的独特功能，以实现某一共同的运行需求。这种做法使得某一系统体系的能力大于其组成部分的能力总和。

1.5.2 集成挑战

一个系统体系可随着某一新系统的开发而发展；该新系统可取决于由现有系统或按另一时间表开发的其他系统所提供的输入或功能。如果某一系统向现有系统分配功能需求，那么现有系统需确保新需求不会对其当前功能产生不利影响。需确定对整个系统能力和可靠性的影响，以确认既能够按照规范需求完成新旧功能，又能够使新旧功能完全兼容。可能需要进行专业测试。

一般情况下，由于构成系统体系的组成系统是多样且自制的，因而某一系统体系的测试和收集工作比仅针对某一个单一系统的工作更加困难。最起码预期能够广泛进行风险消减、测试和验证。正在进行的研究工作试图确定适当的测试和验证方法。应重新评估系统体系的性能、保障性、安全性、保证性、可靠性、可用性、整合风险及网络中心性等。虽然组成系统可能满足所有保证性需求，但是由这些系统联系而成的系统体系仍可能会引入新的安全漏洞。

1.5.3 附加信息

由于系统体系因素将会影响多个系统的工程活动，在本手册的许多章节都包括了有关系统体系因素的更多信息。本手册的下述章节包含特定于 FAA 内部系统体系的信息：

（1）需求分析。

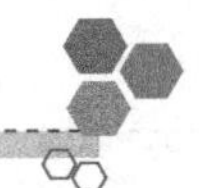

（2）体系结构设计合成。

（3）风险管理。

在附录 A“有关系统体系的特殊考虑事项”中，详细说明了应如何辨别一个系统体系，并保证已完成必要的系统工程活动，以便适应更高的复杂性。

1.6 企业体系结构

企业体系结构（EA）原则可在解决方案或项目开发的整个寿命周期内支持多种活动。具体而言，FAA 政策规定了作为国家空域系统和非国家空域系统采办需求的企业体系结构。在全球企业体系结构团体内，基于该团体的需求制定了多种指南、方法和框架。

非国家空域系统企业体系结构团体应用联邦企业体系结构框架（FEAF）并按照联邦企业体系结构框架指南，将体系结构信息汇报给运输部（DOT）体系结构部门和美国政府管理预算局（OMB）。

国家空域系统企业体系结构团体业已制定出量身定制的企业体系结构框架，即国家空域系统综合系统工程框架（ISEF）。该框架经特别设计，以符合国家空域系统采办和系统工程支持的要求。国家空域系统综合系统工程框架描述了适用于国家空域系统的体系结构原则，并为开发特定企业体系结构成果提供指导。可从系统工程门户（https://sep.faa.gov/）访问综合系统工程框架。该指导性文件是从广为接受的美国国防部体系结构框架（DoDAF）衍生的，并且持续演进以符合国家空域系统优先顺序和 FAA 战略举措的变化。

国家空域系统企业体系结构时间表和层面介绍如下：

在国家空域系统企业体系结构团体内，在“企业”层面和“方案”或“项目”层面开发体系结构档案。也会为了描述特定时间表的简单印象而编制体系结构档案。

1. 企业体系结构时间表

国家空域系统企业体系结构团体内讨论的三个不同的时间表为现状、（未来）中期和（未来）远期。“现状”时间表描述现今的国家空域系统，而“未来”中期和远期状态则代表国家空域系统应当或可能在未来所处的状态。有关时间表的更多细节请参见《国家空域系统综合系统工程框架（ISEF）》3.3 版。

2. 企业体系结构层面

构成整个国家空域系统系统体系的企业层面包括运行和功能视图。它能够提供高级环境，它的范围最广，并且包括国家空域系统企业体系结构并与国家空域系统层面需求相关。国家空域系统需求文件（NAS RD）能够捕获与国家空域系统服务相关的运行和功能需求。功能需求源自于运行视图，并被分解为可分配给特定国家空域系统项目组合、计划、项目和/或系统的层面。国家空域系统企业体系结构是国家空域系统运行概念和其他文件中定义的国家空域系统运行的模型解释，并提供衍生和组织国家空域系统需求文件的基础，同时为项目层面开发和分析提供环境和范围。可创建额外的企业层面视图（例如项目组合、功能部件、实施等）以便进行附加的语境分析并支持决策制定工作。

编制项目层面需求文件和架构作为国家空域系统企业层面成果范围内各个系统采办的基础。可通过某一单独项目或系统，许多项目（即某一方案），或者运行或功能能力表示该层面。通过方案架构和相关需求文件共同代表该方案、项目、系统、服务和/或能力的综合说明。

本文自始至终都将涉及企业体系结构和结构档案。通常将出于采办投资分析目的而开发的架构称为“方案”或“项目层面”架构。对于新投资而言，方案的典型做法是开发现有和未来架构，并评估差距和影响。本文中提到的与采办无关的其他架构都意味着同时适用于企业和项目层面架构。

附加信息

有关用于编写本章内容的信息来源，请见参考文献。

如欲了解本章主题的更多内容，请参阅其他工具和阅读建议。

第 2 章　系统工程与采办管理系统寿命周期

FAA 于 1996 年建立采办管理系统（AMS），以便针对该机构的独特要求对设备、材料和服务投资提供及时且经济高效的管理。这项政策涵盖了多种管理学科，包括战略规划、预算编制、企业体系结构、投资组合管理和投资决策等。读者可访问FAA 采办系统工具（FAST）在线获取有关采办管理政策的更多信息。

2.1　采办管理系统寿命周期管理

FAA 系统工程师最为关注的是，制定解决方案以满足利益相关者的要求。在制定方案过程的某些节点，必须由管理和审批部门对解决方案进行评估，以证明进行持续开发和投资的合理性。采办管理系统中典型投资方案会经历如图 2-1 所示的寿命周期。该图描绘的过程从明确服务要求开始，持续经过分析和制定解决方案阶段，在解决方案投入服务时达到顶峰，直至其被更替或更新时为止。本节内容将从系统工程的角度，描述某一个解决方案（某一个方案、系统或投资）是如何经过寿命周期的不同阶段的。FAA 系统工程的另一个关键要素是将 1.5 节中讨论的“系统体系”原则应用于多个互连、复杂且异步的方案之中。

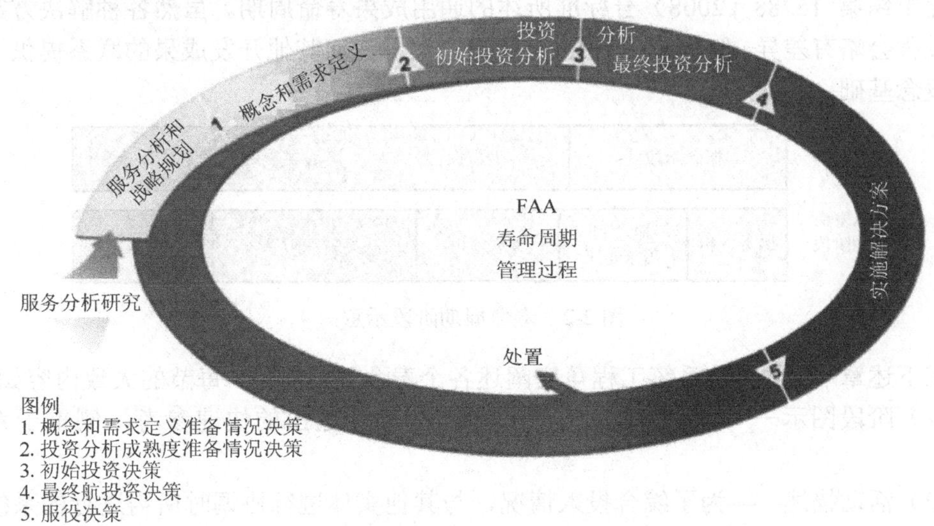

图 2-1　采办管理系统内的 FAA 方案寿命周期管理

作为FAA政策内的一项正式管理流程，采办管理系统寿命周期包含了定义机构投资举措现状的正式决策点编号。在图 2-1 中以数字表示这些编号。在各决策点都需要完成该阶段特定的一系列行动，并批准了这些结果的总结文件。这些文件可以反映举措的需求、计划和开发流程的成熟度，在整个寿命周期中，系统工程起着至关重要的促进和保障程序流程的作用。由此得出的解决方案除了能够满足其他机构战略目标，还能够满足服务要求。

后续的各个章节都详细叙述了寿命周期的某个阶段，而且包括最后决策点所需文件的列表。各阶段的简要描述及其对应的决策点如下：

（1）服务分析和战略规划——识别并定义服务要求，按照战略目标对其进行调整。决策点是概念和需求定义准备情况决策。

（2）概念和需求定义——研究分析能够满足已确定要求的概念；定义功能和性能需求；确定初步可选方案。决策点是投资分析成熟度准备情况决策。

（3）投资分析——细化需求并分析可选解决方案；征求行业承包商的反馈；选择投资选项。子阶段为初始投资分析和最终投资分析。决策点分别为初始投资决策和最终投资决策。

（4）实施解决方案——开发并编制解决方案；在运行环境中部署并试运行该解决方案。决策点是服役决策。

（5）服役管理——运作、维护并维持该解决方案，直到必须处置、更新或更换解决方案为止。

为了从另一角度了解FAA各个寿命周期阶段的构成，图 2-2 展示了一种按照国际标准化组织第 15288（2008）号标准所述的通用成果寿命周期。虽然各种解决方案的制定过程会略有差异，但是该图为FAA解决方案与任何其他开发成果的联系提供了合理的概念基础。

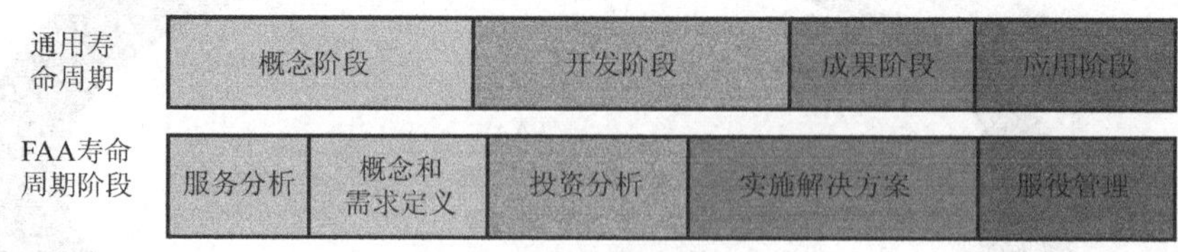

图 2-2　寿命周期阶段示意

在下述章节中，将从系统工程角度阐述各个寿命周期阶段。每节的大致内容如下：

（1）阶段图示——有关所需的主要投入、行动和输出的快速参考，侧重于系统工程。

（2）活动描述——为了综合投入情况，与其他实体进行协调时所需进行的系统工程工作，并为管理决策点准备文件包。

（3）阶段产物——相关表格展示了为支持阶段活动和决策点成果而创建的不同

产物。可能会有一些未在活动描述中提及的项目，例如不需要系统工程支持的产物。

需要注意，系统工程是一种由给定项目团队成员表现的技能组合。寿命周期阶段中描述的部分活动通常可以支持该项目主管的工作，并且可以分配给任何团队成员；读者不应将本节中列出的每项事宜都视为仅针对系统工程师的任务。在第 3 章系统工程流程中详细叙述了更加针对于系统工程角色的活动和流程。

2.2　采办管理系统寿命周期管理流程的阶段

服务分析和战略规划是采办管理系统寿命周期管理流程的首个正式阶段。应注意，在 2013 年 4 月更新采办管理系统政策前，该阶段被称为服务分析。在这个初始阶段，将个别服务组织和 FAA 作为一个整体，从而形成长期战略规划的基础。

采办管理系统寿命周期如图 2-2 所示，在寿命周期的多个阶段可根据需要开展一项独立行动，即服务分析研究（RSA）。正如这项行动的名称所示，服务分析研究活动主要为服务分析和战略规划目的提供支持。由于该行动并非一个正式的采办管理系统寿命周期阶段，并且具有其自身的决策点和所需的工作产物，因此本节的格式会与随后章节略有不同。

2.2.1　服务分析研究

在服务分析过程中，有时会需要进行服务分析研究，以使运行概念趋于成熟、降低风险，并在寿命周期管理流程处理某一决策之前明确需求。服务分析研究将开展研究和系统分析活动以制定运行概念，并支持企业体系结构产品，以使新概念融入战略规划中。另外，当需要横向调整相关方案，以便在整个寿命周期推行该概念时，服务分析研究能够支持采办管理系统组合管理政策。这与 1.5 节介绍的系统体系概念有关。

两种不同的组合都有助于生成服务分析研究的分析结果：

（1）研究、工程和开发（RE&D）。

（2）概念成熟度与技术开发（CMTD）。

读者可访问 FAA 采办系统工具（FAST）获取服务分析研究组合流程的更多信息，以下仅作简要叙述。

1. 研究、工程和开发

研究、工程和开发是用于研究新概念、新成果和对于航空业（尤其是材料、人因和航空医学领域）有潜在益处的规程组合。这些活动有助于 FAA 的战略规划、国家空域系统企业体系结构（EA）和概念成熟度与技术开发活动，但这些活动不直接引发机构投资举措。经研究、工程和开发行动组合流程协调中的研究、工程和开发行动。每年将采用国家航空研究计划中的战略规划作为制定研究、工程和开发行动组合的指南。该计

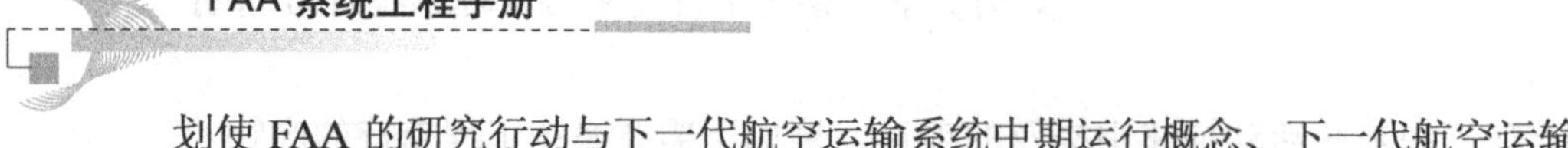

划使 FAA 的研究行动与下一代航空运输系统中期运行概念、下一代航空运输系统实施计划及国家空域系统企业体系结构中更广泛的战略规划相联系。

2. 概念成熟度与技术开发

概念成熟度与技术开发工作包括概念可行性研究、技术分析、原型演示和运行评估，以明确能够改进国家空域系统服务交付情况的机会并加以开发和评估。这些工作能够降低风险，明确并验证需求，识别并描绘安全危害的特征，通知服务分析及战略规划（SASP）和重要设计评审（CRD）活动，并生成能够支持机构投资决策和成果寿命周期管理的信息。概念成熟度与技术开发活动可用于与某一单独概念（即一个组合）相关的单个或多个方案。这些工作通常会有助于服务分析和战略规划阶段的工作成果的开发。其主要成果不仅是与机构目标相一致的经验证的成熟概念，而且可能被纳入下一代航空运输系统中期运行概念及国家空域系统企业体系结构中，随后进入重要设计评审阶段。3.1 节运行概念开发将提供作为概念成熟度与技术开发工作一部分的有关概念开发及验证工作的更多细节。

2.2.2 服务分析和战略规划

服务分析和战略规划（SASP）能够确定为了满足机构目的和客户的服务要求，当下和未来有哪些必须到位的功能。通过 FAA 企业体系结构的“现状”和“未来”状态，以及从当前到未来状态的战略路线图来获取结果。进行持续分析，使计划与服务和运行环境的变化相接轨。

在服务分析和战略规划过程中，采用技术和服务需求预测、组合管理、客户调查及其他业界最优方法，以使服务输出与实现 FAA 及其客户利益所需的必要活动相一致。服务分析和战略规划可能会使正在进行的投资方案改变重点、削减或消除正在进行的投资方案，而且可能会确定更具成效地开展业务的新方式。如上文所述，可能需要通过服务分析研究对某些投资机会进行早期研究和开发，以展示运行概念、降低风险或在进行更多寿命周期管理流程之前验证需求。

1. 服务分析

服务分析对服务需要的优先性、现有遗留资产和能力不足问题进行定性初步说明。也可对未出现在路线图中的重要服务要求进行服务分析，并以此为基础确定是否需要增加这些要求。系统工程师应主动参与到这些分析和计划任务中。

2. 战略规划

战略规划是指分析每个服务组织的机构目标和投资要求，以便为 FAA 建立投资框架并制订长期计划，从而达成机构使命的企业层面管理流程。这些计划行动将战略目

的转化为服务组织的高级别行动步骤，并随着时间的推移根据运行环境的变化调整 FAA 的战略方向。系统工程还在计划活动中发挥积极作用。特在下文中对其做出如下总结，以便了解机构如何建立以及潜在投资概念的成熟度。可以从 FAA 采办系统工具网站的采办管理系统政策页面获取关于战略规划的更多详细叙述。请注意，“服务组织”一词有些复杂，在采办管理系统的第1.2.3 节对其进行了详细叙述。

图 2-3 说明了该机构用以确定最终可能需要进行投资的服务要求及优先顺序的流程。每年都通过服务分析和战略规划活动对 FAA 企业体系结构、下一代航空运输系统中期运行概念及其他顶级战略文件进行更新。企业体系结构路线图规定了应于何时将已确定的服务要求或不足计划纳入采办管理系统寿命周期管理流程，以归纳总结并彰显投资之间的相关性。

服务分析和战略规划		
输入→	活动→	输出
企业体系结构（EA）路线图 服务要求 服务预测	说明优先服务要求及前期不足 提议 EA 更改 进行初始安全及信息安全评审 准备重要设计评审计划 主要系统工程流程： *运行概念开发*	EA 路线图更改建议 前期不足分析报告 重要设计评审计划

图 2-3　服务分析和战略规划阶段

3. *活动说明*

服务分析和战略规划由多种活动构成，系统工程师必须执行、支持并追踪这些活动。以下更为详细地介绍了这些活动，虽然它们时常需要交叉和反复，但是其顺序大致如下。

1）描述优先要求及前期不足

以服务组织分析航空服务需求的预测作为确定并优选服务要求和不足的基础之一。与客户进行持续沟通也是很有用的。当此前批准的某个采办管理系统路线图规定将某一新服务需要作为某机构优先考虑事宜时，随后负责的服务组织将定义能够提升服务交付及实现机构战略和性能目标的能力。服务组织也描述了遗留资产或现有系统、设施、人员及当前执行该功能或服务的流程。服务组织将利用这些信息定义服务不足及未来服务要求和当前能力的差异，以作为理解问题本质及其紧迫性和冲击的基础。在《前期不足分析报告》中记载未来服务要求和当前能力的差异，如需进一步指导和模板，请参见该报告。

系统工程的作用：系统工程师应与运行专家进行协作，以确定并说明主要服务要求，遗留资产和基础设施不足。系统工程有助于确定影响服务产出，以及假定、风险和依赖性的业务、技术、组织、流程和人员问题。

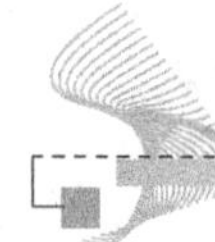

2）提出企业体系结构更改

服务组织应编写有关尚未包含在 FAA 企业体系结构的重要新能力的更改通知，以反映服务要求或不足，并将其提交给 FAA 采办管理系统委员会批准。在企业体系结构路线图中必须包括方案或投资举措，以进入采办管理系统寿命周期。寿命周期的起始阶段为概念和需求定义。用运行改进或运行支持表示服务要求和不足。另外，当某项服务不足以影响国家空域系统时，必须执行战略规划以确保下一代航空运输系统中期运行概念能够按照服务需求和运行要求分析进行演变。在采办管理系统政策2.3.1 节中更详细地说明了此项更新和分解流程。

系统工程的作用：由系统工程师开发支持企业体系结构更新所需的解决方案层面的架构成果。在企业或国家空域系统层面，系统工程师支持下一代航空运输系统中期运行概念的更新及其他战略规划文件的更新流程，以反映所预测的服务要求及不足。

3）进行初始安全和信息安全评估

用于识别因相互作用举措而产生的危害的综合安全性评估。它有助于定义方案范围，以消除能力或服务中的安全漏洞，并防止引入新的安全漏洞。由《安全管理系统手册》和《系统采办安全风险管理指南》（SRMGSA）指导安全评估工作；读者可从 FAA 网站获取这些指南。

进行信息安全评估，以确定可能出现在某一新能力或新服务中的潜在信息安全风险。读者可在 FAA 采办系统工具中找到用于系统采办的信息安全指南，以作为安全评估的指导。

系统工程的作用：系统工程师可依据工程师对被分析的举措规模和安全评估的经验，开展或支持安全性及信息安全评估。

4）编写概念与需求定义（CRD）计划

概念与需求定义计划中规定了概念与需求定义的任务及应如何完成这些任务，详述了参与组织的角色及职责，规定了输出和退出准则，制定了完工时间表并指定了所需的资源。由负责 FAA 系统工程与安全、投资计划与分析工作的服务组织协助编写该计划。签署概念与需求定义计划的组织同意提供必要的资源。

系统工程的作用：系统工程师应确保在概念与需求定义计划中包含充足的工程资源和时间。

表 2-1 概括了服务分析和战略规划阶段中使用并开发的工作成果。

表 2-1　服务分析和战略规划工作成果

成果	说明	支持流程
经验证的 FAA 需求或机会	验证明示的需求可追溯至某一经批准的 FAA 企业文件或运行概念	运行概念的制定 系统安全工程
初步不足分析报告	**定性描述执行功能的服务需求、不足和遗留资产**	**功能分析 决策分析**

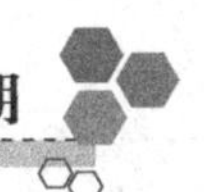

续表

成果	说明	支持流程
企业体系结构更改通知	建议企业体系结构进行的更改，以适应计划举措。以此确保它是战略路线图。	接口管理 系统工程信息管理
风险评估	初始风险状态	风险、问题和机会管理
配置管理计划	初始配置管理计划	配置管理
综合安全评估及信息安全评估	及早发现可能出现的与其他系统交互概念的安全及信息安全漏洞和隐患	系统安全工程
概念及需求定义（CRD）计划	**完成概念及需求定义阶段的计划**	**综合技术管理**
注释：要求将以黑体字表示的成果作为概念及需求定义的输入。		

2.2.3　概念及需求定义

1．简介

在概念及需求定义（CRD）阶段需完成三项主要任务：

（1）将运行或服务要求转化成一份运行解决方案概念文件。

（2）量化服务不足并规定功能架构和初步需求。

（3）确定最佳替代解决方案并粗略估计相关实施和运行成本。

当企业体系结构路线图中规定必须解决某一优先服务或基础设施需求时，即开始概念及需求定义计划，这些要求通常与“现状”架构或“未来”架构基本组成部分的现有不足或新出现的不足有关。在未包括在企业体系结构路线图中的投资选项进入概念及需求定义之前，必须制定必要的架构更改成果和修订，并取得 FAA 企业体系结构委员会的批准。

图 2-4 概括了采办管理系统寿命周期管理流程中概念及需求定义阶段的输入、活动及输出，它们必须推进某一解决方案以便在随后阶段获取投资资金。读者可在 FAA 采办系统工具网站的《概念及需求定义指南》中获取有关概念及需求定义活动的更多详细说明。

活动说明：

概念及需求定义由多项活动组成，系统工程师必须执行、支持或追踪这些活动。以下更为详细地介绍了这些活动，虽然时常需要交叉和反复，但是其顺序大致如下。

1）完成不足分析

服务组织或方案办公室对在服务分析中确定的初始不足进行足够详细的更新、提炼和量化，以达到以下目的：

（1）明确认识该服务需求的性质、紧迫性及影响。

（2）确定初步需求。

概念与需求定义		
输入→	活动→	输出
初步不足分析报告 概念及需求定义计划	完成不足分析 制定解决方案运行概念 进行功能分析 制定初步需求 确定可选方案的范围 估算成本 开发采办管理系统成果 评估运行安全及信息安全风险 编写投资分析计划 主要系统工程流程： *运行概念开发* *功能分析* *需求分析*	不足分析报告 解决方案运行概念 功能架构 初步项目需求文件（pPRD） 替代选择的范围（附有成本估算） 采办管理系统成果及修订安全及信息安全风险评估 投资分析计划

图 2-4　概念与需求定义阶段

（3）确定现实可行且经济的替代解决方案。

（4）量化方案可能的成本与收益的基础。

系统工程的作用：由系统工程师带头进行详细不足分析报告中的服务不足量化。

2）制订解决方案运行概念

解决方案运行概念描述用户应如何在运行环境中使用新能力，以及如何满足不足分析报告中的服务需求。解决方案运行概念包括以下几方面。

（1）规定了主要参与者（例如管理者、维修技师、飞行员）的角色及责任。

（2）解释了系统工程师在制定需求时必须理解的运行问题。

（3）确定了可能导致运行更改的程序问题。

（4）制定明确替代解决方案及预估其成本的基础。

本手册将作为随后功能分析及制定初步需求的基础，3.1 节系统工程流程中所述的运行概念开发对制定运行概念而言是不可或缺的。

系统工程的作用：系统工程师是制定解决方案运行概念的技术领导。系统工程师也负责验证该运行概念是否能够满足更高级别的下一代航空运输系统中期运行概念及不足分析报告中规定的服务能力。

3）进行功能分析

功能分析将不足分析及下一代航空运输系统中期运行概念中确定的服务要求转化为更高级别的功能，必须执行这些功能以实现所期望的服务产出。随后该流程将高级别功能分解为较低级别的子功能。其结果是一个可作为制定需求和随后的物理体系结构框架的功能架构。重要的是，在定义功能时应着重于新能力可以实现什么，而非如

何提供该服务。

系统工程的作用：系统工程师引领该活动，除功能架构以外，还可能会包括编制 N^2 图表、功能流程框图及其他功能分析输出。如需要更多解释，请参见 3.2 节功能分析。

4）制定初步项目需求

初步项目需求（pPR）是基于基础架构的，并且定义了能够满足已确定的服务要求的高级别功能和性能。接口、保险、安全及其他限制性需求也可作为制定初步项目需求的一部分内容。初步需求必须与解决方案无关；编写初始需求时应允许对不同的替代性解决方案进行公正且可衡量的评价。为了充分确定某些需求，可能必须制定概念和验证活动（例如，分析、建模、模拟和样机研究）。通常所进行这些活动将作为概念成熟度和技术开发组合的一部分。

系统工程的作用：制定初步需求是一项反复进行的、依赖于多种技术和计划学科并且是必须让用户和利益相关者协同努力的工作。系统工程师需要与利益相关者及学科专家进行沟通，以确保各项初步需求都可追溯至功能架构，并与通常同期制定的企业体系结构产品相协调。有关这一关键系统工程流程的更多详细内容，请参见 3.3 节需求分析。

5）确定可选方案的范围

通过制定一系列不同的替代解决方案，可以增加选取尽可能好的方案以满足服务需求或消除能力差距的可能性。关键因素是安全、安全性、运行成本效率、技术成熟度，以及对劳动力和企业体系结构的影响。备选方案必须具有本质上的不同，并且某些备选方案可能无法 100%的满足初步需求。应考虑非物质解决方案，例如程序、人员或政策变更。解决方案的一些来源可包括贸易研究、卖方提供的概念，以及遗留资产的改造等。服务组织应为最少三种不同的解决方案编制技术说明。

系统工程的作用：系统工程师从现有系统（或正在开发的系统）中确定可能有助于满足已确定的不足所需功能的替代解决方案。系统工程师应确保所提议的各种替代解决方案都适合于下一代航空运输系统中期运行概念，以及高级别国家空域系统需求文件。在编写技术说明、评估解决方案的技术成熟度及明确各备选方案之间的取舍关系时，系统工程师起着关键作用。

6）粗略估计寿命周期成本

为每个备选方案编制寿命周期大致成本，并与用货币表示的不足进行比较，以作为确定应当保留还是不予考虑该备选方案的基础。为了维持服役遗留资产，也需计算寿命周期的大致成本。从而为确定是否应当进一步研究某一备选方案或应不予以考虑该备选方案提供了基础。在前述活动中阐述的技术说明将作为粗略估计寿命周期成本的基础。

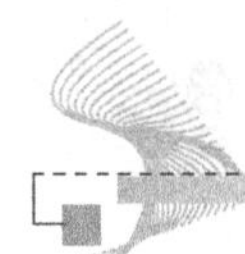

系统工程的作用：系统工程师应确保已考虑到整个寿命周期内支持该解决方案的各项活动，并将其计入估算成本之中。其中包括部署和过渡、综合后勤保障、技术维持和演化，以及任何应被替换资产的处置等项目。系统工程师也应保证能够将一套初步需求连接至实际利益的集合。

7）开发企业体系结构产品

解决方案级别的企业体系结构产品，是某一解决方案在特定时间点的“快照”。它们展示了企业体系结构（EA）的“现在”和“未来”状态。概念及需求定义中要求的成果描述了特定关系，并总结了每条待评估的替代解决方案在解决方案运行概念及初步项目需求中所包含的信息。其中包括高级别运行概念、体系结构要素库、功能层次及活动层次等。在寻求解决方案举措时，系统专家或系统工程师或许会找到需要修改的 EA 要素，以适应计划的架构。他们应完全记录建议的更改，并创建一份经修订的国家空域系统 EA 产品，以反映所提议的修订或修改，并证明所做的更改。

系统工程的作用：系统工程师应支持需要企业体系结构视角的企业级和解决方案层面架构的制定，并确保企业体系结构产品得到横向（整个解决方案级别架构）和纵向（自企业层面至解决方案层面有明显联系）的适当整合。系统工程师是唯一有资格对所有提议的解决方案进行系统体系透视的人员；其中可能包含不同系统之间共享能力的确定；这些内容必须相互协调，并且不得重复。有关 EA 活动的更多说明请参见 3.4 节架构设计整合。

8）评估运行安全性及信息安全

当某一举措进入采办管理系统寿命周期中时，必须按照安全管理系统（SMS）手册中的指南评估其对国家空域系统和系统安全性的影响。如果该解决方案可能对国家空域系统的安全产生影响，那么在采办管理系统每个主要决策点都必须编写一份安全风险管理文件（SRMD）。其目的是通过明确系统风险来确保国家空域系统的安全性，并尽早确定相关的缓解方法。相关安全组织应根据某一给定的解决方案是否会影响国家空域系统的安全性，从而进行运行安全评估（OSA）或签发一份安全风险管理决策备忘录。降低已明确的安全风险的需求通常会导致初步项目需求文件中安全需求的增加。

需对信息安全进行如系统采办信息安全指南中所述的类似评估。在概念及需求定义过程中产生的主要产物是事前信息安全风险评估。

系统工程的作用：系统工程师通过提供有关所提议的替代解决方案的功能及能力方面的信息，为安全及信息安全团队提供支持。根据经验和举措的规模及复杂性，系统工程师可执行或支持安全及信息安全评估并生成所产生的文档。

9）编写投资分析计划

一旦解决方案的运行概念、初步需求、功能架构、EA 产品及其安全和信息安全评

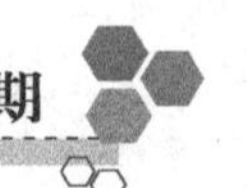

估完全经过了验证，能够确保所提议的解决方案将满足已确定的不足或服务需求，就可开始筹备下一阶段。此时应编制投资分析计划，以确保完成投资分析阶段需求的资源已经到位。投资分析计划如下：

（1）定义范围及假定。

（2）描述替代选择及其相关的大致寿命周期成本。

（3）说明计划的活动并规定如何完成这些任务。

（4）阐述输出及退出准则。

（5）编制完成时间表。

（6）定义参与组织的角色及责任。

（7）预估完成该工作所需的资源。

在签署投资分析计划后，组织将进行允诺的分析，以提供完成该工作所必需的资源。投资计划及分析网站中的投资分析计划指南文件为该项活动提供模板及更多指导信息。

系统工程的作用：系统工程师应确保该计划中包括了充足的工程资源，以完成随后投资分析活动中的系统工程任务。

系统工程的其他职责：系统工程师有助于以下几方面工作：

（1）开发需求，并就专业工程学科（例如，安全性、可靠性、可用性和可维护性、人因、电磁兼容和干扰、信息安全及和环境影响）对初步替代解决方案进行评估。这些学科也有助于确定初步功能和性能需求，并消除产生不可接受的负面属性的替代方案。

（2）验证解决方案运行概念是否与下一代航空运输系统中期运行概念及FAA企业体系结构相一致。

（3）确定并降低概念及需求定义过程中出现的技术风险

表2-2概括了概念及需求定义阶段中使用并开发的工作成果。

表2-2　概念及需求定义工作成果

成果	说明	支持流程
初步项目需求文件（pPRD）	必须与解决方案无关的高级别功能、性能、接口、安全、安全性及限制需求	需求分析 系统安全工程 验证与确认
解决方案运行概念（ConOps）	提议的解决方案如何满足服务需求并与现有的和计划的资产协作	制定运行概念 验证与确认
最终不足分析报告	（1）明确认识该服务需求的性质、紧迫性及影响。 （2）确定初步需求。 （3）确定现实可行且经济的替代解决方案。 （4）量化方案可能的成本与收益的基础	功能分析 决策分析

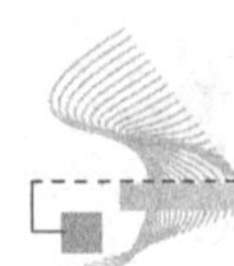

续表

成果	说明	支持流程
功能架构	**将服务要求转换为必须执行的高级别功能，以便在执行该解决方案的各种运行环境中取得所需的服务成果**	**功能分析 架构设计合成**
运行安全评估（OSA）	在开发阶段早期协调发展整体解决方案（包括程序上的考虑）的系统安全目标及需求	系统安全工程
初步信息安全风险评估	评估与各提议备选方案相关的信息安全风险、成本及收益	信息安全工程
运行服务及环境说明（OSED）	说明某一提议的解决方案的运行模式及预期的运行环境	功能分析 需求分析 信息安全工程
企业体系结构产品及修订	**概念及需求定义的过程中形成的 EA 产品（例如，SV-4）。 综合系统工程框架（ISEF）为某一给定举措需要哪些成果提供指导**	**架构设计综合 接口管理 系统工程信息管理**
切合实际的替代选择	**备选方案的初步范围及说明，包括各方案的优缺点。可包括货币化不足预估**	**制定运行概念 功能分析 需求分析 综合技术管理**
各备选方案的粗略估计成本	**提供比服务分析中生成的成本估算更加精确的结果**	**功能分析 需求分析**
运行能力整合计划（OCIP）	计划各投资增量如何与能力组合及 FAA 企业体系结构中的其他增量整合	综合技术管理
采办目录（ACAT）名称要求	采办目录基于美元的阈值及定性因素，如方案风险、复杂性、政治敏感性，以及改变国家空域系统安全性的可能性等	综合技术管理
（初始）投资分析计划	**完成初始投资分析阶段的计划。确保有足够的资源可供完成初始投资分析需求**	**综合技术管理 系统安全工程**

注释：需要将以黑体字表示的成果作为初始投资分析的输入。

2.2.4 投资分析

投资分析是支持健全资本投资决策的严格流程。在决定机构将进行哪些资本投资时，FAA 主管将考虑来自多个服务机构的众多投资建议竞争有限的资本投资库。在企业体系结构和 FAA 战略目标背景下进行投资分析。关键是将投资分析的时效性、复杂性和规模与具有投资决策权的联合资源委员会所需的定量数据的严密发展相平衡，从而做出明智的最终投资决策。该阶段的投入水平与采办目录（ACAT）指示，以及受其影响的相关投资和能力的数量所反映的潜在投资规模及复杂性成正比。

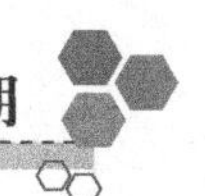

从本质上说，投资分析提供了以下两种具有说服力的证据：

（1）该投资建议是可向 FAA 及其客户提供的最有吸引力的经济投资机会。

（2）实施和运行投资的计划是精心构思、低风险、具有完整记录，并在 FAA 和行业内得到广泛理解的。

考虑到这些目标，投资分析由以下两个阶段组成：

（1）初始投资分析在选择能够向服务不足提供最佳解决方案的备选方案时，生成所需的信息。

（2）最终投资分析为所选择的备选方案编写详细的预估成本及收益、计划和最终需求。

作为系统工程的基本组成部分，需求的开发通常被视为一个解决方案的成熟度的标志。在整个投资分析过程中，投资分析团队按照图 2-5 上半部分所示推动方案需求的状态。投资分析过程中同样重要的是，图 2-5 下半部分所示的潜在解决方案承包商经由合同流程进行的交流。来自业界的反馈对于需求开发及确保已考虑到所有可用技术以取得所需的解决方案而言是很重要的。以下章节详细叙述了每个子阶段进行的活动，以便对潜在投资进行细化和评估。读者可访问投资计划和分析网站的投资分析流程部分以获取有关投资分析活动的更多详细介绍。

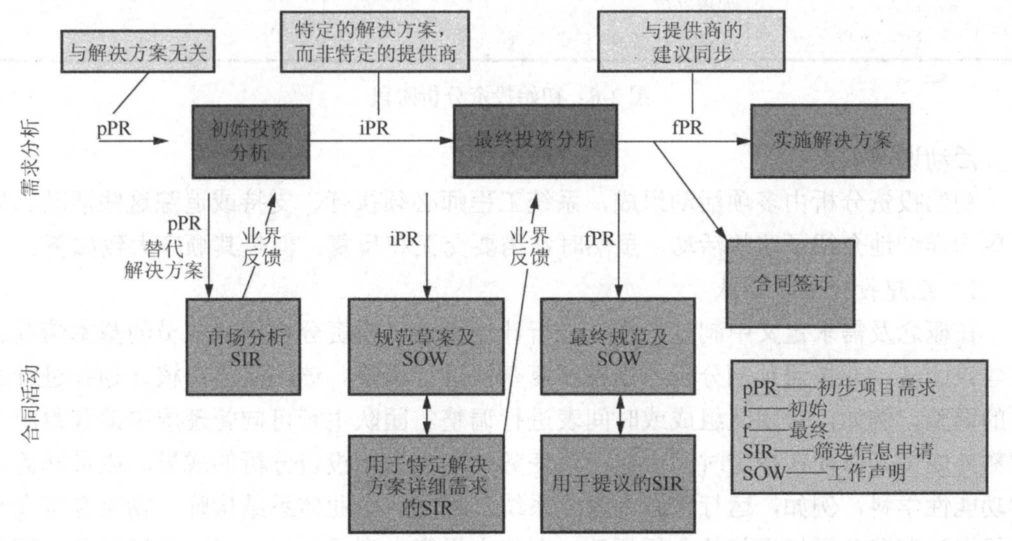

图 2-5　投资分析中的需求及合同交流

1. 初始投资分析

初始投资分析（IIA）的目的是通过分析其经济、运行、性能、预算及风险限制的范围内可能的备选方案，从而确定最佳的解决方案。初始投资分析仅适用于新投资决策。其他投资类型（如技术更新和可变数量）则直接进行最终投资分析。

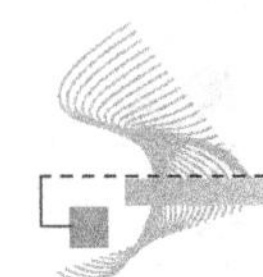

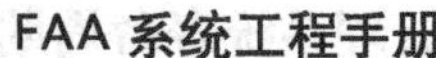

图 2-6 概括了采办管理系统寿命周期管理流程中初始投资分析阶段的必要输入、活动和输出。

初始投资分析		
输入→	活动→	输出
投资分析计划 备选方案的范围 初步方案需求 架构成果	组件投资分析团队 定义并分析业务案例 确定市场容量 更新方案需求 评估安全及信息安全风险 准备初始综合安全计划文件 进行可承受性分析 验证和确认工作成果 制定最终投资分析计划 主要系统工程流程： *功能分析* *需求分析* *决策分析* *架构设计综合*	初始业务案例 初始综合安全计划文件 初始项目需求文件（iPRD） 所选择的备选方案 比较安全性评估 初始信息安全风险评估 最终投资分析计划

图 2-6　初始投资分析阶段

活动说明：

初始投资分析由多项活动组成，系统工程师必须执行、支持或追踪这些活动。以下更为详细地介绍了这些活动，虽然时常需要交叉和反复，但是其顺序大致如下。

1）组建投资分析团队

在概念及需求定义中制订的投资分析计划概述了投资分析团队成员的基本情况。组建该团队，并按照预期分析的规模和复杂性进行调整。该团队将审核计划并进行必要的调整，例如，对团队组成或时间表进行调整。团队主管可向管理层申请获得所需的额外成员，以便在指定时间内执行该任务并完成初始投资分析的成果。成员涵盖多种功能性学科，例如，运行主题专家、系统工程师、企业体系结构师、物流专家及来自投资计划和分析指挥部的分析师等。在特定投资类型需要时，还可包括专业工程技术人员和安全性和法规专家。

系统工程的作用：系统工程师必须保证有足够的资源可供团队使用，以完成初始投资分析活动及工作成果。其中可涉及确定来自一系列专业工程学科及支持组织的承诺。对于较小的项目而言，系统工程师可能还需要执行或支持一系列在典型系统工程中未涉及的活动。

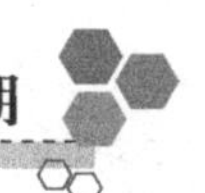

2）定义并分析业务案例

对于在初始投资分析过程中确定必须收集和分析哪些信息，进而选择适用于服务需求或不足的最佳替代解决方案而言，定义业务案例及相关度量标准是必不可少的工作。商业案例着重于向FAA及其客户展示所提议的投资方案的价值因素。关键因素包括对FAA战略目标的影响及贡献；与FAA企业体系结构相一致；对客户服务要求的贡献；对FAA基本任务职责的影响及风险。同样重要的还有寿命周期成本及收益——尤其是在降低运行成本、减少系统延迟及改进飞行效率和安全性方面的潜力。有关定义和分析业务案例的更多指导信息，请参见投资计划及分析（IP&A）网站和FAA采办系统工具。

业务案例得到下述工程评估的支持：需求敏感性、技术成熟度、架构影响及专业工程。可作为某一业务案例的一部分进行评估的其他因素包括与其他现有或提议项目的相关性、保障性考虑、升级潜力及投入给定能力所需时间。某些源自业务案例的进展被用于整个解决方案实施及服役阶段，以便追踪差异并主动发现问题。投资计划及分析网站中的业务案例分析指南文件中提供了有关此项活动的说明和模板。

系统工程的作用：在业务案例定义及分析过程中，系统工程起到了复杂且巨大的作用。在业务案例中必须考虑可拆分为多个增量，且可在整个采办管理系统寿命周期内单独进行的新功能。因此，某项能力促成技术的步调和时机是定义业务案例的系统工程师的着重关注点。根据以往采办中可比较的经验和研究，系统工程师也可能需要阐明远期尚未开发的工作成本和进度的详细信息。可能要求系统工程师领导、执行和支持下述有助于使解决方案业务案例成熟的四项评估。

（1）需求评估：明确驱动成本和收益的关键需求。分析需求对成本和能力的敏感性。按照关键性能需求及其对FAA目标性能衡量的影响对备选方案进行排序。确定如果重新设计业务流程是否可以降低或放宽需求或缩减成本。

（2）技术成熟度评估：审查各备选方案的技术成熟度并评估与成本、性能及进度相关的风险。

（3）架构影响评估：说明该投资机会是如何支持FAA企业体系结构的，包括企业层面的路线图及架构视图。

（4）专业工程评估：确保将来自专业工程学科的输入融入备选方案的全面评价之中。专业工程的作用应包括下述内容：

① 人因工程及可操作性评估。全方位分析在解决方案的服务寿命内取得可接受水平的运行、维护和支持所必须的人因及接口。更多详细内容，请参见《投资分析人因评估：成本、风险及收益的定义及流程汇总》。

② 信息安全评估。确保已明确且已评估和验证信息技术安全需求及寿命周期成本。另外，需完成采办管理系统政策中要求的初始信息安全风险评估。相关模板在《FAA采办系统工具系统采办信息安全指南》附录W之中。

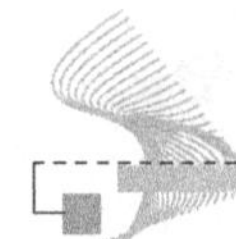

③ 环境与职业安全及健康评估。确保已完成投资决策当局就绪清单中所有与安全有关的项目。

3）确定市场容量

筛选信息申请（SIR）是收集有关潜在解决方案的市场容量的标准方式。初始筛选信息申请以初步需求的形式表达 FAA 的要求，并用来确定业界对提供最终解决方案的兴趣。随着在整个投资分析的过程中需求不断成熟，随后的申请陆续需要更为具体的信息。市场探索着眼于业界及具有潜在解决方案的其他来源——政府机构、国外院校及大学。市场研究发现将作为业务案例包的一部分予以记录。可从 FAA 投资计划及分析办公室获取有关筛选信息申请流程及投资分析活动的更多详细信息。

系统工程的作用：可能要求系统工程师进行市场研究或开展贸易研究，以确定最适合于满足方案需求的科学或技术。系统工程师可以帮助收集和筛选业界的技术回复。

4）更新方案需求

投资分析团队评估提供商针对初步需求的反馈，以确定放宽或修改许诺的概念是否能够接受其实施。其目的是在不影响利益相关者重要要求的情况下，对 FAA 目标性具有积极影响且具有创新性的多种解决方案进行评估。初始投资分析结束后，当投资决策当局批准初始项目需求文件（iPRD）时即开始下一步需求开发制定及验证工作；本文件反映业内输入，并且与提议进行投资的备选方案相一致。有关需求分析、管理及记录的更多指南，请参见 3.3 节需求分析。

系统工程的作用：系统工程师可采用来自利益相关者及承包商提议的输入来细化方案需求，以便在将关键性能保持在潜在解决方案范围内的情况下，降低成本或风险，或提升性能及收益。更新还提供了更为完整的功能及性能要求说明，以便指导筛选信息申请的回应。

5）评估安全风险

应按照安全管理系统（SMS）手册中的指南对进入投资评估的潜在投资进行系统安全评估。在初始投资分析中，该工作着重于编制比较性安全评估（CSA）。其目的是对替代解决方案的安全方面进行比较。为了缓和安全风险，常会引起项目需求文件中安全需求的增加或修改。

系统工程的作用：根据经验及举措的规模和复杂性，系统工程师可执行或支持安全评估并编写结论性文件。

6）准备初始实施战略及计划文件

在投资分析过程中编制实施战略及计划文件（ISPD），以说明实现某一特定解决方案所需的战略。该文件部分基于来自筛选信息申请的业界反馈，并且可能包含下列要素：系统及设备的采办、设施或基础设施的建造或改造、企业体系结构内的功能整合，以及服务采购。在初始投资分析过程中，投资分析团队为每个备选方案编写初始

实施战略及计划文件。这些文件并不会如同最终投资分析中针对已选取的替代解决方案的最终实施战略及计划文件那样详细。其目的是突出备选方案之间可能影响到成本和进度的特定差异。某些示例包括与非发展性项目（NDI）或商用现货（COTS）有关的数据权利、保障性问题、报废、配置管理及成本等。在 FAA 采办系统工具中的实施战略及计划文件模板规定了此时应当填写哪些内容。这些初始计划是投资决策当局确定应选择哪个备选方案的部分基础。有关填写实施战略及计划文件的更多信息请参见 4.1 节综合技术管理。

系统工程的作用：由系统工程师规定与各备选方案相关的系统工程范围及复杂度，然后估计不同的架构将如何对这些因素（例如成本、进度、风险、可靠性、可维护性、可用性、配置管理、人员整合、人员需求、文件编制、接口及专业工程等）造成影响。确定利益相关者认可的时间和方式是极为重要的。

7）进行初始可承受性分析

投资分析团队将各备选方案的预估寿命周期成本提供给资本投资团队。资本投资团队分析所推荐方案的预算影响，以及它相对于其他投资选项而言对满足 FAA 目的的贡献，从而做出出资决定。如果在资本投资方案基线内无法为某一解决方案出资，那么资本投资团队可能会提议从次级优先项目加以补偿。资本投资团队的初步预算影响评估，将决定投资分析团队的后续讨论。

系统工程的作用：系统工程未直接涉及此项分析，但可能需要提供寿命周期成本估算的补充信息。

8）验证和确认关键工作成果

初始投资分析验证活动中应优先考虑确保已制定初步方案需求及业务案例，其中应对某一符合此前工作中定义的要求、差距及不足的解决方案加以说明。应对工作成果进行验证，以确保所包含的各种必要数据是正确且符合相关模板及指南要求的。验证与确认确保支持最优备选方案的选择的相关信息是完整且准确的。投资决策机构可以利用它对所进行的工作进行“交互核对”，而且可以降低与投资决策相关的风险。投资计划及分析网站中的业务案例评估指南提供了有关业务案例验证的更多详细信息。

系统工程的作用：验证与确认是系统工程师的一项关键作用，因为这可以确保制定解决方案的过程中的每个步骤都生成优质成果，而且能够防止微小错误或疏忽在随后的阶段成为显著的障碍。系统工程师也需评估各备选方案对方案需求的满足程度是否得到清楚地表述，而且具有严谨分析的支持。需求的类别包括性能、可用性、兼容性、可移植性、互操作性、可靠性、可维护性、安全性、人因、后勤保障、文件编制、员工安置、人员及培训。在更新的方案需求文件中必须正确说明这些因素。主题专家时常会协助开展验证活动，尤其是在专业功能或技术方面提供协助。

9）制订最终投资分析计划

最终投资分析计划定义了随后阶段，即最终投资分析的各项工作活动、资源、进

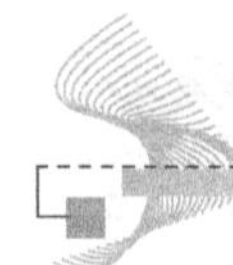

度、参与组织、团队成员、角色、职责及成果。其中规定了最终投资决策的进入和退出原则和日期。最终投资分析计划调用了必要的降低风险活动，例如分析、建模、模拟或其他研究。其中还包括与筛选信息申请发布相关的采购行为，以寻求承包商对解决方案实施的建议。投资计划及分析网站中的投资分析计划指南及模板为此项活动提供了更多详细信息和说明。

系统工程的作用：由系统工程师协助制订该计划，确保其中包含充足的资源，以完成编制产品规范及制定筛选信息申请等任务。

10）初始投资决策

当业务案例足够成熟时，应将初始投资分析的结果及建议提交给联合资源委员会（JRC）批准。在决策点之前，需完成并组织以下项目：概述材料及支持性文件、就绪检查单、验证已符合出口准则、利益相关者的协调、未决事宜或疑虑、送达金融审查机构的简报，以及投资决策机构成员事先简介。初始投资决策将根据方案需求、业务案例及初始综合安全计划文件选择进行最终投资分析的最优备选方案。联合资源委员会也可能驳回该备选方案并规定需要何种替代措施。由决策者确定哪个解决方案最有利于 FAA 的战略及性能目的，并且能够提供最大的经济效益。

系统工程的作用：系统工程师根据采办管理系统政策中规定的决策准则提供评估和选择备选方案的基础。如果该投资未推进到最终投资分析阶段，那么系统工程师的档案工作成果及草稿仍可作为经验教训。其角色也可随之变为返工，从而建议某一具有改进的成本效益比或更好的其他参数的备选方案，以便未来努力实现该解决方案。

表 2-3 概括了初始投资分析阶段中使用或开发的成果。

表 2-3　初始投资分析工作成果

成果	说明	支持流程
初始项目需求文件（iPRD）	更新初始方案需求以提供特定于该解决方案的功能及性能需求。用于从业界征询市场能力信息。初始项目需求并非承包商特定的	需求分析
企业体系结构产品及修订	在初始投资分析过程中，创建或更新企业体系结构产品。综合系统工程框架（ISEF）指导需要哪些成果	架构设计综合 接口管理 系统工程信息管理
比较性安全评估（CSA）	列出与服务更改有关的危害，以及各备选——危害组合的风险评估	系统安全工程
初始信息安全风险评估	有关初始投资分析过程中进行的信息安全风险评估的完整说明，请参考附录 3（FAA 采办系统工具中）系统采办信息安全指南	信息安全工程
建议的备选方案	对最适合于需求及服务不足的解决方案备选方案的说明	功能分析 决策分析 综合技术管理

续表

成果	说明	支持流程
初始业务案例	**捕获启动潜在投资的原因。其基本逻辑是，无论何时只要耗费了资源，都应当是在支持某一特定的业务需求**	**综合技术管理** **系统工程信息管理**
初始实施战略及计划文件（ISPD）	**实施战略是一个组织计划利用组织结构，控制系统和文化以发展和推进成果或项目结果的方式**	**综合技术管理** **系统工程信息管理**
草拟项目工作声明（SOW）	承包商需在某一合同下进行的特定服务或任务的详细说明。工作声明通常包含在合同之中	功能分析 决策分析 综合技术管理
运行能力综合计划（OCIP）	被选取的备选方案如何与投资组合及FAA企业体系结构中的投资增量相结合	综合技术管理 系统工程信息管理
最终投资分析计划	**一份完成最终投资分析阶段的计划。确保已投入充足的资源，以完成最终投资分析需求**	**综合技术管理**

注释：需要将以黑体字表示的成果 作为最终投资分析（FIA）的输入。

2. 最终投资分析

进行最终投资分析（FIA）的目的是使所选择的备选方案不断成熟，直到成为准备好实施解决方案的、低风险的FAA成功投资方案。通过以三个目标为重点的一系列活动来完成本阶段工作：

（1）降低投资风险。

（2）启动新资产采购。

（3）制订解决方案实施计划。

图2-7概括了采办管理系统寿命周期管理流程中最终投资分析阶段的必要输入、活动和输出。

最终投资分析		
输入→	活动→	输出
最终投资分析计划 选择的备选方案 初始项目需求文件（iPRD） 初始实施战略及计划文件（ISPD） 业务案例	确定关键计划要素 确定采办方案基线 降低风险并最终确定需求 评估安全性及信息安全风险 最终确定实施战略 承包商的征询及评估 进行可承受性分析 最终确定业务案例 编制服役审查检查单 验证和确认工作成果 主要系统工程流程： *需求分析* *决策分析* *架构设计综合*	最终业务案例 最终实施战略及计划文件 最终项目需求文件（fPRD） 采办方案基线 更新的EA产品 服役审查检查单 初步危害分析

图2-7 最终投资分析阶段示意

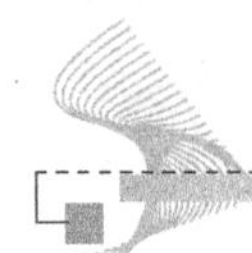

活动说明：

最终投资分析由多项活动组成，系统工程师必须执行、支持或追踪这些活动。以下更为详细地介绍了这些活动，虽然时常需要交叉和反复，但是其顺序大致如下。

1）确定关键计划要素

投资分析团队确定在整个寿命周期内获得并支持该解决方案所必需的各种行动和活动。这需要整个 FAA 进行广泛协调，以确定该解决方案及其运行资产获得高效且有效的寿命周期支持的各项必要活动。其中包括后勤保障、配置管理、测试及评估、信息安全、系统安全、人因、基础设施及通信等，该团队据此审查并修订最终投资分析计划。

系统工程的作用：系统工程师应确保有充足的可用系统工程资源，以完成最终投资分析活动。其中可涉及确定多个工程学科及组织的承诺。系统工程师也需考虑和计划下一阶段，即实施解决方案阶段所需的工程活动。可在初始工作分解结构（WBS）文件中加以说明。

2）确定采办方案基线

采办方案基线（APB）制定了服务组织负责实施的成本、进度及性能目标，并将按此对方案进行衡量。投资决策机构、服务实施组织与方案将提供的性能及能力有关的用户团体，以及授权成本及进度达成相互协定，在最终投资决策（FID）之前最终确定采办方案基线。采办方案基线包含源自最终版本关键最终投资决策成果的概要级别成本、进度及性能数据：最终项目需求文件（fPRD）、最终业务案例及最终实施战略及计划文件（ISPD）。如需更多指南，请参见《FAA 采办基线管理标准操作程序》。

系统工程的作用：在承包商回复筛选信息申请（SIR）后，系统工程师利用这些回复及最终业务案例协助服务实施组织制定采办方案基线的精确成本、进度及性能基线。

3）降低方案风险并最终确定需求

投资分析团队对与所提议的解决方案相关的威胁到性能、成本、进度和收益目标的方案风险进行详细检查。例如，可由相关支持组织开发仿真和原型机，以评估概念的可行性，而且运行能力演示可提供有关商业现成组件的反馈。采办方案基线包括风险消减成本及进度。

在完成风险管理计划及风险降低活动之后，将运行及性能需求（包括关键性能需求）的最终迭代记录在最终项目需求文件（fPRD）之中。初始投资决策中选择的解决方案必须满足这些需求。在随后测试过程中按照这些措施对解决方案的性能进行评估，以确定运行的适宜性和有效性。

系统工程的作用：由系统工程师领导识别及评估与该解决方案有关的技术风险的活动，同时制定适当的风险消减策略。将与利益相关者协调该流程的输出，以便认可资源和进度建议，并就将带入解决方案实施阶段解决的遗留风险达成一致。

由系统工程师领导解决方案功能基线评审工作，以确保服务实施组织并与在实施解决方案期间取得的能力相关的运行利益相关者达成一致。由系统工程师领导解决方案性能基线评审工作，以确保整体性能措施得以定义、紧密结合且成为设计和开发流程不可或缺的部分。最后，由系统工程师领导最终方案需求评审工作，以确保它们得以正确完整地定义并分配给适当的技术规范或合同交付物。该评审确立了最终需求基线、最终项目需求文件（fPRD）。

4）评估安全性及信息安全风险

在解决方案开发的这个节点，安全管理系统（SMS）手册要求采取初步危害分析（PHA）。由于此报告是针对在初始投资决策时选择的解决方案的，因而比之前的运行安全评估（OSA）和比较性安全评估（CSA）都更加详细。随后的安全评估持续反映出解决方案设计成熟度的提升。为了缓和安全风险，常会引起项目需求文件中安全需求的增加或修改。采用《FAA 采办系统工具中系统采办信息安全指南》附录 4 对解决方案的信息安全风险进行评估。

系统工程的作用：根据经验及举措的规模和复杂性，系统工程人员可执行或支持安全评估并编写结论性文件。

5）最终确定实施战略及寿命周期支持

在整个服务寿命内，FAA 标准工作分解结构（WBS）作为制定采购、部署、运行和支持该解决方案的整体战略的基础。在工作分解结构内对任务进行了足够详尽的描述，从而能够在最终业务案例及采办方案基线文件中确定并记录资源及进度。最终实施战略及计划文件（ISPD）是工作成果，其中包含该详细战略及对方案的成功至关重要的个人和组织的角色及责任。4.1 节综合技术管理中包含有关方案寿命周期计划的进一步指南。

系统工程的作用：由系统工程师规定与 FAA 标准工作分解结构（WBS）相一致的适用于工程学科及流程的独立寿命周期管理活动，包括人因、配置管理、可靠性、可维护性及可用性等。这些要素被融入所有其他方案计划活动之中，作为编制预估成本和进度及解决方案详细计划的基础。

6）总包合同报价的征询及评估

在初始投资决策之后，缔约主管将发出一个名为“报价请求”的筛选信息申请。报价请求中包括工作声明、最终功能及性能需求，以及用于所选备选方案的合同条款及条件。此外，还需要准备一份独立于政府开支的合同专用评估文件，用于协助评估合同提议。

由源选择团队制定采办战略及评估流程，然后对投标人发来的技术提议的完整性、技术适用性及合规性进行评估。该团队也会将承包商报价与政府估算的成本、收益、进度及风险进行比较。如果认为投标人的估算比 FAA 的估算更切合实际，那么该团队将会调整其风险管理计划及建议的基线。请注意，直到在最终投资分析阶段做出最终投资决策之后才会签订合同。

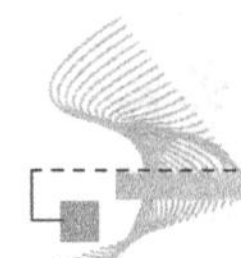

系统工程的作用： 系统工程师将协助缔约主管编写报价请求，并且可在源选择团队中任职。系统工程师利用来自主要利益相关者和承包商提议，在保留关键性能需求的情况下细化需求，降低成本或风险，或提升性能和收益。系统工程师将协助制定独立政府成本估算，并对承包商的提议进行技术评估。

7）进行可承受性分析

投资分析团队将向资本投资团队提供预估寿命周期成本。资本投资团队分析所推荐方案的预算影响及其相对于其他投资选项而言，对满足 FAA 目的的贡献，从而做出出资决定。如果在资本投资方案基线内无法为某一解决方案出资，那么资本投资团队可能会提议从次级优先项目加以补偿。资本投资团队的初步预算将影响评估，也将决定投资分析团队的后续讨论。

系统工程的作用： 在有限的资源环境中，可能要求系统工程师协助评估所提议的投资对机构目标的相对贡献。熟悉业务案例将有助于这项任务的完成。

8）最终确定业务案例

最终业务案例展示了实施所提议的投资方案的价值，并规定了实施该解决方案时所需的资源、预算、进度及合同基线。在最终投资决策时将其提交给投资决策机构。最终业务案例需要计算下述经济指标：风险调整成本、净现值、成本效益比及投资回报期。读者可从投资计划及分析组织获取进一步指导。

系统工程的作用： 系统工程师对所选择的备选方案进行彻底分析，以确保征询性能规格与最终方案需求相一致，而且实施战略符合机构标准的要求。系统工程师参与敏感度分析工作。敏感度分析将检测可靠性、可维护性、可用性、配置管理、人员综合、人力资源、文件编制、接口及专业工程等的变化将对解决方案的成本、进度及风险造成怎样的影响。由系统工程师最终确定用于最终投资决策的企业体系结构产品。

9）编制服役审查检查单

服役审查检查单是用于问题识别、记录及解决实施和部署的工具，它能够对解决方案的实施及寿命周期支持进行详细计划，而且可以确定服役决策的准备情况。在解决方案实施阶段结束时进行服役决策。

系统工程的作用： 系统工程师应参与服役审查检查单的编制工作，以确保现场应用某个新能力的各个关键方面都在解决方案计划及融资文件中得以解决，并且在其服务寿命期间得以维持。系统工程师也需确保在实施计划及预算中包括与遗留资产转变为新运行能力的开发、安装、测试及过渡相关的各项工程活动。

10）验证和确认关键工作成果

最终投资分析过程中的验证和确认活动的重点在于最终业务案例、最终方案需求、实施战略及计划文件（ISPD）及采办方案基线。这样可以降低风险并确保最终投资决策及随后最优解决方案的实施具有坚实基础。验证业务案例估算的活动都是现实且合乎逻辑的，并且是采用完善的做法制定的。在由投资计划及分析组织提供的业务案例

分析指南中详细介绍了业务案例的验证工作。按照验证和确认指南文件及 4.7 节验证与确认对所有其他方案记录进行验证与确认。

系统工程的作用：由系统工程师引领最终方案需求的验证与确认工作，并在必要时支持其他关键工作成果的验证与确认。系统工程师的验证工作在方案计划和预算文件中已对工程成本和活动进行充分说明。

11）最终投资决策

当关键投资分析工作成果足够成熟，且已经过完全验证和确认时，由该团队准备最终投资计划，并简要说明用于最终投资决策的材料。这是一项重大审查，并确定某一个投资机会是否应获批，以便进行出资和实施。投资决策机构在最终投资计划中批准、不批准或修改建议。如果该机构未批准此建议，此建议将返回至投资计划，而且附有关于此建议是否进行进一步工作或终止此方面努力的特定说明。如果该机构接受了建议，那么就可以实施以下工作：

（1）批准该投资方案的实施，并将责任委托给相应的服务实施组织。

（2）批准调整 FAA 计划及预算，以反映该投资决策。

系统工程的作用：系统工程师是为最终投资决策准备材料的团队中的一分子。

表 2-4 概括了最终投资分析阶段中使用及开发的工作成果。

表 2-4　最终投资分析工作成果

成果	说明	支持流程
最终项目需求文件（fPRD）	更新初始项目需求以便提供有关功能和性能需求的完整陈述。按照选择实施的解决方案制定最终项目需求，并在实施解决方案的过程中形成方案评估的基础	需求分析
系统规范	由方案需求衍生出的规范为所选取解决方案的功能及性能属性提供低级别详细说明	需求分析
企业体系结构产品	描述所建议解决方案的各个主要方面的众多“见解”。综合系统工程框架文件提供有关需要哪些文件的指导	架构设计综合 接口管理 系统工程信息管理
初步风险分析（PHA）	初步风险分析贯穿于系统设计阶段、制订采办计划和需求开发的过程	系统安全工程
最终信息系统安全评估	《系统采办信息安全指南》附录 4 作为在最终投资决策之前，记录信息安全风险最终评估、成本及与所选解决方案相关的收益的模板	信息安全工程
最终业务案例	来自之前阶段的业务案例的更新。最终业务案例展示了实施建议的投资方案可带来的价值，同时规定了实施该解决方案所需的资源、预算、进度及合同基线。在最终投资决策阶段将其提交给联合资源委员会	综合技术管理 系统工程信息管理
解决方案的风险	在最终投资分析阶段对危害到性能、成本、进度及收益目标的并且与所建议的解决方案相关的风险进行更加深入的研究	风险、问题和机会管理

续表

成果	说明	支持流程
解决方案的寿命周期工程（LCE）成本	计算所建议的解决方案在寿命周期的设计、开发、投入使用及运行费用的总和	综合技术管理 系统工程信息管理
草拟服役评审检查单	**一个帮助识别、记录及解决部署和实施问题的部署计划工具。可从 FAA 采办系统工具网站获取服役评审模板**	**综合技术管理 系统工程信息管理**
系统工程管理计划（SEMP）	系统工程管理计划说明了承包商的技术方法，以及对于综合系统工程工作的执行、管理和控制的提议计划	综合技术管理 系统工程信息管理
最终实施战略及计划文件（ISPD）	**利用组织结构、控制系统及文化制定并应用解决方案的计划。传达关于选定实施的备选方案的最关键的、最相关的且最有意义的信息**	**综合技术管理 系统工程信息管理**
工作声明（SOW）	**工作声明是对需要承包商在某份合同下履行的特定服务或任务的详细说明。工作声明是承包商合同的一部分**	**功能分析 决策分析 综合技术管理**
工作分解结构（WBS）	**工作分解结构规定了取得解决方案所必需的各项工作活动，它是项目计划和估计的基础**	**综合技术管理 系统工程信息管理**

注释：要求将以黑体字表示的成果 作为实施解决方案的输入。

2.2.5 实施解决方案

实施解决方案（SI）始于某投资项目的批准和拨款，并在所有地点推广某一新服务或新能力时终止。实施解决方案的首要目的是满足最终需求文件中所载的需求，并取得业务案例中的收益目标。为了能够达到上述目的，在整个实施解决方案期间服务组织必须与用户、利益相关者及承包商协作，以便及时解决出现的问题。

实施解决方案期间的活动千差万别，而且这些活动都是按照即将实施的解决方案或能力编制的。从本质上讲，采办管理系统管理寿命周期的该阶段由两个往往交叠却又不同的部分组成：成果实现、部署及转换。第一部分的工作将经批准的采办方案基线成果转换为包含设计解决方案的成果，例如硬件、软件、流程等。随后这些成果将被用于其预定目的，经过包含验证测试的流程安装并转换成为一种运行状态。

1. 成果实现

需要注意的重要一点是 FAA 与业界“插件制造商”获取解决方案的方式是截然不同的。虽然在概念化和初始开发阶段两者都会运用许多相同的系统工程原则，但是 FAA 几乎总是与外部承包商签订合同以开发并生成 FAA 取得并应用的资产，从而满足其自身的服务要求。这并不是说 FAA 是与其解决方案的实施和统筹相脱离的。系统工程师和主题专家对承包商执行关键的监督和咨询作用——明确需求、协助解决问题、支持测试活动并管理进度和预算。以下详述了在实施解决方案的过程中与系统工程最为相关的方面。

图 2-8 描述了成果实现子阶段（在其他系统工程手册中被称为“实施与统筹”）的输入、基础阶段活动及最终输出。

解决方案实施——实现成果

输入→	活动→	输出
最终方案需求和规范 采办方案基线 实施战略及计划文件	最终确定解决方案计划 获取解决方案 评估安全性及信息安全风险 确认运行准备就绪 验证和确认工作成果 *主要由承包商执行，由 FAA 进行监督和支持*	与承包商之间的合同 已生成的解决方案的安全性分析 测试报告 项目审查报告 培训材料

图 2-8　成果实现阶段

图 2-9 提供了有关某一个由硬件和软件组成的解决方案的成果实现过程中所涉及的某些实施及整合活动的简单概念性描述。请注意，并非每一个解决方案要素都是从头开始创建的。通常情况下，最终设计的组成部分是具有之前已展示出的性能特性及质量控制的商用现货成果。在某一设计中采用商用现货成果可简化验证测试并降低风险。同时该图也表明，如果在验证计划中没有合适的减缓措施，那么某一个失败的验证测试结果将会是该要素或组件的重建或重新设计。虽然 FAA 系统工程师通常会参与验证测试或对其进行监管，但是图中所示步骤通常是由承包商进行的步骤。

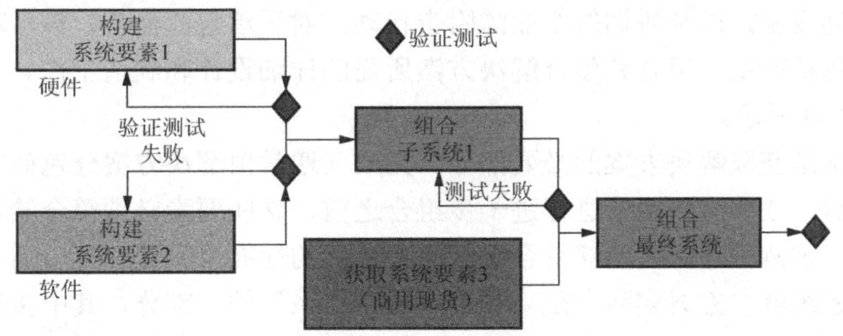

图 2-9　概念上的整合流程

实施解决方案活动如下：

成果实现由多项活动组成，系统工程师必须执行、支持或追踪这些活动。以下更为详细地介绍了这些活动，虽然时常需要交叉和反复，但是其顺序大致如下。

1）最终确定解决方案计划

由主要方案的利益相关者和承包商代表加入实施团队，以确保在最终投资分析过程中进行的各项实施计划是完整且现实的。其中可能包括将实施战略及计划文件中的总体战略转换为针对方案实施及寿命周期支持各个方面的特定学科计划。示例包括测试及评估主计划、系统工程主计划、配置管理计划及综合后勤保障计划。所需计划取决于方案的复杂性。在方案执行过程中明确规定各政府组织及承包商的角色是至关重要的。例如，如果需要安装新系统或者需要对现有设施进行改造，那么服务组织计划人员必须与服务区域办公室协作，以便在需要时有可用的人员和资源。

系统工程的作用：系统工程师应确保已有充足的技术计划，而且能满足为获取解决方案所必需的各系统工程学科需求。系统工程师具有下述职责：

（1）确保按照承包商的系统工程管理计划执行工作。

（2）参与（合同）签订后的会议以确保对需求的相互理解。

（3）制定技术措施以监控该项目。

（4）基线技术风险并制订缓解计划。

（5）编制技术审核的进入和退出准则。

（6）确定参与技术评审的独立主题专家。

（7）协助制定综合主进度任务及由此产生的成果。

（8）准备综合基线评审工作。

2）获取解决方案

该活动包括制定解决方案使其准备好运行和使用验证并部署运行环境所需的各项必要任务。对于 FAA 而言，获取解决方案通常包括下述活动，例如合同签订、合同管理、方案管理、资源管理、风险管理、系统工程、后勤保障分析、测试和评估，以及现场采集和适应。其中还可涉及制定运行规程和培训材料，确保实物、人员和信息安全，改造基础设施，以及协调航空业的附带行动。对于承包商而言，该活动具有大量内容，其中包括产生、组合和整合解决方案所需的详细设计和制造工作。有关该流程的概念如图 2-9 所示。

验证测试是获取解决方案的必要部分。完成（通常由解决方案分包商完成的）解决方案要素后，在将这些要素进行进一步组合之前，这些要素必须符合验证计划中制定的规则。经过测试确保其能够符合组合的各层级的性能、设计和接口需求。大多数国家的空域系统解决方案实际上是某一个“系统体系”的一部分，其中接口是尤为关键的。此项活动伴随着验证和验收测试，以证明设计解决方案的端对端运行。

系统工程的作用：系统工程师通常作为该项目的技术主题专家。在开始详细设计之前，该角色需要参与用户访谈、快速成型、演示，或能够适当地且意思清晰地展示其他活动。由系统工程师监督并监控方案设计评审，例如系统设计评审、初步设计评审和关键设计评审。系统工程师还审查和批准技术合同的交付成果。

系统工程师也会积极考虑技术融合、业务融合及用户融合。技术融合可定义为将不同的技术融合成为一个功能整体。业务融合是指当多个组织共同完成某一系统时所出现的问题，也可指业务流程的整合。用户融合解决人因问题并着重于从终端用户的角度考虑该系统。

3）评估安全风险及信息安全

在实施解决方案期间由安全专家进行多种分析：

（1）子系统危险评估（SSHA）——检查各子系统或组成部分以确定并分析危险。

（2）系统危险评估（SHA）——分析某一个系统与其他系统，以及与其子系统之间的接口。

（3）运行与支持危险评估（O&SHA）——主要识别并评估与人员和设备之间的交互相关的危险。

（4）系统安全评估报告（SSAR）——对系统中的风险进行整体评估。

《系统采办信息安全指南》中规定了必须在实施解决方案的过程中完成的任务。

系统工程的作用：根据经验及举措的规模和复杂性，系统工程人员可执行或支持安全评估并编写结论性文件。

4）确认运行准备就绪

此项活动包括将解决方案安装于指定测试现场并对其进行彻底评估，以确保运行准备就绪的各项必要任务。运行准备就绪包括运行效能及运行适用性。运行效能衡量该解决方案对服务要求和运行需求的满足程度。运行适用性能衡量某一成果与其预期环境及准备的现场使用的结合程度，其中需要考虑诸如兼容性、可靠性、人因性能、维护和后勤保障、安全和培训等因素。在一些地点已经实现了某一解决方案的安装、测试准备，这些地点包括 FAA 学院（FAA Academy）、FAA 物流中心（FAA Logistics Center）或者威廉·J·休斯技术中心（William J. Hughes Technical Center）。在某一解决方案可进行运行使用前，需要正式宣布其运行准备就绪的日期。

系统工程的作用：系统工程师应确保为运行准备就绪评估提供充足的活动和资源以完成其目标。系统工程师根据合同规定的活动，确保主要承包商能够证明其符合合同规定，从而得到政府的认可。

5）验证和确认关键工作成果

在整个解决方案实施阶段，该方案团队要验证并确认在实施解决方案过程（包括部署和过渡活动）使用的关键工作成果。关键工作成果可包括承包商合同、架构设计文件、接口文件及硬件/软件产品规范。验证活动为解决方案阶段的合同签订、概要设计和详细设计评审、产品验收和确认、售后服务等提供支持。读者如需进一步指南，请参见 4.7 节“验证和确认”。

系统工程的作用：在实施解决方案的过程中，系统工程师协助有关人员对关键工作成果进行验证和确认。

表 2-5 概述了实施解决方案阶段成果实现部分使用及开发的工作成果。

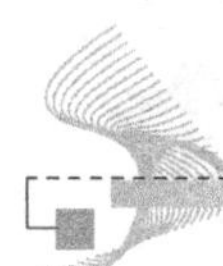

表 2-5　成果实现的工作成果

成果	说明	支持流程
有关系统规范的协议（注释：可包括接口控制文件、精确的系统规范、系统/部分规范）	系统需求评审（SRR）的成功成果。系统需求评审是确定以下目标： （1）系统需求是否完整、一致、可实现。 （2）政府及承包商是否对此有清晰的共同理解的基础。 当承包商进行该评审时，政府在评审前明确规定期望、标准及积极参与该活动，从而起到积极的作用	功能分析 需求分析 决策分析 专业工程
批准开始详细设计	初步设计概念和文档经过正规的评审后，确认能够满足要求	功能分析 决策分析
子系统风险分析（SSHA）	当进行子系统或者组件功能集成时，应执行子系统风险分析。承包商应检查每个子系统或组件，明确与正常或非正常运行有关的错误，并确定组件的运行、故障或者任何其他异常会对该系统的整体安全造成怎样的不利影响	系统安全工程 信息安全工程
系统风险分析（SHA）	对某一系统进行安全风险评估，分析某一系统与其他系统之间的接口，以及被调查系统中的子系统之间的接口。将由承包商进行的子系统危险分析的结果作为系统危险分析的输入	系统安全工程
风险	与所提出的解决方案相关的风险	风险、问题及机会管理
行动申请（RFA）（适用时）	当设计的某些方面无法满足需求时，申请采取行动以纠正该问题	需求分析 决策分析
生产决策	关键设计评审（CDR）的成功成果，其中评估了设计的完整性、设计的接口，以及开始初始制造或开发的适宜性。注释：可作为决策分析报告（DAR）的一部分	决策分析 专业工程
测试成熟度评审（TRR）成果	承包商采用类似 MIL-STD-1521B 中的流程进行系统测试成熟度评审（TRR），从而提供证明文件以证明满足开始正式资格测试（FQT）的各项必要需求。包括最终系统测试规程及协议，以推进正式资格测试工作	系统工程支持下述来源的信息： 决策分析 综合技术管理
验证和确认解决方案成果	进行正式资格测试（FQT）表明所提议的解决方案可执行各项所需的设计功能而且满足最终需求	综合技术管理 验证与确认 专业工程
功能配置审核（FCA）报告	确认该系统及各子系统可按照其功能及分配的配置基线执行所要求的各种设计功能。其中可包括所要求性能与经验证性能之间的差异	配置管理
确认项目基线	来自物理配置审核（PCA）的输出。在完成各项测试程序后，由服务团队在尽可能接近首个单元的生产时进行物理配置审核。物理配置审核按照设计文件检查“完工”产品，以确定产品基线。物理配置审核包括工程图纸、规范、技术数据和硬件配置项（HWCI）生产中采用的测试，以及计算机软件配置项（CSCI）设计文件、代码清单和手册的详细审核。评审包括对已发放的工程文件及质量控制记录的审核，以确保在该文件中反映出“完工”和“按编码”配置	配置管理
基线和更新的基线	在配置管理过程中制定基线，以更新基线的形式发布有关基线的更改	配置管理

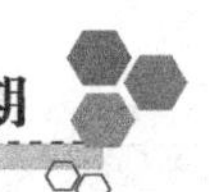

2. 部署和转换

成果实现期间进行的活动可确保该解决方案已做好应用于现场的准备。在测试时设施成果或系统可能已具有完美的表现，但是它也必须能够在运行环境下满足方案需求。部署和转换（D&T）活动可保证成功部署该解决方案并将其转换为可运行状态。

部署和转换子阶段包含某个解决方案所必需的多种计划、评估和编制活动的现场应用；这些活动确定了解决方案的成熟度并保证了运行系统的完整性。为了实现可靠的部署和转换，需要在寿命周期的早期进行全面计划及服务机构、签约承包商及相关区域和设施人员的协作努力。

当在多个现场应用某个解决方案时，可在制定解决方案时开始部署工作。其基本目的是为了能够在转换运行新产品、新能力或新功能之前，保证已考虑运行的各个方面。同样地，也可在将解决方案部署于各现场之前开始转换活动。转换的目的是为了促使遗留资产或系统向新安装的解决方案的无缝运行切换。减少或避免风险是至关重要的，这取决于受新解决方案影响的运行类型。

在 5.2 节寿命周期工程中探讨了综合后勤保障计划（ILSP）的编制工作，其中记录了如何将来自运行资产的运行和维护转换为其替代物，包括准备、安装、测试、双重操作、培训和处理问题。转换流程最终将解决方案的管理权和运行支持责任从开发实体转移给运行和支持组织。

图 2-10 概述了部署和转换的关键输入、活动和输出。

解决方案实施——部署和转换		
输入→	活动→	输出
制定的解决方案 服役评审检查单	部署计划 服役管理更新计划 编制服役决策 将解决方案部署于各个现场 转换运行	安装解决方案 测试及评估报告 服役管理计划 运行准备状态声明

图 2-10　部署和转换阶段示意

活动说明：

部署工作由多种活动组成，系统工程师必须执行、支持并追踪这些活动。以下更为详细地介绍了这些活动，虽然时常需要交叉和反复，但其顺序大致如下。

1）部署计划

部署计划用于准备并评估某个待实施的解决方案的成熟度，而且也包含在综合后勤保障计划之中。部署计划是始于寿命周期管理流程早期的持续服役评审的一部分，通常在概念及需求定义阶段制定需求时进行此项工作。部署计划涉及许多关键功能学

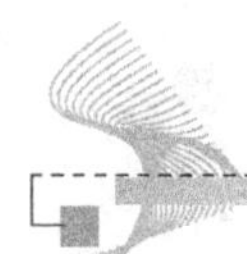

科的协调和参与。在权衡与这些功能学科相关的成本、进度、性能和收益时也必须考虑部署和转换的影响。诸如服役评审检查单等部署计划工具有助于确定、记录并解决部署和转换问题。

部署计划方法包括定制的通用工具、带有其他新出现问题（例如，确认测试问题）的综合检查单、制订行动计划以解决检查单问题，以及记录问题的解决和缓解结果。部署计划记录于承包商工作声明和其他文件中。在采办评审时定期通报部署计划的结果和问题解决方法，这些结果和解决方法将在服役决策（ISD）会议上展示，在服役决策备忘录中加以总结，并在服役决策之后的跟进和监控活动中进行审核。

系统工程的作用：系统工程师需保证技术规划是完整的，而且确定有充足的工程资源用于所有预定设施以便部署该解决方案。系统工程师也需确认部署规划包（软件）与日常运行相兼容。系统工程师必须对怎样解决现场遗留的系统整合问题具有深入的了解。

2）服役管理更新计划

服役管理更新计划确定了如何在该解决方案的整个寿命周期维持并管理该解决方案。该活动着重于服役支持，但也包括实施后对资产的评审及运行定期评估。这些能够衡量性能和保障性趋势，而且包括服务水平评审、产品维持策略、服务寿命延长，以及最终从服务中去除相关工作（包括恢复现场）。

系统工程的作用：在该解决方案的整个计划使用寿命期间，系统工程师将确保用以维持该解决方案的技术计划是充分且可行的，而且涉及所有必要的系统工程学科。系统工程师应审查并更新与预防性和纠正性维护、供应链管理、二级维护及由软硬件部门支持的有关寿命周期技术计划文件。系统工程师也需确认经由维护资源需求、备件/维修件、测试和支持设备、人力资源、培训资源需求、环境、安全和健康（工作）实现计划的寿命周期支持和管理结构。最后，系统工程必须帮助评估被替换运行资产的停运计划，同时考虑环境法律、法规和指令（要求）。

3）服役决策

为了继续执行服役决定，负责部署该解决方案的服务组织必须首先完成下述活动：解决运行服务组织和综合后勤管理团队发现的所有配套问题；完成由服役评审检查单和独立运行分析报告（如适用）而提出的管理行动；解决利益相关者的问题；编制服役决策简报和行动计划；取得关键利益相关者的认同。如果服役决策机构认为该解决方案及其支持包已足够应用于运行环境之中，将批准该计划并开始随后的部署和转换活动。

系统工程的作用：系统工程师在从服役决策机构获取有利于决定的各个方面意见，为方案主管提供技术和程序方面的支持。

4）将解决方案部署于各个现场

在做出服役决策之前，必须将该解决方案部署于至少一个运行现场。部署解决方案包括将该解决方案安装于各个现场及使其进入使用状态的各项必要活动。其中可涉及将设备运输并交付到各个现场、安装和检测、承包商验收和检验、与其他资产的融

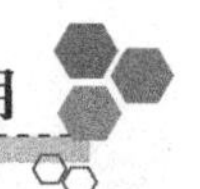

合、熟悉现场、初始运行能力声明、共同验收和检验、双重运行、运行准备情况声明，以及对陈旧设备的清除和处理。从解决方案实施到服役管理的转换将随着时间推移而延伸，当各个现场做出运行准备就绪或调试声明时即可开始转换过程。

系统工程的作用：为达到完美运行能力，系统工程师应确保解决方案的运输、交付、接收、处理、组装、安装、检验、培训、运行、放置、存放或现场应用的各项必要活动都是完整且高效运转的。

5）计划并执行运行转换

运行转换通常是部署活动的平稳延续，其中包括下述任务：操作工培训、后勤支持、交付规则、问题解决、切换计划及安装规程。完成转换通常需要进行以下特定任务：

（1）为新的解决方案进行现场准备。

（2）安装、整合并验证新的解决方案。

（3）用户及维护人员培训。

（4）进行运行评估（包括对指定解决方案的独立运行测试和评估）。

（5）在现场进行双重运行。

（6）实施切换计划。

（7）记录实施后的问题。

（8）使现场进入运行服务状态。

系统工程的作用：系统工程师应确保技术计划的完整性，并且在所有预定现场都有充足的工程资源可用于转换活动。根据风险水平，系统工程师也可能需要制订针对任何异常现象的应急计划。系统工程师应保证按照经批准的 FAA 指南和良好的系统工程实践进行各项转换任务。系统工程师对这些活动进行监督并提供质量保证，同时也可作为某些转换任务的关键参与者。表 2-6 总结了在实施解决方案阶段一部分关于部署和转换的工作成果。

表 2-6　部署和转换的工作成果

成果	简要说明	支持流程
基线变更	当某一未解决的潜在更改或更新可能影响其工作成果时，向所有配置管理（CM）用户提供基线变更	配置管理
配置登记报告（CSAR）	配置登记报告（CSAR）提供配置项目或工作成果的当前状态。可以采用电子方式生成配置登记报告，并由支持配置管理流程在需要时或按预定的时间间隔提供此报告	配置管理
运行与支持风险分析（O&SHA）	主要由承包商进行，以确定并评估与人员和设备/系统之间相互照应有关的风险。这些相互照应包括在该解决方案的整个寿命周期内进行的各项运行	系统安全工程
运行基线	运行基线是经批准的技术文件，其可反映已安装的运行软件和硬件状态。它代表了适应于当地状态的产品基线。运行基线包括最初描述某些已交付的解决方案的技术文件	配置管理

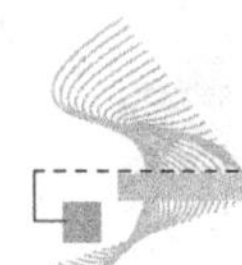

续表

成果	简要说明	支持流程
系统安全评估报告(SSAR)	在现场应用和运行该解决方案之前，为管理层提供关于解决方案风险的全面评估。通过提供分析和测试结果总结完成该报告	系统安全工程
系统安全项目计划（SSPP）	安全办公室将审核主要承包商的系统安全项目计划（SSPP）。如果该计划符合各种需求，安全办公室将接受该计划	系统安全工程
安全授权	所有投资项目都必须取得安全授权，其中将针对强制性安全需求对输出和成果进行评估	信息安全工程
操作者和用户手册	规定应如何正确使用已安装的设备或软件的手册	综合技术计划 系统工程信息管理

2.2.6 服役管理

服役管理过程中的活动可以支持 FAA 空中交通管制和其他服务任务的执行。它向系统、产品、服务和设施提供实时运行、维护、保护及维持，以便提供用户和客户所需的服务。它同时也提供针对现场产品和服务的定期监控和评估，以及用于服务和投资分析的性能数据反馈。将性能数据反馈作为使需求重新生效以便维持已部署的资产或采取其他措施从而提升服务交付的基础。

服役管理计划文件着重于支持已部署资产的持续运行和维护措施和活动。这些文件中对服役管理活动做出了明确规定，例如，配置管理、预防性和纠正性维护、培训、基础设施支持及后勤支持，以及支持实施后的评审和运行分析的计划活动。国家空域系统运行环境变更、需求或接口设备变更、安全和安保问题、长期或周期性发展问题、补给零件供应商的流失，以及重要国家空域系统更改建议书（NCP）评审可能需要系统工程的支持。

当预计某个已现场应用的能力无法满足服务需求时，或者其他解决方案能够提供更高的安全性、更低的成本或更好的性能时，服务组织将发起行动以进入通向新投资决策的服务分析流程。关键是应当关注足够远的未来，以便在现有能力发生故障或被淘汰之前有充足的时间批准和实施某一新的解决方案或技术更新。可能需要系统工程师编制计划档案（遗留物规范、业务案例及其他采办管理系统文件），以便在使用寿命结束之前的很长时间支持替换计划。

图 2-11 总结了服役管理阶段的关键输入、活动和输出。

活动说明：

服役管理由多种活动组成，系统工程师必须在整个寿命周期执行或支持已安装的解决方案。以下更为详细地介绍了这些活动。

服役管理		
输入→	活动→	输出
已安装的解决方案 成果记录文件	交付并维持服务 进行运行分析 维持该解决方案 管理风险 保存记录文件	更改建议书 应急维持计划 差异报告 运行分析报告及行动计划

图 2-11　服役管理阶段

1）交付服务

在开发阶段之前计划、分配及出资，按照基础设施、流程、人员和其他资产进行服务交付。

系统工程的作用：系统工程师通常不会介入 FAA 的常规运行工作。当出现应急行动时，系统工程师可起到作用。

2）维持服务

贯穿服役管理的管理和工程工作能够维持并改进服务交付，纠正成本和性能标准的偏差并提高质量。这些工作包括为了解决潜在或已发现的技术问题而修改软件和硬件，为了提升性能而进行的流程更改，能够降低运行成本的计划模块升级和产品改进。其中涉及管理人员、信息系统、预算、后勤保障、备件、技术资源及其他指定资产。管理技术包括财政和人力资源计划、合同签订和管理、财政和方案控制及流程管理，以实现成本、性能和效益目标。对已现场应用的资产的任何修改都必须符合企业体系结构的要求。若某项计划修改需要进行架构更改，则必须制定并批准适当的修订和产品。

系统工程的作用：系统工程师通过完成下述一项或多项工作来分析、建议和实施所提议的软件/硬件，并支持能够提升解决方案的修改工作：提出已发现的问题，进行流程更改以提升性能，进行软件或硬件升级，进行能够降低运行成本的维持行动。系统工程师有助于编制应急维持计划和延长服务寿命计划。

3）进行运行分析

定期对已现场应用的资产进行运行评估有助于确定是否已达到性能和客户期望。在整个服役管理过程中持续进行此类评估，以帮助发现性能不足、所有权成本的趋势及负面支持的趋势。所收集的信息有助于评估和解决系统性问题，并形成是否继续维持现有资产或建议新的投资或升级的基础。

进行服役决策制定时必须考虑以下两个因素：

（1）评估技术植入或能力更换的时间。

（2）确定使用已批准的维持基准资金是否可实现修改或改进工作。

若维持资金无法支持解决方案的工程更改，则通过标准采办管理系统寿命周期阶段确定（资金）缺口。如果在维持资金的范围内能够进行修改和/或性能优化工作，那么可在实施解决方案阶段采用多种系统工程原理在较小规模（进行工作）。特定系统工程流程的应用及相关努力的程度都取决于升级的范围。

系统工程的作用：系统工程师对已现场应用的资产当前和过去的运行数据进行评估，以确定是否已达到了预期的性能和客户期望。其工作也包括编写任何必需的硬件差异报告。

4）维持解决方案

对已现场应用的资产进行的更改必须伴有相关支持基础设施（例如培训、文件、备件及相关工程支持）的更改。其中包括直接操作、维护和/或支持该资产的人员的培训工作。

系统工程的作用：由系统工程师负责维持与已现场应用的资产的更改有关的众多组成部分。其中可包括诸如规程、培训及软件硬件修改支持等。

5）管理风险

在整个服役管理过程中都必须对风险进行管理。应定期对在寿命周期前期编制的风险计划进行评审，以确保其充足性。必要时应采用风险计划以降低风险。

系统工程的作用：系统工程师负责为各种风险问题提供工程观点。其中包括有关通过改变规程或提供培训从而降低潜在风险的建议。

6）保存产品或服务文件

为了保证配置控制和 FAA 报告需求，应准确保存产品及服务要求文件。

系统工程的作用：由系统工程师提供需要存档的信息，并向参与编写这些文件的运行人员提供工程方面的观点。系统工程师应关注的一个重点问题是保持最新的配置记录。

表 2-7 总结了服役管理阶段开发和使用的工作成果。有关这些档案及本阶段其他方面的更多细节请参见本手册的参考文献。

表 2-7　服役管理工作成果

成果	说明	支持流程
持续性投资建议	通过能够确认服役支持和资金情况的可衡量形式提供风险、就绪情况、配置和趋势评估，采用服役性能评审（ISPR）的输出结果描绘所部属资产的服役技术特性及运行健康状况	系统工程可使用下述方面支持该方案： 综合技术管理 系统工程管理
应急持续保障计划	有关一旦出现可能影响某些方面正常运行的紧急情况时继续运行的计划。计划应包括公用事业、建筑物、场地、构筑物、道路、电信和安全性的维持	风险、问题和机会管理 综合技术管理
硬件差异报告（需要时）	在整个服役管理期间，由服务团队引导资产性能的持续监控、追踪和评估。当发现硬件差异时，发出相关报告	综合技术管理 验证和确认
国家空域系统更改建议书（NCP）（需要时）	申请进行国家空域系统更改的正式方式。通常是当由于系统运行过程中的新发现而需要改动某个系统或系统中某部分的最终规范时采用本建议书	配置管理

第 3 章　系统工程流程

本章介绍并详述了将概念转化为解决方案时，必须执行的几个不同的系统工程流程。这些流程出现在 FAA 采办管理系统寿命周期框架内，如第 2 章系统工程与采办管理系统寿命周期所述。

3.1　运行概念的开发

运行概念实质上是一个提议，在该提议中列出了 FAA 的资源（人员、技术和规程）如何通力合作以完成一组明确定义的目标或要求。FAA 的政策、计划和指导中的多种要素，例如国家空域系统（NAS）企业体系结构、采办管理系统、下一代航空运输系统（NextGen）执行计划、基础设施计划图，以及行业和学术方面的外部研究等为开发所做出的努力提供了基础和框架。运行概念的开发包括两项关键工作——概念开发和概念确认。必须逐渐增加并反复开展这两项工作，以达到可以对可行的解决方案进行分析并用于 FAA（FAA）的投资行为中的状态。

1. 概念开发

概念开发是通过一系列的行动而取得的进展。这些行动包括以下几项：确定并分析解决方案以满足利益相关者的运行要求，系统地调查这些解决方案的可行性，并最终形成一个完整的概念评估工作平台。概念开发从详细地描述一个运行概念着手。描述的详细程度应足以评估利益机制，确定研究问题，发展并形成初步需求。随着研究工作的开展，应将这种详细描述记录在一份运行概念（ConOps）及其他文件中。

2. 概念确认

概念确认是一项支撑概念开发并确保所开发的是正确的运行解决方案，以满足确定的服务要求的流程。概念开发和概念确认两者之间的关系是密不可分的，因为概念确认工作有助于指导概念开发工作。概念确认能够确保涵盖了所有有关运行的方面，并针对某个提议的解决方案所带来的预期效益进行量化和质化的工作提供帮助。在概念开发过程中应反复进行确认工作，以降低执行风险。应将这些工作的结果向利益相关者公布，并与用户团体进行协调，从而决定是否需要修改概念，以及是否需要进行进一步的确认工作，可开发模型或原型等产品已不断趋于成熟的概念。

可以在不同层面上开发运行概念。例如，一方面，一个服务层面的概念很可能影

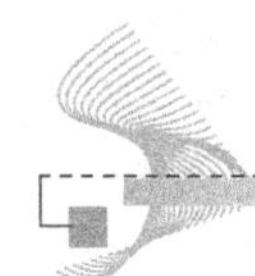

响整个国家空域系统运行概念或成为国家空域系统运行概念的一部分。另一方面，则是描述一个单独的技术解决方案或运行改进工作的解决方案层面的概念。保持低级别概念与其相关的较高级别概念的一致性是十分关键的。确认工作有助于确保这种一致性和两者之间的关联。

运行概念开发的最终结果是形成一份经充分审查的运行概念文件，以及对服务不足、概念成本、效益和相关风险的初步分析。运行概念文件从定量和定性的角度阐述了利益相关者的要求，并从用户角度描述了预想的解决方案。随着运行概念的开发和评审工作的开展，按照 3.3 节需求分析中所述，将利益相关者的要求提炼为运行需求。通常在采办管理系统寿命周期的服务分析和战略规划阶段进行运行概念开发工作，特别是被称为服务分析研究（RSA）的支持性工作，其重点就是概念开发工作。本章从高级别的角度审视了服务分析研究，以下是对所要求的个人努力和工作产品更详细的描述。

图 3-1 是运行概念开发流程中的关键输入、活动和输出简介。

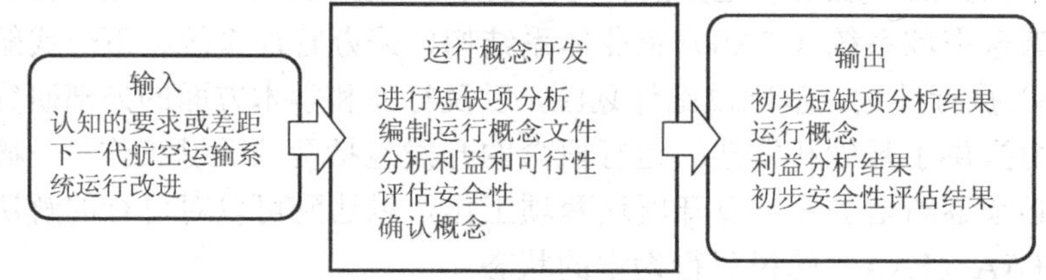

图 3-1　运行概念开发简介

3.1.1　输入

运行概念开发的输入包括以下内容：

（1）认知的要求或差距。

（2）下一代航空运输系统运行改进。

3.1.2　流程的组成

运行概念开发包括以下活动：

（1）进行短缺项分析。

（2）编制运行概念文件。

（3）分析概念的利益和可行性。

（4）评估概念的安全性。

（5）确认概念。

（6）明确研究问题（例如人为因素）。

由于概念开发和确认工作的固有反复性，因此这些活动不一定按照所列出的顺序进行。

1. 进行短缺项分析

在确认新概念的同时，也需确认服务中的短缺项，以改善服务表现。服务短缺项是指未来服务要求与当前服务能力之间的差距。当短缺项对国家空域系统（NAS）造成影响时，该短缺项将进入下一代航空运输系统中期运行概念的更改开发和分解流程，以决定该短缺项将如何适应国家空域系统。关于对下一代（NextGen）中期运行概念更改流程的进一步指导，请参见2.3.1节采办管理系统政策。完成短缺项分析的关键活动包括下述内容：

（1）收集关于服务环境的信息。改进服务交付和航空服务需求预测构成了确定和优化服务需求和服务短缺项的基础。来自客户和用户的输入和反馈是构成这一信息基础的一部分。

（2）分析服务短缺项和概念。从业务、技术、组织、流程和人员方面确认会影响服务结果的问题及相关的假设、风险和从属性。

（3）评估FAA战略和性能目标。服务短缺项应反映出当前的服务表现和实现FAA的战略和性能目标之间的差距。对服务短缺项的分析必须具有足够的价值，从而保证被管理局的战略规划文件所采纳。

（4）准备初步的短缺分析。对短缺项进行分析，以便作为理解问题的紧急性及其影响的基础。在这个阶段，应使用服务改进等级，而非具体表现值来描述短缺项。

初步短缺分析是用来确定服务短缺或新概念是否已在可操作的运行概念中予以叙述。将服务短缺项作为运行改进项（OI）和运行维持项（OS）记录在运行概念中，即改进或维持目前运行所必需采取的举措。在决定应该将新的短缺项合并入新的运行能力开发工作还是现有的运行能力开发工作之后，继续将在可操作的运行概念范围内的新的短缺项分解成为运行需求和投资举措。针对不在运行概念中的短缺项，必须确定需要进行哪些开发或确认工作。

2. 运行概念文件的编制工作

运行概念开发的一项关键工作成果是形成可操作的运行概念，这是一个记录概念的设想、约束和运行环境的主要资料档案库。可操作的运行概念清楚地陈述了概念在预期运行环境中的运行特点和功能特点。运行概念的初稿应包括以下内容：

（1）对相关运行改进项的可追溯性。

（2）对问题的明确定义。

（3）所有相关的设想和约束的列表，包括基于相互依存的机构所采取的措施的设想和约束（例如，有重叠功能性的下一代航空运输系统概念）。

（4）对概念的运行环境的描述。

（5）对预期利益的概述。

这些概念层面的需求是最初步的运行需求，在进行需求分析时将会继续对其进行改进。

3. 概念的利益和可行性分析

按照对下一代航空运输系统的展望，所开发的概念应该为FAA空中交通运行的改善做出贡献。下一代航空运输系统实施计划描述了运行改进给航空领域带来的利益。只要概念是用于支持下一代航空运输系统运行改进项，就可以列出这个概念所带来的利益。

所涉及的流程、人员或厂房地址更改的概念可能包含技术、政治和文化因素。本系统工程手册仅从概念的技术方面予以陈述。评估概念的可行性包括概念的整体性、概念的发展性和概念的可量测性。具有代表性的工作包括模拟实验、样机研究和实地验证。

4. 概念的安全性评估

编制初步安全性评估文件的目的是，确定所提议的概念在安全方面的潜在利益和危害。可以通过多种方法完成安全性评估，但是通常采用的方法是在运行环境中对所提议的更改进行一对一的分析或任务分析。

与安全相关的进一步活动集中在所提议的可操作的概念执行过程中，对具体危险进行确认和特征描述。这些工作的重点是支持可操作安全性评估（OSA）工作，因为该评估将成为概念过渡文件包的一部分。当流程接近尾声时，应已完成安全性评估中的可操作服务和环境说明（OSED），以及可操作危险评估（OHA）部分的实质性编制工作。

5. 概念确认

如前文所述，概念开发和概念确认通常是并行但又彼此独立的两个流程。这些流程有助于系统地研究一个因提议而产生的概念将会对国家空域系统带来怎样的影响。概念确认是一项关键且连续的工作，它能够确保所提出的概念能够恰当地解决问题，并满足所规定的服务要求。并不是所列出的每一种确认方法都能够恰当地应用于所有概念，因此在选择所使用的方法时应考虑周全。一般来说，此处列出的所有确认工作均要求来自用户组的某种形式的输入，用户组可以是主题专家，也可以是系统用户。

在概念确认流程中经常使用的技术方法如下：

（1）理论研究法。

（2）知识启发法。

（3）认知走查法。

（4）建模法。

（5）人为表现研究法。

（6）快速模拟研究法。

（7）实时真人模拟法。

（8）快速成型法。

（9）现场试验验证法。

关于所有这些分析和确认活动的详细情况，请参见概念开发和确认指南文件。此外，3.5 节跨领域技术方法中叙述了模型、模拟和原型在系统工程中的使用。

3.1.3 输出

运行概念开发是对一项提议的能力、技术或程序（统称为一个概念）进行描述和评估的流程，该流程最终运用于投资分析。概念开发的工作重心在于建立和改进运行要求、运行属性、初始性能参数和约束限制。这些因素被转化为初步运行需求，这些需求可能包括前期性能参数的目标和临界值、可承受能力的约束及技术约束。该流程的最终输出通常为以下内容：

（1）初步短缺项分析。

（2）一份经全面审查的运行概念文件。

（3）效益分析——对概念成本和预期效益的初步分析。

（4）初步安全性评估。

（5）针对需要进行更多调查的问题所做的研究。

3.1.4 概念成熟度等级

概念成熟度等级（CML）是用于测量一项正在开发的概念成熟度的体系。使用概念成熟度等级的最初目的是为了对概念的开发状态有一个统一的认识。具体而言，所指定的概念成熟度等级将用于确定资金分配、统一下一代航空运输系统的研究优先级及对概念进展进行追踪。

图 3-2 是对在运行概念开发过程中概念成熟度等级的进展的概述。在 FAA 的概念开发和确认指南中提供了有关概念成熟度等级的更为详细的范例。

在 CML 1 中，可以研究针对一个服务要求的多种解决方案。当 CML 1 即将结束时，会明确选取一个概念进行下一步开发和确认。当开始开展一个运行概念的起草工作并确定初始概念级别的需求时便进入 CML 2 阶段。CML 3 通常涉及阐明详细的运行环境，并为概念确认工作提前准备一个完整的概念原型。一个完整的原型包括真人模拟或现场试验验证。如果在 CML 3 阶段结束后没有从研究工作转为启动程序，那么 CML 4 阶段将代表概念改进和确认的最后阶段。当 CML 4 结束后，该概念已完成针对运行可行性和技术可行性所进行的研究、分析和充分的评估工作，并为随后的投资分析工作提供支持。

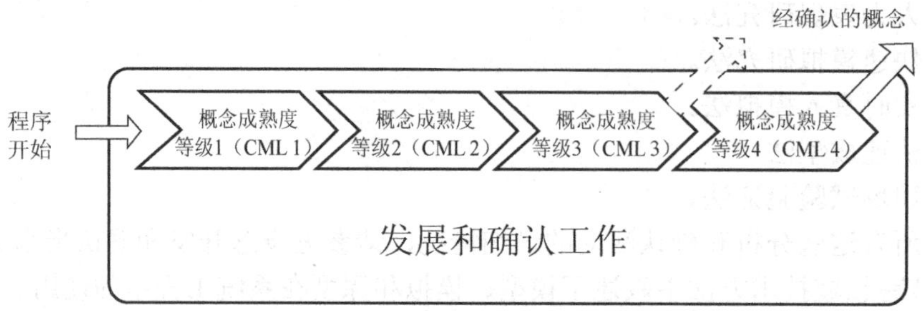

图 3-2　概念成熟度等级

附加信息

用于编制本章内容的信息来源请见参考文献。

关于本章所讨论主题的更多信息请参见附加工具和阅读建议。

3.2　功 能 分 析

功能分析旨在检查能够完成解决方案的运行或任务的功能、子功能和接口的情况。运行概念确定了如何使用一个解决方案，而功能分析工作则偏重解决方案能够解决哪些问题，而非如何解决这些问题。功能分析能够为关键系统工程提供两点好处：

（1）避免单点解决方案。

（2）描述能够导向需求和物理架构的行为。

功能系指为了完成一项预期的服务目标（或利益相关者的要求）而必须进行的典型的行为或活动。功能的命名是以行为动词后面加一个名词或名词词组构成的，由行为动词描述所预期的行为。常见的功能包括“看书”、“吃饭”和“去商店”。一项功能是在服务环境中发生，并且通过由设备（硬件、软件和固件）、人员和程序所组成的一个或多个解决方案要素来完成，从而实现系统运行。确定并解释需要满足系统运行要求的每一项功能，并将其归入一个功能性架构中。在功能分析中，由于一项功能可能是由多个解决方案要素所完成的，因此不能对功能进行分配。但是，功能是用于开发需求，而随后会以一种实体架构的形式将需求分配给解决方案。使用功能分析方法极大地改进了设计、创新、需求开发和整合工作。

功能分析过程的目的在于将在运行概念中描述的利益相关者所需的能力转换成一个能够提供这些能力的所要求的解决方案（不考虑复杂性）的功能性视图。根据要求确定第一批功能，然后将这些功能分解成所需的较低级别的功能（图 3-4 解释了功能分析过程的流程）。该过程陈述了满足利益相关者期望的未定解决方案或潜在的系统之

系统，但是，在约束允许的范围内不包括任何具体的实施。在该过程中开发的功能是用于开发一套完整的解决方案层面的需求，这些需求规定了解决方案所具有的特性及这些特性的表现，从而满足利益相关者的期望。FAA 倾向于将一项功能转化为一个初始需求声明（PRS），然后将初始需求声明转化为一个成熟的需求，并最终将成熟需求分配给物理架构实体。功能分析对于发展一组完整的、高质量的需求来说是至关重要的。

以下是成功实施功能分析流程所得到的结果：

（1）描述、认可和确定解决方案所要求的功能，对支持和完成这项功能所要求的输入和输出进行定义。

（2）规定哪些会影响解决方案设计的约束及实现这一目的所采用的方法。

（3）能够防止事先选择解决方案的一套完整功能。

（4）完善产品整合。

功能分析是一项反复进行的工作，它依赖于需求开发流程，同时也与需求开发流程共同发挥作用（见图 3-3）。功能分析始于一项高级别要求，并通过对分解后的更详细的需求层级进行连续的反复分析，直至对解决方案所期望的行为有足够的了解，从而完整且正确地定义功能需求。在国家空域系统级别的运行概念（例如下一代航空运输系统运行概念）中描述了最高级别的需求，确定了下一代航空运输系统中期运行

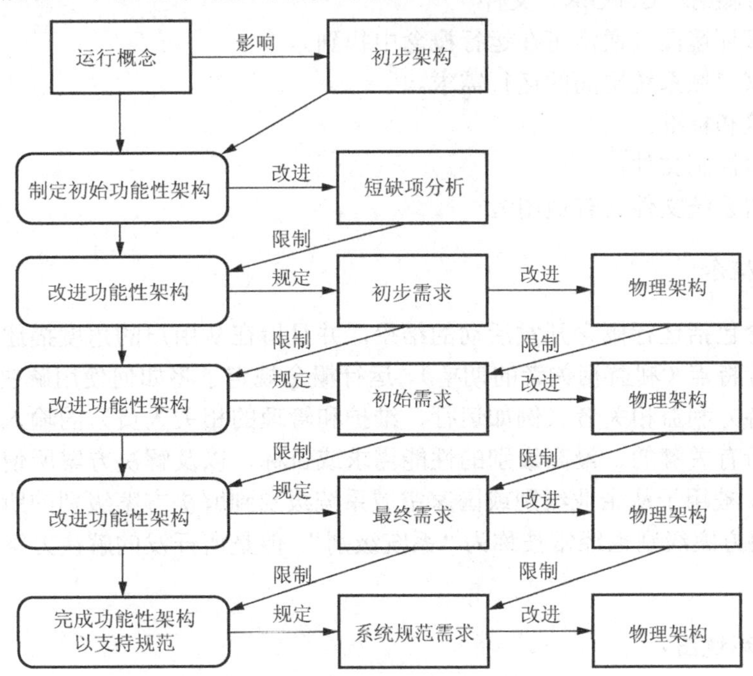

图 3-3 功能分析、需求管理及解决方案设计流程

概念的高级别功能，并将其分解到最低级别功能。将与这些功能或其衍生功能相关的功能需求分配给解决方案，并成为解决方案运行概念的一部分，在解决方案运行概念中确定和分解较低级别的解决方案功能。将解决方案功能用于需求管理程序，在需求管理程序中对功能需求和性能需求进行开发，并记录在初步项目需求文件（pPRD）中。

图 3-4 是关于功能分析过程的高层次概述。

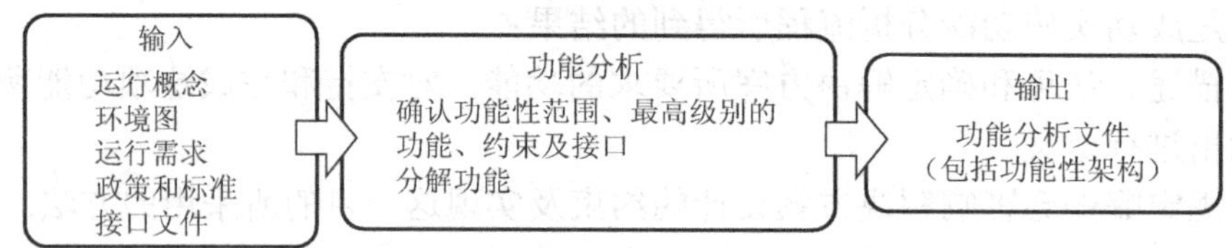

图 3-4 功能分析的输入、活动和输出

3.2.1 输入

如图 3-5 所示的功能分析所需的输入将会随着所给工作的范围及流程的反复而变化。根据运行概念流程的输出，（最高等级的）主要输入如下：

（1）运行概念（ConOps）文件。

（2）运行环境图（通常可在运行概念中找到）。

（3）国家空域系统层面的运行需求。

（4）政策和标准。

（5）接口控制文件。

（6）遗留系统文件（若适用）。

1. 运行概念

运行概念包括运行概念开发活动的结果，并且旨在从用户的角度描述一个新的解决方案的运行特点（利益相关者的期望）。运行概念规定了将如何使用解决方案，并且涵盖了来自各方利益相关者（例如运行、维护和管理的相关人员）的输入。该文件同时也指出了所有关键的、最高级别的性能需求或目标，以及解决方案所使用的原理。术语 ConOps 被用于从企业级别或国家空域系统级别到解决方案级别的所有级别的概念。虽然解决方案级别也经常被称为“系统级别”，但是所开发的解决方案不一定是一个系统。

2. 运行环境图

要想从功能角度定义一个问题，就必须首先审阅所有现有的输入和要求的输出，从而对任务和最高级别的功能、环境、需求、约束和边界有一个全面的了解。进行功

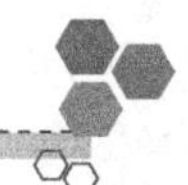

能分析的一个着眼点就是运行环境图，通常可以在运行概念文件中找到。运行环境图显示了预期解决方案的边界、与预期解决方案相互作用的外部实体，以及在这些外部实体和所提议的解决方案之间传递的相关信息。了解潜在的输入和输出，确保解决方案与外部环境的关系，以及在开发主要功能过程中与外部解决方案的关系。

3. 运行需求

运行需求是确定用于完成一个利益相关者某项具体任务的解决方案所需要的关键能力的高级别需求说明。将一个较高级别的运行概念或企业级别的运行需求文件（ORD）所得出的运行需求分配给解决方案，并将运行需求写入解决方案级别的运行概念中。

4. 政策和标准

所有相关法律、机构政策、标准、规则及所有适用的行业标准等，均对功能分析和最终解决方案级别需求具有约束作用。

5. 接口文件

所提议的解决方案需要与当前系统进行接口连接从而开始运行。这些接口对功能分析和最终解决方案级别需求具有约束作用。

3.2.2　流程的组成

下文从一个相对较高的层面描述了如何进行功能分析，以及使用不同的方法对解决方案的功能性行为进行图表说明。更多详情请参见功能分析手册。

1. 进行功能分析

功能分析流程对所需功能进行定义并将该定义记录在案以形成文件。在进行功能分析时，不得针对某一具体设计解决方案，也就是说，功能分析应“不受实施限制”。进行功能分析主要出于三个原因。第一，功能分析将功能分解成为能够被解决方案设计要素（例如子系统、部件或零件）满足的较低级别的功能；第二，功能分析能够确定多个功能之间的关系，以及功能与外部用户之间的关系；第三，功能分析可以推导出一组完整的功能性需求。

在功能分析过程中，在运行概念中确定最高级别的功能，然后通过将功能分解成最低级别功能的方式进行进一步改进，从而为确定和评估设计替代方案提供基础。通过分解得出一组基本子功能，可以通过需求开发流程将每一个最低级别的子功能实体化并转换代入一组有效的功能性需求中。FAA的功能分析流程按照以下步骤将高级别的活动与附加的较低级别的活动进行合并。

（1）从需要提供的行为和特性方面规定解决方案的功能性边界。这一子流程的范围包括解决方案的触发源及其对用户和环境行为的反应。该结果以数量的形式表示在边界建立起的预期行为。

① 审阅所有现有的输入，以完全理解最高级别的任务/功能、环境、需求和所施加的约束。

② 确认相关利益者，并将负责服务或系统的系统工程师、负责相关交叉学科的系统工程师，以及所有负责较高级别功能分析工作的带头人归为利益相关者。

③ 与利益相关者确认文件设想。

（2）确认解决方案要求进行的每一个最高级别的功能并形成文件。这些功能是为了完成所提议的解决方案的运行任务和满足利益相关者的期望而必须实现的功能，而非如何去执行这些功能。确认这些功能的最好方法是分析在环境图中所采集的解决方案的输入和输出。

① 通过建立一个功能分级架构（见图 3-5）和使用功能流程框图和 N^2 图表，按照逻辑关系组织最高级别的功能。

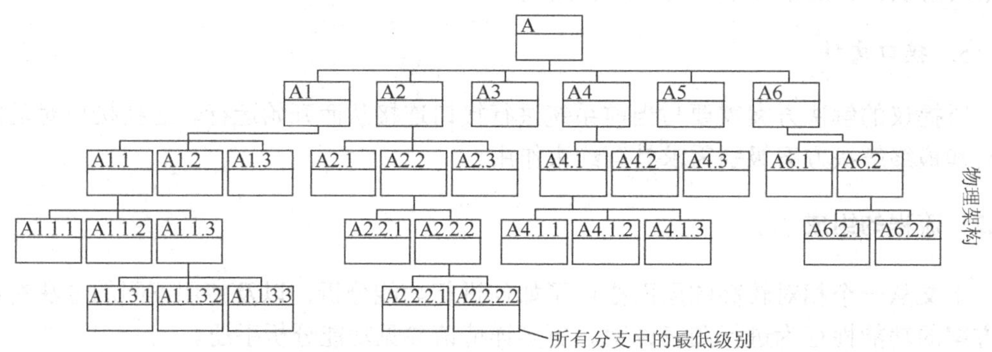

图 3-5　功能分级架构

② 将最高级别的功能分解成最低级别的功能，最好能够提供相应信息。

③ 评估替代分解方案。

④ 创建词汇表，包括对功能的定义及被确认为提供所要求能力的数据要素。

⑤ 针对分级架构的每一个级别建立一个功能流程框图和 N^2 图表。

（3）规定由利益相关者的期望所引入的必要的实施约束，或不可避免的解决方案限制（例如 FAA 标准）。

（4）规定外部接口和所有功能接口。确认这些接口，并且规定其功能互动，例如开始和结束状态，或输入和输出。

（5）根据运行概念验证功能分析的结果。一些衍生功能将会处于比运行概念更低的级别，因此只能由利益相关者对其进行验证。

（6）根据利益相关者的期望验证功能分析的结果。

（7）将功能分析记录在有关输出的章节中所描述的功能性架构文件中。

2. FAA 优先选择的图表方式

FAA（FAA）倾向于使用具有互补性的功能流程框图（FFBD）和 N 的平方（N^2）图表方法来记录解决方案的功能性行为并形成文件。一个完整的功能模型必须使用 FFBD 和 N^2图表分别描述解决方案的“控制”和“数据”两个方面。需要注意的是，系统工程倾向于使用 FFBD，而 SV-4 图表也代表类似的信息，并且是企业体系结构文件包的一部分。

1）功能流程框图

FFBD 是针对解决方案的功能流程而绘制的多层级的、按时间排序的，并且按照步骤进行的图表。FFBD 通常规定了详细的、按照步骤进行的系统的运行和支持顺序，但是在开发和形成解决方案时，也可用于有效地规定流程。FFBD 也被广泛地运用于软件开发流程中。在解决方案的前后关系下，功能流程步骤也可包括硬件、软件、人员、设备和程序的组合。在 FFBD 方法中，各个功能是按照其执行的逻辑顺序进行组织和描述的。每一项功能都被规定为一个动词加一个名词构成的短语，并按照其执行的逻辑关系和其他功能的实现进行显示。标有功能名称的交点描述了每项功能，箭头表示功能的执行顺序，逻辑符号代表按照顺序执行功能或平行执行功能。

在功能流程建模过程中的一个关键概念是，在一项功能开始之前，必须完成其在“控制”流程之前的一项功能或多项功能。例如，按照逻辑关系，在“探测目标”功能没有完成之前，不能够开始“显示目标”功能。功能的逻辑顺序（功能流程）描述了功能模型的“控制”环境。除了能够实现一项功能，可能也需要一个输入来触发该功能。因此，在以上的示例中，当“探测目标”功能完成后，一旦接收到“传输雷达信号”这一输入，就可以实现“显示目标”的功能。第二个方面——触发一项功能——则属于 N^2图表采集到的“数据”环境。

可以使用以下论述的标准符号对大部分解决方案功能进行建模。如果要求使用一组扩充符号，那么应在作为结果的功能分析文件（FAD）中予以规定，以确保所有利益相关者都能够准确地解读图表。

2）功能符号

应使用一个包含功能名称（行为动词后面跟一个名词短语）及其唯一的小数点分隔数字的矩形表示一项功能。应使用一条横线分隔该数字和名称，如图 3-6 所示。该图同时也描述了如何表示一个在具体的 FFBD 中提供前后关系的参考功能。

3）有向直线

带有单箭头的直线应从左向右描述功能流程，如图 3-7 所示。

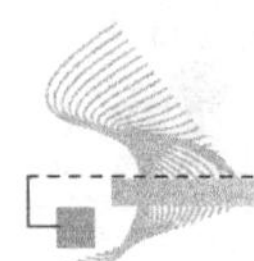

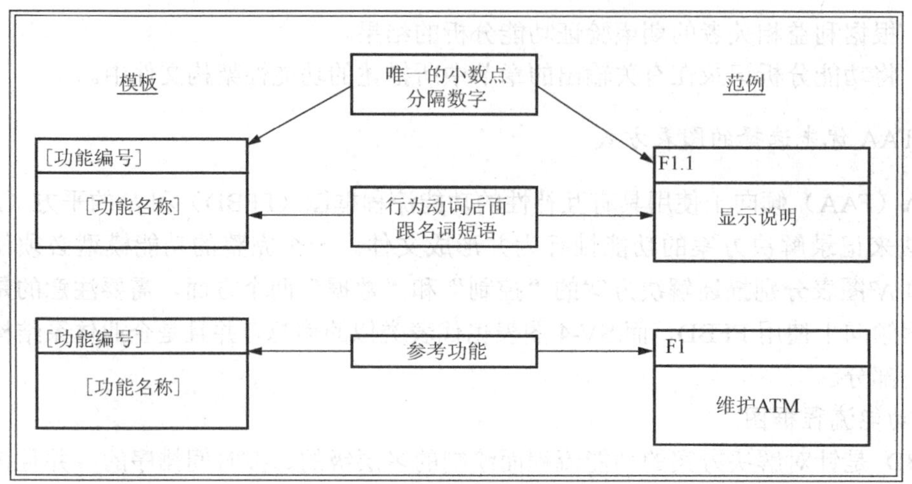

图 3-6　功能符号

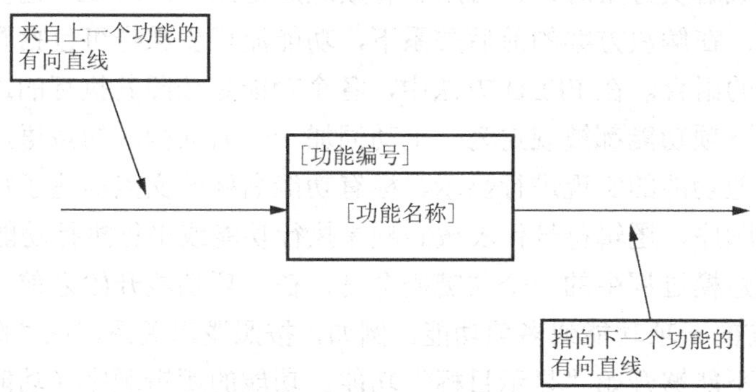

图 3-7　有向直线

4）逻辑符号

应使用以下基本逻辑符号。

（1）与（AND）。用于要求表示所有上一项或下一项路径的情况。该符号可以表示包含多项输出的单项输入，或者包含单项输出的多项输入，但是不能表示多项输入和多项输出的组合（见图 3-8）。可按照下述方法阅读该图：完成 F1 后可以同时进行 F2 AND（与）F3。同理，完成 F2 AND（与）F3 后可以开始 F4。

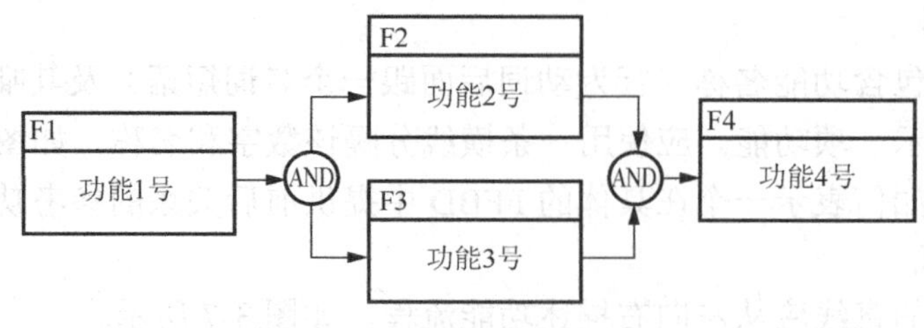

图 3-8　“与（AND）”符号

（2）异或（Exclusive OR）。用于要求多个上一项或下一项路径之一而非全部的情况。该符号可以包含具有多项输出的单项输入，或者具有单项输出的多项输入，但是不能表示多项输入和多项输出的组合（见图 3-9）。可按照下述方法阅读该图：完成 F1 之后可以开始 F2 或 F3。同理，完成 F2 或 F3 后可以开始 F4。

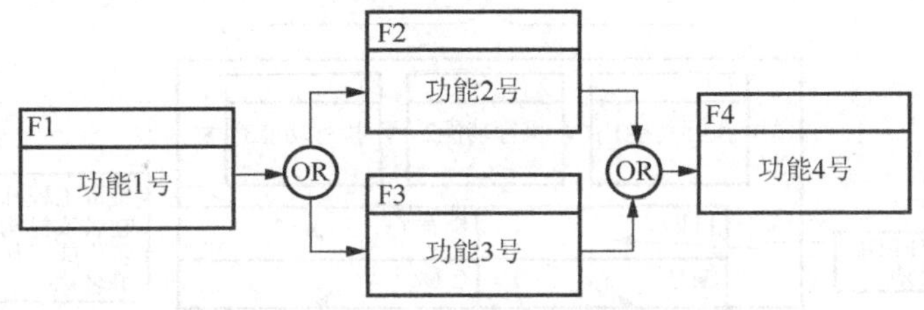

图 3-9　“异或（Exclusive OR）”符号

（3）可兼或（Inclusive OR）。用于要求一个、一些或全部上一项或下一项路径的情况。可用之前描述的 AND（与）和异或的符号描述可兼或的逻辑关系。按照下述方法阅读图 3-10：完成 F1 后可以开始 F2 或 F3（异或），或者（又是异或）完成 F1 后可以开始 F2 与 F3。同理，完成 F2 或 F3（异或）后可以开始 F4，或者（又是异或）完成 F2 与 F3 后可以开始 F4。

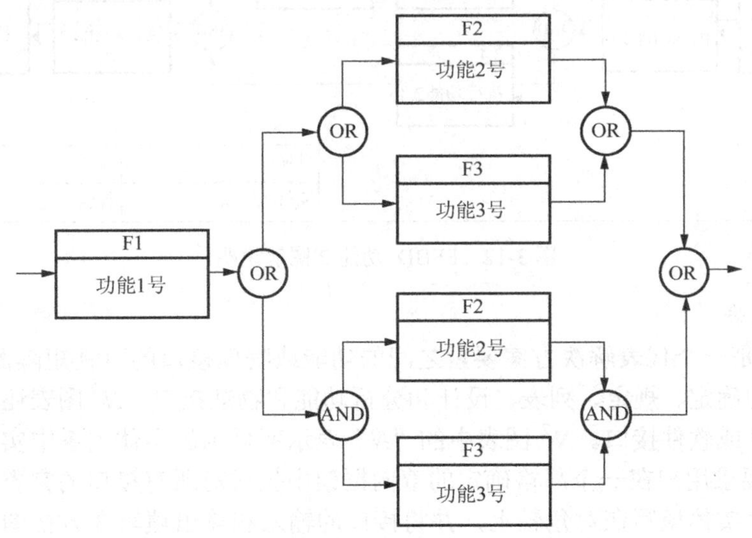

图 3-10　“可兼或（Inclusive OR）”逻辑关系

4）前后关系和管理数据

每一个 FFBD 应包含以下前后关系和管理数据：

（1）创建图表的日期。

（2）创建图表的工程师姓名、机构名称或工作组名称。

（3）创建图表功能的唯一小数点分隔数字。

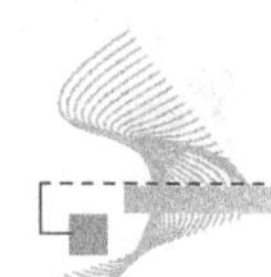

（4）创建图表功能的唯一功能名称。

图 3-11 和图 3-12 显示了在 FFBD 中的数据。图 3-12 是对在图 3-11 中包含的功能 F2 的分解，并且图解说明了模型不同级别的功能之间的前后关系。

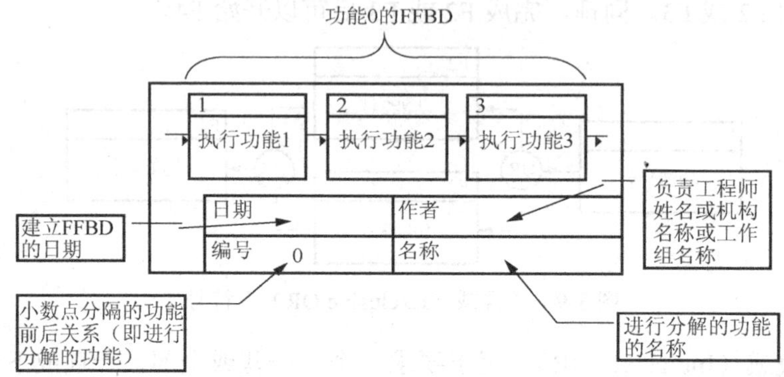

图 3-11　FFBD 功能 0 图解说明

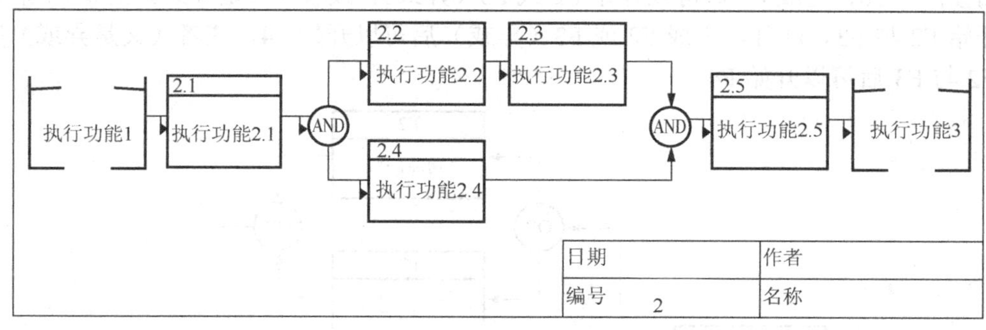

图 3-12　FFBD 功能 2 图解说明

5）N^2 图表

N^2 图表是一个代表解决方案要素之间的功能或物理接口的可视矩阵图。N^2 图表可用于系统地确定、规定、列表、设计和分析功能和物理接口，N^2 图表还可以用于系统接口和硬件或软件接口。N^2 图表中的“N”表示所显示的实体关系中实体的数量。$N \times N$ 矩阵图要求用户在一个严格确定的双向框架中生成对所有接口的完整定义。用户将功能或物理实体填写在对角轴上，并将接口的输入和输出填写在方格图表的剩余位置。空白方格代表此处相应的实体之间没有接口。

数据在实体之间按照顺时针方向传递（在图 3-13 中从 F1 指向 F2 的箭头表示数据是从功能 F1 传向功能 F2 的；从 F2 指向 F1 的箭头表示反馈）。在合适的方格中对穿过接口的传递予以规定。当用户将每一个实体与所有其他实体进行对比后，才能够形成一个完整的图表。应在实体分解的每一个相继的较低级别中使用 N^2 图表。图 3-13 图解说明了在 N^2 图表中实体之间接口的方向性传递（在这种情况下，实体意指功能）。

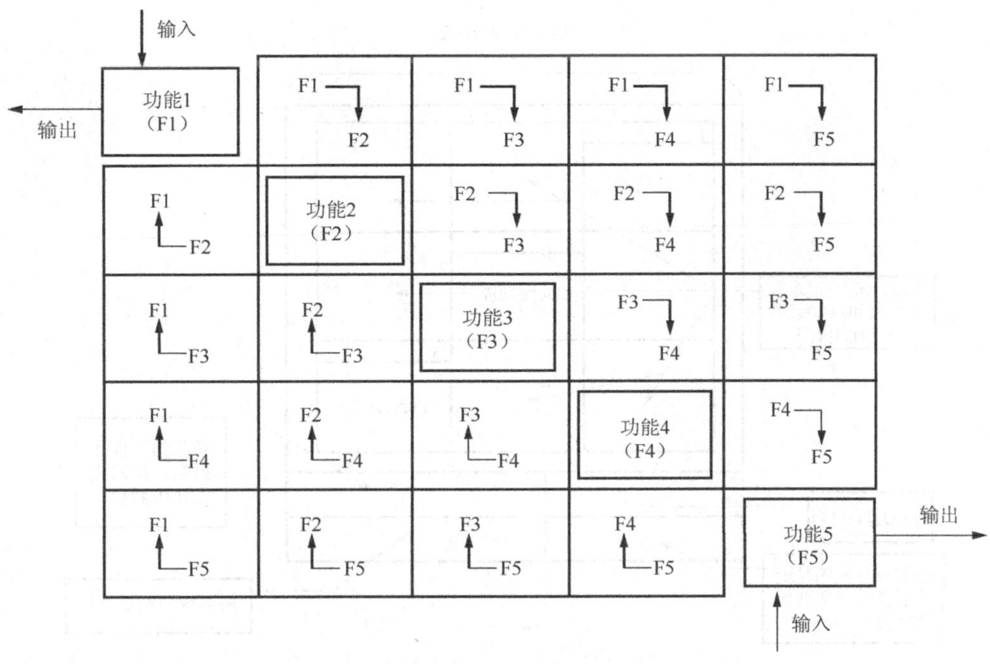

图 3-13　N^2 图表流程

在上述范例中，N 等于 5，表示在对角轴上有 5 项功能。箭头表示功能之间的数据传递。因此，若功能 1 将数据发送给功能 2，则应将数据要素填写在功能 1 右边的方格中。如果功能 1 没有将数据发送给任何其他功能，那么功能 1 右边的所有方格都应是空白的。如果功能 2 将数据发送给功能 3 和功能 5，那么应将数据要素填写在功能 2 右边的第一和第三个方格中。如果任何功能将数据返传给上一项功能，那么应将数据要素填写在功能左边的对应方格中。将适当的数据填写到对角轴两边的方格（不仅是邻近的方格）中以描述功能之间的传递关系。如果两项功能之间没有接口，那么代表两项功能之间接口的方格应是空白的。对物理接口也使用相同的方法，用物理实体代替功能实体填写在对角轴上。

N^2 图表不仅能够有效地确认功能或物理接口，同时也能够精准定位可能发生接口冲突的区域，从而能够顺利有效地进行解决方案整合。

每一个 N^2 图表均应至少包含以下前后关系和管理数据：

（1）创建图表的日期。

（2）创建图表的工程师姓名、机构名称或工作组名称。

（3）创建图表的功能或物理实体的唯一小数点分隔数字。

（4）创建图表的功能或物理实体的唯一名称。

图 3-14 显示 N^2 图表中所要填写的信息，这是对 FFBD 图表（见图 3-11）的补充。

图 3-15 对在图 3-12 所进行的图解说明 FFBD 进行补充，同时也展示了在方格内填写数据后的图表范例。

功能0的N^2图表
1
执行功能1
2
执行功能2
3
执行功能3
在这一栏中记录数据要素和/或激活命令（如果有）
FFBD建立日期
0
小数点分隔的功能前后关系（所分解的功能）
负责的工程师姓名，机构或工作组名称
所分解的功能名称

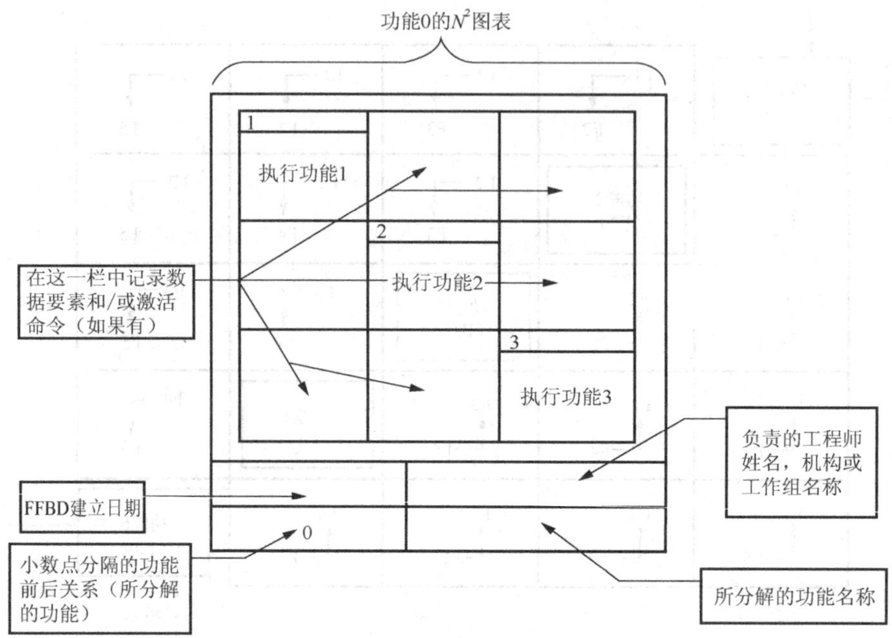

图 3-14　N^2 图表范例

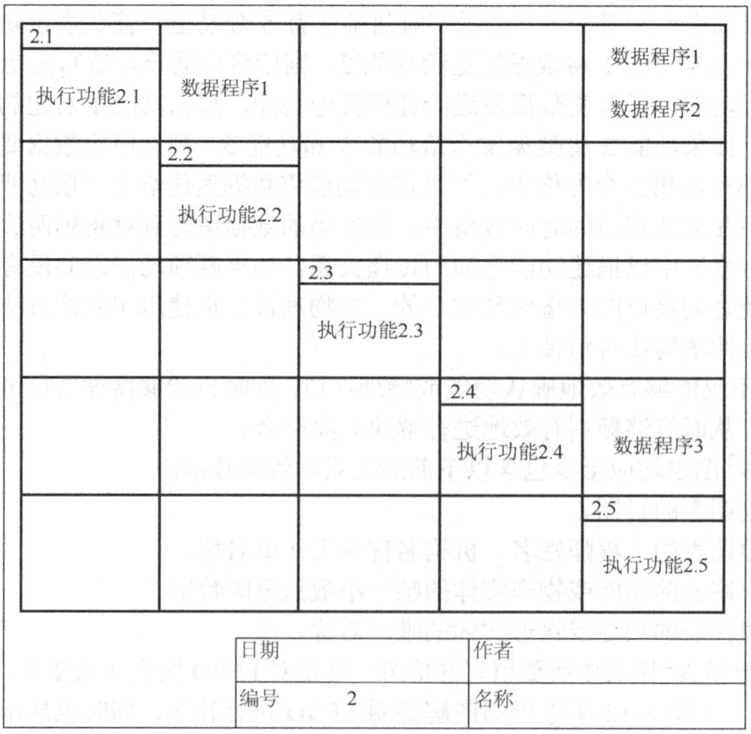

2.1
执行功能2.1
数据程序1
数据程序1
数据程序2
2.2
执行功能2.2
2.3
执行功能2.3
2.4
执行功能2.4
数据程序3
2.5
执行功能2.5
日期
作者
编号　2
名称

图 3-15　N^2 图表图解说明

3.2.3　输出

1. 功能性架构

功能分析流程生成一份功能性架构文件，该文件包含七个部分：

（1）关系图表：显示低级别功能边界，与预期解决方案互动的外部实体，以及在这些外部实体和所提议的解决方案之间相关信息的传递。关系图表与运行关系图表两者之间最大的区别在于后者的功能详情级别更高。

（2）功能分级架构：对功能的分级架构安排代表了完整的解决方案。随着将已确认的功能进一步分解为子功能，将进入更为详细的较高级别流程。功能分解可通过将功能和接口分配给已经较为了解和管理较为成熟的次级功能，从而降低功能的复杂性。反复进行该流程，直至将解决方案完全分解为基本的子功能，并且每一项最低级别的子功能均被实例化入一组有效的需求。

（3）功能流程图：系指针对解决方案的功能流程建立起一个多层级、按时间顺序、按步骤进行的图表，并针对正在考虑中的解决方案规定详细的、按步骤进行的功能和支持顺序。建议使用功能流程框图作为工程文件形成方法。当然，也可以使用 IDEF0 图表或 SV-4 图表（企业体系结构产品）来形成文件。

（4）N^2 图表：一份表示解决方案要素和相关数据传递之间的功能或物理接口的可视矩阵图。

（5）功能接口清单：显示从功能分级架构中衍生出的多项功能之间的关系。对每项功能之间的接口和子功能之间的接口，以及与环境和外部系统的接口进行完整说明，所得出的功能性架构可以用 N^2 图表表示。

（6）词汇表：确认用于规定功能名称的所有名词短语和动词短语。

（7）首字母缩略词和缩写词：在功能分析文件中所使用的首字母缩略词和缩写词。

建议的功能分析文件（FAD）的大纲如下所示：

1.0　介绍
- 1.1　运行概念概述
- 1.2　运行概念
- 1.3　解决方案限制
- 1.4　时间框架

2.0　运行关系
- 2.1　高级别关系图表
- 2.2　高级别关系功能
- 2.3　边界系统
- 2.4　边界用户

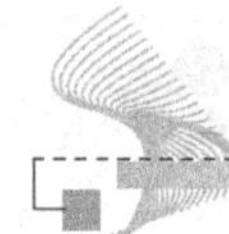

2.5 运行环境
3.0 功能性架构
3.1 功能层级架构
3.2：功能接口描述
3.3：功能流程图表
3.4 N^2 图表
4.0 参考
5.0 定义
6.0 首字母缩略词

2. 图表说明

（1）N^2 图表是用于描述解决方案的输入、输出和功能的矩阵架构。使用这种系统工程工具可对解决方案中各部分之间的功能接口和互动进行列表、规定、分析和说明，图表的要素与层级分解处于同一级别。该图表的架构是用对角轴代表功能，在对角轴两边的方格中填写各个功能之间的输入和输出关系。

（2）功能流程框图：解释说明了所规定的每一个分解级别的功能执行顺序的控制架构。

（3）IDEF0 图表：功能建模的综合定义（IDEF0）是一项模拟输入如何通过某些功能转换为输出的流程，所得出的结论被称为 IDEF0 图表。IDEF0 图表可以表示解决方案设想的任何级别，每个解决方案至少需要两张图表。一张 IDEF0 图表即 A～0 页，描述了解决方案中高级别功能的输入、控制、输出和机制的关系图。该图表建立了解决方案的范围和边界，并指出相互作用的外部系统。另一张 IDEF0 图表代表以在 A～0 中确定的功能为起点，从较高级别的设想分解出来的功能。用于帮助确定解决方案功能的运行活动模型（OV-5）也是 IDEF0 图表。

（4）SV-4：一个企业体系结构成果，它用于举例说明系统执行的功能和在系统功能之间传递的数据。功能分析的结果直接用于开发 SV-4 成果。

3.2.4 整个寿命周期的功能分析

对于 FAA 来说，大部分的功能分析工作是在服务分析及战略规划、概念和要求定义（CRD）阶段完成的。功能分析的主要结论是功能性架构，其随后将被用于发展需求框架和解决方案架构。因此，需求文件和架构产品需要与功能性架构一致。由于程序可能需要更改或增加功能或需求，而这些功能和需求可能没有在功能性架构文件（FAD）中形成文件，因此应在投资分析、解决方案实施和服役管理阶段时，对在功能性架构文件中形成文件的功能分析进行实时更新。

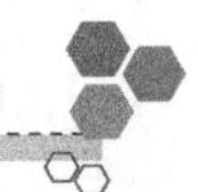

1. 服务分析和战略规划

在服务分析阶段就可以开始着手进行功能分析的初步工作，从中得出的两大主要输出分别是对企业体系结构的更改建议和初步短缺项分析。功能分析流程可以通过以下方式对这两个输出提供支持：

（1）规定所需提供功能的初步功能性边界。

（2）确定支持短缺项分析所需的一组初步最高级别功能。

（3）确定目前的企业体系结构视图（首先是 SV-4 图表）中是否展示了所要求的最高级别功能。如果没有，那就要确定是否需要修订 SV-4 视图。

2. 概念和需求定义

大量的功能分析工作是在概念和需求定义阶段完成的。在该阶段形成最终功能性架构文件并交由联合资源委员会（JRC）进行审阅。获批的功能型架构文件是使初步需求与 SV-4 架构视图保持一致的起点基础。在本阶段进行的功能分析流程的步骤如下：

（1）完善所提供活动的行为和特性方面的功能性边界，包括所预测的刺激源和对用户和环境行为的反应。

（2）在解决方案未知的情况下，将最高级别的功能分解成一组能够完整描述在完成一个特定运行任务时所能实现的目标。该步骤包括建立一个详细的层级架构，FFBD 图表、N^2 图表及详细的词汇表，同时也包括开发能够支持对一系列架构进行评估的备选功能分解。将这些内容正式记录在功能型架构文件中并形成文件。

（3）确定对功能性架构在标准、法规、环境条件和利益相关者需求等方面的约束限制。

（4）确定所有外部接口和功能接口。

（5）根据运行概念对功能分析进行验证。

（6）与客户确认功能分析结果。

3. 投资分析

一旦联合资源委员会在“投资分析准备就绪决定（IARD）”中完成对功能性架构文件的批准，当对需求和架构进行不断发展和改进时，也应随之对功能性架构文件进行发展和改进。随着在初期投资分析期间及在最终投资分析期间，对初期程序需求中的新需求进行确定和更新，也需要对功能性架构文件进行评估和更新。同样地，对于在架构视图中确定的新功能或接口，也需要对功能性架构文件进行评估和更新。该程序的主要目的是确保在功能性架构文件中记录的功能分析与最终提交的

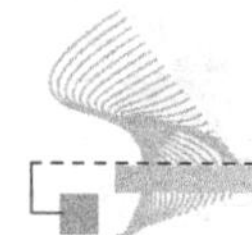

进行合同招标的需求文件和架构视图保持一致。在这一阶段，需要完成以下功能分析步骤：

（1）按照新确定的解决方案的外部边界对功能分析文件中的前后关系图表进行更新。

（2）按照在需求和架构开发流程中确定的功能所进行的任何更新，对功能分析文件中的功能性层级架构和 FFBD 图表进行更新，这些确定的功能可追溯较高级别的功能。

（3）按照新确定的对功能性架构的约束限制对功能分析文件进行更新。

（4）按照新确定的外部接口和功能接口对功能分析文件中的 N^2 图表进行更新。

（5）根据运行概念对功能分析文件中的更新内容进行验证。

（6）与客户确认对功能分析文件所进行的更新内容。

4. 解决方案实施

在解决方案实施期间，程序可能会对在功能分析中描述的功能需求和规范做出更改。程序应更新功能分析文件以反映这些更改。承包商很有可能在寿命周期的这一阶段起到重要作用。

5. 服役管理

在 FAA，由于出现新的利益相关者要求及变化的边界状态或新的约束限制，因此经常使用技术更新和系统寿命延长程序（SLEP）来扩展现有资产的能力。如果在服役管理阶段期间，程序对运行资产、运行资产的接口或边界做出更改，那么应对这些更改是否能够追溯一个可以影响功能分析的足够高的级别作出评估。如果答案是肯定的，那么应使用这些信息对功能分析文件进行更新。

附加信息

用于编制本章内容的信息来源请见参考文献。

关于本章所讨论主题的更多信息请参见附加工具和阅读建议。

3.3 需 求 分 析

在解决方案的整个寿命周期进行需求分析，从而得出需求、确定需求、发展需求及管理需求。需求是一项关键的特性、条件或能力，它能够被一个解决方案所满足或超越，从而符合标准、合同、规范或其他正式采用的文件。需求集合是为所确定的解决方案而开发、记录和设定基线的一系列需求的集合。

需求分析是一项反复实施的流程，其规定了成功的产品开发、产品生产、产品使用、产品运行和产品处理所要求的所有解决方案要素的关键特性。需求分析与功能分析和综合架构设计共同生成对在程序或程序的寿命周期内对该程序或程序所提出的需求。需求分析由两项性质不同的活动所构成：

（1）需求开发。

（2）需求管理。

1. 需求开发

从在功能分析流程中所规定的功能导出功能性需求。同时，根据对利益相关者的要求、目标、任务、约束限制及效能指标的分析，导出并确定具体解决方案的特性。这些特性将被用于发展一致的、可追溯的及可确认的性能需求和相关记录文件。需求开发工作与综合架构设计一起将需求分配给解决方案层级架构中适当的要素或适当的机构实体（例如用于开发流程）。

2. 需求管理

在程序的工作期间管理和控制需求及相关文件，需求管理能够确保解决方案符合利益相关者的要求和期望。

需求分析适用于国家空域系统级别和解决方案级别。需要注意的是，在承诺进行全额投资之前，程序的需求集合应已经定型。如果许多需求还处于开发阶段，需求集合也没有固定，那么该程序还没有准备好继续进入解决方案设计阶段。

3.3.1　需求的开发

需求开发是根据对利益相关者的要求、目标、任务、约束限制及效能指标的分析所确定的具体解决方案的特性。图 3-16 描述了需求开发的输入、流程和输出。

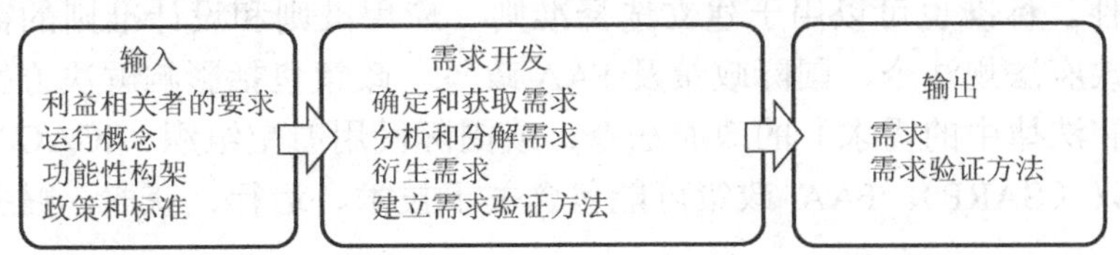

图 3-16　需求开发的输入、流程和输出

1. 输入

需求开发流程的主要输入如下：

（1）利益相关者的要求。

（2）运行概念文件。

（3）功能性架构。

（4）政策和标准。

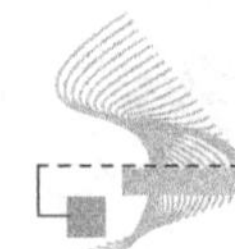

1）利益相关者的要求

当一项任务目标或要求（以一个新的或经改进的能力或被确认的短缺项的形式）被确认时，启动系统工程工作。在差距分析中确定要求，也可能从执行命令、新法律、条例或立法命令中得出要求。通过对运行问题进行研究也可以确定所需的能力或运行改进项。由受影响的利益相关者提供主题专家经验，从而清晰地确定和记录所有利益相关者的要求。利益相关者的要求能够帮助规定运行需求和最高级别性能矩阵。利益相关者的要求也可用于验证需求。

2）运行概念

运行概念描述的是对解决方案的期望。运行概念规定了解决方案的使用方式，并且涉及来自包括运行人员、维护人员和管理人员在内的广泛的利益相关者的输入。运行概念描述了现有解决方案、当前环境、用户、用户和解决方案之间的互动及结构性的影响。在运行概念中描述的功能是需求开发中“获得需求”步骤的第一个输入。随着需求管理流程的反复进行，运用功能分析对运行概念进行进一步分解从而改进需求。

3）功能性架构

功能性架构是对能够代表完整解决方案的功能和接口的一个层级架构安排，如第3.2条：功能分析中所述。确认和规定满足一个解决方案的运行要求所需的每一项功能。一旦功能被确定，这些功能就将用于规定解决方案需求。在需求开发流程中使用这些功能性架构来开发针对内部接口和外部接口的需求。

4）政策和标准

相关的机构政策及适用的行业标准均可作为对解决方案的约束限制或被动需求的输入。标准是指根据所采用标准的流程、程序、惯例和方法所建立的工程需求和技术需求文件。标准也可以用于建立选择准则、应用准则和设计准则的需求。标准的来源包括政府法规法令、国际政策及FAA政策。政策包括影响解决方案（包括并入执行命令和法律中的需求）的政府法令，或国际民用航空组织（ICAO）的标准和操作规程建议（SARP）。FAA 政策可能包含关于技术、运行、获取、财务和其他方面的需求。

2. 流程构成要素

需求开发流程需要由以下四个主要子流程完成：

（1）确定和获取需求。

（2）分析和分解需求。

（3）派生需求。

（4）建立需求确认方法。

这四个子流程是反复进行的，并且可能同时进行。详细说明如下：

1）确定和获取需求

需求是所有程序的一个重要组成部分。通过使用在综合技术计划中描述的需求管理计划中所建立的标准，该子流程能够确认并导出所有利益相关者的要求，并对这些要求进行优先性排序。将在整个解决方案过程中进行这一程序，包括任何已知的运行特性的要求和约束限制。以下步骤有助于确定和获取需求：

（1）规定利益相关者的要求。FAA 中的利益相关者要求源自于运行利益相关者，其形式为运行概念或短缺项和机会分析。通过反复实施需求开发流程，将这些要求转换为下一级别的基准需求。建议将利益相关者要求的定义与其对整体解决方案设计和表现方面的影响分析进行平衡。利益相关者的要求包括以下几方面：

① 所要完成的解决方案（功能性需求）。

② 每项功能的执行表现（表现需求）。

③ 运行环境和周围环境。

④ 对所开发的或运行的解决方案所施加的约束限制（例如政策、程序、经费、计划和技术成熟度）。

（2）规定约束限制。系统工程师必须确认和规定对解决方案设计产生影响的约束限制。国家空域系统企业体系结构也可以通过获批的能力和运行改进对解决方案设计施加长期计划的约束限制。约束限制包括以下几项：

① 接口系统。

② 目前已获批的规范和基准。

③ 环境限制。

④ 可使用的自动化工具。

⑤ 所要求的对于衡量技术进度的度量。

⑥ 由其他系统工程程序所派生出的约束限制，包括对成本、计划、程序、技术和设计的约束和限制，以及挣值管理差异。

⑦ FAA 范围内使用的通用规范、标准、手册和指导说明。

⑧ FAA 政策指令。

⑨ 美国政府法律法规和国际法律法规。

⑩ 行业、国际和其他通用规范、标准和指导说明。

⑪ 国际民用航空组织的标准和操作规程建议。

⑫ 与人员相关的规范、标准和指导说明。

⑬ 安全限制。

（3）规定运行场景。系统工程师必须确认和规定能够获取预期使用范围的场景。对于每一个运行场景，应规定运行场景与环境和其他系统的预期互动、人工任务和任务顺序，以及接口系统和平台之间的物理相互连接。运行概念和国家空域系统的企业体系结构（EA）将为这些场景提供信息。

（4）规定效能指标。效能指标（MOE）是用于度量由一项投资的完整任务所得出的结论的指标。这些指标能够确定在满足解决方案级别的任务目标中最关键的性能需求，并可以反映关键运行要求。用于这一步骤的数据来自运行概念、初步程序要求和最终程序要求、国家空域系统企业体系结构、国家空域系统级别需求及运行场景。同时也规定了与效能指标的结果相关的并且以清楚的可量化性能特征所表达的性能指标（MOP）。效能指标是对结果进行度量，而性能指标是对输出进行度量。适宜性指标（MOS）也应考虑在内。适宜性指标是对与一个关键运行问题相关的运行适宜性要素进行定性分解的第一个级别。

（5）规定接口。系统工程师必须确定解决方案的功能性接口和物理接口。功能性接口和物理接口可以包括机械互动、电气互动、热互动、数据互动、交流互动、程序互动和人机互动。这些接口要么是解决方案的内部接口，要么是解决方案的外部接口。内部接口强调在为解决方案建立的界线之内的要素。外部接口则涉及与建立的解决方案界线之外的实体之间的关系。功能性接口是从功能分析流程中获取的。架构系统接口说明（系统视图-1）和接口需求文件（IRDs）用于确定物理接口。

（6）规定使用环境。确认和规定可能影响性能的所有运行环境因素和周围环境因素。同时也应确认能够确保解决方案将人为失误、设备错误或会导致事故和死亡的失效的可能性降至最低的因素。

（7）规定寿命周期流程概念。根据寿命周期，对获取的产品进行开发、生产、测试、分配、运行、支持、培训和处理提出需求。这些需求包括人力、人员、培训、人体工程学和安全等方面。

（8）规定运行模式。针对所获得的系统规定运行模式（例如完整的系统、紧急情况、培训和维护）。规定决定运行模式的条件（例如环境条件、配置条件和运行条件）。

（9）规定技术性能指标。技术性能指标（TPM）规定能够描述性能的关键指标。技术性能指标是直接从性能指标得出的，之所以选择技术性能指标是因为它们对控制和定期评审性能至关重要。技术性能指标能够帮助完成设计流程评估，并有助于完成对工作分解架构与需求的一致性评估，同时也能够协助监测和追踪技术风险。技术性能指标可以确定短缺项恢复的要求并为成本性能敏感性的评估提供支持性信息。技术性能指标包括与运行需求直接关联的范围、精准度、重量、尺寸、可使用性、功率输出、要求的功率、处理时间及其他的产品特性。

建议将技术性能指标的选择范围限制在对关键性能度量的范围内，如果这些关键性能不能被满足，则会对程序带来成本、计划或性能方面的风险。具体的技术性能指标活动被并入系统工程主进度计划中，从而定期确定是否按照时间节点完成任务，以及对照一个计划好的价值曲线衡量进度。

2）分析和分解需求

本流程将在功能分析中发展的功能性架构转化为基本需求说明（PRS），再将基本需求说明转化为成熟需求说明（MRS）。

功能性架构是需求开发流程的主要输入，它是对代表完整解决方案的功能和接口的层级架构安排。一个功能性架构包括功能性流程框图（FFBD）、时间轴顺序图表和功能性 N^2 图表，如第 3.2 条：功能分析所述。建议为功能性架构的每一个级别开发需求，如表 3-1 所示。

表 3-1 功能性架构与需求之间的可追溯性

功能性架构	衍生产品
运行概念	初步架构
功能分析 1	初步程序需求
功能分析 2	初始程序需求
功能分析 3	最终程序需求
功能分析 4	系统级别规范
功能分析 *N*	第 *N* 级系统规范

首先，系统工程师从一个适当的需求等级文件获得基本需求说明（PRS）。基本需求说明是需求的初期形式，在基本需求说明中不使用标点或正式句式架构。每一个基本需求说明按照名称+关系+数值的格式进行编号。表 3-2 举例说明了这些关系。

表 3-2 基本需求说明示例

名称	关系	数值	单位
重量	小于或等于	5120	千克
可靠性	大于或等于	0.998	（无）
功率输出	大于或等于	100	兆瓦
存储器容限	大于或等于	100	百分比
最大旋转率	等于	90	度/分钟
程序屏幕刷新率	等于	20	帧/秒
输入功率	按照	FAA-G-2100h	（无）

名称用于描述需要控制的特性或特质，关系用于详细说明特性与其控制值之间的联系，数值设定一个带有单位的可量化数字或规定一个标准。以六种方式描述数值需求关系，这六种方式分别是小于、大于、等于、小于或等于、大于或等于，或在一个数值范围内。

从基本需求说明中得出的特性和获得的其他特性可以一起纳入需求说明中。可以按照表 3-3 所示，增加唯一识别符和用于今后进行确认的参考编号。每一个需求都必须有一个唯一的识别符，以便进行配置管理和保持可追溯性。同时必须有能够追溯需

求来源的参考文件以便确认目的。

表 3-3　基本需求说明列表

PRS 号	基本需求说明	功能性参考
为 PRS 指定一个唯一编号	这是派生的 PRS	将 PRS 指定给功能性架构中的一项功能
126	发射机的故障平均时间间隔（MTBF）大于 5000 运行小时	F.3.2.1.1

将对功能性架构和每一个现有的基本需求说明进行审阅，并指定给功能性架构中的一项功能。对已开发的基本需求说明进行分类或分组，这样分配给每项单独功能的需求就可以组成一个需求集合。如果开发出不是源自功能性架构的新的功能性需求，那么系统工程师必须将这一项增补入功能性架构中。

（1）成熟需求说明。

对一份基本需求说明进行确认，并合并入一份成熟需求说明（MRS）。成熟需求说明是使用完整的句子、熟悉的语言及以一个具体的企业部门为背景进行表达的需求。一组定义明确的成熟需求说明需要展示某个单独特性和某些集合特性。将基本需求说明转换为成熟需求说明是通过在规范文本中增加以下特性来完成的：

① 唯一识别符——应为每一个需求指定一个 ID，并且在这个需求的使用寿命周期内保持不变。

② 主题。

③ 指示动词。

④ 句子结尾——需求说明的句子应以一个经常使用的词或词组结尾，这些词或词组能够提供所参考的标准或规范。

⑤ 解释性信息——如果有需要，就在需求语句的后面增加用于解释、定义或澄清的信息，以确保对需求的准确理解并避免产生歧义。

⑥ 按逻辑进行分组——应根据功能性架构对所有需求进行分组。

（2）标准需求构造。

一些标准构造被用于开发需求。指示动词及禁止的一些术语的使用指导如下：

① “应该（shall）”表示义务的或强制性的需求或行动。

② “可能（may）”表示允许，或是一个非强制性的选项。不允许在需求文件中使用“可能”。

③ “将（will）”表示政府作出的出于目的的宣告。不允许在需求文件中使用“将”。

④ “除非另有规定（unless otherwise specified）”——用于表示有可能有另一种替代的行动步骤，应避免使用这一表达。

⑤ “小于（大于）或等于（less than （greater than） or equal to）”——用于替代诸如“最小（minimum）”或“最大（maximum）”等模糊措辞。

⑥“应当（should）”表示不允许在需求文件中使用。

⑦“和/或（and/or）”表示不允许在需求文件中使用

3）派生需求

派生需求旨在确定和表达考虑功能分析、更高级别需求、约束限制或流程后所得出的需求。将需求分解成最低可操作级别的需求，然后分配给物理架构或工作分解架构（WBS）的要素。

派生需求对较高级别需求进行阐明或详细描述。应在产品架构中的较低级别上，以可测量的参数规定这些被分解的需求。分解需求可能来自（但不限于）以下各项：

（1）管制政策、程序政策、机构惯例及供应商能力。

（2）环境和安全限制；流程将具体安全解决方案需求转换为软件和硬件需求基准，并对其进行追踪。安全程序需求也在组织标准和程序中有所体现。

（3）执行具体解决方案功能的架构选择。

（4）设计决策。

（5）尚未在基准接口文件中规定的硬件-软件接口。

（6）建立详细的需求数值和公差（最小、最大、目标及临界值）。

（7）应逐步对派生需求的影响进行全方位（上级需求、下级需求和同级需求）的分析，直至可以确定不会再增加任何新的影响。在这一过程中，应审核硬件和软件架构设计的可行性，以确保其可以适应新的需求。

按照与发展阶段适用的其他需求一致的方式获取和对待派生需求。这一活动和整体系统工程一样，需反复实施，随着产品概念的发展和对增加的细节进行不断改进，这一活动也需要不断进行改进并确定新的需求。作为需求派生过程的一部分，应监控带有变量需求的解决方案，并审查需求规范中可能产生歧义的内容。这些歧义有可能导致软件定型和软件计时的不稳定性，也可能对程序产生其他影响。

图3-3阐明了FAA的需求开发流程。该流程始于运行概念，终于系统规范，并将用于获得解决方案。在流程中的任何时间都可以根据需要对较高级别的功能和需求进行评审和改进。随后将这些更改向下传递，直至较低级别的功能和需求能够反映这些更改。

（1）单项需求的特性。

单项需求的特性可以用于需求开发、需求审查及评估需求质量的审核。合格的需求应该具有以下特性：

① 必要性——对于产品或程序来说，需求是一项至关重要的能力、特性或质量因素。检测必要性最好的方法就是看需求是否能追溯到较高级别的文件中。若不能追溯到较高级别的上级需求，则该项需求不具备必要性。

② 简洁/最小限度/可理解——需求说明只针对一项需求简单清楚地说明需求能做什么，而且说明应简单易懂。为了达到简洁的目的，说明中不应包含对解决方案使用

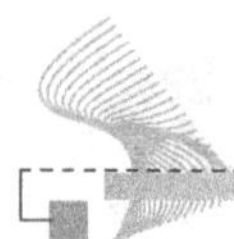

进行的解释、基本原理阐述、定义或描述。

③ 不受实施限制/中立的解决方案——需求只说明需要什么，而不是如何满足需求的要求。从功能和性能方面说明所期待的结果，而不是从解决方案方面进行说明。如果是中立的解决方案范围内的需求，那么随着系统的运行，该需求将不断发展。一旦在投资分析中选择一个替代项，那么在考虑解决方案的情况下，该需求将不断得到深化。但是这些需求仍保持在没有规定实施细节的级别上。在接口需求文件（IRD）中规定的接口需求例外。接口需求必须提供完整信息，这样当进行连接后，接口的两端才可以按照设计的规定工作。

④ 可实现性/可完成性/可实行性——通过一个或多个开发的解决方案概念，以可以确定的成本来实现需求。这一特性表示已经完成了充分的研究工作，结果表明可以满足需求，并且与概念相关的技术成本在程序成本控制的合理范围之内。

⑤ 完整性/独立性——需求说明是完整的，并且在不需要其他需求的情况下言之有物。

⑥ 一致性——需求不与其他需求相冲突（或重复）。

⑦ 可追溯性——每一项需求都必须以能够追溯到需求来源的方式进行开发。相关需求的文件或数据库也必须确定相关的需求和可能受更改影响的需求。

⑧ 明确性——对每一项需求只能有一种解释。

⑨ 可验证性/可测试性——应针对每一项需求确定一种验证方法，以验证需求是否被满足。为了实现可验证性，应以可测量形式对需求进行说明。

⑩ 可分配性——所有进行说明的需求均被分配给物理架构中的最低级别，或被指定给一个机构。

（2）需求集合的特性。

需求集合组是从总体上对一个解决方案或要素进行特性规定的一组需求。这一组需求通常包含在需求文件、规范、或工作说明（SOW）中。一个需求集合组的特性与其中每个单项需求的特性完全一致，只不过更强调对完整性和一致性的规定：

① 完整性——这一组需求是完整的，不需要进行进一步的详细描述。这一组需求已经明确了需求的所有分类，并且涵盖了来自较高级别的所有分配。这一特性强调了对必要但却在需求集合组中缺失的需求进行确认的困难性。确认缺失需求的第一种方法就是将运行概念及与其相关的场景从头至尾审阅一遍，然后再对同样一组场景进行审阅，但是在审阅的过程中提出“假设”问题。这种方法一般会找出一组新的需求。第二种方法是列出一份主题或范围清单，例如一份规范大纲，然后验证这些需求是否存在于每一个主题范围内；如果这些需求不存在于任何一个主题范围，那么找出合理原因。第三种方法是对照一个较高级别文件（如果存在），证明所有被分配的需求均被包含在需求集合组中。

② 一致性——在这一组需求中，没有任何单项需求是与需求组相冲突的。需求没

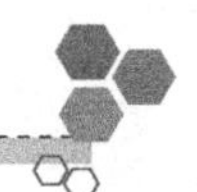

有重复，并且在所有需求中对同一个程序使用同一个术语进行说明。这一特性强调了确定被无意包括在需求组中的不必要的需求或矛盾的需求的问题。为了消除这类需求，可以采取两种方法，即将程序唯一标识符指派给每一项需求或进行细致的审查。

4）建立需求确认方法

这一活动可为每一个记录在案的需求开发一种确认方法。确认方法包括以下几方面。

（1）检验：通过检查或测量程序来完成的验证，审查叙述性文件，并将合适的特性与事先决定的标准进行对比，从而确定是否符合需求。

（2）分析：通过使用以下一种或多种分析方法来完成的验证，从而证明程序满足规定的需求：

① 计算模型、运算法则及方程式等数学表达式。

② 图表。

③ 曲线图。

④ 线路图。

⑤ 数据简化/记录。

⑥ 具有代表性的数据（可能包括从之前的或者其他设备和系统验证所收集的数据）。

（3）例证：通过在指定的场景中，命令程序执行其功能的过程中对程序进行操作、调整或重新配置来完成的验证。对这些程序进行仪表化，并监控表现性能的定量极限值，但是仅需要记录观测数据（不需要实际性能数据）用于验证。通常使用例证法对是否满足服务、可靠性、可维护性、可运输性和人因工程学方面的需求进行验证。

（4）测试：在适当的条件下，不论是否使用仪器，都需要通过对应用程序进行系统性运用来完成的验证，并且对定量数据进行收集、分析和评估。

随后将可追踪性和验证表格转换为一个验证需求追踪矩阵表（VRTM）。验证需求规定了验证每一项需求所使用的策略或方法。验证需求追踪矩阵表列举出所有验证需求。验证需求追踪矩阵表规定了如何对每一项需求进行验证，在哪个阶段进行验证，以及适用的验证等级。在4.7节验证和确认中提供关于验证需求追踪矩阵表更多信息。

3. 输出

需求开发的主要输出是需求和相关的需求验证方法。

（1）需求——决定了所选择的解决方案必须进行的任务，以及系统在执行任务时应达到的优良等级。需求包括对潜在解决方案提出的限制需求。功能性需求描述了达到的目的和完成的任务，以及解决方案所必须完成的任务内容，而非如何完成这些任务。性能需求规定了要求执行每项功能的条件。性能需求包括定性（表现如何）和定

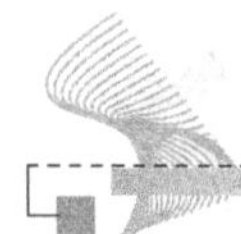

量（有多少）的测量值，以及时间轴或周期。

（2）需求验证方法——每一项需求都必须有一种相应的验证方法。如果一项需求不能得到验证，那么该需求就不是一项有效需求。验证和确认技术管理程序将使用这些验证方法，并对照需求对能力结果进行测试和评估。详细说明参见 4.7 节：验证和确认。

通过是否能将利益相关者的要求适当地转换为独立的、可验证的低级别需求来判断是否已成功完成需求开发。

3.3.2 需求管理流程

需求管理是在解决方案的整个寿命周期内管理和控制所有需求及相关文件的流程。该流程能够确保需求与其他技术程序产品之间的连续性，以及程序和企业级别需求之间的可追溯性。图 3-17 描述了需求管理的输入、活动和输出。

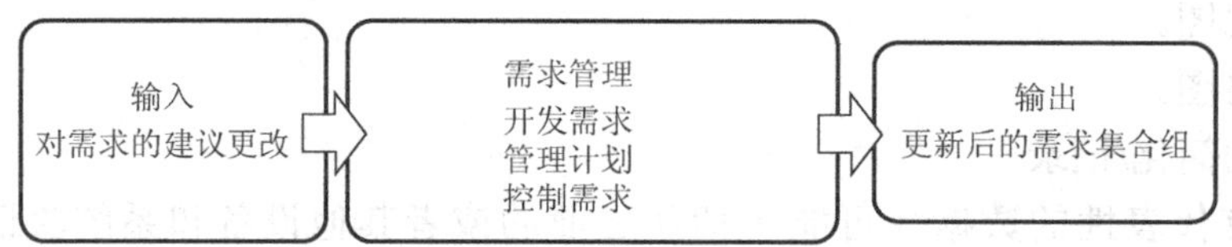

图 3-17　需求管理的输入、活动和输出

需求管理流程控制整个程序周期内的所有需求、所有对需求的更改及需求之间的可追踪性。这是一项反复进行的、对需求及对需求进行的更改进行可追溯管理、记录和控制的流程。

定期衡量和记录该流程的表现情况，可以使用以下矩阵评估流程的表现情况：

（1）进行过更改的需求的数量。这是基于需求的数量，包括在积极管理中的利益相关者规定的需求及程序派生出的需求。

（2）从发起更改到决定更改的周期时间。

（3）从决定更改到基线合并的周期时间。

（4）经确认的需求占总需求的百分数。

1. 开发需求管理计划

开发一个需求管理计划以确保在解决方案的寿命周期内能够进行有效和高效的需求管理。通常可以在针对具体解决方案的系统工程管理计划（SEMP）中找到需求管理计划，但是需求管理计划也可能是一份独立的文件。

需求管理计划详细描述了在管理需求的过程中需要进行的所有工作，这些工作包括确认和获得需求、分析和分解需求，以及对所进行的程序进行需求分配。需求管理计划的输入包括以下内容：

（1）内部需求和外部需求。内部需求来自其他系统工程流程。外部输入来自系统工程外部的来源。

（2）具体要素的程序指导。

（3）将在程序中使用的具体程序的组织性约束限制和设想。

（4）针对具体程序安排的限制和程序。

（5）最高级别的概念性替代方案、功能分析、设计支持替代方案，以及初期解决方案评估。

（6）技术可用性或技术限制。

在第4章技术管理中将解释需求管理计划的开发。

2. 控制需求

系统工程师必须在需求和这些需求特性的寿命周期内对它们进行控制。配置管理（CM）流程提供保持必要控制的技术。关于该流程的更多详情参见4.4节配置管理。

1）需求更改管理

在产品的寿命周期，需求更改管理活动是通过使用一个既定的更改流程，对构建正式配置管理之前的和之后的需求进行管理和控制。配置管理流程在需求分析过程和正式发行需求之后建立并维持需求基线。该流程同时也对所有问题和决定、执行程序、正式或非正式利益相关者或程序管理层的需求和指示，以及任何其他对需求进行的实际或潜在更改进行确认和控制。

当在需求管理流程的任何其他活动过程中确认一个新需求，或对现有需求进行更改时也会启动该更改流程。在整个程序范围都可以进行该需求更改管理活动。这是一种获批的用于记录和控制已确认需求的方法。该活动具有合适的属性、与其他需求的关系，以及对功能性层级架构或验证层级架构的产品的分配。需求管理流程能够确保所有涉及的利益相关者均同意设定基线的需求及对需求进行的任何更改。该流程控制硬件与软件之间的需求配置。

此流程负责解释说明政府提供设备和承包商提供设备的关键安全项更改，这些安全项将影响发展活动。也就是说，如果一项测试或其他形式验证认为有必要对需求进行更改，那么该流程将确保启动更改流程以完成此项更改。

对比需求总量与待定需求量和基于项目进展所引起的需求变化量之和，以此衡量需求的稳定性。建议在需求“稳定”后，再通过采办管理系统（AMS）对需求集合进行进一步发展。当需求组中至少80%的需求稳定后才能将该需求组视为稳定状态。

2）横向和纵向整合

除了需求和需求特性，同时还必须保持与其他系统工程产品的横向和纵向整合。横向整合用于确定同一级别的系统工程产品之间的关系。因为需求是由功能性架构派生而来，并且被分配给物理架构，因此必须保持这三个产品之间的一致性。

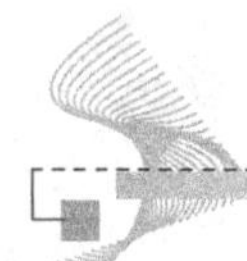

纵向整合描述了较低级别的数据是如何追溯到和联系到较高级别的数据。对于需求而言，这意味着程序级别的需求能够追溯到企业级别的需求，并且与其保持一致。表 3-4 举例说明了纵向可追溯性。

表 3-4 纵向可追溯性示例

任务服务级别	流动权变管理
要素级别	国家空域系统（NAS）应确定需求
子要素级别	国家空域系统应预测未来需求
子系统级别 （程序）	解决方案应为每一个国家空域系统资源预测交通需求
组件级别 （规范）	解决方案应使用飞行活动数据，以一个用户可选择的时间间隔（最少为 24 小时）来预测未来每一个受监控的机场、扇区、定位点，以及其他国家空域系统资源的交通需求

综合系统工程框架（ISEF）描述了多个用于建立和保持横向和纵向整合的流程和方法。

3.3.3 寿命周期需求分析

在 FAA，多个不同的文件中都包含需求集合组。高级别的企业需求包含在国家空域系统需求文件中，因此可以在项目需求文件（PRD）中找到程序级别的需求。建立项目需求文件，并随着在信息采集寿命周期中程序的进展及解决方案需求的不断成熟对其进行更新。项目需求文件的进展包括一个初步项目需求文件、初始项目需求文件和最终项目需求文件。在 FAA 的采办管理系统（AMS）中，想要获得全额投资决策，就需要有一份获得批准的最终项目需求文件（fPRD）。一旦做出投资决策，程序将继续开展开发系统规范、组件规范及接口需求文件的工作。

之后，由功能性架构和最终程序需求开发出系统规范需求，该系统规范需求受最终程序需求（fPR）级别的物理架构的限制。可以根据需要，在流程中的任何时间重新审查和更改较高级别的功能和需求。

1. 概念和需求定义中的需求分析

在概念和需求定义（CRD）阶段，利益相关者的要求被转换为程序需求。这些高级别需求在初步项目需求文件（pPRD）中予以呈现。在初步项目需求文件中，不应规定具体解决方案的需求，也不应对解决方案的探索加以限制。

初步项目需求文件具有以下特性和需求种类：

（1）需求是实施不可知的（不针对任何具体解决方案）

（2）确认约束潜在解决方案或限制实现运行能力的备选方案范围的所有约束限制或设想。

（3）确定高级别可靠性、可维护性和可使用性（RMA）需求。

（4）确保解决方案可以管理风险和安全的安全程序需求。

（5）包括适用的系统安全标准和指令。

（6）确定质量保障需求——应限于在程序需求模板中列出的用于质量保障的标准和指令。

（7）确定配置管理（CM）需求——应限于在程序需求模板中列出的用于配置管理的标准和指令。

（8）确定能够验证解决方案是否满足功能性能和关键性能需求的测试类型及可以接受的人工接口。确定适用的FAA测试命令和其他测试指导性文件。

（9）确定地面和工厂需求。

（10）由独立运行评估团队确定在运行测试中需要进行评估的关键运行问题，与运行有效性和运行适用性相关的关键运行问题，这些问题不适用于获取人力资源服务。

（11）规定硬件和软件的高级别维护原理。

2. 投资分析中的需求分析

在初期投资分析中对初步项目需求文件（pPRD）进行评估，并且逐步形成一份初始项目需求文件（iPRD）。初始项目需求文件包含符合优选备用方案的需求，这些需求不针对具体解决方案，并且为初始投资决策（IID）提供支持。初始项目需求文件包括以下特点和信息：

（1）需求和功能比在初步项目需求文件中描述得更为详细。需求将考虑到基于优选解决方案所设定的任何衍生需求和需求配置。

（2）由初步项目需求文件值所导出的可靠性、可维护性和可使用性（RMA）值更为具体和明确。

（3）在得知具体安全需求后，应在安全性评估中予以确定并纳入安全性评估中。

（4）在得知更多具体质量保障需求后，应进一步确定这些需求。

（5）在得知更多具体配置管理需求后，应进一步确定这些需求。

（6）详述关键运行问题。

（7）除非在最终投资决策之前对高级别维护原理进行更改，否则高级别维护原理应保持不变。

（8）规定系统状态和模式。

当程序逐步进入最终投资决策（FID）阶段，初期项目需求文件将发展形成最终项目需求文件。随着初始投资决策中所选择的解决方案出现更多的信息，最终项目需求文件应包含针对这些信息所形成的额外需求。在最终投资决策阶段，最终项目需求文件建立起程序需求的基线。最终项目需求文件应包含以下信息：

（1）所需的服务单位或服务范围的总数。

（2）由初期项目需求文件值导出的具体可靠性、可维护性和可使用性（RMA）值。应在投资分析（IA）和备选方案选择流程之中或之后决定可靠性、可维护性和可使用性值。

（3）针对房地产、工厂容纳系统的空间、辅助设备，以及最终状态操作人员和新能力转变的需求。

（4）在得知更多具体安全需求后，应在安全评估中确定这些需求并将其纳入安全评估中。

（5）确定更加具体的质量保障（QA）需求。

（6）在得知更多具体配置管理（CM）需求后，应进一步确定这些需求。

（7）应详述测试需求，包括具体的性能评估、运行验证、人工系统接口（HSI）及新能力的接受标准。

（8）应对关键运行问题予以详述。

（9）除非在最终投资决策之前对高级别维护原理进行更改，否则高级别维护原理应保持不变。

（10）代表一组稳定的需求。当不再对关键需求进行更改时应确定一组稳定的需求。此外，全部需求都必须是稳定的，使用在需求开发流程之初确定的矩阵。建议在文件定稿和请求进行最终投资决策（FID）之前，当完成到最后四分之一的流程时，至少 80%的需求组是稳定的，不会再进行任何更改。

3. *解决方案实施过程中的需求分析*

实施解决方案的目的是对满足程序层面需求和规范层面需求的解决方案进行实际演练。按照 FAA 的采办管理系统，系统规范是一份关键的合同文件。除非已合理完成规范，否则将不能有效进行硬件/软件集合划分。对于软件密集解决方案，在将解决方案分配给硬件或软件之前建立起功能层面的需求是至关重要的。当服务团队将项目需求文件中的需求转换为一份管理主要订约人所提供的程序的系统规范时才能够完成此项工作。在这一过程中用户的参与是至关重要的。以下是规范文件的类型：

（1）系统规范（A 类）：最重要的工程规范文件。该规范规定了需求并包括要求分析结果、可行性分析结果、最高级别功能分析结果及关键性能需求（CPR）。系统规范将需求分配给功能性区域，并规定了多个不同功能性区域的接口。该最高级别规范包括一个或多个次级规范，涵盖了适用的次级系统、配置程序、设备、软件，以及其他解决方案。虽然对于一个给定的程序，所使用的特定规范可能会采用一组不同的名称，但是此处使用通用方法。

A 类规范是 FAA-STD-067 中描述的 FAA-E 规范。这一类型规范为作为实体的解决方案提供技术基线，采用性能相关术语书写，并且描述了设计需求，包括解决方案需要执行的功能及相关指标。在签发筛选信息请求之前，当完成系统需求评审后将该

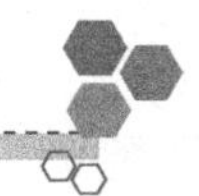

类型规范置于配置管理之下。A 类规范是 FAA 用于获得大部分系统时所使用的需求文件。

（2）开发规范（B 类）：包括针对完成研究、设计和开发的系统级别以下的任何程序的技术需求。可能包含设备程序、组装、计算机程序、工厂或关键支持程序。每一个规范均包括从解决方案级别向下发展的设计所要求的性能、有效性和支持特性。

供应商通常会针对 FAA 开发的系统规范来编制 B 类规范。在完成初步设计评审（PDR）时应将 B 类规范置于配置管理之下。

（3）产品规范（C 类）：包括针对在最高级别以下的，目前在 FAA 的库存内并且可能购买现货的任何程序的技术需求。可能涵盖标准解决方案组成（例如设备、组件、单元和电缆），一个具体的计算机程序、一个备件或一件工具。解决方案供应商通常会针对 FAA 开发的系统规范或一个供应商开发的规范来编制产品规范。在完成关键设计评审（CDR）时应将 C 类规范置于配置管理之下。

4. 服役管理中的需求分析

应将那些针对在能力服务寿命周期内的监测、评估和性能优化的需求记录在最终项目需求文件（fPRD）中。这些需求用于确定新能力是否在运行环境中按照设想进行工作，并协助确定已分配的资源满足所出现的任何服务需求的能力，这样在需要时就可以获得或分配能力替换或能力升级。

在投资程序的第一个产品可以运行之后的 6～24 个月，FAA 将进行一个实施后评审。实施后评审例外报告将为机构提供针对如何最好地满足未到达的需求、要求和性能（不论使用现有程序还是通过其他方式）的有用信息和建议。

3.3.4 需求分析的特殊考量

1. 关键性能需求

关键性能需求（CPR）代表为了满足程序追求的要求而被认为是至关重要的特性和特征。关键性能需求是全部程序需求的一部分，它规定了以测量单位表示的投资关键性能需求值的性能基线。该值代表了可接受的运行值，一旦超出这个值，解决方案的效用将受到质疑。无法获取程序的关键性能需求将降低产品的性能，对程序发展造成拖延，影响从属程序的进展，或对由解决方案提供的整体可承受性和能力产生质疑。

应在初始投资决策（IID）之前，在初始程序要求文件（iPRD）中确定初期关键性能需求，在最终程序要求文件（fPRD）中予以最终确定，并将其纳入数据采集程序基线（APB）。关键性能需求作为成熟要求说明（MRS）应予以记录，并纳入初始程序要求文件和最终程序要求文件中。

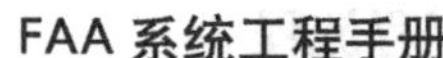

必须能够对关键性能需求进行测试以获得有效的验证和确认（V&V）和决策流程。按照类似于表 3-5 的格式对关键性能需求进行概述。

表 3-5　关键性能需求概述表范例

关键性能需求	
性能需求	数值（单位）
需求 1	
需求 2	
需求 N	

进行初始投资决策之前，在初始程序需求文件中确定初始关键性能需求，在最终程序要求文件中予以最终确定，并将其逐字纳入数据采集程序基线。对于程序而言，有服务要求的机构必须在程序需求文件中合适的章节内将每一个关键特性作为一个成熟需求说明（MRS）并在说明中使用其数值进行记录。该机构负责确定和记录有用的关键性能需求，这些需求对处理已确认的不足和满足业务案例中的利益目标是极为重要的。

关键性能需求管理如下：

关键性能需求状态为决策权威提供解决方案逐步发展运行可接受性的相关信息。在做出关键性决策时，经确认和验证的关键性能需求将证明可继续进行以下行动的批准：

（1）解决方案实施。

（2）系统生产。

（3）初始运行使用。

（4）服役管理。

在程序评审过程中，关键性能需求的状态为决策权威提供程序向最终状态发展的见解。该状态信息被用于确定程序存在的风险和问题，并对表现不佳的性能进行调整。决策权威应确保关键性能需求的总数足以表示恰当处理服务要求的所需。在程序需求文件的开发过程中，不支持获得关键性能需求值的性能需求将是工程权衡空间的一部分。

关键性能需求同时也在测试和评估的进行过程和报告中提供额外的关注和优先权，以评估系统或服务完成任务的能力。制订早期和正式测试的计划时应将关键性能需求优先于其他需求。测试和评估结果将积累基于关键性能需求的详细测试和评估数据，以评估系统或服务的整体表现和极限，从而更好地支持决策和风险管理。

2. 系统体系的考量

在一个系统体系（SoS）环境中，有可能是由另外一个系统实现满足一个投资业务案例的需求。在这种情况下，可能需要将需求分配给多项投资。

鉴于FAA内系统体系的复杂性和互联性，一个程序的成功可能依赖于其他程序提供的某些功能。当对一个单独系统进行需求的开发和管理时，工程师必须同时考虑在系统体系层面上会对需求造成哪些影响。完整的需求管理包括对目标系统以及其所有从属系统的需求的管理。

例如，考虑使用一个企业级别的需求来展示某一级别或某一精度的数据。为了实现这一需求，数据源必须首先获取那一级别或精度的数据。然后，处理程序需要在保持那一级别的保真度的前提下将数据格式化。最后，显示系统必须能够以足够的精准度来显示信息以满足需求。

此外，当管理未来需求时，工程师必须考虑在所给时间框架内所期待的能力和系统体系的配置之间的可追溯性和相关性。在上述例子中，经改进的显示系统可以提供稍许益处直至完成数据源。将一段时间内的系统之间的依赖关系考虑在内可以帮助预算决定和技术决定。

在单独的投资中获取的但是依赖于其他投资的每一个子系统，都必须保持满足企业级别要求所需的已分配的需求。图3-18展示是如何从企业级别向下发展并分配给不同的投资。

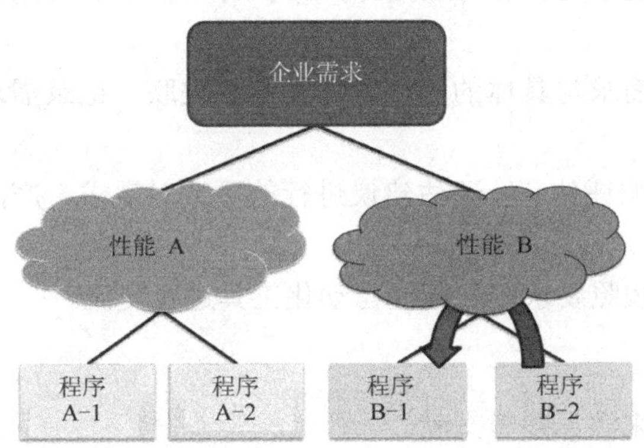

图3-18　企业需求分配

在FAA，针对每一个所涉及的投资，必须在程序级别或规范级别对系统体系需求进行记录并形成文件。在图3-18中所示的范例中，如果程序B-2依赖于来自程序B-1的需求，并且从企业级别对这些需求进行了分配，那么系统体系需求必须出现在两个程序的文件中。文件还必须描述系统体系需求的来源，或这些需求被分配到哪里。

由于每一个所涉及的投资很有可能在采办管理系统（AMS）的管理寿命期间处于不同的成熟级别，因此管理系统体系需求极具挑战性。精准的文件、可追溯性和配置管理是至关重要的，通过使用一个自动化需求管理工具可以极大地协助相关人员完成这些工作。

3. 需求管理工具

有许多方法都有助于组织需求及与需求相关的信息。决定使用哪一种方法取决于多个因素，包括程序的大小和复杂性、需求的数量及预算。强烈建议使用一个安全的且可改写的数据资源库或数据库来存储、追踪、确认和允许更改，对更改进行分级，以及对需求及其可追溯的要素进行筛选。与需求相对应的源文件和与产品之间的关联也应保留在同一个数据库中。

FAA 用于需求管理的标准软件工具是 IBM Rational 的动态对象导向需求系统（DOORS），该工具可以帮助确保妥善地配置管理和需求的可追溯性。如果主要承包商使用一个不同的需求管理工具，那么建议该工具应具有以下核心功能：

（1）需求记录——存储需求、状态、需求类型、基本原理及历史（版次控制）；以用户规定的格式表示需求。

（2）可追溯性——将需求与其上级需求、下级需求和同级需求相联系；提供用户规定的需求可追溯性矩阵。

（3）分配——将需求与产品层级架构相关联；记录用户规定的需求分配并形成文件。

（4）验证——将需求与具体的验证方法特性相关联；记录需求验证和符合性并形成文件。

（5）可追溯性影响评估——评估建议进行的更改对需求，产品以及验证层级架构的影响。

（6）兼容性——按照要求，与其他自动化工具进行交流。

附加信息

本章内容的信息来源见参考文献。

关于本章主题的更多内容参见附加工具和阅读建议。

3.4 体系架构设计综合

体系架构设计综合能够确定可行的设计备选方案，对这些备选方案进行优化以满足程序需求，并最终选择最平衡且最有利的架构设计。需求分析（见 3.3 节）和功能分析（见 3.2 节）是紧密结合的前导系统工程流程。经过多次重复后，这两个流程产生的输出将作为体系架构设计综合的主要输入。

体系架构设计综合将功能性架构中内容设定的需求转换为描述解决方案要素安排、要素之间的接口及设计限制的设计或物理架构，然后分析备选方案，根据诸如成本、进度、性能和风险等要素选择最佳解决方案。

体系架构设计综合将会得出一个解决方案架构。该架构由解决方案要素、要素的特性及安排组成，并且满足以下条件：

（1）满足需求。

（2）在未来企业体系结构的限制范围内实施功能性架构。

（3）在时间、预算、现有知识和技能，以及其他资源的限制范围内，最接近真实的最佳方案。

（4）与技术成熟度和可接受的风险等级相一致。

图3-19是该流程及其输入、任务和输出的概述。

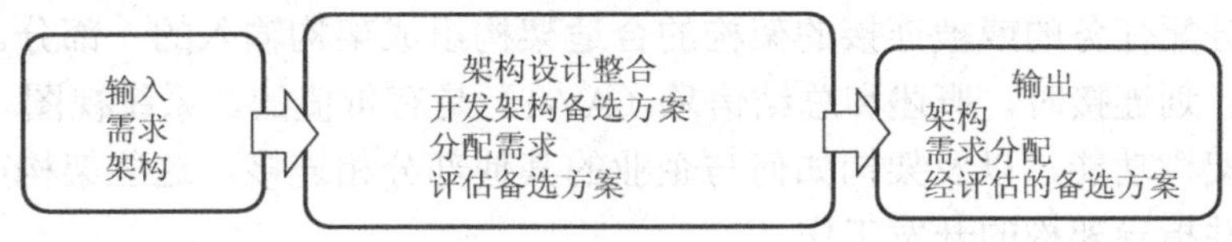

图3-19　体系架构设计综合输入、任务和输出

3.4.1　输入

体系架构设计综合的主要输入是多种形式的需求和架构。

1. 需求

作为体系架构设计综合的输入的需求会根据程序的寿命周期阶段而变化。需求分析流程反复确定和改进最高级别需求，并将其依次分解为较低级别的需求，然后为体系架构设计综合提供需求。

程序需求规定在设计中的解决方案必须通过功能性需求完成的任务，以及解决方案必须通过已形成文件的性能需求来完成的任务的出色程度。程序需求通过可测量的验证需求来确保解决方案的符合性、功能和性能。程序需求包括对潜在解决方案施加的限制需求。功能性需求描述了解决方案必须做的事情，以完成其目标和目的，而非如何完成这些目标和目的。性能需求规定了执行每一个功能的条件，包括定性（多好）和定量（多少）的测量值，以及时间线或周期性。

约束进一步限制正在设计的解决方案达到其理想水平的成果。解决方案设计通常会遇到限制；因此，必须确定、记录和管理设计约束，这样就不会以默认的方式管理设计。

2. 架构

在功能分析（见3.2节）过程中，高级别功能被分解成较低级别的功能组。可以由解决方案设计备选方案来满足这些较低级别的功能组。功能性架构是一个能够代表完整的解决方案的功能和接口的层级结构安排。功能分析提供开始设计流程的功能性

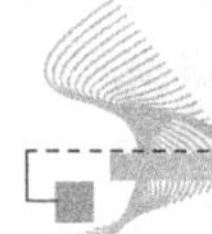

架构的合适区域。

目前已获批的企业体系结构也是架构输入的一部分。由程序进行开发的架构需要纵向追溯到企业级别的运行视图（OV）和系统视图（SV）。企业级别的技术视图为如何建立程序级别的架构提供FAA标准、指导和限制。综合词典（AV-2）通过规定，可以在正在开发的架构中重新使用现有架构实体为架构提供一个起点。线路图提供现有架构所连接的或被分配的任务，为即将进行开发的架构提供功能的有关信息，可以从国家空域系统企业体系结构入口或负责信息技术投资的首席企业计划师（CEA）处获取企业体系结构产品。

来自被分配任务的或被连接的架构的合适架构组成架构输入的一部分。在描述所建立的架构计划连接时，概述和总结信息（AV-1）是有价值的。系统视图（SV）将描述已连接的架构功能，以及架构如何与企业的其他部分相连接。这些架构产品用于确保横向整合并指导架构的开发工作。

3.4.2 流程的组成

体系架构设计综合涉及从一组备选方案中选择最佳解决方案或安排，以及了解相关的成本、计划、性能和风险影响。体系架构设计综合将实行一系列不同的步骤，以实现可测量的目标和目的，同时还要力求管理或克服约束。完成体系架构设计综合所需要的工作主要有以下三项：

（1）开发架构的备选方案。

（2）分配需求。

（3）评估备选方案。

这三项工作会反复进行，而且有可能同时进行。

1. 开发架构备选方案

体系架构设计综合始于对需求、企业体系结构产品和功能性架构的评审，以便理解需要执行什么，以及应执行到哪种程度以满足利益相关者的要求。建立目标有助于在设计流程限制内优化需求集的遵从性。应考虑的目标包括运行标准、任务成功、技术性能、成本、日程、质量、风险、失败率、可维护性及可支持性。对所有设计解决方案的目标进行定义和优化有助于开发满足需求的架构解决方案。确认以下项目后会得到设计备选方案：

（1）技术需求：提出将现有技术并入设计解决方案的潜在性，以及该技术所带来（和带给该技术）的风险和限制。引入该技术的潜在利益必须大于其在成本、计划和性能方面的潜在风险。

（2）专业工程属性：确认满足跨领域要求所必需的每一个潜在架构备选方案的特性。

（3）可以提供一些或全部需求的企业体系结构内的现有系统、应用、服务组成和工具，如数据库或文件管理系统及技术。

（4）商用现货（COTS）机会：评估每一个备选方案以决定是否存在可以满足分配需求的商用现货。

（5）制造或购买备选方案：对架构备选方案进行成本、安全和风险分析，以支持制造或购买决定。这些分析应指出，在现有应用或企业体系结构组成的基础上，将其作为一个新系统进行设计是否比使用一个已建立的商用现货或系统开发供应商更加节约成本。

1）体系架构设计综合的输入

一旦有可用的输入就可以开始进行体系架构设计综合。这些输入通常是其他系统工程流程的输出，如图 3-20 所示。作为一个反复进行的解决方案开发循环的一部分，体系架构设计综合可能创造或更新需求，以及需要重新循环至功能分析（“设计循环”）和需求分析（“需求验证循环”）进行进一步改进的架构产品。如此便可以开发出满足利益相关者的要求且解决运行短缺项的一组可行的备选解决方案。

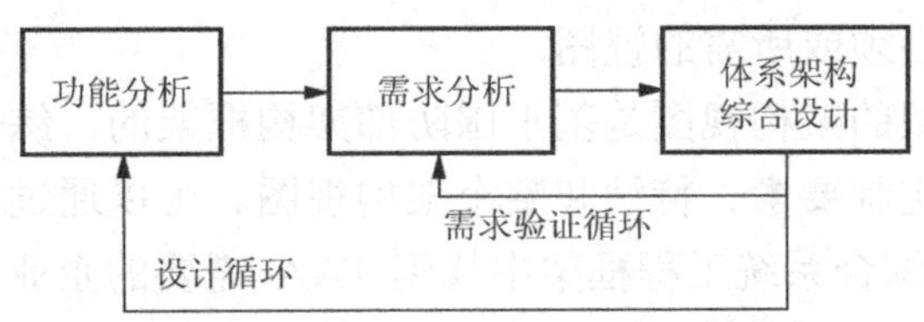

图 3-20　系统工程流程反复循环

表 3-6 列出可以成为体系架构设计综合的输入的不同类型的信息。该表也说明了建立或传送信息的流程。需要注意的是，不是每一个输入在第一次循环时就可以使用。例如，市场调查、交易研究及风险降低计划等通常是在流程的后期进行开发的。

表 3-6　所需的体系架构设计综合数据

输入	传递流程	系统工程手册章节
程序需求	需求分析	3.3
功能性架构	功能分析	3.2
已有系统规范	系统工程外部	
已有接口需求	接口管理	4.2
综合安全计划文件（ISPD）草稿	综合技术管理	4.1
运行服务和环境描述	功能分析	3.2
初步工作分解结构（WBS）	综合技术管理	4.1
市场调查	系统工程外部	
交易研究报告	决策分析	4.6
风险降低计划	风险管理	4.3

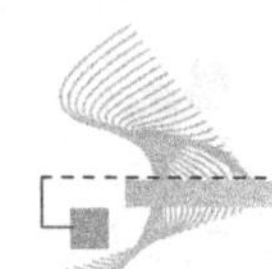

开发备选的架构解决方案的目的是，为了能够从多个选项中选择和发展成为一个最终解决方案架构。在反复进行的整合循环过程中获得可用数据，进而开发架构的备选方案。理想情况是被选中的架构应当满足所有需求，但是，将质疑需求的解决方案也包含在内是十分有用的，因为这样做可能会在反复过程中得到一个更好的系统概念。此外，也可能存在没有一个单独的架构设计可以满足所有与所涉及的服务差距相关的需求情况。使用在综合系统工程框架（ISEF）中规定的视图记录所开发的国家空域系统（NAS）和下一代航空运输系统（NextGen）架构并形成文件。信息技术投资使用联邦企业体系结构框架（FEAF）。这些框架将根据设计综合在采办寿命周期所处的位置，提供需要哪些架构产品的有关指导。

2）架构视图

综合系统工程框架和联邦企业体系结构框架描述了“现状”和“未来”架构开发所需的基线视图组。基于一个独立的体系架构设计综合的单独且唯一的要求和方面，可以要求特别规定所要求的视图。综合系统工程框架指导并不妨碍为了建立架构所需的其他国防部架构框架（DoDDAF）视图的开发。此外，国家空域系统的首席架构师也可将其他视图视为必须或所需的视图。

综合系统工程框架的架构视图是基于国防部架构框架的。综合系统工程框架允许针对一个给定的项目定制要素、特性和整个架构视图。可以通过国家空域系统企业体系结构（EA）入口在综合系统工程框架中找到 FAA 需要的企业体系结构产品。通常按照图 3-21 所示的顺序开发常见的架构产品（如 OV-1，SV-2）。一些程序对能够完成架构工作的人员和时间有限制，而且可能无法产生图示的所有产品，还有可能需要其他所需的体系架构设计综合数据。

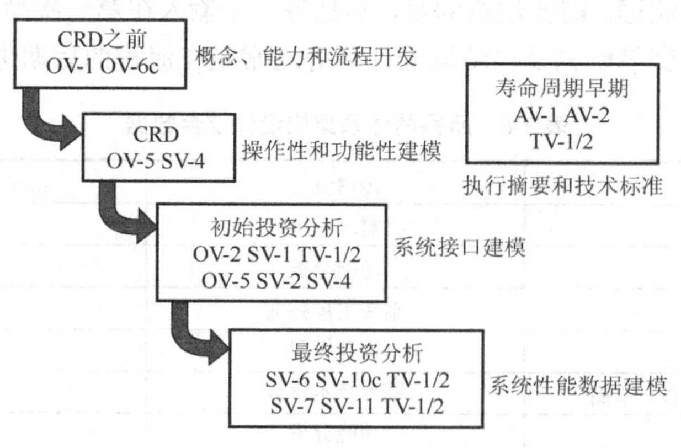

图 3-21　架构产品开发

以下是对常见的开发架构产品的说明：

（1）概述和总结信息（AV-1）提供一致的执行层面的概述信息，可以作为快速参

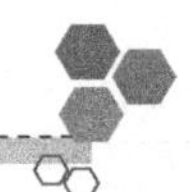

考使用，也可以将架构与其子架构进行对比。AV-1包括可能影响设计目标架构的高级别决策流程的设想、约束和限制。

（2）综合词典（AV-2）包括在所给架构中使用的术语的定义。其中包括术语表、架构数据资源库、数据的分类，以及数据的元数据（即关于架构数据的数据），包括与架构产品开发相关的特制产品的元数据。元数据是架构数据类型，有可能以物理模式的形式表达。

（3）高级别运行概念图表（OV-1）提供一个在解决方案设想的运行环境中描述解决方案的图示概述。OV-1是一个解决方案最终状态的技术设想。系统工程师必须经常与绘图师一起工作以便生成有效的OV-1。图表要配有一些描述性文字。

（4）在国家空域系统，运行节点与连接关系描述（OV-2）主要是一个企业级别的产品。运行节点被规定为参与者/执行者驻留和进行操作活动的实际地点。

（5）运行信息交换矩阵（OV-3）确定信息要素和信息交换的相关特征，将交换和生产相联系，完成运行节点和活动，并交换满足的要求线。在国家空域系统，OV-3主要是一个企业级别的产品。改造该产品以与系统数据交换矩阵（SV-6）要素形成混合体，从而创建一个特殊的国家空域系统企业体系结构OV-3。

（6）运行活动模型（OV-5）描述了满足一个业务或任务目标所进行的运行。典型的OV-5产品是基于功能建模的综合定义（IDEF0）方法论的。但是，也可采用其他方法建立OV-5产品，例如业务流程建模标记法和统一建模语言泳道方法。

（7）运行事件/跟踪描述（OV-6c）用于描述按照场景或时间的关键顺序追踪行动的运行活动的顺序和时间。

（8）对于国家空域系统而言，逻辑数据模型（OV-7）是一个严格的企业级别的产品。该产品用于形成程序级别SV-11物理模式的逻辑起点。

（9）对于大部分程序来说，系统接口描述（SV-1）是一个关键的架构产品，因为它记录了系统节点之间所要求的接口及系统之间的接口。企业级别SV-1描述了国家空域系统、服务、接口及被分配的功能。

（10）系统/服务通信描述（SV-2）描述了用于执行系统接口的数据机制。该产品注重建立界限以及描述国家空域系统和不同利益相关者系统之间的通信执行方法。

（11）系统功能（SV-4）记录了功能和功能性层级结构，以及功能之间的数据流。企业级别SV-4表示为“分类功能层次”而非一组数据流程图。分类功能层次有助于将国家空域系统面向服务的范例的发展形象化，其中与实施所有功能作为独立能力的单独投资不同，将在企业范围内重复使用这些服务。这一方法尤其有助于以能力为基础的采购，在这种采购中有必要对与特别能力相关的功能进行建模。对于服务单元和程序级别的架构，采用数据流程图表示SV-4。此外，企业级别的SV-4的结构与国家空域系统的需求相一致。

（12）系统/服务功能可追溯性的运行活动矩阵（SV-5）是对系统/服务子功能的运行活动在企业范围内的测绘，从而确定由一个运行要求转换为一个由系统或服务进行的有目的性的行动。

（13）技术标准简介和预测（TV-1/2）列举了系统和服务所使用的规则、标准和惯例以实施下一代航空运输系统（NextGen）架构。TV-1/2 贯穿所有时间框架，因此将出现在国家空域系统企业体系结构浏览器的按照现状、中期和远期章节中。

由企业体系结构工具，系统架构师（SA）提出质疑，以找出用于业务能力和相关流程的应用、技术、数据和相关业务能力的性能标准，以及可以了解一个系统的所有量纲的相关流程。

2. 分配需求

这一步骤通过将现有需求分配给解决方案要素（系统、功能、人员或支持活动组成、适当的组织实体）进一步推进设计流程的进展。将需求分配给要素是一项反复进行的流程，当决定可以通过现有或新开发的项目来完成功能性要素时，就会进行此项工作。如果功能性需要进行需求分解以便允许其分配，那么应进行功能分析来充分区分功能性要素，从而允许其在硬件、软件和人员之间进行分配。

必须对所有需求进行分配。随后的分析、需求分解及交易研究可能产生额外的需求，从而为产品定义最均衡的需求分配。建立和记录需求的可追踪性，以确保能够将所有功能分配给解决方案的要素。

因为还不能确定一个完整的设计，所以在需求管理流程中的首次分配仅标明高级别产品构件。随着产品设计的成熟，所确定的需求可能被分配给物理架构中较低级别的构件，如硬件和软件配置项目。按照程序要求，可以超越该级别继续进行分配，也可以将需求分配给递增的被分配基线。该流程为每一个递增硬件或软件版次建立功能性、性能和验证需求。

通过需求分配矩阵（RAM）将技术需求分配给在设计解决方案流程中规定的物理架构。需求分配矩阵建立并保持在物理架构中描述的设计与需求之间的双向可追溯性，以及需求与功能性架构之间的双向可追溯性。这将促进从系统规范到硬件和软件配置项目规范的双向需求可追溯性。表 3-7 是需求分配矩阵的一个范例，其中至少包含以下数据：

（1）来自功能性架构的功能识别号（ID）。

（2）功能名称。

（3）由功能衍生出的需求。

（4）将执行需求的物理架构的构件。

表 3-7　需求分配矩阵

功能性架构		需求	物理架构
标识	名称		

需求分配矩阵中也可包含有关需求和分配的其他信息。本手册将在验证和确认流程中详述需求分配矩阵，以规定确认特性和描述需求验证方法论。

当一个解决方案级别的需求被分配给多个配置项目时，该流程被用于确保同时采用较低级别需求时能够满足解决方案级别的需求。

3. 评估备选方案

随着架构设计的改进，应评估每一个备选方案以便确定该方案对需求和约束的满足程度，以及该方案是如何提高该解决方案、一个较高级别系统或系统体系（SoS）的整体有效性的。该评估包括以下几项：

（1）确保设计时考虑到设计约束。

（2）评估和交流因备选解决方案要素的相互作用或某个解决方案要素的更改而导致出现不良属性。

（3）进行有效的评估、权衡分析和风险分析，从而有助于得到一个可行的、有效的且稳定的设计。

（4）可以开发模型或原型以协助。

（5）确认和降低与可用或新兴技术整合相关的风险。

（6）验证架构设计解决方案满足被分配的功能需求和性能需求、接口需求、工作载荷极限及约束。

验证设计解决方案是否满足功能性架构和程序需求。分析每一个架构设计，以便决定该架构设计如何满足被分配的功能需求和性能需求、接口需求和设计约束。针对架构的发展能力、适应新技术的能力、增强性能的能力、提高功能的能力，或一旦解决方案应用于生产或进行实际测试时合并其他改进的能力进行分析。

如果没有一个架构备选方案能够达到完全符合需求，并且全部备选方案都不能满足同样的需求，那么应开始进行一个设计循环（“反复”）。设计循环涉及重新回到功能性架构，验证物理架构的开发与功能要求和性能要求相一致。如果有一些而非全部备选方案不能完全满足所有需求，并且多种方法之间的符合程度有区别，那么应针对每一种设计开始需求反馈循环。应审核解决方案设计，以确定其符合程序需求组。针对不同级别进行审核以便评估其与需求的符合程度。随后会按照需要将审核结果反馈给早期体系架构设计综合步骤。

对架构备选方案进行评估以确保与其他架构之间的整合。每一个备选方案都应与企业体系结构进行纵向整合。如果确认存在与正在进行开发的架构相关联的架构，那么需要记录这些架构之间的横向整合并形成文件。综合系统工程框架（ISEF）会指导相关人员如何进行纵向整合和横向整合。

通过使用所有提前在体系架构设计综合中进行的分析、需求管理、功能分析、专业工程，以及风险管理来选择最佳架构。最终确定设计要素之间的接口名称和描述，并且为架构设定基线并置于正式配置管理之下。采用要素、要素的安排、要素之间的互动，以及对解决方案特性的描述和参数值表示解决方案的架构基线。

从解决方案的功能、性能、表现、接口和实施限制方面规定选取的设计解决方案。这些规范是实际系统解决方案中的一个重要部分。这些规范的形式可以是最高级别的规范、草图、图样或其他适合开发工作做成熟度的描述，这些规范也可以作为决定是否生产、重新使用或获取每一个确定的解决方案要素的标准。

3.4.3 输出

由于体系架构设计综合是一个反复进行的流程，因此，输出的详细程度将会根据项目在采办管理系统（AMS）寿命周期中的位置而有所不同。在选择“最超值”备选方案之前，应简明地完成所有架构备选方案的高级别输出。随着功能性架构和需求的持续改进，能够满足利益相关者要求的架构设计越来越少。随着流程逐步将备选方案缩小至被选择的方案，最佳选择应该为具有来自体系架构设计综合的详细的且已经形成文件的输出。

以下体系架构设计综合输出在整个反复过程中出现，但是其范围和细节会随着项目在采办管理系统循环中的位置而有所不同：

（1）解决方案架构。

（2）更新至企业体系结构（如有需要）。

（3）备选方案的描述。

（4）需求分配。

（5）约束限制。

具体说明如下。

1. 解决方案架构

对于所有备选架构解决方案而言，需要确认系统要素，以及系统要素的安排和系统要素之间的相互作用。建立的架构级别应记录其设计解决方案和接口并形成文件。该文件应包括需求的可追溯性和分配矩阵，该矩阵能够捕捉功能需求和性能需求在系统要素之间的分配。记录物理架构定义、权衡分析结果、设计原理，以及为架构中的

需求向上和向下提供可追溯性的关键决定并形成文件。必须完成对设计架构的验证，以证明架构满足确认需求基线和验证功能性架构。如果一个备选方案需要修改国家空域系统或FAA企业体系结构数据、基础设施、应用或安全参考模型，那么必须记录修改、成本、与修改相关的风险并形成文件。同时，应将其作为备选方案分析的一部分进行报告，并明确指出是否为推荐解决方案架构的一部分，随后将该信息编辑到需求符合性矩阵中。

2. 备选方案描述

描述每一个在体系架构设计综合过程中开发和改进的架构备选方案并形成文件。对于被选择的架构，应提供更多详情以使其他系统工程（SE）流程能够充分利用这些信息。

3. 需求分配

将所有需求映射到解决方案要素。由于这是在体系架构设计综合过程中出现的映射，因此应建立一个包含所有需求、所分配的要素，以及解决方案部件所达到的需求遵守程度的矩阵。为物理架构的每个级别设计一个矩阵，在矩阵中列出所有性能、功能需求和约束需求，以便反映架构的每一个级别。解决方案需求和设计约束按照所确认的物理架构转化为合适的构件规范。单独规范的资格认证章节应明确在正常和异常状态下满足每一个构件规范而使用的方法（IEEE 1220 2005）。

接口规范表示在产品、子系统、人工、寿命周期流程的物理接口，以及与系统进行互动的外部接口。控制接口的规范记录在接口控制文件（ICD）中。

4. 约束

体系架构设计综合需要顾及解决方案设计的许多不同方面，包括成本、计划、可行性、需求、功能及其他方面。由于对多个不同解决方案进行考虑和改进，约束就变得很明显。

在寿命周期工程中记录设计约束并进一步研究，能够帮助相关人员确定未来替换计划的时间安排。

3.4.4　寿命周期体系架构设计综合

确保已收集所有需要的可用整合数据之后，就可进行体系架构设计综合。这个综合始于对程序需求和功能性架构的评审，从而了解需要进行的工作，以及性能需要达到哪个级别才能满足利益相关者的要求。如果是第一次进行体系架构设计综合，或是第一个整合循环，那么并不是所有数据都可用的。

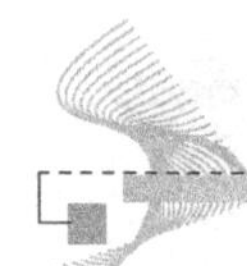

一旦开始，体系架构设计综合通常是一个反复进行的流程，其将通过需求分析和功能分析进行循环以便进一步改进需求和功能性架构，从而优化潜在可行的设计备选方案。从企业体系结构开始，初期功能分析产生初期功能性架构的功能。这些功能和性能要求/非功能性需求一起形成首批解决方案需求，并记录在短缺项分析中。一旦开发出初期功能性架构并分解服务要求后，就可以开始体系架构设计综合。

1. 概念和需求定义（CRD）过程中的体系架构设计综合

在概念和需求定义过程中，功能架构的开发作为一个输出的功能分析过程。它用于改进服务要求需求，使其成为首批需求组；这些将记录在初步项目需求文件（pPRD）中。

然后开始体系架构设计综合的第一次循环，通过规定和分配解决方案要素，把以功能性架构为基础的需求转换为一个物理架构。这一整合步骤包括生成满足功能性架构的备选设计解决方案。市场调查能够帮助确定可用的技术，调查的需要使新兴技术趋于成熟并让这些新技术服务于解决方案架构，或能够满足全部或部分程序需求的不同解决方案。如果不存在多个可行备选方案，那就需要结合用户组织修改程序需求和功能性架构，并按照需要进行反复修改。

2. 投资分析过程中的体系架构设计综合

在初期投资分析过程中，将初步项目需求文件发展成为初始项目需求文件（iPRD）。初始项目需求文件包含符合最佳备选方案，而不是针对具体解决方案的需求，并支持初始投资决策（IID）。随着功能性架构和需求的持续发展，反复进行体系架构设计综合。整合行动要力求确定可行的设计备选方案，改进这些备选方案以满足需求，并选择最均衡和最有利的设计将其引入实际应用。减少备选方案，使所选择的方案仅仅反映出那些被认为可行的或值得继续开发的备选方案。然后评审和分析功能区域的程序需求符合程度。

记录每一个备选方案的解决方案对所有需求的符合程度并形成文件。如果没有一个备选方案达到完全符合要求，并且所有备选方案都未能满足相同的需求，那么应开始设计循环。如果有一些而非所有备选方案都未能完全满足所有需求，并且不同的方法有不同的符合程度，那么应对每个设计实施需求反馈循环。

将“最超值”备选方案推荐给联合资源理事会（JRC），并使用所有之前作为体系架构设计综合的一部分而进行的分析，或与需求分析（见 3.3 节）、功能分析（见 3.2 节）、专业工程（见 5 章）及风险管理（见 4.3 节）一同进行。一旦初始投资决策得到批准，应最终确定解决方案设计的细节及所有接口的名称和描述。在最终投资决策（FID）批准之后，设定解决方案设计基线，并使其处于正式配置管理之下。

随着程序逐步向最终投资决策发展，初始项目需求文件发展为最终项目需求文件（fPRD）。随着步入这一整合步骤，就建立了由推荐的解决方案所满足的程序需求。该步骤通过将需求分配给物理系统要素进一步推进设计流程，确定直接应用于要素的设计约束。随着对解决方案的改进和分析，确定其如何满足被分配的功能性需求和性能需求、接口需求和设计约束，以及其如何帮助提高系统的整体性能。

3.4.5　体系架构设计综合流程工具

除了定义设计备选方案，建立设计活动每个级别的备选方案之间的关系也很重要。以下四个工具可以用于描述备选方案。

1. 概念描述单

单独描述在整合过程中开发和改进的每一个备选方案，对其进行记录并形成文件。为所选择的或者最佳的设计提供更多详情，以使其他工程系统流程能够充分利用这些信息。描述单包括对解决方案及其运行使用，以及关键特性的完整描述。

2. 架构方框图

架构方框图（ABD）文件记录了所有解决方案要素的层级结构关系，它包括硬件和软件要素、层级结构、文件记录和数据、设备、测试设备和支持。

同时，开发一个外部架构方框图来描述所考虑的解决方案的外部影响要素。与解决方案架构方框图类似，外部架构方框图应包括对解决方案产生重要影响的所有硬件、软件、设备、人员、数据和服务。

3. 接口图样

绘制所有解决方案的物理要素互动关系，以及所有与外部物理要素的互动图样。这些图样提供了接口的记忆图像，并且是之后在接口管理（见 4.2 节）下开发接口需求和控制文件的基础。

4. 系统方框图

一个简化的系统方框图（SBD）展示了可能组成一个要素的构件及可能在两者之间传递的数据。通常会开发一个扩展版次来展示在每个构件中所执行的详细功能，以及它们之间的内部关系。对于复杂的解决方案而言，该方框图随后也可以发展成为一个用于审核所产生的系统逻辑图。该审核是一项关键的系统工程功能，也应按照适用情况将接口信息纳入系统方框图中。接口数据将在解决方案层级结构的多个级别上形成开发结构规范的基础。N 平方（N^2）图表对于开发和审核所有级别的接口都极为有用。

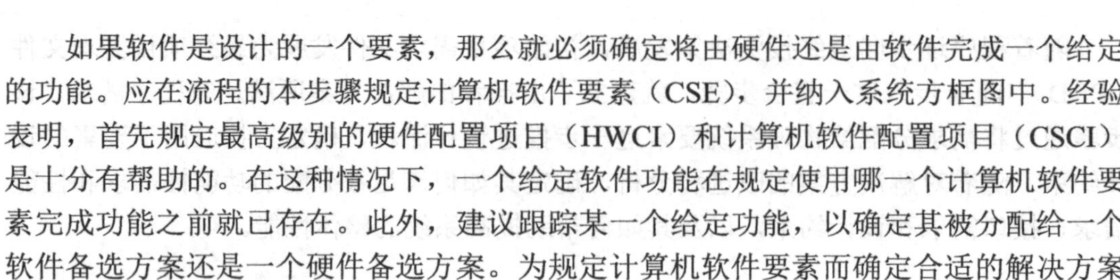

如果软件是设计的一个要素，那么就必须确定将由硬件还是由软件完成一个给定的功能。应在流程的本步骤规定计算机软件要素（CSE），并纳入系统方框图中。经验表明，首先规定最高级别的硬件配置项目（HWCI）和计算机软件配置项目（CSCI）是十分有帮助的。在这种情况下，一个给定软件功能在规定使用哪一个计算机软件要素完成功能之前就已存在。此外，建议跟踪某一个给定功能，以确定其被分配给一个软件备选方案还是一个硬件备选方案。为规定计算机软件要素而确定合适的解决方案分层结构的等级主要依赖于项目。

系统工程流程的这一步骤的产物是与设计目标相对应的一组可行的备选解决方案，以及一系列描述备选方案内部联系的系统方框图。

5. 计算机辅助设计

现代计算机硬件和软件用于把解决方案的初始想法转变为一个具体的工程设计。这一发展涉及建立几何系统模型，随后对这些模型进行操作、分析和改进。

3.4.6 特殊考量

1. 系统体系

随着体系架构设计综合的实施，必须对 FAA 系统体系（SoS）环境进行特殊考量。系统体系从一开始就是被有意设计和指导成为一个具有共享业务和企业规则（Gideon，Dagli，and Miller，2005）的系统体系。系统工程师可以通过实施体系架构设计综合来开发架构备选方案，根据重点要求，确定最佳方案，以及开发和测试解决方案。在开发和选择架构解决方案时，系统工程也必须考虑将这一系统整合到更大的系统体系中。解决方案必须不但能够进行独立运行，而且也能够与系统体系中的其他系统一起运行。

实施系统体系需要一个综合软件系统。如果所有其他组成系统均已到位，那么系统工程师可以专注于综合软件系统的设计。为了完成有效的设计可能需要关于组成系统的架构知识。

2. 工业控制系统

国家空域系统（NAS）和下一代航空运输系统（Nextgen）空中交通系统被指派为美国 19 个关键基础设施之一。根据定义，国家空域系统是一个工业控制系统，因此对其有额外的网络安全需求。对于所有 FAA 系统而言，这些要求都是安全权威流程的一部分，但是必须在不晚于初始投资决策（IID）中的备选方案分析时对这些要求进行考量。鉴于开发周期很长，在部署系统时，架构师必须向 AIS-300（系统安全权威流程）咨询可能生效的趋势，同时应针对适用的需求使用目前的 FAA 安全权威手册和模板。

附加信息

关于生成本节内容所使用的信息来源请见参考文献。

关于本节主题的更多内容参见附加工具及阅读建议。

3.5　跨领域技术方法

在项目的任何阶段，FAA系统工程师都可能受益于使用某种技术方法来确定可行性，确认并进一步规定所需的功能和需求。本节描述了使用建模、模拟和原型来完成这些目标。这些技术有助于复杂和高成本系统的开发。

3.5.1　建模与模拟

建模与模拟涉及不在计划的运行环境中实际操作而得到关于某事物如何表现的信息。建模与模拟是提出项目的技术风险的有效方法，因为这两种方法可以在实施一个解决方案之前为找出和纠正问题而提供补充意见。预测在开发、确认和运行模型所计划花费的资源应与使用模型所获得信息的期望值一致。术语“建模”和“模拟”有时会互换使用。两者是有区别的，但是在某些情况下又是紧密相关的术语。

1. 建模

建模是使用一个标准的、严谨的组织架构的方法论来创建和确认一个物理层级结构或其他系统、实体、现象和流程的逻辑表示法，在许多情况下，会把一个物体或现象的表征用于模拟。

根据国际系统工程协会（INCOSE）系统工程手册，“模型是以一种较简单的表示法对目标系统进行映射，它可以粗略估计在所选区域中目标系统的表现。模型可以用于表示正在开发的系统、系统运行的环境或使能系统和接口系统之间的互动。”

模型可以用于大部分系统寿命周期流程中，例如：

（1）需求分析，确定和评估备选需求的影响。

（2）架构设计，评估备选选项。

（3）验证，模拟系统的环境并评估测试数据。

（4）服役运行，出于计划和确认的目的，在实施运行之前对其进行模拟。

模型可以提供对一个概念或需要解决的问题的可视化显示。可视化显示能够观察和分析相互关系和依存关系。建模可以提供在系统的寿命周期中和系统属性的范围内对特性进行预测的能力。

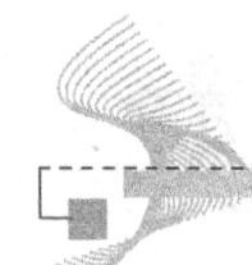

2. 模拟

模拟是对系统功能或运行过程的表示。通过模拟复杂的场景和针对一个模型的大量实施变化可以看出系统能力。这些能力可以提供关于单独系统和流程要素如何影响计划的运行环境，以及和计划的运行环境之间的互动分析和理解。

模拟建模允许系统开发者和分析者预测在不同的配置或运行规则下，现有或提议的系统的性能。该流程能够极大地降低不能预见的瓶颈、资源的使用不足或使用过度，以及不能满足规定的系统需求或用户要求等风险。模拟也有助于规定系统需求、建立风险和测试接口。模拟预测能够指导对系统设计、构建和运行所做的决定，或验证系统的可接受性。

模拟也可以用于原先成本过于高昂的人员培训。基于精确建模模拟，允许学员在不损坏真实飞机或对运行造成不利影响的情况下，使用位于奥克拉荷马市培训中心的复杂空中交通控制系统进行训练。

1）模型类型

“没有天生就好或天生就不好的模型。评估一个模型的质量，应考虑建立模型的目的，以及目标观众是谁。不同的目的和不同的目标观众可能需要本质上完全不同的模型”（Lankhorst，2009）。

模型大体分为两个类别——表示模型和模拟模型。表示模型采用一些逻辑或数学规则，以便与被代表的系统相同的依赖关系把一组输入转换为相应的输出，但是不会模仿系统的结构。其有效性取决于通过分析或实验数据展示在所考量的区域中表示的模型追踪实际系统。

模拟模型将会模仿被模拟系统的详细结构。模拟模型包括系统要素的表示，与在真实系统中进行一样的连接。一个模拟模型的有效性取决于模型中表示的有效性，以及其架构对真实系统的仿真程度。通常会在时间域中运行各种场景以模拟真实系统的表现。例如，一个液体控制系统的模拟包括管道、泵、控制阀、传感器、控制电路，以及在系统中运行液体的表示方法。

所选择模型的类型取决于目标系统的具体特性。总体来说，将关注总系统特性的一些子设置，例如计时、流程表现或不同的性能测量值。表示和模拟可能包括以下类型中的一个或多个：物理型、图示型、数学型（确定性）及统计型。

（1）物理学模型是在现实世界中存在的有形物品，它与真实或提议的系统相关特性是完全一致或十分相似的。模型的物理特性被用于代表目标系统相应的特性。物理模型的范例包括风洞、试验台及模拟板/黄铜板。

（2）图示模型是将实际或提议系统的相关特性绘制在一个带有类似属性的图示实体上。图示实体几何特性或拓扑结构特性被用于代表目标系统的几何特性、逻辑关系，或流程特性。图示模型的范例包括功能性流程方框图（FFBD）、N^2示图、逻辑树、蓝

图、图表和示意图。使用 N^2 示图的范例如3.2节功能分析所示。

（3）数学（确定性）模型使用封闭的数学表达式或数值计算法，将输入数据转换为与实际系统拥有相同功能性依存关系的输出，构建封闭或开放形式的数学方程式来代表系统，使用适当的分析方法或数值方法解出方程式以获得一组规定系统的预测表现的公式或列表数据。数学模型的范例包括运行或生产吞吐量分析、热学分析、振动分析、载荷分析、应力分析、特征值计算及线性编程。

（4）统计模型被用于给定的输入参数和数据，为预期结果生成一个概率分配功能。当涉及按照可靠性预测的随机现象、针对输入出现不确定性，而此输入是由一个概率分配所表示，或者当统计分配对大量时间的集体影响进行粗略估计时，适合使用统计模型。统计模型的范例包括对数正态统计模型、逻辑支持、路径分析、多元回归、卡方自动交互探测、聚类分析、离散和连续模型。

3. 基于系统工程的建模和建模语言

基于系统工程的模型（MBSE）是一项新兴的系统工程方法，它可以通过与书面文本截然不同的图示模型传达与系统的接口、互动、运行、功能和性能相关的信息。该方法可以更简洁地表达信息，并允许所有用户轻松存储和查找与系统相关的任何信息。基于系统工程的模型也使用允许用户追踪不同模型类型之间关系的综合模型，从而对系统有一个更深刻的理解，而这一点仅通过书面文字理解起来较为困难。但是，为将图示模型代替书面文字，系统工程师必须使用一个标准的建模语言，这样所有用户才能以系统工程师计划的方式正确地解读模型。

1）业务流程建模标记法

业务流程建模标记法（BPMN）是一项图示建模技术，能够帮助创建、描述流程和参与者。正如其名称所示，该方法经常用于业务流程，但是对系统工程确认操作和终端用户也是有帮助的。

2）综合定义

综合定义（IDEF）是图示模型的集合，用于描述一个系统的不同方面。综合定义是用于综合计算机辅助制造系统的所需标准文件的产物。综合定义模型有助于对系统工程的多个方面进行建模，例如功能性接口。综合定义模型经常并入架构框架中。

3）系统建模语言

系统建模语言（SysML）是为系统工程原理专门设计的统一建模语言的延伸。系统建模语言是图示和数学模型的集合，可以捕捉一个系统的结构表现、需求和参数。系统建模语言模型可以满足按照在架构框架中规定的系统架构活动。

4）统一建模语言

统一建模语言（UML）是用于描述面向对象的编程图示模型的集合。统一建模语

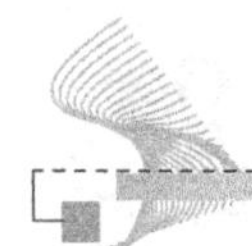

言对于软件密集系统的工程项目很有帮助，并且可以满足这些系统的架构框架。对于硬件密集系统或软硬件结合系统，建议使用统一建模语言的系统建模语言延伸。

5）使用案例和业务流程范例

巴克莱·布朗（Barclay Brown）做过初步研究，试图将使用案例模型（在统一建模语言和系统建模语言中使用）与业务流程模型相关联，以便有效地将终端用户运行和系统设计整合为一个基于设计工程框架的模型。FAA 已经为该范例建立试点，并在正式整合到机构实践之前做进一步的研究。

4. 模拟类型

工程师可以使用多种模拟类型来预测系统的表现。以下按照难度和结果保真度逐渐增加的顺序描述每一个类型。

（1）离散事件模拟是基于队列理论的模拟。对于离散事件模拟，模拟不会持续更新数据，而是当给模拟提供一个新的输入时才对数据进行处理。

（2）连续模拟是持续提供基于大量输入的输出数据。最常使用的持续模拟是蒙特卡罗模拟。蒙特卡罗模拟提供平均值和概率分配。除了检查名义工况，非名义蒙特卡罗模拟可以在遇到特殊或异常情况时建立系统互动或系统断裂。

（3）基于自主体模拟是包含多个称为自主体的数据块的模拟。自主体包括一系列指令，当在模拟中遇到其他自主体或约束时，这些指令将独立行动。这些数据块被认为能够展示人工智能的基本水平。基于自主体模拟对于预测人工行为而言，比之前的模拟类型更佳。

（4）人工智能模拟将来自基于自主体模拟的自主体与一种解决不确定事件的方法相结合。不确定事件作为符合概率论的模型被引入，人工智能模拟可以使用多个不确定因素解决技术，如贝氏网路和模糊逻辑。

（5）游戏和虚拟世界模型是对一个运行场景的物理和图示表现，并有意包含现实世界的人物。这些模拟主要被用于培训目的，但是也可以提供对系统运行的先进分析。

（6）优化模拟可以使用一个或全部上述技术，与一个单一的设计选项相反，该模拟可以提供一个较快捷的方法来检查大量的尺寸和参数。优化模拟可以协助系统工程师决定最佳解决方案。最优化模拟也有助于决定提议的系统的理想尺寸和性能特性。

3.5.2 原型设计

原型设计是一种可以极大增强和提供满足用户要求的解决方案的可能性技术。此外，原型可以帮助提高对用户要求和利益相关者需求的意识和理解。本节简要讨论两种类型的原型设计：快速原型设计和传统原型设计。

（1）快速原型设计可能是最简单的同时也是最快速地获取用户性能数据和评估备选概念的方法之一。快速原型是一种可以使用软件结合硬件迅速组装的一种特殊类型的模拟，它呈现现有的物理要素、示图要素或数学要素的选项目录。应用范例包括激光蚀刻、选择性激光烧结、计算机数控加工服务、熔融沉积成型、3D 打印及计算机模拟环境等工具。经常使用这些工具来调查概念模型、设计迭代、工程评估、形式和配合、人工-系统接口、操作或生产考量。快速原型被广泛使用，但是由于其使用工具的一个选项来粗略估计考量中的系统要素，因此它们通常并非计划系统的原型。

（2）传统原型设计涉及建立一种完全代表全部或部分所计划系统的原型，该技术可以降低风险或不确定性。一个部分原型可用于验证目标系统的关键要素，一个整体原型是对系统的完整表现。原型从每一个关注的方面来讲都必须完整且精准，可以从这些具有更高保真度的交互性原型获得性能次数和出错率的客观数据和定量数据。

原型通常并不是生产实体的"草案初稿"。原型旨在加强学习和确认概念。当达到目的后应将原型撤销。一旦原型开始运作，会经常做出更改以便改进性能或降低生产成本。生产实体也可以要求不同的行为。

3.5.3 在寿命周期中使用跨领域技术方法

不论开发团队处于寿命周期的哪个位置，建模、模拟和原型设计的方法都是相似的。但是随着程序在寿命周期中的移动，这些方法将会产生一些不同的或增强的分析。

（1）服务分析中的技术方法。对于一些程序而言，建模和模拟可被用于记录高级别概念并帮助确认短缺项。模型有助于对潜在的架构更改进行分析。

（2）概念和需求定义（CRD）中的技术方法。可以增强用于服务分析中的模型来帮助系统工程师最终确定短缺项分析。建模有助于开发解决方案的运行概念和架构设计。建模和模拟可以用于评估不同的提议备选方案，以便决定每一个方法的优点和缺点。建模和模拟也可以帮助系统工程师确认在每个备选方案中存在的潜在安全问题。建模协助确定高级别需求和粗略成本预测。

（3）投资分析中的技术方法。可以增强在概念和需求定义中用于评估和分析备选方案的模型来帮助确定最佳备选方案。建模有助于规定业务案例。使用不同场景的建模和模拟可以用于决定和确认需求。模型可以帮助设计趋于成熟和架构设计。模型还可以帮助确定风险和安全问题，可以使用原型更好地理解用户的要求和利益相关者的需求，原型也可以帮助演示概念的可行性，对概念和需求定义中的成本模型作出进一步的详细阐释有助于得出更好的成本预测。

（4）解决方案执行中的技术方法。建模和模拟可以在制造最终产品之前模仿产品

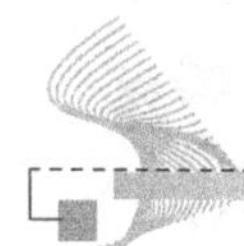

运行。模拟结果可以改进正在进行开发的系统设计。对系统环境的模拟和评估测试结论有益于需求的验证。供应商进行的原型设计可以为开发团队展示正在开发的系统的关键功能。根据原型的输出，可以对系统进行改进以更好地支持服务要求。对关键系统构件进行建模也十分有用。

3.5.4　工具

现在均可购买用于所有类型的建模和模拟的标准工具。FAA 没有全部的工具，但是拥有一定水平的模拟工具，以及与第三方模拟工具连接的能力。FAA 的工具有以下几种：

（1）系统架构师（SA）™：一个创建架构产品的工具。业务流程建模图表为一个外部模拟产品——Witness™提供连接。系统架构师提供使用统一建模语言的面向对象的和基于构件的建模。针对面向对象分析和系统设计，统一建模语言是目前使用的但是仍在不断发展的标准。快速原型设计工具“屏幕架构师”与系统架构师（SA）一起使用，以便创建以富文本格式和超文本标记语言为形式的接口原型。

（2）CORE™：为系统工程师提供一个强大的解决方案，用于建立复杂的、域之间有大量联系的系统模型。在强大的模拟引擎的支持下，CORE 提供从需求开发到验证和确认的系统开发流程的端口至端口覆盖，并强调流程中的差距和丢失功能。

附加信息

关于生成本节内容所使用的信息来源请见参考文献。

关于本节主题的更多内容参见附加工具及阅读建议。

第 4 章　技术管理原则

多个技术管理原则共同构成了一种综合管理办法，该方法可以改进项目的实施效果，确保所有与那些流程相关的计划活动和系统活动都能满足利益相关者的要求，且达到最高质量标准。使用这些原则可以了解、管理并不断完善各种系统工程流程和子流程，为利益相关者生产增值产品，提供增值服务。

FAA 有七种技术管理原则。这些原则被持续不断地应用于整个解决方案的研发过程，并可以根据需要尽可能严格地、正式地予以使用。技术管理原则包括以下几项：

（1）综合技术管理。

（2）接口管理。

（3）风险管理。

（4）配置管理。

（5）系统工程信息管理。

（6）决策分析。

（7）验证与确认。

当 FAA 对已建立的流程做任何更改时，经常参照各种指导相关人员如何更改的标准和模型。这些标准和模型包括 CMMI（能力成熟度模型集成，也称为“软件能力成熟度集成模型”）、DO-178、DO-278、ICMM、ITIL、ITIM、ISO / IEC 15504、ISO 9001、ISO 14001 和 ISO 20000。无论使用哪种模型，质量管理体系（QMS）都必须贯穿于 FAA 项目的整个寿命周期。质量管理体系可以指导、测试、控制和提高产品和服务，它已经规定了核心业务功能的实施策略、流程和程序。虽然 FAA 可以选择与项目相关的政府活动将采用的质量管理体系，但是 FAA 仍要求承包商也应满足质量体系合约条款的要求。在一般情况下，政府可能要求承包商具有质量管理体系，但不一定是专门的质量管理体系。

附加信息

要了解更多有关本节介绍的主题，请参阅附加工具及阅读建议。

4.1　综合技术管理

综合技术管理是一种确定问题、预测条件并协调项目要素的战术和战略方法，它可以在最大程度上使项目重点放在提供最优的产品和服务上，目的是以结构化方式，为项目管理提供健全的、可重复使用的指导原则和方向，用于实施基于需求的项目。

它还提供反馈机制以衡量或评估计划的进展情况、识别差异，并为将要采取纠正措施所做的知情决策提供充足信息。

计划决定需要什么样的任务来完成一个项目。一个计划至少应包含需要完成的任务、日程安排、所需的资源（角色、工具、进展、培训、设施、配套服务）和责任分配等。可能需要专门为系统工程过程制订技术计划，以提供满足既定需求的产品和服务。技术评估和审核是检查是否遵守技术计划的主要方法。

综合技术管理适用于所有项目，无论其规模有多大、复杂程度或项目状态如何。项目的规模、复杂程度和寿命周期阶段决定哪种系统工程要素需要更加详细的计划文件来支持。计划的范围在整个项目寿命周期内会发生改变以满足项目要求。当现有计划不能帮助更改时，使用目前的综合安全计划文件（ISPD）、系统工程管理计划（SEMP），或其他计划更改项目，都需要提供文件证明。

综合技术管理由两个主要部分组成：制订技术计划部分（见 4.1.3 节），此处不再赘述；技术监控部分（见 4.1.4 节），这部分详细说明了如何衡量和评估项目的进展情况、建立里程碑及开发其他程序。

4.1.1 输入

综合技术管理过程的主要输入如下：

（1）FAA 的政策。具体的适用政策会因项目而异，而且会对正在制订的计划产生影响。

（2）计划标准。计划标准为计划活动提供了约束和限定条件。有关计划标准的例子包括以下几项：

① 需求——限定工作分解结构。

② 架构——提供了硬件、软件和人员结构，同时描述系统的逻辑和物理接口。

③ 分析标准——确保可靠的分析方法和结果。

④ 概念——应用能够指导项目的运行概念。

⑤ 综合的主进度计划——提供项目里程碑和相关日期。

⑥ 战略和目标——为计划提供约束和限定条件。

⑦ 企业体系结构——描述 FAA 的企业体系结构，国家空域系统的企业体系结构是其中一个主要组成部分。

4.1.2 综合技术管理方式

1. 综合技术管理策略

综合技术管理策略可以确保成功地实施系统工程流程，它概述了各种不同的流程如何按照机构的政策和指导原则来实现服务要求。每个项目包括一个定制的 ITM（信

息传递模数）策略，它可以支持项目寿命周期的每个阶段。

综合技术管理策略至少应完成如下事项：

（1）确定所有利益相关者。

（2）确定并收集综合技术管理输入。

（3）为综合技术管理流程活动分配角色和责任。

（4）定义技术计划文件的格式。

（5）定义感兴趣的项目所需的技术计划。

（6）定义综合技术管理流程活动和更新计划。

（7）定义技术更新和重新计划的要求标准。

（8）制订和利益相关者之间的沟通计划。

（9）确定计划工具（如果适用的话）。

2. 综合多学科团队

在综合技术管理中，对于系统工程师来说，关键是要意识到他们对规模较大的IMT（综合多学科团队）起着非常重要的作用。IMT包括所有利益相关者、决策者、主题专家、专业领域的工程师及确定寿命周期每一阶段系统的其他重要人员。IMT并不是说非要组成一个固定的团队结构或规定团队如何在一起工作；相反，IMT确立了一种方法，在整个系统寿命周期内系统工程师可以使用该方法考虑和满足参与系统研发的每一位成员的要求。由于综合寿命周期非常重要，因此与IMT保持密切关系成为一名系统工程师必不可少的因素。为了确保获取最优的系统设计，系统工程师必须平衡产品、指定技术的流程开发、预算或财政约束、指定的工程输入及利益相关者喜好之间的关系，从而对IMT起到很好的促进作用。IMT可能是一个根据政策建立的正式团队，如“捕捉团队”，或者根据特有的综合技术管理要求而形成的不正式团队。

4.1.3 制订技术计划

综合技术管理为项目准备技术计划并指导技术工作。这些计划在整个项目的寿命周期都存在。综合技术管理策略被用来指导项目的过程活动。

以下内容都是通过综合技术管理来完成的：

（1）系统工程管理计划（SEMP）。

（2）实施策略和计划文件（ISPD）。

（3）系统工程管理计划从属要素。

（4）综合后勤保障计划（ILSP）。

注解：每个项目都可能产生两个SEMP：一个项目SEMP和一个承包商SEMP。这两个SEMP都利用相同的步骤开发项目，但从项目管理的角度来看，其中一个是针对项目寿命周期的早期阶段，而另一个SEMP针对承包商在整个寿命周期内管理项目

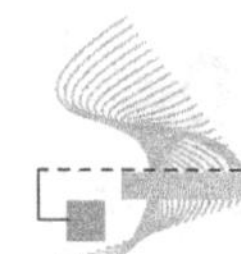

活动的方法。

1. 系统工程管理计划

SEMP 结合了项目的所有系统工程活动，它将实现项目成本、性能和进度目标所需的所有系统工程要素结合在一起；它根据 ISPD 确定整个系统工程扩展情况，并确保对其进行控制。通常在最初的投资分析过程中发布 SEMP 的初级版本，而完整版本会随着最终投资决策一起发布。

由于使用各种不同编程，SEMP 中的任何系统工程要素都可能需要更详细、独立的计划（如风险管理计划、配置计划、CRD 计划）。每个计划都必须确定该过程的任务和产品，将责任落实到不同的子流程和人员，描述可交付成果，包括完成每个任务、交付每件产品的时间。每一个计划的计划方案细节都在本手册的附录 C“系统工程技术评审和相关的清单”中予以说明。

1）项目系统工程管理计划

项目的 SEMP 是项目管理所使用的主要计划文件，它可以计划、控制、执行和充分结合系统工程活动来实现项目目标。应该在服务分析（RSA）研究时使用它来帮助实施系统开发，通过定义 FAA 项目的组织结构和接口，确定每一个利益相关者团队的责任、权利和义务。项目的 SEMP 提供了项目的总体技术计划，包括系统工程流程、包含角色和责任在内的资源、关键技术任务、具有依附关系的活动、计划/里程碑、技术风险和风险缓解、具有质量控制和限定的输入/输出及成功标准等。项目的 SEMP 还确定了输出和结果的优先等级，以指导采办和开发流程。

在 ISPD（实现策略和计划文件）中对项目的 SEMP 进行了总结。

2）承包商的系统工程管理计划

承包商在解决方案实施的早期阶段，项目合同开始后不久就提供了 CSEMP（承包商的系统工程管理计划）。CSEMP 通过详细描述承包商的系统工程活动和责任对项目管理起到支持作用，因此它可以作为 PMP（项目管理计划）的组成部分。在长周期的项目中，CSEMP 通常不会更改，但是会通过任务订单或项目管理计划对项目进行补充，这些任务订单和管理计划为项目或大型项目交付任务提供全部的 SEMP 专门规定详细流程。CSEMP 描述了全部技术方法，包括系统工程流程、资源、技术任务及其依赖关系、时间表和里程碑、角色和职责、产品和服务指标和阈值，以及所有的成功标准。

CSEMP 输入包括以下几项：

（1）承包商（或主要承包商和分包商）的系统工程流程描述。

（2）对 FAA 操作/用户服务组织目标和策略的了解。

（3）对项目商业案例和获取策略的描述和了解，这些商业案例和获取策略通常在 ISPD，以及操作服务组织或用户服务组织资料描述中可以找到，在 FAA 内部网和服务组织的 FAA 环境中都有描述，例如 ATO（空中交通组织）、AVS（航空安全）、ARP

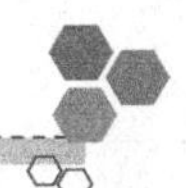

（航空推荐准则）、AST（商业太空运输办公室）或 AFN（空中交通服务设施通告）。

（4）对任务书中的详细计划/项目需求，以及偶尔需要的扩展内容，例如，正当的安全范畴的 ISP（信息系统计划）模板和现行的 FAA 安全授权手册中的指导方法的确定。

（5）合同的条款和条件。

（6）所有的风险、问题或约束条件，例如，由 NAS（国家航空局）或 FAA 的 EA（企业体系结构）现有的或未来的基础设施和 SOA（面向服务的架构）强制的约束条件。

3）系统工程管理计划的发展

以下是开发 SEMP 一般步骤：

（1）收集输入——SEMP 发展依赖于该项目和其他 FAA 和 DoT（美国运输部）组织产生的技术和非技术信息。这些输入也会从指南、最佳实践文件、采办管理系统项目基准文件、最终项目需求文件（fPRD）、EA 和其他评审结果、筛选信息要求（SIR）、任务书（SOW）、综合型主要计划（IMS），以及实现策略和计划文件草案（ISPD）中获取。

（2）分析输入——SEMP 部分的内容通常由 FAA 系统工程专业人士提供或由承担独立的系统工程功能的 FAA 办公室推荐产生。他们利用项目管理和运行组织或用户组织员工的历史数据和洞察力调整系统工程功能的流程使其与活动网络（泳道流程图和任务描述）、工作和计划水平相适应，确定输入源和依赖关系，以及技术风险和风险缓解情况。使用复杂倍增器进行的系统工程功能计划的初始资源评估，可被用于获取共享服务所需的独立政府成本估算（IGCE）以便批准合同。由熟悉相似规模、持续时间、复杂性和技术计划/项目的系统工程从业者定制系统工程流程，是很有必要的。例如，大型的、复杂的系统开发需要完整的系统工程应用程序以确保项目的成功，而小型项目可能只需要一个在很大程度上缩减范围、工作和计划的流程。

（3）定义活动、计划和工作规模——在评估完所有功能输入后，决定如何整合所有的活动。决策包括以下几项：

① 根据负载等级的特殊资源类型定制系统工程流程的集成方式。

② 选择一个可以减少技术、计划或成本风险的方法。

③ 确定明确的系统工程职责、责任和权力及风险与权衡取舍。

④ 根据（包含在 ISPD 内部的）IMS 为计划任务开发全面的系统工程输入。

（4）基线——利用输入来提交 SEMP 进行审查和评估，这些输入来源于所有受影响的系统工程流程、企业管理，以及适当的时机和利益相关者。该草案还可能包括合同的系统工程需求，如合同数据需求列表（CDRL）或所有受影响的当事人应当遵守的数据项描述（DID）。有关基线的更多信息可以参照 4.4 节“配置管理”。

（5）与其他系统工程的流程的接口——SEMP 与其他任何系统工程和工程专业的

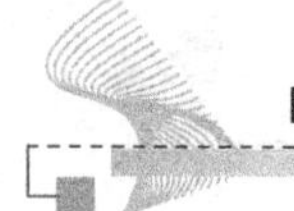

独立计划相结合，形成了一个路线图。SEMP 应包含为每一个适用的系统工程流程技术计划。参见附录 C 系统工程技术评审及更多与制订 SEMP 和系统工程计划相关的信息列表。

（6）更新和维护 SEMP——在项目的整个寿命周期内，系统工程监控项目的变化，尤其是 ISPD。当有重大改变时，会更新 SEMP 以便体现批准的更改。

SEMP 没有规定的格式。根据项目的规模和复杂性不同，它可能只是一个独立的计划或由多个计划组成，它包括对项目所需要的所有系统工程流程的计划。SEMP 必须至少包括以下几方面：

（1）介绍——陈述项目目标和可参照的系统工程指南。

（2）工作分解结构。

（3）技术计划。

4）工作分解结构

工作分解结构（WBS）包括与系统工程相关的任务，包括资格水平、计划持续时间的估算和对系统工程角色所执行的任务或实施的活动的依赖，以及任务所需的系统工程角色的工作水平。WBS 还包括活动、人员和技术评审标准。

WBS 定义了整个项目的范围，而较低级别的 WBS 代表了对项目某一组成部分更加细化的工作分解定义，项目的组成部分可以是项目、任务或活动。

WBS 为组织和管理工作提供了框架，它需要逐渐将项目分解成较小的部分，直到它们变成多个分散的工作包。因为 WBS 方法是以假定“瀑布式”开发方法有效为前提（事实上在多数情况下是无效的），所以 WBS 主要源于 SEMP。发展成熟的 WBS 应该包含至少 3～4 个等级，每一个等级包含大概 5～9 个要素。

2. 技术计划

每个系统工程流程都可能有一个计划——这些已在表 4-1 中进行了总结。每个计划都必须包括定义产品，将责任分配给各个不同的子流程、可交付成果，以及完成任务和交付每一个产品的日程安排。参见附录 C 系统工程技术评审及更多与制订以下包含 SEMP 的系统工程计划相关的信息列表。

表 4-1 技术计划

计划	范围
需求管理计划	描述输入、活动、方法、输出、认证和验证机制及标准、角色和职责、以及如何控制解决方案需求的变化，还包括与解决方案体系结构、组件设计、解决方案组件、用户文档、培训材料和测试计划相关的需求跟踪矩阵的映射需求
决策分析计划	记录替代方案、设计、实施、证明文件、物流、操作和维护问题和风险等的评估，记录对成本、计划、问题和风险的评估

续表

计划	范围
接口管理计划	记录接口和控制方法，可以确保接口硬件、软件和设施之间在物理、逻辑、功能、和安全等方面的兼容
系统工程信息管理计划	概述在项目寿命周期中如何开发、获取、管理、分配并存储系统工程相关信息
风险管理计划	描述风险管理的途径、方法、过程和标准，并将其融入项目决策过程
技术需求管理计划	记录正式的技术专题流程，以确保设计、工程、风险和成本权衡决策被完整而持续的记录、传递和控制
认证计划	描述整个认证项目，使大家了解所有认证活动。认证计划还包括测试和评估计划，这是一个确保制定正确的解决方案，产生符合功能、性能和设计需求的解决方案的关键环节
验证计划	列出一些方法，通过该方法可以对各种工作产品、产品组件和产品进行验证。这可能包括进度计划和适用的验证标准，以及其他能够确保正在生产的产品合格，以满足任务和企业要求的条款

除了SEMP中包含的技术计划，在寿命周期内还会出现另一种计划，它通常存在于独立的计划文档内。最值得注意的独立的计划是以下两种：

（1）寿命周期计划。

（2）实施策略和计划文件（ISPD）。

3. 寿命周期计划

尽管寿命周期计划（LCP）可能包括在SEMP计划内，但是它通常是一个独立的计划。不管属于哪种情况，该计划（或计划部分）都会描述所有执行寿命周期活动的任务。它提供了完全确定所有寿命周期活动所必需的详细内容和范围。该计划完整地定义、描述了每个主要活动，并提供了总体计划和事件发生顺序。该计划包括以下几个部分：综合后勤保障、部署和过渡、不动产管理、维护和技术发展及解决方法。参照第5.2节寿命周期工程部分，以获取与这些条款相关的附加信息。

1）综合后勤保障

该计划部分包括维护、维护保障设施、指导工作的维护人员、供应保障、保障设备、培训/培训保障和人员技能、技术数据、包装/卸装/存储/运输，以及计算机资源保障。

2）部署和过渡

本节包括所有要准备的工作，以及评估将在NAS实施的解决方案的成熟度。应使用部署计划工具，例如，定制的在使用的评审检查表，帮助确定、记录和解决部署和实施问题。方法和技术包括但不限于通用工具的定制化应用、检查单上列出的风险与其他新出现的风险（如项目测试和评估产生的问题测试报告）的结合、制订行动计划以解决检查单和其他条款上的问题、记录问题解决和风险缓解结果。在承包商任务书和相关成果记录文件中可以看到统一的部署计划。

3）不动产管理

本节包括一些确定是否需要不动产的资源、不动产的采办成本和采办方法（即购买或租赁）。如果不动产正在被收购，那么它必须被列入房地产管理体系中和不动产目录中的任何部分。

4）维护和技术发展

本节包括维护和技术发展活动，维护活动如下：

（1）跟踪和评估技术的可靠性、可维护性和可用性（RMA）及保障问题。

（2）分析由市场驱动的产品引发的保障问题。

（3）评估系统或子系统陈旧问题。

技术发展具体内容如下：

（1）当技术发展适合当时的条件时，评估系统或子系统陈旧的问题。

（2）确定最具成本效益的，避免项目保障性不足的方法评估结合了新需求的陈旧系统的改变情况。

（3）评估工程变更、性能不足或技术机遇对综合后勤保障产品和保障服务带来的影响。

（4）定期评估可以显著降低运行成本的新技术。

5）处置

本节包括所有的处置管理活动、废除/拆除和去除、数据恢复、存储介质消磁或损坏，以及废弃设备、系统或网站的再利用。必须确定系统、组件和其他将被删除、废除或拆除的组件及负责废除管理的机构。计划必须包括对系统的评估，以判定从退役的设施中回收可用的部件/子系统的要求。这对于一些不再生产零件的企业来说特别重要。环境问题 （包括任何危险物品）的评估、废弃场所的确定，以及从使用检查单上删除系统都必须写入计划中。

4. 实施策略和计划文件（ISPD）

ISPD 是采办管理系统（AMS）中的主要文件，它可用来计划项目行为和活动，使其在成本、计划、利益和绩效控制基线范围内得以实施。它是一个可用来管理项目的已被认可的计划，包含项目综合主进度计划，该主进度计划包括里程碑、成就和流程标准。ISPD 将任务与计划事件联系在一起，验证了由事件驱动的工作的逻辑顺序。它可直接追溯在 SEMP 中发现的 WBS（工作分解结构），它可以促进资源计划的实施；监督计划工作的进展情况，确保能确定问题，并提供分时段任务和框架以制订恢复计划和解决方案计划。

虽然 ISPD 体现了选择的 SEMP 计划要素，但是完整的系统工程计划内容（或子计划文件）还是要在 SEMP 中获取。除 ISPD 中强制要求的计划之外的附加系统工程

计划可以保证项目的成本核算更加准确，项目成功率更高。编制 ISPD 是项目管理人员的职责，他们可以将文字材料和类似的东西委托给系统工程部门。通常可以使用制订 SEMP 的基本计划的步骤来编制 ISPD。为了确保它们的一致性，这些系统工程要素的计划内容将会从 SEMP 中总结摘录。

1）ISPD 输入

以下是编制 ISPD 所需要输入的内容：

（1）详细描述了系统预期将运行的操作环境的项目目标。

（2）项目专有的指导方针。

（3）最高级别项目的约束和设想。

（4）项目专有计划的约束条件和事件。

（5）概念法，包括最高级别的概念替换、功能分析、设计替换方案和初始系统评估。

（6）工作分解结构。

（7）任何将用于该项目的专门的政府标准或外部标准。

（8）其他将会在最终的投资决策中出现的技术计划。

编制 ISPD 是项目管理者的职责，他们可以将文字材料和需要协调的内容委托给系统工程部门。通常可以使用制订 SEMP 的基本计划的步骤 SEMP（见 4.1.3 节）来编制 ISPD。只有删除计划需求才能实现计划文件的定制；每一次计划需求的删除都应该有一个根本原因。只允许添加一些专门针对该项目的需求。

2）ISPD 综合技术管理输入

系统工程计划直接影响到 SEM 中定义的系统工程流程相关要素的实施，它包含在 ISPD 的部分章节内。系统工程计划概括性描述了如何通过支撑技术计划中讨论的详细系统工程实施活动（如 SEMP、验证计划等），把系统工程流程应用于给定的项目或计划。这些计划部分成为了给定的在项目中实施的特有流程。未在 ISPD 其他部分提到的所有系统工程计划将被总结并列入 ISPD 的系统工程管理计划部分。所有 ISPD 部分都适用于每一个项目；然而，利益相关者的导向或项目的性质可能会决定取消计划的某一部分。例如，一个在当前设施上开展的项目几乎不需要不动产部分。删除任何 ISPD 部分或调整流程的原因都必须被归档，项目经理必须审批这些改动。作为 ISPD 的一部分，不管何时当项目出现变化或在 ISPD 中发现有不符合内容时，就应该对这些计划的章节内容应该进行审查和调整。任何计划部分的改变都应当与 SEMP 和其他相关计划相适应。在每一个 JRC 里程碑之前都应该对所有计划进行审查。在根据 SEM 产生所有的计划之后，建议将该计划作为未来计划开发人员的参考文献，还建议对计划开发流程的持续改进情况及将要获取的计划进行评估。

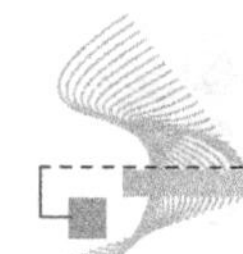

4.1.4　技术监测和控制

技术监测和控制被用来产生技术决策所需的信息或数据。这是一种降低风险的方法，该方法可以确保项目按照计划、执行计划和预算实施，同时可以满足利益相关者的技术目标和期望。技术监控控制项目的技术进展情况，它衡量或评估项目是否按照计划进行，确定差异性，并提供足够的信息对要采取正确行动做出决定。

技术监控通过技术来完成。有关技术的实例就是将技术与预定的基准或成套标准相比较对系统的某种技术特点进行评估。管理工具和技术可被用来管理项目，主要从成本（资源）和进度（时间）这两方面进行管理。虽然该方法可能在关注点上（技术上的与非技术上的）有些差异，但是它们都参照同样的方法——WBS（工作分解结构）。

通过使用一些机制来实现技术控制。机制是一个控制门，它可以评估系统进展是否符合为项目寿命周期一个给定点所建立的标准。在系统的寿命周期的早期，这些门（或里程碑）能够确定系统成熟的程度和等级。在寿命周期的后期，它们从用户的角度出发关注系统的适合性。这些门通常表现为技术评审和审计的形式，而且它们应该可以预定项目和成功标准。评审和审计发生在开发周期的关键阶段，它们通常与寿命周期阶段的里程碑相结合，或为里程碑做准备，在该里程碑阶段为进入下一个阶段做出决定。图 4-1 描述了采办管理系统（AMS）阶段产品的开发过程，它还显示了在寿命周期内什么时间会进行多种评审。4.1.4 节为每一次评审提供了解释。

1. 技术测量

技术性能测定（TPM）是一种在整个项目开发过程中用于监测和评估技术进展的关键技术。TPM 是一个持续评估和评价架构/设计适用性的流程，这些架构和设计的改进是为了满足项目的需求和目标。换句话说，TPM 是一种定量方法，可以确定新的设计缺陷，监控项目进展与需求之间的符合性，开发评估项目风险的趋势性信息。跟踪关键技术标准或参数，同时通过系统初始作战能力（IOC）从开始对项目展开分析、设计和研究。为了满足预先设定的性能需求，利用评估和评价来确定那些影响系统的能力的不足之处。技术性能管理能形成产生所有管理等级的周期性（通常每月一次）趋势和差异报告。对于已确定的缺陷进行性能分析，以确定问题的根源，评估对更高层级参数、接口需求和系统成本效益产生的影响。通过全面研究对成本、进度和性能的影响来开发备用的恢复计划。更新风险评估和分析以反映 TPM 的变化和目前的估计，以及对相关参数产生的影响。SEMP 确定技术评估是如何完成的及其将要采用的措施。

关键性能需求（CPR）可被用于 TPM 中。它们是一些重要的技术性能要求，可以支持关键运行要求，从本质上估计设计成功或失败的概率以满足某些要求。当项目开发完成时，必须预测 CPR 经过一段时间的发展情况（或成熟度），最终获取理想的值。该预测过程可以以认证、验证、计划或历史数据为基础。

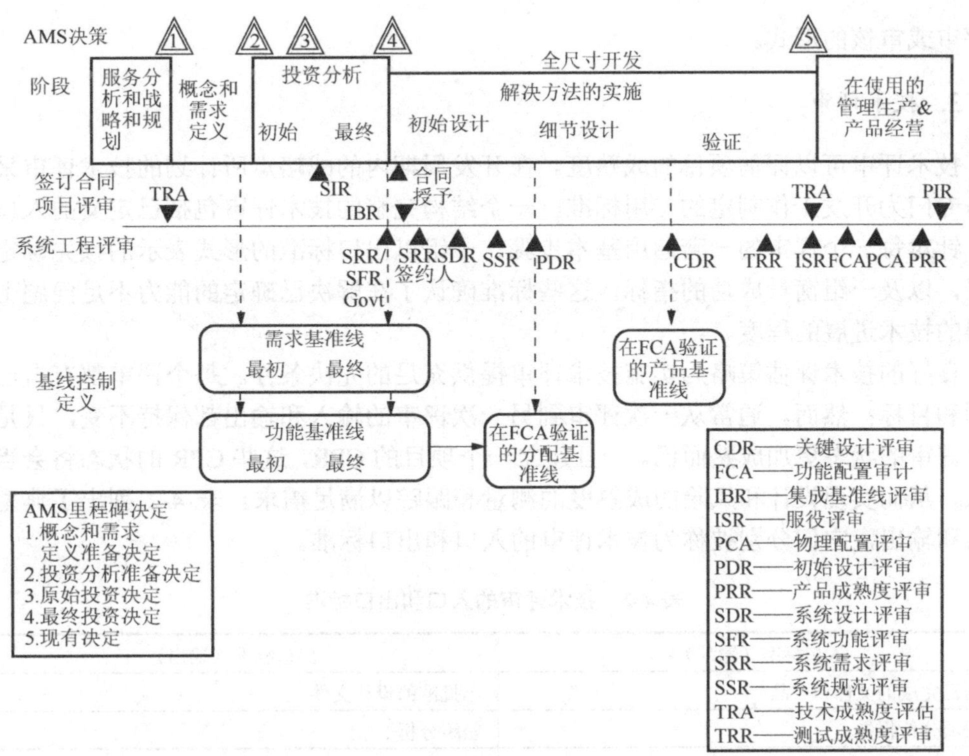

图 4-1 FAA 产品开发流程

对项目衡量指标而言，与 TPM 类似的模拟程序就是项目性能测量（PPM）。PPM 被用来跟踪满足性能需求的已选定项目的当前状态。PPM 最常见的应用就是挣值管理（EVM）。这是一种融合了成本、进度、技术性能测定、风险管理的管理技术。建立 EVM 体系就是为了客观地定义项目基线成本目标和跟踪它们的性能和计划。

为了使挣值有效，必须在阶段性计划内完成计划、预算，以及对已授权的工作范围（在 WBS 中已定义）的计划。当一项工作已完成，就称之为“挣值”。将挣值与相同工作量的计划值进行对比，同时将已完成工作和计划进行对比。与计划的偏差就是我们所指的成本或进度偏差。将实际成本与挣值相比较，可以发现达到运营条件或是未达到运营条件。挣值方法提供了一种客观的性能测试、趋势分析方法，以及完成一个项目的多个等级和多个阶段后的成本预算评估。

2. 技术控制

在 FAA 内部采用一些机制来控制项目进展。如上文所述，机制是一个控制门，它按照系统寿命周期内某个给定点制定的标准来评估系统进度。通过为每一个阶段的工作制定入口和出口标准，就可以利用控制门来评审和接受在当前工作阶段完成的产品，评估移向下一个项目阶段条件的成熟度。图 4-1 所示的系统工程控制门一般表现为技

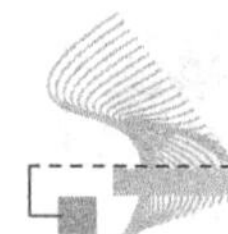

术评审或审核的形式。

3．技术评审

技术评审可以评估项目的成熟度。在开发周期内的战略点所计划的技术评审采用的是专门为开发工作制定的专用标准。一个结构完整的技术评审包括已定义的入口标准、针对每一个评审的一套通用基本步骤、一组以出口标准的形式表示的预先确定的结果，以及一组衡量成功的指标。这些标准确认了在解决已确定的能力不足问题上所取得的技术进展的程度。

良好的技术评估策略为实施技术评审提供充足的先决条件。每个评审都有自己的范围和目标；然而，通常从一次评审到另一次评审的输入和输出都保持不变，只是比先前评审的状态更加成熟而已。一旦建立一个项目的 CPR，这些 CPR 的状态将会当作输入，从而实现设计和风险的成熟度的测量和跟踪以满足需求。表 4-2 列出了典型的输入和输出，它们分别被称为技术评审的入口和出口标准。

表 4-2　技术评审的入口和出口标准

入口标准（输入）	出口标准（输出）
之前已完成的文件和产品	已批准的设计文件
短缺项分析报告	差距分析
SEMP	更新的 SEMP
需求文件和规范	精确的需求文件和规范
架构	更新的架构或推荐的变更
关键性能需求（CPR）	验证计划
约束	更新计划
风险缓解计划	更新的风险缓解计划
试验计划	试验报告
设计分析报告（DAR）	风险管理报告
功能分析	评审会议纪要
测试、评估、认证和验证报告	行动项和问题记录文档

4．技术评审流程

进行技术评审的先决条件是获得技术计划文件的批准，该文件确定了评审的目的和范围、将被评审的进入标准和项目、评审计划、完成评审的常用方法和评审参与者。评审的目标由成功的标准或结果来确定。一旦确定了目标和范围，就可以确定支撑这些目标的数据。虽然技术计划文件中的计划为制定评审日期提供了指导，但是具体的评审日期还需要等进入标准被确定后才能制定。这种方法适用于每一个独立的评审计划，从小项目的非正式评审到大型复杂的项目的增量式评审。评审的一般步骤如下：

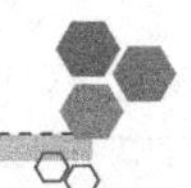

（1）确定评审目标和范围。
（2）确定成功标准、入口标准和要使用的方法。
（3）确定评审日期和评审准备活动。
（4）创建评审议程。
（5）确定评审项和每一个评审的范围。
（6）编辑和分发评审数据包。
（7）评估评审准备状。
（8）收集评估数据包。
（9）更新数据包。
（10）合并已接受的变更。
（11）提交所关注问题的总结。
（12）更新风险缓解计划。
（13）实施评审。
（14）记录评审并公布会议纪要。
（15）编辑行动项和问题列表。
（16）跟踪和终止行动项/问题。

5. 技术评审的输出

输出就是成功的技术评审结果。输出是可用于支持一个关键决策点或验证已经到达另一个关键的发展阶段的一整套记录，包括已被批准的文件或正在接受评审的批准文件的更改，还可能会在基线中增加文件。典型的评审输出包括以下几方面。

（1）已批准的设计文件。
（2）短缺项和差距分析。
（3）需求文件和规范，包括接口需求文件（IRD）和接口控制文件（ICD）。
（4）更新的架构。
（5）技术手册。
（6）更新的计划。
（7）风险缓解计划。
（8）认证计划。
（9）验证计划。
（10）更新的 SEMP。
（11）已批准的报告。
（12）风险管理报告。
（13）评审会议纪要。
（14）行动项和问题记录文件。

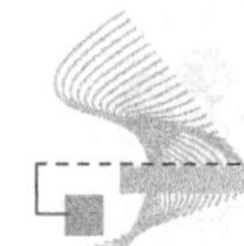

6. 工具和衡量指标

工具和衡量指标有助于实施技术评审和成功地完成技术评审。综合技术管理需要计划模板、文字处理、显示和计划工具。具体项目可以定制模板以便提供与特定的可交付成果、任务和工具相关的信息。支持技术评审的工具将会记录技术基线在技术开发过程中的变化和状态。这些工具包括需求数据库、技术性能测定数据库、风险数据库，以及用于记录和监控行动项/问题的项目数据库。

衡量指标是预先制定的用于衡量技术评审是否成功的标准。成功的技术评审可以使项目步入下一个阶段。由于技术评审的特殊性，一个独立的技术评审可能会具有附加的特定衡量指标。其中通常包括以下几方面。

（1）与原始的需求相比，将会在后期的评审阶段出现的新需求的数量（系统或子系统）。

（2）通过正式行动来解决的行动申请（RFA）的数量。

（3）勘误表——判定已改变的页面数量在总页数中所占的百分比。

7. 审核

审核被用来验证已开发的系统与需求基线之间是否相符。审核分两个阶段进行：功能配置审核（FCA）通过测试来验证系统功能和性能与规范相符，主要针对配置项级别进行测试；物理配置审核（PCA）验证在 FCA 中确定的纠正措施的完成情况，同时验证所有控制基线文档都完整并准确地代表已完成的系统。

任何情况下都应编制审核计划以完成以下任务：

（1）详细介绍要使用的审核流程。

（2）确定参与者及其责任。

（3）确定待审核项。

（4）记录审核计划。

（5）确定待审核的文件和支持性参考材料。

（6）确定所有的支持性活动。

（7）在适当情况下，提供与 PCA 相关的文档中的示例。

8. 系统工程的里程碑

FAA 建立了一套评审和审核机制以支持其产品开发流程。这些在图 36 中有所描述。必须为每个审核定制技术评审和审核的一般用途和结构。有关定制的详细信息及下列评审的一些最佳实践和技巧，请参见附录 C《FAA 系统工程里程碑和技术评审》。

（1）技术成熟度评估（TRA）：一种评估正在考虑的解决用户要求的关键技术要素（CTE）的成熟度的多学科技术评审；它还能够分析企业体系结构框架内的运行能力和环境限制。如果某种特定技术或其应用是新的或与以往不同，那么这项技术将被视为

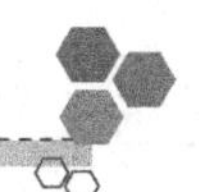

关键技术要素。技术成熟度评估可以使用九个不同的成熟度等级（LOM）来对每个关键技术要素进行打分，如图4-2所示。

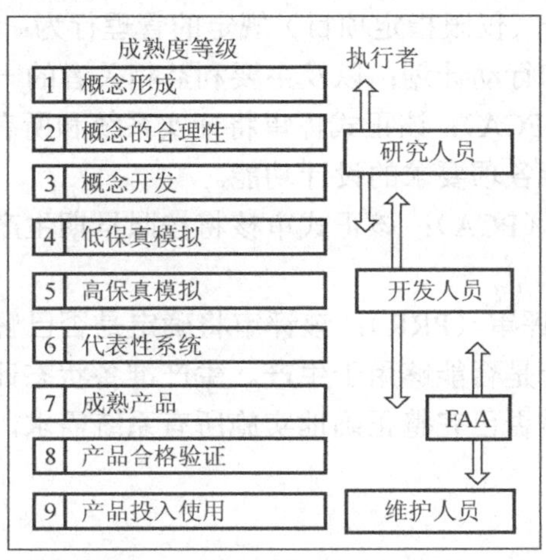

图4-2　技术成熟度等级

（2）系统需求评审（SRR）：在项目层面，这是一项正式的FAA内部评审，该评审能够确保已完全而正确地确定了系统需求。该评审能够确认项目费用、进度及执行情况以支持项目里程碑的批准。系统需求评审建立分配基线作为管理技术的说明，在进入下一个采办管理系统阶段之前该基线是必须有的。在合同层面，系统需求评审是一种系统级的正式评审，它能够保证已完整正确地确定系统需求。

（3）系统设计评审（SDR）：该评审评估系统级设计的优化、可追溯性、相关性、完整性和风险，以实现系统功能基线需求。在设计定义工作已经进展到一个关键点时出现系统设计评审。将在这个关键点确定系统特征，确定系统配置项。在4.4节的配置管理中解释了配置项。由服务团队决定该评审的完成时间。

（4）系统规范评审（SSR）：该正式评审按照硬件和软件规范检查配置项需求。其目的是通过展示硬件和软件需求规范的适合性，为初步设计建立分配基线。当服务团队确定已彻底完成所有的评审行动项时，系统规范评审也随之完成。

（5）初步设计评审（PDR）：该正式评审确认初步设计是否在逻辑上符合合同级系统规范评审的发现项且满足需求。它通常会批准开始进行详细设计，许多外部组织通常将其视为开始详细设计之前进行有效技术植入的最后可行步骤。

（6）关键设计评审（CDR）：该正式评审评估设计的完整性及其接口，以及开始初始制造的适宜性。

（7）试验准备状态评审（TRR）：这是一项涉及多学科的评审，该评审可以确保接受评审的子系统或系统已具备进入系统级开发测试的条件。试验准备状态评审能够确定试验过程的完整性，试验过程与试验计划、试验说明是否符合。

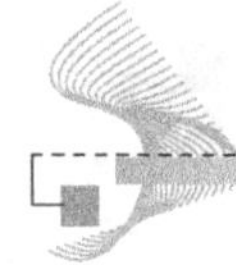

（8）服役评审（ISR）：该正式评审能够确保已完成服役的决策所必需的所有活动。其中包括解决运行服务组织和综合物流管理团队发现的所有支持问题；完成服役评审清单和独立运行评估报告（仅限指定项目）规定的管理行为；解决利益相关者的问题；制作服役决策简要说明和行动计划；以及主要利益相关者的一致赞同意见。

（9）功能配置审核（FCA）：该正式评审将证实系统和所有子系统都能按照其功能和分配的配置基线，执行各项要求的设计功能。

（10）物理配置审核（PCA）：该正式审核将按照早期生产配置项反映的内容制定产品基线。

（11）生产准备状态评审（PRR）：该评审将确定是否已解决生产工程问题，是否已充分完成计划及原设计是否能够用于生产。生产准备状态评审将评估完整的生产配置系统，以确定该系统是否已完整正确地实施所有系统需求，并且这些需求都可追溯最终的生产系统。

4.1.5 输出

综合技术管理是所有系统工程流程不可或缺的一部分。在整个项目寿命周期内最好由系统工程所有者，通过维护和评审该计划，实现对所有技术计划的维护和改进工作。以下是综合技术管理的输出：

（1）系统工程管理计划。

（2）系统配套工程计划——主要验证计划（MVP）、综合后勤保障计划（ILSP）、配置管理（CM）计划和其他任何适用的系统工程计划。

（3）针对 ISPD 的系统工程更新。

（4）针对国家空域系统企业体系结构（EA）的更新。

（5）技术约束条件。

（6）关注点、风险和问题。

（7）已批准的系统工程或设计文件。

4.1.6 流程改进

计划其中一个关键环节以确保持续地进行流程改进。使用已批准的标准组织项目/计划的专有流程（通常将推荐的组织改进纳入项目使用的标准流程中）来计划所有项目/计划，以此启动流程改进工作。业务流程定义或再造（BPR）将制定并维持组织标准流程（通常称为“最佳实践”）。每一个计划/项目都必须有一个机制以获悉问题和流程改进，并将其上报给流程负责人以便于他们按照理想的配置管理实践来分析、优选、开发和实施改进标准的流程。即使该计划/项目不能从解决问题或确定和上报流程的改进中获益，它仍可以通过更好、更快、更低成本地实施未来的计划/项目，对组织成功起到促进作用。

FAA 可以使用国际标准化组织（ISO）9001 和 ISO/IEC 33001-99 系列标准或 FAA 的 CMMI 改进项目寿命周期中的流程。国际标准化组织提供了一组业务流程活动以确保满足利益相关者要求。CMMI 描述了评估有效的 FAA 内部流程的特征，任何组织都可以使用 CMMI 来实施流程改进。

企业“软件流程改进能力测定”（SPICE）流程评估模型是一个支持流程评估、流程改进和实施的统一的国际标准化组织模型，它提供了评估和改进流程的综合方法，从而减少了以其他方式使用多种评估模型的需要。将其他学科和资源整合到企业软件流程改进能力测定中。任何想以集成的方式来提升业务表现的团队都可以使用软件流程改进能力测定。可以在企业软件流程改进能力测定网站找到更多信息。

CMMI 提供企业范围内的最佳实践经验指导，并且将会继续发展。CMMI 面向多层级的管理方法、采办、供应、工程、完整的产品或服务周期、质量管理、高性能，以及大量的支持流程。

附加信息

要查看本节内容所使用的信息资源，可参照参考文献。

要了解更多本节提到的主题，可参照附加工具及阅读建议。

4.2　接口管理

接口管理有助于保证系统的所有组成部分共同协作以实现系统目标，并且在系统的寿命周期内进行更改时仍可以保持继续协作运行。联邦航空局的系统和其他各种系统、平台、人力和系统要素交互运行。这些联系和关系被称为接口。接口是指要求在一个共同区域范围内存在的性能、功能和物理属性，它可能是外部属性、内部的属性、功能属性或物理属性。在系统整个寿命周期过程中必须尽早准确地确定接口并定期地进行控制和管理。

接口管理能够确定、描述和定义接口需求，以确保相关联的系统之间、系统各要素之间的兼容性，它还提供了一种权威的接口设计控制方法。接口管理流程的主要输出是接口需求文件（IRD）和接口控制文件（ICD）。FAA 使用 IRD 控制接口需求，同时使用 ICD 控制接口设计。有关接口介绍的更多信息，请参见 FAA-STD-025f 接口文件的编写。还要注意 4.4 节“配置管理”所述，IRD 和 ICD 等接口文档必须进行配置控制。

4.2.1　接口管理计划

为了项目的利益，准备接口管理时需要制订一个接口管理计划，该计划通常包含在 SEMP 之中。接口管理计划包括接口控制计划部分，其中包含接口需求和用于编写、

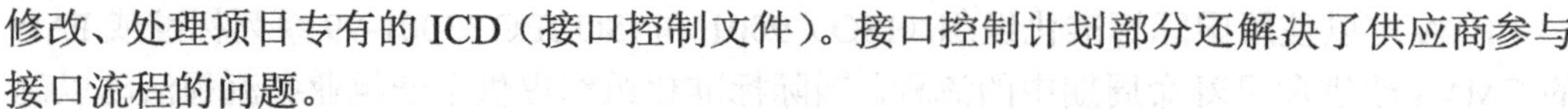

修改、处理项目专有的 ICD（接口控制文件）。接口控制计划部分还解决了供应商参与接口流程的问题。

一个好的界面管理计划应至少做到以下几点：

（1）提供确定、定义、记录和控制所有系统层级接口的方法。

（2）提供设计演变所需的接口更改方法，以解决接口不兼容问题。

（3）对所有系统功能和物理接口的管理、控制和记录提供指导。

（4）建立接口工作团队（IWG）并制定其政策和规程。

（5）任命 IWG 主席，同时他还将担任计划协调者，并且负责开发和确定、定义、记录、审计和控制接口的政策和流程。

（6）提供编写、修改和处理接口文档的要求和模板；标识产品。

（7）确定接口管理流程参与者及其责任。

（8）建立接口管理计划。

4.2.2 输入

主要的接口管理流程输入包括以下几项：

（1）运行概念。

（2）企业体系结构。

（3）任何相关的需求文档（NAS RD，pPR，fPR）。

（4）将具体的系统替换当前系统时，用于接口的 ICD。

（5）行业研究报告。

（6）物理和功能架构。

（7）包含接口管理计划的 SEMP。

4.2.3 接口管理流程步骤

接口管理包括所有接口的确定、定义和控制，它可以确保所有的系统要素都能够共同协作来满足项目目标。接口管理包括接口的确定、定义和控制。接口管理计划有助于促进接口活动。

接口管理活动如下：

（1）定义系统边界和接口系统。

（2）确定接口。

（3）建立接口需求文件（IRD）。

（4）创建接口控制文件（ICD）。

（5）更新接口文档。

1. 定义系统边界和接口系统

系统边界是系统之间的公共接口。应当在系统寿命周期开始时，定义系统边界。一旦确定了系统边界，就会定义目前正在运行的系统或将要和正在创建或修改的系统一起运行的系统。这些系统可能是新系统/修改系统的内部或外部系统。

（1）内部接口是指那些已定义的系统边界内的接口。

（2）外部接口是指那些已定义的系统边界之外接口。

定义系统边界和接口系统有助于确定和确定哪些系统要素受新系统/修改系统的设计的约束。这些步骤还显示了预期的受设计限制的系统要素之间的相互关系，以及系统边界之外的外部或高级系统和交互系统。

2. 确定接口

定义系统边界和接口系统后，确定跨越接口边界系统的输入和输出。这些输入和输出建立了接口之间的互换关系。接口分为功能接口或物理接口。

（1）功能接口阐述了接口系统的功能职责。每个接口至少应具有两个相关联的功能；而且因为所有的性能需求都可追踪到功能，所以至少应有两种相关的接口要求。应以一种可验证的方式来表达接口需求。

（2）物理接口描述具体系统要素之间的关系。物理接口用于定义和控制那些会对其他设计产生影响的设计特征、特点、尺寸和公差。物理接口包括会影响其他配套设备的设备材料性能，其中还包括系统的操作系统。

N^2图是代表系统要素之间的功能或物理接口的可视矩阵。采用N^2图作为一种确定、定义、汇总、设计和分析功能和物理接口的系统化方法（见3.2节功能分析实例，还可参见国防部结构框架（DoDAF）模型）。

N^2图需要用户总结出一个在严格的双向固定框架内的所有系统接口的完整定义。采用这种方法，将功能或物理实体放在斜轴上；矩阵中其余的方格代表接口输入和输出。

将功能N^2图中确定的功能接口记录在功能接口列表中，同时将在功能N^2图中确定的物理接口记录在物理接口列表中。

3. 建立接口需求文档

功能和物理接口列表是接口需求文件（IRD）的主要输入。可以从物理和功能接口列表中获取一整套的接口需求，然后将其记录到IRD中。美国联邦航空局IRD可提供两个要素之间的接口需求，这两个要素包括接口类型（如电气接口、气动接口、液压接口等）和接口特征（性能接口、功能接口或物理接口）。它必须与最终项目需求文件（fPRD）相符，必须将IRD纳入配置管理中。

接口需求规定了要求在共有边界存在的性能、功能或物理属性。这个边界可以存

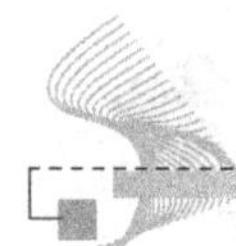

在于两个或两个以上的功能、系统要素、配置项或系统之间。应以可验证的术语表达接口需求，并且应遵循与系统需求相同的格式规则。参见 3.3.2 节高需求特征的需求管理。

4. 创建接口控制文件

IRD 可被用来创建接口控制文件（ICD）。ICD 能够标识设计方案以满足 IRD 的接口需求。它详细地描述了已实现的接口需求。通常由供应商开发 ICD，而且必须与 IRD 相符。IRD 和 ICD 是接口管理流程的主要输出，而且必须对这两个文件进行配置管理。

面向服务的架构和网络服务的数据接口管理：

联邦航空局正在转向新一代航空运输系统，这个过程涉及许多新的先进技术和程序。这些新技术和程序也启用了新的术语和方法，它们要求重新调整研发需求，适当改变数据接口管理流程的具体输入和输出。

要获取下一个目标的关键就是转换到以网络为中心的环境，它包括从点对点模式的系统转换到面向服务的架构（SOA）理念的系统。SOA 是一种架构范式，从服务、基于服务的开发和服务提供的结果等方面来看，它支持把面向服务作为一种思维方式。通常 FAA 会使用特殊的服务案例作为 SOA 的确定方法，这些案例利用网络和基于互联网的技术，被称为网络服务（如需了解更多有关 SOA 和网络服务的信息，请参见 FAA-STD-070 中1.3 节“基本概念”部分）。

虽然 FAA 采用的 SOA 引入了许多优势（如平台和供应商差异、开放标准的使用、现有资产的重新利用、本身的可扩展性等），但是它也给架构师和开发人员带来了一些挑战。在设计网络服务时，架构师往往必须为松耦合、基于标准且平台独立分配的系统提供高度专业化的需求。基于 SOA 工具的研发人员面临的另一项任务就是通过建立服务确定和确定服务的功能性、规定服务接口，并指定服务调用的条件来确定服务描述。

所有这些基于服务的实践所特有问题都需要对现有接口管理流程进行调整，以产生两个明确针对网络服务设计和开发的新文件：网络服务需求文件（WSRD）和网络服务描述文件（WSDD）。设计这些文档是为了在面向服务的研发领域增加或取代 ICD，它们分别受标准实践FAA-STD-070网络服务需求文件的编写和 FAA-STD-065 网络服务描述文件编写的制约。

注意：需要利用 IRD 通过 FAA-STD-025f 定义服务操作中心（SOC）的需求，但是可由 FAA-STD-070 替代 ICD。

5. 更新接口管理计划，IRD 和 ICD

当需求或设计定义发生更改时，可能也需要更新 IRD 或 ICD。在整个接口管理过程中，IRD 应当满足高的需求特征的要求。ICD 必须与 IRD 保持相符，IRD 必须与

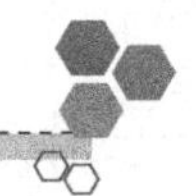

fPRD 相符。当出现新的设计更改或增加新的需求时，接口管理可以确保对所有接口文档进行更新，以显示所有的更改。下述步骤包括 IRD 和 ICD 的变更请求过程。

（1）编写接口更改申请（ICR），并提供以下信息：

① 有关问题和提议的更改描述。

② 显示更改如何解决问题的分析。

③ 对更改如何影响系统性能、效率和寿命周期成本的分析。

④ 确保所提议的解决方案不会带来新问题的分析。

⑤ 对与实施更改有关的资源和成本估算的说明。

⑥ 对系统影响的陈述。

（2）向接口工作团队提供更改申请，该工作团队应该确定已授权的接口更改申请（ICR）是否在范围内。应该将范围内的 ICR 返回给 ICR 提出者和 IRD / ICD 的托管人，由他们编写和发布接口需求。应将不在范围内的 ICR 转发给项目经理。

（3）与所有受影响的组织一起共同起草 IRD/ICD。

（4）应在得到批准后更新 IRD/ICD，并且应包含已批准的 ICR，将更新发送给配置管理部门。

4.2.4　输出

IRD 和 ICD 是接口管理流程的主要输出。当 IRD 和 ICD 被记录并获批后，就可将 IRD 用于所有的适用组织。ICD 将被提供给负责满足其接口需求的技术团队，提供给客户和项目管理部门进行协调，以及提供给相应的测试和质量保证组织。

附加信息

本节内容的信息来源见参考资料。

4.3　风 险 管 理

风险管理是一个标准化、具有持续性和预防性的过程，它需要确定风险、问题和机遇，评估并分析风险、问题和机遇，有效地规避风险或问题的影响，并权衡机遇实现项目或项目组合目标。风险管理旨在尽可能地限制风险和问题潜在的消极影响，提升机遇发生的概率和积极影响。

（1）风险：未来有可能发生的事件或出现的情况，它可能会对一个或多个项目或项目组合目标的成功产生消极的影响。

（2）问题：已经发生或一定会发生的事件或情况，它已经对一个或多个项目或项目组合目标的成功产生了消极的影响。

（3）机遇：未来有可能发生的事件或出现的情况，它可能会对一个或多个项目或

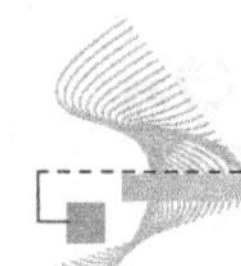

项目组合目标的成功产生积极的影响。

按照风险、问题或机遇的概率和后果引发的综合效应创建的影响分析，称为“评级”。因为一个项目在不同阶段可能会出现不同评级，并且按不同级别来处理，所以在活动的不同级别都必须应用风险管理流程。这个过程的应用程度和范围应该由其结果来决定。

该流程就是为了确保项目或者组织满足技术、进度和成本目标，为所有利益相关方提供满足整个寿命周期需求的产品和服务，并创造出预期的效益。按照整体目标的内容确定四个分级目标：

（1）及时确定风险、问题和机遇——在充足的周期内确定潜在的影响，以便团队可以实施适当的替代方案。

（2）统一的评级标准——提供一个结构性决策，为资源利用的优先级别确立框架。

（3）在整个项目或组织内进行风险、问题和机遇活动交流，确保项目和组织的所有要素都能顺应风险管理。

（4）评估风险、问题和机遇活动的表现。

4.3.1 输入

表 4-3 中列出了一整套开始项目风险管理活动的输入，包括与项目产品相关的数据。大部分输入都是在执行其他系统工程过程开发和总结的，每项数据都会对整个项目产生影响。第二列显示数据的详细信息可以在 SEM 或 FAST 网站上查询。

表 4-3 风险输入

输入	SEM 章节
风险管理计划	4.1.3.2
系统工程管理计划（SEMP）	2.2.4.1
综合安全计划	5.6.3
实施策略与计划	2.2.4.1
测试计划	4.1.4.3
综合项目进度	4.3.1
需求	3.3
服务需求和概念	3.3.1.2
接口	4.2
工作说明书	2.2.4.1
问题/关注点	
决策分析结果	4.6
设计分析结果	7.2
控制数据和报告	

续表

输入	SEM 章节
专业的工程分析结果	5.0
安全性或安全评估	5.6.3
人为因素的评估	5.4.3
验证结果	4.7.2
培训结果	5.2.2
维修结果	5.1.5
运行结果	—
经验教训	5.6.2
项目评审结果	3.3.4.1
分析标准	4.1.1
外部环境作用	—
信息系统架构计划（投资预算表 300）	FAST（网站）
系统工程评审	3.3.4.1
承包商输出	—
技术	—
约束条件	—
企业体系结构（EA）	2.2.3
制造/生产信息	2.2.5.1
产品配置数据	4.4.2
资源/预算	2.2.2
FAA 的政策	—
采办管理系统（AMS）文件	FAST（网站）
企业战略和目标	—
合同	FAST（网站）

4.3.2　风险管理流程要素

风险管理流程包括潜在风险确定、风险分析与评估、风险防范计划的制订、风险防范计划的实施及风险状态监控等步骤。这是一个反复的过程，用于整个项目寿命周期，风险的性质会随着寿命周期各个阶段发生变化。

1. 角色和职责

表 4-4 定义了风险管理流程主要参与者的角色和职责。

表 4-4 风险管理者的角色和职责

角 色	职 责
组织 管理者	• 制定并实施组织的风险管理政策 • 协调组织的风险管理政策与FAA采办管理系统(AMS)和FAA系统工程手册(SEM)之间分歧 • 实施组织的风险管理计划 • 建立各自的风险管理团队[包括风险管理委员会的组成（RMB）]，分配所需资源来支持组织的风险管理计划 • 按照组织的风险管理计划管理风险，使风险处于控制范围内 • 参加风险管理委员会，主持风险评审会议。注意：如果同一个风险管理委员会中有一个以上的经理，那么只有一个经理可以主持会议 • 在必要时，协调风险经理和外部利益相关者的高级领导之间的关系
风险 管理者	• 支持组织的经理实施风险管理计划 • 协助独立的团队成员执行组织的各种风险管理计划 • 确保风险状况和衡量标准已上报 • 促进组织 RMB 会议和其他会议的召开 • 按照组织风险管理计划管理风险，使其处于控制范围内 • 帮助协调风险控制与外部利益相关者 • 在内部和外部审计期间，代表风险、问题和机遇的管理者
风险 所有者	• 支持组织的风险管理计划 • 按照风险管理计划开发和管理它们各自的风险 • 评估它们各自的风险、开发计划并监测结果 • 确保各自的风险状态和标准都上报给相应的项目管理部门 • 参与风险管理委员会（RMB）和其他会议
风险计划 所有者	• 支持组织的风险管理计划 • 协助风险所有者创建计划选项，并帮助他们研究辅助措施 • 按照风险管理计划开发和管理它们各自的风险 • 评估各自的计划和监测结果 • 参与风险管理委员会（RMB）和其他会议
风险措施 所有者	• 支持组织的风险管理计划 • 协助风险所有者创建方法选项，并帮助他们研究辅助措施 • 按照风险管理计划开发和管理它们各自的风险 • 评估各自的计划和监测结果 • 参与风险管理委员会（RMB）和其他会议
组织团队成员/ 外部利益相关者	• 确定新的风险、问题和机遇 • 基于各自领域的专业知识和经验，分析和评估风险 • 有助于对已确定的风险计划方法进行确定，帮助研究辅助措施 • 协调风险所有者与项目利益相关者之间的关系来管理风险，使风险处于他们的职权管理范围内 • 参与风险管理委员会（RMB）和其他会议

2. 履行风险管理

风险管理是成功项目管理中系统工程的基础要素。只要正确履行风险管理，风险管理所涉及的所有原则和执行团队就能体现在项目的所有过程和阶段。该过程的步骤如下：

（1）确定。

（2）分析与评估。

（3）制订风险计划。

（4）执行风险计划。

（5）跟踪和监控。

根据结果，项目管理团队可以确定以下几方面内容：

（1）进度和预算储备的分配。

（2）如何衡量整个项目执行过程中的每个风险点。

（3）需要获得何种及多少其他资源的支持。

（4）何时需要通过监控过程判断风险防范措施是否有效。

（5）何时需要在综合项目计划和预算中增加风险防范措施、费用和里程碑事件。

本节描述了风险、问题和机遇管理的具体责任分配，并规定了需要遵循的记录、监视和上报的流程。该规定的流程包括如下内容：

（1）执行风险管理的框架。

（2）确定风险管理方法，包括数据来源和要使用的技术。

（3）实施定性评估的方法，包括可能性和影响

（4）在确定和实施专门的缓解或增强计划过程中，用于减少整个风险发生的可能性及影响的方法

（5）监管机构跟踪和报告的方法

3. 风险管理步骤

图4-3描述了风险管理的五个步骤。

1）确定风险

风险、问题与机遇确定是一项系统性的工作，一旦有影响项目或项目组合目标实现的事件或情况出现，就需要确定出这种事件或情况。在项目的每个阶段，或者计划或项目状态发生重大变化时，都要对风险、问题和机遇进行确定。

需要提出的问题：

① 风险：什么地方可能出现风险？

② 问题：什么地方已经出现问题？

③ 机遇：什么地方可以改进？

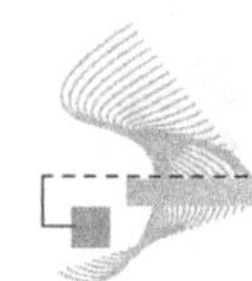

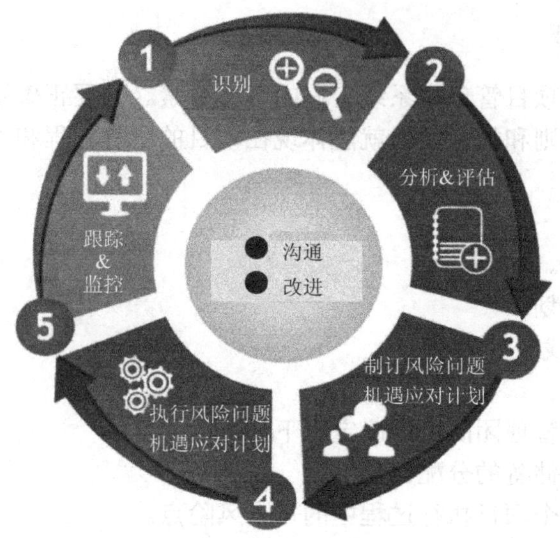

图 4-3　风险管理流程

在项目的每个阶段，或者计划或项目状态发生重大变化时，都要进行确定。需要评估的具体情况包括以下几种：

① 项目变更（包括计划和成本里程碑事件）。

② 在技术性能测定、预测的系统性能、计划和财务状况等方面出现不利的发展态势。

③ 设计/项目/同行评审。

④ 更改方案（包括所提议的针对需求的更改）。

⑤ 主要不可预见的事件发生。

⑥ 新识别的风险/问题/机遇。

⑦ 按照机构管理的指导进行的专业评估。

⑧ 关联项目中出现的更改或遇到的风险。

⑨ 环境变更。

风险识别者包括所有的利益相关者、使用者、供应商和执行团队。在对项目潜在风险的识别过程中，项目团队会考虑所有潜在导致风险的因素。风险识别应当基于当前的计划/项目目标，以及相关的技术、进度和成本需求和计划。

每一个风险都有“风险发生日期”。该日期即为风险结果的负面后果出现的时间。要尽早识别并保存该日期，确保组织的关注和资源只用在真正的风险点上。

（1）潜在风险源。

项目风险源于三个基本的方面——技术（或性能）风险、进度风险和成本风险。某一风险属于哪个方面或哪个种类由其本原因来决定。

① 技术风险基于此类可能发生的情况，即已计划的项目不能交付满足技术需求的

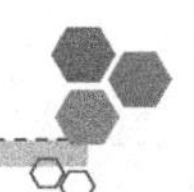

产品或服务。因此，要确定一个技术风险就需要有充分证据、已确定和定量的技术需求。

② 进度风险源于此类可能发生的情况，即项目行为不能在规定的执行时间内完成。要研究进度风险就需要一个详细的、可以识别每一个实施过程和关键路程的项目计划表。

③ 成本风险源于此类可能发生的情况，即该项目不能在计划的预算范围内完成的任务。要确定成本风险就需要进行详细的预算，在预算中应规定每一个实施过程的成本，并了解所有的管理储备。由于资金决策是由机构制定的，因此资金的潜在损失一般不属于项目风险，一旦已经作出决定在项目或组织内部调配现有的代理基资金，项目的财务风险就会出现。在FAA风险流程中，成本是指资源及利用该资源生产出最终产品所需支出的费用。预算是指为一个已知项目所计划的所有费用的预测，资金是指为完成该项目所提供的资金。

一种风险可能会影响一个项目的技术需求基准、成本、进度或同时对三者产生影响。以这些方面为基础来定义风险，有助于识别其他方面的风险和管理风险，提供识别相关风险潜在模式的框架。如果可以的话，用户可以利用本节描述的流程从多个方面（主要方面和次要方面）进行风险识别。

针对每一个风险区来说，必须考虑多个风险因素。如技术风险，可能导致其产生的原因包括技术成熟度、复杂性、从属性、风险承担者的不确定性、需求的不确定性和试验/验证的失败等。计划风险产生的原因可能包括对任务的不完全识别、基于时间的计划（与基于事件的计划相对而言）、关键路径计划异常、竞争中的乐观心态、不现实的需求和材料供应不足等。成本风险可能源于生产设备数目的不确定、供应商乐观主义心态、增加的复杂性、经济状况的变更、竞争环境、供应商的可靠性和适用的历史资料短缺等。

项目的采办策略自身会产生风险。使用专有设计或用户定制设计开发的项目与那些使用COTS（商用现货）的方法开发项目在本质上是完全不同的。

安全和保障知识领域将附加标准或控制门当作它们识别过程的一部分。就安全性而论，该过程先进行分析，通过分析识别潜在危机，这些潜在危机是识别安全风险的基础。只有在识别危险的状况后，才能通过安全流程识别风险。

信息安全工程在识别风险之前也会利用许多控制门。信息安全与存在的实际威胁相关，它可以借助系统的漏洞对系统产生破坏。在安全共同体显示系统存在安全受侵的风险之前，将系统的威胁和能够被威胁侵犯的系统缺陷结合起来考虑是很有必要的。

（2）风险识别方法。

风险识别至少应从最低的适用等级开始，包括所有的风险承担者的输入，任何人都可以识别潜在的风险、问题和机遇。在识别潜在的风险、问题和机遇时，团队要考虑所有可能的原因或根源，而不是表面现象。风险识别是以当前的项目采办策略和目

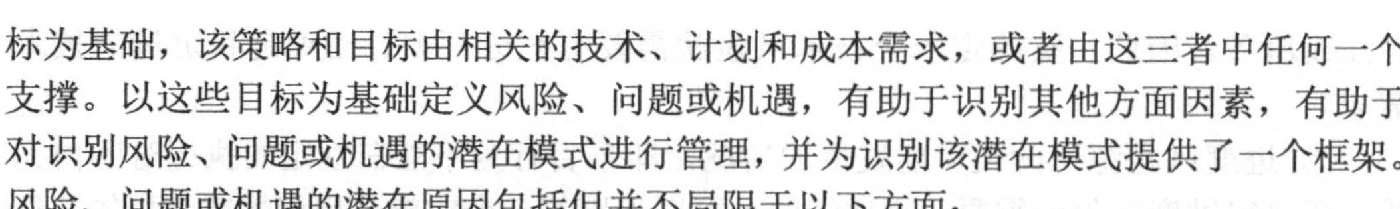

标为基础，该策略和目标由相关的技术、计划和成本需求，或者由这三者中任何一个支撑。以这些目标为基础定义风险、问题或机遇，有助于识别其他方面因素，有助于对识别风险、问题或机遇的潜在模式进行管理，并为识别该潜在模式提供了一个框架。风险、问题或机遇的潜在原因包括但并不局限于以下方面：

① 技术成熟度。

② 对其他项目的依赖性。

③ 需求的不确定性，包括安全和保障。

④ 试验/验证的失败。

⑤ 项目的时间安排。

⑥ 经济状况的变更。

⑦ 安全隐患。

⑧ 安全威胁或易损性。

建议专家事先对项目进行评审，以确定他们所了解领域的风险、问题和机遇全部被识别。还建议专家对相似项目进行评审来确定潜在的危险、问题和机遇。使用任意几种方法，如团队讨论，访谈，趋势，失败分析，风险、问题和机遇记分卡，经验教训学习，贸易研究，最佳案例，衡量标准和采办文档等都可以达到以上目的。

（3）风险、问题和机遇说明。

在风险识别过程中，对风险进行简明、准确的说明是非常重要的，这可以使管理人员和利益相关者清楚地了解风险、问题和机遇。措辞准确的说明有助于提高人们的能力，来正确地分析风险，做出准确的评估并选择合适的项目活动。图 4-4 显示了一些文字表达清晰的风险说明实例。

风险、问题和机遇说明的目的是为了使管理者、项目团队成员和利益相关者了解风险、问题和机遇的来源和本质。明确了风险、问题和机遇的说明将会提高人们正确分析风险、问题和机遇的能力，对风险、问题和机遇的影响做出合理的评估，并有效地将风险、问题和相关信息传输给项目内和项目外的人。

风险：“如果有[特殊原因]，那么就会产生[特殊的结果]。

问题：“由于[特殊原因]，因此会看到[特殊的结果]。

机遇：“如果可能发现[特殊原因]，那么就会得到[特殊的结果]。

说明实例	
风险	如果在 20XX 年 9 月 XX 日之前，那么在 XYZ TRACON（机场雷达管制）的初始运行能力（IOC）的日期，不能满足 ABC 技术操作（Tech Ops）培训需求，那么 XYZ 的 IOC 都会被推迟
问题	由于安全分析的不确定性会导致停工，这会使对精确度 1A 的检查不能按时完成，因此在计划的里程碑日期（9/XX/20XX）内不能完成第二场地的工程场地设计
机遇	如果 XX 项目能够使 YY 组织的 ZZ 验证活动对计划的 XX 项目的飞行试验产生积极影响，那么 XX 项目就能够加快研发速度，提高工作精确度，以确保获得行业的支持，使成本节约高达 N 百万美元

图 4-4　风险、问题和机遇说明实例

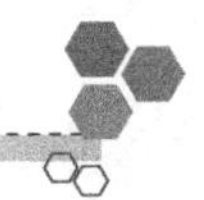

2）研究和评估

风险、问题和机遇分析被认定为一种识别风险、问题和机遇的评估方法，它可以确定可能产生的结果、事件发生的可能性及这些结果带来的影响。通过识别确定风险、问题和机遇产生的“特殊原因”和“特殊影响”。这样可以使项目管理者充分的分析，评估风险、问题和机遇。如果风险、问题和机遇发生，使用风险、问题和机遇评分表上的规定分别对风险、问题和机遇发生的几率和影响进行评估。等级评定由两个不同部分构成，即等级（高级、中级和低级）和字母（代表可能性）-数字（代表影响的大小），这种字母-数字表示方式可以帮助项目管理者合理计划（从最重要到最不重要）他们的资源和精力投入。对影响因素（成本、计划和/或技术）也进行了跟踪。在分析风险、问题和机遇时，所有已考虑的假设都是有证据支持的。对该等级评定（评估）方法也进行了评审，并给予认可。此外，风险、问题和机遇分析还可能包括更加深入的定性或定量分析技术。

对风险、问题和机遇要持续不断地进行再分析和再评估。再分析包括评估更新风险、问题和机遇的所有构成部分，包括但不局限于说明、等级评定和计划。评估包括识别 RMB 再分配的风险、问题和机遇，考虑风险、问题和机遇状态变换情况，以及评估需要被转移给其他外部风险承担者的风险、问题和机遇……与风险、问题和机遇初始评估相同，再评估期间提议的所有变更都需要被认证。

（1）风险评估。

注意在风险管理介绍部分，术语“后果”和“影响”可以相互替换，“概率”和“可能性”也是如此。

① 风险可能性的确定。风险可能性是指消极事件发生的概率。在评估风险可能性时，表4-5中的定义将被用作指导原则。

表4-5　风险可能性

等　级	可能性	说　明	概　率
A	低 不大可能	根据现行计划不大可能产生负面影响。可能性等级评定应建立在证据或以往的经验的基础上，而不应依靠主观信任。评定等级要求所采用的方法和过程应浅显易懂，且有可靠的证据。不要求进行任何管理监督	0%～10%
B	较低 低 可能	负面影响出现的可能性低，但是负面影响的出现是合理的。当前计划包括处理典型问题的充足容许范围（技术的、计划或成本）。评估等级要求所采用的方法和过程应浅显易懂，且有可靠证据。要求进行适当的管理监督	10%～33%

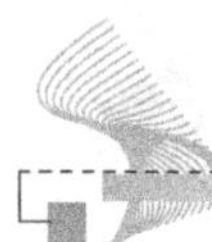

续表

等　级	可能性	说　明	概　率
C	中级 可能	可能产生负面的结果或目前的方法和过程只有部分具有文件证明。即使该风险发生，也有可供选择的应对方案和方法以获得可接受的结果。当前计划包括充足的容许范围（技术的、计划或成本），目的是为了实施解决办法或选择方案来解决所有的定性问题。要求进行有效的管理监督	33%～66%
D	重要 很可能	无文件证明很可能产生负面的结果或目前的方法和流程。尽管确信有获得可接受结果的可选择方案或方法，但是没有充足的容许范围（技术的、计划或成本）可以在不影响项目管理的性能、计划或成本储备的情况下实施该解决办法。要求进行有效地管理监督	66%～90%
E	高 几乎确定	基本上可以确定要产生负面的结果。没有可靠的供选择方案或方法。另外，风险项已被充分评估，确定无误，不能肯定项目一定会成功。需要尽快地进行管理监督	90%～100%

② 风险影响的确定。影响是指当风险出现时，它对项目目标产生的特殊影响（成本、计划或技术等方面）的一种衡量。表 4-6 中的定义将被用作确定风险影响的指导原则。注意受影响的项目基线是确定影响等级的过程输入。

注解：许多项目可能会为 FAA 评分表增加其他影响的定义以帮助管理者对风险进行管理。这些项目会对所有风险管理计划中的风险、问题和机遇的管理实践予以记录，包括但并不局限于为 FAA 评分表增加的内容。

更多细节内容见 4.1 节综合技术管理

表 4-6　风险影响

等　级	影　响	技　术	计　划	成　本
1	极小 对项目成功不会有影响	技术目标仍会实现	计划仍会实现	0%＜成本增加≤0.1%
2	较小 对项目成功造成的影响可被忽视	技术性能损失较小（在可接受范围之内）；不需要进行设计或工艺更改	计划有所延误，但通过额外活动或工作仍可满足关键日期要求；关键路径未受影响	0.1%＜成本增加＜1%
3	中等 对项目成功有一定程度的影响	技术性能有一定程度的损失；有可供选择的方案，需要较少的设计或工艺更改	未满足一些关键日期要求；有可供选择的方案；关键路径未受影响	1%＜成本增加≤5%

续表

等 级	影响	技术	计划	成本
4	大 对项目成功会产生危害	性能不可接受；有可供选择的方案；需要进行大的设计或工艺更改	关键路径受到影响，有可供选择的方案，主要里程碑未受影响	5%＜成本增加≤10%
5	极大 项目成功不大可能	性能不可接受，没有可供选择的方案	主要里程碑达不到；要求重新确定基准线	成本增加＞10%

③ 风险等级确定

以上风险的评估——可能性和影响——确定了该风险是否被分为低级、中级或高级风险，如图 4-5 所示。该等级评定可以使管理者有效地将资源分配给那些更重要的项目。

低级风险：对成本的增加、计划的破坏或性能的衰减影响较少或基本没有影响，通过正常的强调/努力、协调和常规监控就可以克服困难。

中级风险：可能会产生一定程度的成本增加、计划破坏或性能衰减，通过特别强调、紧密协调、密切监控就能克服困难。

高级风险：可能导致显著的成本增加、计划破坏或性能衰减。通过大家互相配合和不断强调、协调和密切监控还不能克服困难。

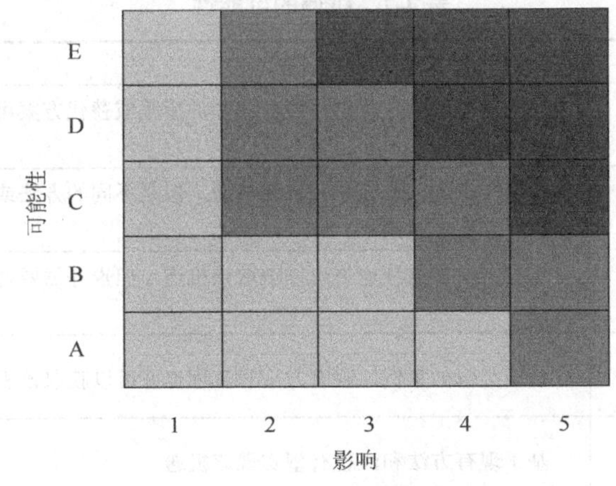

图 4-5 风险网格或概率影响

（2）问题评估。

① 问题出现的可能性。因为一个问题已经发生或一定会发生，所以不需要评估其发生的可能性。

② 问题的影响。风险的影响可参考表 4-6。

表 4-6 可被用作指导原则来确定问题的影响。注意受影响的项目基线是确定影响等级的输入过程。

③ 问题等级。上面进行的影响评估确定了该问题是否被分为低级、中级或高级问

题，如图 4-6 所示。该等级评定可以使管理者有效地将资源分配给那些他们认为对整个项目的成功影响更大的问题上。

■ **低级问题**：对成本的增加、计划的破坏或性能的衰减影响较少或基本没有影响。通过正常的强调/努力、协调和常规监控就可以克服困难。

□ **中级问题**：可能会产生一定程度的成本增加、计划破坏或性能衰减。通过特别强调、紧密协调、密切监控就能克服困难。

■ **高级问题**：可能导致显著的成本增加、计划破坏或性能衰减。通过大家互相配合和不断强调、协调和密切监控还不能克服困难。

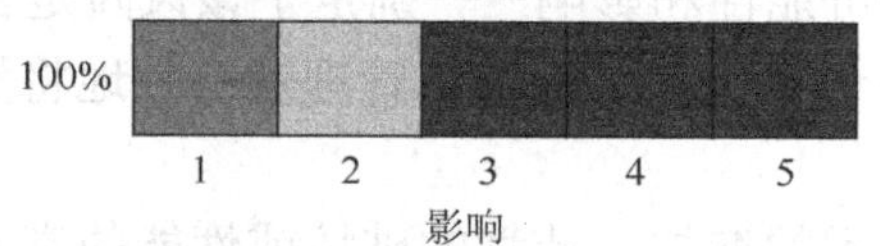

图 4-6　问题网格或概率影响

（3）机遇评估。

① 机遇出现的可能性。机遇可能性是指一个积极事件发生的概率。表 4-7 中的定义将被用作评估机遇可能性的指导原则。

表 4-7　机遇的可能性

等　级	可能性	说　明	概　率
A	低 不大可能	不大可能获得该机遇；没有已知的流程或替代方案可供选择	0%～10%
B	较低 可能性较低	现有方法和流程无法获取该机遇，但是不同的方法或许可以（获取该机遇）	10%～33%
C	中级 很可能	现有方法和流程也许可以获取该机遇，但也许需要替代方法	33%～66%
D	重要 极有可能	基于类似的案例，现有方法和流程也许可以获取该机遇	66%～90%
E	高 几乎肯定	基于现有方法和流程有望实现该机遇	90%～100%

② 机遇的影响。机遇影响是指如果获得机遇会对项目目标产生积极影响。表 4-8 中的定义将被用作指导原则以确定机遇产生的影响。注意这些受影响的项目基线就是对确定影响等级流程的输入。

注解：项目可以为 FAA 评分表增加更多的影响定义，以帮助管理者对项目的风险进行管理。项目应该为风险管理计划中所有的风险、问题和机遇管理实践提供证据，包括但并不局限于为 FAA 评分表增加的内容。要想了解更加详细的内容，可参照 4.1 节综合技术管理。

4-8　机遇的影响

等　级	影　响	技　术	计　划	成　本
1	低 项目不受影响	略微增加了既定利益	计划进度有所加速，但关键日期未受影响，关键路径未受影响	0%＜成本节约≤0.1%
2	较低 对项目成功产生较小的影响	在一定程度上增加了既定利益	计划进度在一定程度上有所加速，但关键日期未受影响，关键路径未受影响	0.1%＜成本节约≤1%
3	中级 对项目成功产生中等大小的影响	在一定程度上增加了既定利益	一些关键日期提前，关键路径在一定程度上有所改进	1%＜成本节约≤5%
4	重要 对项目产生较大的影响	在较大程度上增加了既定利益	计划进度明显提前，关键路径达到最优	5%＜成本节约≤10%
5	高级 对项目产生巨大的影响	在很大程度上增加了既定利益	里程碑事件获得显著的加速，要求重新制定基准线	成本节约＞10%

③ 机遇等级。以上进行的评估（风险可能性和影响）确定了是否该机遇的等级被划分为低级、中级还是高级，如图 4-7 所示。该等级评估使管理人员有效地将资源分配到那些他们认为对该整个项目的成功更为重要并可加快项目进度的机遇中。该等级评定可以使管理者有效地将资源分配给那些他们认为对整个项目的进度和项目成功更为重要的机遇中。

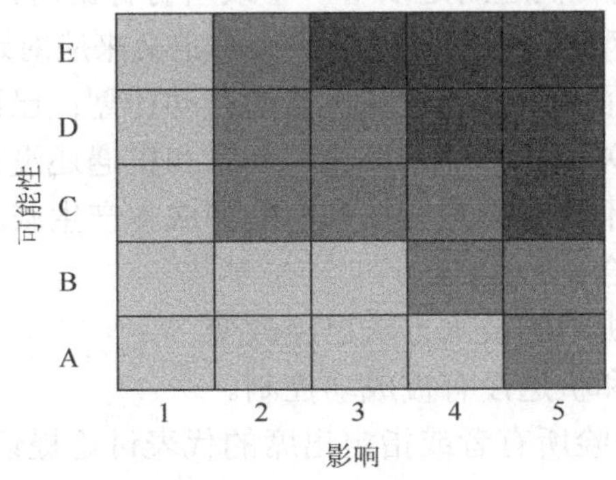

图 4-7　机遇网格或概率影响

低级机遇：项目进度提速较小、成本节约不明显，对项目利益增加起到较小的作用，或项目利益有很少量的增加，计划有效期有重大变化，产生较多成本。通过大家互相配合和不断强调、协调和密切监控也不能获得该机遇。

中级机遇：项目利益在一定程度有所增加，项目进度得到适当的提速，同时节约了成本，或者项目利益有适当的增加，计划有效期有所改变，产生一定的成本。项目利益有一定程度的扩大。特别重视、密切协作和密切监控有可能获得该机遇。

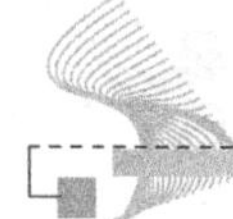

■ **高级机遇：**明显地加快了项目进度、节约成本，显著地增加项目利益，或使项目利益获得明显的增加，计划有效期可被忽视，产生很少的成本。正常的重视/投入、协作和正常的监控就能获得该机遇。

（4）升级或转移风险、问题和机遇。

持续地对风险、问题和机遇进行评估，以确定它们是否被成功控制。风险问题和机遇管理部门容许有两种不同类型风险升级：一种是为了提高风险的可见性，另一种是为了便于管理。不能被控制的风险、问题和机遇在其各自的范围会上升至一个合适的等级。不管是原始组织还是目标组织都必须认可这种升级，目标组织应同意积极采取行动以获得理想的结果。可能会引发风险、问题和机遇升级到一个更高等级的原因有以下几方面。

① 潜在的损失（R/I）或影响（O）NAS 服务的改进。

② 能够影响（R/I）或促进项目目标或目的获得（O）。

③ 最低的管理层不能减缓或获得。

④ 能够影响（R/I）或促进（O）外部利益相关者活动的相互关联的风险、问题和机遇。

可能会存在一些情况，组织内不同级别的管理者需要或要求了解属于他们自己职权范围的风险、问题和机遇的状况，但是不要求改变风险管理的职责。这种类型的升级仅仅为了提高风险的可见性。

（5）风险问题和机遇的处置。

当某一个风险、问题和机遇满足以下一个或所有标准时，所有方就会建议根据表格 2-7（见 2.7 节）中的风险、问题与机遇状态的定义来应对这些风险、问题和机遇。

① 如果成功地实施了风险、问题和机遇的行动计划；已经获得了预期的目标。

② 如果已经超过了关键里程碑，风险、问题和机遇还没有实现。

③ 如果风险或问题不再对计划、技术功能和成本产生威胁，

④ 如果机遇不再适合。

⑤ 如果风险问题和机遇的技术方法已经改变

⑥ 如果风险、问题和机遇没有被成功控制。

风险管理委员会与风险所有者或指定出席的代表讨论提议的风险应对方案。一旦风险应对方案获得批准，风险、问题和机遇状态就会被更新，相关的记录文档也会被保存。

（6）风险问题和机遇的转移。

在评估和分析期间，管理人员可能会确定某些在各自职权范围内不能有效控制的风险、问题和机遇。内部机构协作可以将这些风险、问题与机遇转移到其他业务部门。

3）制订风险缓解计划

风险计划包括计划策略、计划说明和每一个适用的风险、问题和机遇的独立阶段，

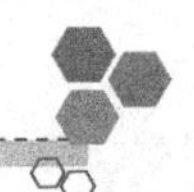

而且必须为所有的风险、问题和机遇都制订一个具有控制计划策略或研究与知识计划策略的风险缓解计划。应该对风险计划的适用性、预期效果、成本（包括的管理储备的使用）、计划可能产生的结果、对系统技术性能的影响和选择的最适合的策略等方面因素进行评估。风险计划的目的是实施适当而成本效益好的风险、问题机遇活动以应对风险、问题和机遇。计划的目的如下：

① 对于风险来说，计划的目的是为了减少风险出现的可能性，或者当风险出现时，减小风险的负面影响。

② 对于问题来说，计划的目的是为了减小问题的负面影响。

③ 对于机遇来说，计划包括一些提高机遇出现的可能性，或者提高正面影响产生的步骤。

可以制作一份应急计划说明，如果它与首选计划的成功密切相关。一旦确定首选计划不能达到预期结果，就应按照应急计划说明对风险、问题和机遇进行重新评估和分析。

风险、问题和机遇的处置（计划、实施和跟踪）是风险管理的关键要素之一。实施风险缓解计划需要有明确的管理决策来认可、资助、计划和实现一个或多个风险缓解活动。风险缓解计划和缓和活动会在主要评审会、项目评审会、采办评审会和里程碑评审会上被多次评审。风险缓解活动可以分为一个或多个方法，见表4-9。

（1）计划策略。

为了应对项目的风险、问题与机遇，风险管理流程提供了制订计划的框架，以确定采取行动或协商决定不采取行动。表4-9定义了该计划策略的选择方案。对所有已识别的风险、问题与机遇来说，应该对各种不同方法的适用性、预期效果、成本及其对进度的影响、对系统技术进行性能的影响和所选择的最适合的策略等因素进行评估。

表4-9 计划策略定义

计划策略	定 义
规避	通过排除风险/问题或保护项目使其免受影响，来避免风险/问题出现的可能性或影响
转移	通过让出接受的项目的管理职权，将风险、问题或机遇转移至其他项目中
控制	研究出选择方案和备选方案，以便于采取行动应对风险、问题或机遇发生的几率或影响。注解：这是最常见的计划策略
接受	接受风险、问题或机遇发生的概率/可能性和与之相关的影响。项目团队决定承认风险、问题或机遇，在它们出现前不采取任何行动。如果采用其他任何方法不能应对特殊的风险、问题和机遇或无成本效率，这时就会采取该策略
研究和认识	通过开展研究和试验来应对风险、问题或机遇。只有扩大知识储备，重新评估减少风险、问题与机遇发生的可能性或提供如何获取正面影响的意见，才能有效地管理风险、问题与机遇

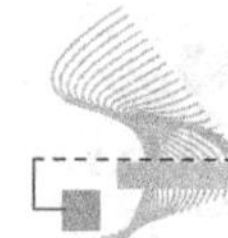

（2）计划方法。

一旦策略被选择，就会形成一个高水平的计划描述。该描述可能包括多个应对风险、问题和机遇的方法。紧接着就会确定独立的计划步骤来支持该方法。替代方法包括采用几个小而连续的措施缓和风险的详细计划；替换步骤；或全新的（非基线）完成项目的方法。这些缓解措施是缓解计划的主要里程碑。

此外，应急计划指的是可识别的替代方案，如果风险缓解计划未成功，危险的事件或条件发生，其后果比预期的更为严重，此时可能会采用该替代方案。应急计划在成为主要的风险降低方法之前不需要被详细描述。

例如一个基于 COTS 采办方法的风险，其风险缓解策略是已知的。在比较投资或采办方法时，这些策略需要被列入决策分析中。因为 COTS 有一套由市场驱动的固有风险，大部分的风险缓解策略被划分到“控制”类，为了预测风险并将风险降低到可接受的等级。有关 COTS 风险和缓和策略的更多信息可以参照 FAA 的 COTS 风险缓解手册。

风险等级是用于确定风险缓解计划要求的第一准则。正如风险管理计划（RMP）中规定，一般情况下属于中级或高级的风险需要风险缓解计划。被评估为低级的风险一般不需要风险缓解计划，但或许在某些方面，将会对其进行谨慎监控。如果出现这种情况，可能会根据特殊管理的 RMP 为这些低级风险制订正式或不正式的风险缓解计划。

计划制订者必须彻底地了解需要缓和的风险的根本原因。可以通过系统的风险总结说明（见图 4-4）来完成该任务，不要使用风险缓解计划的内容来描述风险本身。建议说明内容还应包括对借鉴了更加详细文档的风险缓解工作的总结。风险缓解计划总结可被用来汇报有关个别风险的分析和活动。

风险缓解计划记录了将要实施的特殊步骤、实施的顺序及预计的实施时间等。制订风险缓解计划包括评估以下实施行为的预期结果。建议使用与开始评估风险相同的方法，如风险模板，在每一个风险缓解计划活动完成后对风险等级进行预测。

风险计划包括一系列的步骤，一旦完成这些步骤，风险、问题或机遇出现的概率就会降低到项目可接受的范围内。在制订计划步骤时，应识别并考虑它们之间的相互关系和预定日期。详细的等级划分能够使组织对降低风险和问题发生概率和产生的影响，以及获得理想机遇的进展情况进行监控。为了选择最好的计划，还可能同时研究多种不同的计划方案。

在计划/项目的寿命周期内有多次机会可以选择合适的决策点，这些决策点可以发起对风险、问题或机遇的重新评估。那些决策点的合适分配阶段包括但并不限定于以下几方面。

（1）进入一个新的阶段。

（2）识别新的利益相关者。

（3）关键项目里程碑。

（4）重要的行动计划步骤。

使用“瀑布法”或“燃尽图”可以显示缓和每一个事件对风险等级产生的预期影响，图4-8就是一个具体的例子。

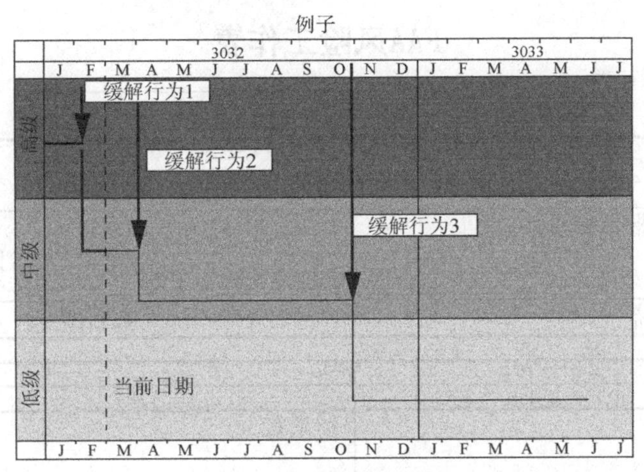

图4-8 风险缓解瀑布图

在项目中，可以使用风险工作表指导实施者完成风险管理过程的前三项任务：识别风险、分析风险、制订缓解计划。当一个风险缓解计划已经准备好，可根据RMP中定义的标准对计划进行管理评审和批准。图4-9就是风险工作表是一个实例。

4）实施风险缓解计划

一旦组织机构确定了风险计划，就应该执行并实施该计划。实施风险计划可能要求将相关的特殊任务合并到项目的计划、日程、预算和成本核算体系中。将风险计划措施直接合并到项目计划中可以使项目管理人员和项目团队意识到管理风险、问题和机遇的要求，以便获得理想的结果。应该和所有利益相关者共同分享和交流活动内容。

5）追踪和监控

根据事件发展情况，定期、连续地对现有的风险、问题和机遇进行跟踪和监控。这个过程包括变更风险、问题和机遇，以及每一个独立步骤。追踪和监控风险、问题的机遇可以掌握其发展情况，给管理者提供有用的信息，使管理者能够作出理性判断，还可以优化项目管理过程。

（1）状态选择方案。

每一个风险、问题和机遇从概念到处置都有各自的寿命周期。为了便于对单独的风险、问题和机遇进行控制，可以使用各种不同的状态选择方案。表4-10列出了这些选择方案的定义。这些选择方案不仅提供了人们对风险、问题或机遇成熟度的认识，还提供了风险、问题与机遇，以及风险、问题与机遇流程之间的可追溯性。图4-10显示了状态成熟度和风险流程之间的关系。在风险、问题或机遇寿命周期内，并非所有的状态选择方案都可以利用，但它们的顺序不应被改变。

FAA风险工作表

项目/计划标题 ______________________ 顺序号:______

提出者: ______________________ 日期:______

风险:	
风险源和根本原因:	

	风险评估		基本原理
o 技术	o 计划	o 成本	
可能性	A B C D E		
结果	1 2 3 4 5		
Likelihood E D C B A / 1 2 3 4 5 结果 / 高级 中级 低级			结果定义:
			风险缓解日期:

5 缓解选择方案	描述	假如实施了缓解方案新的风险等级
☐ 规避		H M L
☐ 转移		H M L
☐ 控制		H M L
☐ 假定		H M L
☐ 研究和认识		H M L

提交: ____________ 日期:________	☐ 缓解被认可	☐ 未被认可
认可: ____________ 日期:________	☐ 变更被认可	☐ 返回
	☐ 风险被接受	☐ 结束

图 4-9 风险缓解工作表

表4-10　风险问题机遇状态的定义

风险问题与机遇状态	定　义
关注项目	风险、问题或机遇，包括最少量信息和重新评定当前状态和成熟度的开始日期(1)
草案	在管理者签字认可之前的，至少包含完全成熟信息的风险、问题或机遇(1)
已提议	草拟的风险、问题或机遇，已经为管理者签字认可做好准备(2)
待决定	被提议的风险、问题或机遇，正在等待RMB批准(2)
已被批准	已被RMB批准的风险、问题或机遇
未被批准	尚未被RMB批准的风险、问题或机遇
准备进行最终决定	已被批准的风险、问题或机遇，正在等待RMB作最终决定(2)
结束	已被批准的风险、问题或机遇，经发现该风险、问题或机遇已通过一些事件解决了，被转移至组织以外，或经发现与之前的风险问题和机遇一样
废除	已被批准的风险、问题或机遇，该风险问题或机遇还没有产生影响，没有采取更进一步的制止措施
已实现	已被批准的风险、问题或机遇，该风险问题或机遇已经产生了影响，不需要采取进一步的措施

注解（1）：虽然风险、问题或机遇可以在关注项目状态存在一段时间，但是草拟状态的风险、问题或机遇应该很快达到成熟状态，因为它们的目的是获得管理层的批准。

注解（2）：已提议的、等待解决的和已处理的风险、问题或机遇都是过渡状态，它可以识别管理决策的要求。风险、问题和机遇不会在这些状态长时间存在。

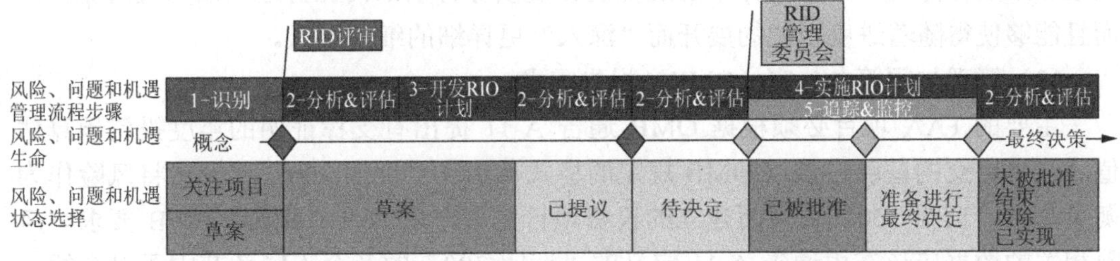

图4-10　风险、问题和机遇的状态和相关的过程阶段

（2）风险、问题和机遇报告。

风险、问题与机遇报告是为了与所有利益相关者建立明确的沟通关系，并专门为新产生的和被积极应对的风险、问题与机遇提供状态报告。风险、问题与机遇报告对风险、问题与机遇的所有要素（如说明、评估、措施等）进行详细的评估（审查和审定）。报告为所有的利益相关者提供了一个平台，通过该平台他们可以商讨自己对该主题的看法。需要对分配列表和相关的合作进行定义和和记录，以确保适当的参与。通报内容可能会通过常规的简单的电子邮件的方式发送给团队成员，或通过召开正式的会议告之他人。还应当对风险、问题与机遇的转换过程进行记录，以留作历史记录（趋势分析）和审计使用。应该使用标准的报告形式，以确保结构上的一致性。

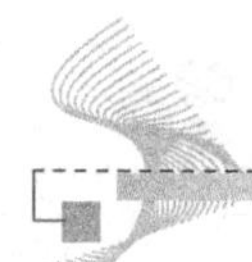

有几种方法可供项目组使用，将他们的风险管理活动报告给管理部门。例如，可以将特殊项目所有风险的概要显示在风险网格图上——也称为概率影响图（PID），如图 4-11 所示。应该使用标准报告格式以促进计划和项目风险信息的整合。建议 RMP 还应指出所需要的支持材料的范围。

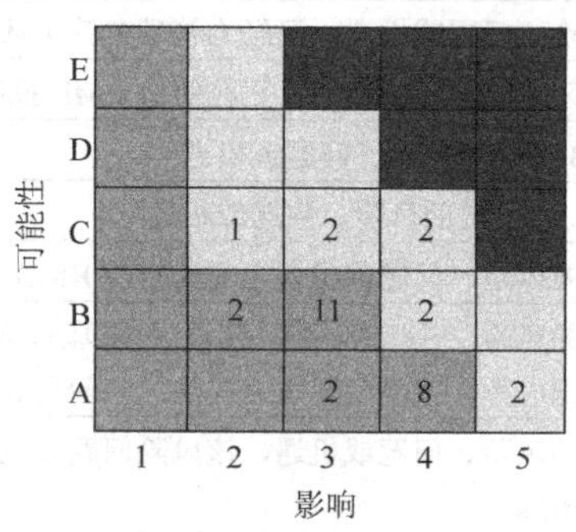

图 4-11　概率影响图实例

建议管理可见性工作集中在降低风险决策的有效性监控和追踪方面。将风险对项目的影响及相关决策融入项目进度，作为风险消减措施。将这些内容纳入项目的综合主计划之中。用评估的风险等级标记所涉及的最低级别的任务；较高级别的工作分解结构（WBS）任务则沿用存在于任何下级任务的最高风险级别。因此，在从摘要任务到最低级别任务的任何级别评审进度都能够使项目管理部门保持适当的风险可见性，而且能够使得随着进度视图的展开而“深入”更详细的细节层次。

（3）管理与预算办公室（OMB）报告需求。

主要的 FAA 项目必须根据 OMB 通告 A-11 提出有支撑证明的年度投资预算估值。这些提交的证明应该以 OMB 规定的格式被用作“证明 300”。OMB 将风险作为衡量基于“证明 300”数据而建立的投资项目是否合适的一个要素。OMB 要求与风险相关的数据应该在由通告 A-11 定义的“证明 300”的各个不同章节中予以介绍。可以在讨论寿命周期成本估算、项目计划、隐私权、安全性和主要采办企业结构的相关章节中看到反映风险状况的例子。特别是，投资项目的成本估算和计划应该显示如何被调整以满足投资风险要求。OMB 的需求就是提供客观证据，证明在管理 FAA 投资过程中，已对风险的各个层面进行了考虑。OMB 正在寻找一种“用于固定资产机构投资组合的计划、预算、采购和管理的机构内部综合流程，目的在于以最低的寿命周期成本和最小风险获得机构战略目标和目的。”（通告 A-11，2012）。请注意 OMB 的术语“风险管理计划中包含的风险”（参考同一文献）指的是 FAA SEM 章节中所讨论的风险缓解计划。

4.3.3　输出

风险管理的工作直接影响着决策和项目或解决方案的研究进展。主要的流程输出如下：

（1）风险管理计划。

（2）风险登记簿。

（3）综合风险坐标网格（概率影响图表）。

（4）风险衡量标准。

（5）风险总结。

（6）风险缓解计划。

风险管理建议包括以下几项：

（1）概述项目风险总结，风险缓解计划总结和在所有的正常项目评审时采用的项目风险缓解进度表。

（2）管理决策是基于上述的信息而制定的，因此，在识别风险时，应概述既定风险的完整状态，立刻对风险实现的日期进行跟踪。

（3）将风险缓解计划作为项目工作计划必不可少的一部分。

4.3.4　系统集成研究

一般情况下，FAA 系统由许多相关的系统组成，各个系统在一起相互配合以达到共同的目的，如提供一种操作性能。这种系统集成（SoS）方法带来了许多必须考虑的风险管理方法。

（1）FAA 接口组织所应用的风险管理流程和工具必须与数据交换系统是兼容的，而且配置有数据交换器。FAA 接口组织会首选通用的工具，如积极风险管理器。

（2）风险可以由各个不同等级 FAA 组织来管理和控制，包括项目组、投资组合和 FAA 企业。

（3）风险环节可以依靠资源、活动和涉及多个项目和组织的产品。

（4）风险缓解计划可能需要多个项目和组织机构之间共同协作完成。

（5）一个项目或组织内部的风险可能与项目、项目组合和 FAA 组织之间的主从关系相关。

（6）如果风险在某个等级可以被有效地控制，那么它可能会在项目、组合和企业等级之间转移。

（7）如果风险缓解需要新的等级权限与责任，那么该风险可能会被提升到一个更高的组织层级。

明确上述的研究关键是要搞清楚图 4-12 描述的风险杠杆的概念。不同等级的风险之间的关系对于了解风险管理、范围和缓解方法来说至关重要。下面的综合性视图显示了各种风险之间的关系，在该图中，一个风险和风险的缓解可能关系到一个或多个附加风险及附加风险的缓解。

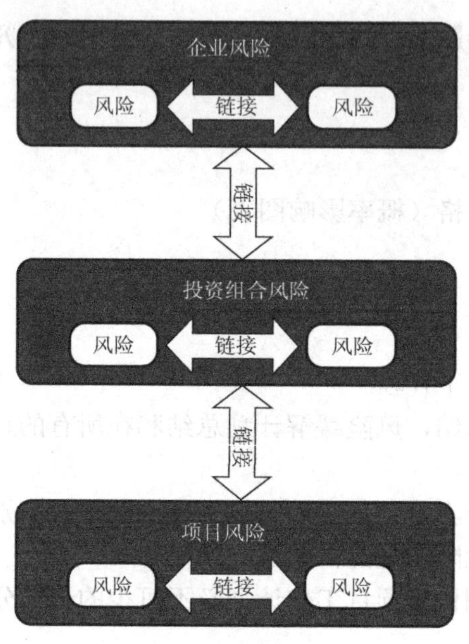

图 4-12　风险关系

4.3.5　风险、问题和机遇的管理工具和输出

实现该流程所需的工具和输出包括以下几方面：

（1）风险管理计划。

（2）风险、问题和机遇工作表。

在项目中可以使用风险、问题与机遇工作表指导实施者完成风险、问题与机遇管理流程中的前三个任务：识别风险、问题与机遇，分析风险、问题与机遇，制订风险缓解计划。一旦风险、问题与机遇缓解计划被准备好，管理者就会根据 RMP 中确定的标准对其进行评审和认证。

（3）可能性和影响评分表。

（4）风险、问题和机遇报告。

与获得项目目标相关的风险、问题与机遇信息列表。可以使用这些记录表监控和追踪团队会议、项目管理评审和主要项目评审的全部风险、问题与机遇的状态。当风险、问题被管理者认可时，就应该将其记录到登记簿内。

（5）风险、问题和机遇数据库工具。

风险、问题与机遇管理数据库工具的作用就是实现风险、问题与机遇的通用性、一体化及效能的增加。它为管理者提供一个统一的报告模式以支持他们的各种不同要

求，并使风险、问题与机遇管理者能够在日常管理中有效地控制风险、问题与机遇。这儿有几种可供使用的 COTS 数据库应用程序，例如积极风险管理器（ARM），风险探测器和普力马维拉软件。好几个 FAA 组织都已选择 ARM 作为综合的风险、问题与机遇的管理工具，ARM 也适用于其他的用户。

（6）风险、问题和机遇管理培训。

风险、问题与机遇培训部门应该确保所有的参与者了解为组织确定的风险、问题与机遇管理政策和实施步骤，并根据管理政策和步骤实施活动。在 SME 的帮助下，风险、问题与机遇管理者有义务提供培训，同时应完成以下任务：

① 识别所需培训的类型和数量以确保风险、问题与机遇管理流程的所有参与者都了解 RMB 中规定的管理政策和操作步骤。

② 与职能项目经理共同开发内部的培训形式，评审并批准外部培训选择方案。

③ 设立培训部门。

（7）风险、问题与机遇的衡量标准。

附加信息

要了解构成本节内容的信息来源，请见参考文献。

要了解更多本节提到的主题，可参照附加工具及阅读建议。

4.4　配 置 管 理

配置管理是一个管理过程，可用于建立和维持产品性能、功能和物理属性，使其与产品寿命周期的需求、设计和可操作信息保持一致。配置管理可以推动系统性能和功能/物理属性的证明、验证和确认流程，以保持系统的完整性。另外，配置管理还提供了一个识别、评审、批准、证明系统属性并实施系统属性变更的结构化流程。在整个采办流程的证明、评审和决策过程中，采办管理系统（AMS）需要配置管理需求、里程碑和产物。

基线确定对于配置管理来说非常有必要。基线是一种已被大家认可的表述，它表示某一个时间点生产的产品属性，它可以作为确定变更的基准。确定和维持产品基线可以更加容易地在产品寿命周期管理系统运行过程。配置管理通过消除在处理多个类型的项目产物过程中产生的混淆和偏差，解决这些产物的非官方性变更而引发的问题，可以使被控制的项目产物发生必然的变化。

控制这些基线的变化是 CM 的另一项任务。配置管理委员会是正式的决策机构，它是 FAA 管理机构的一个组成部分，通过建立和实施有效的变更管理、控制实际行为和过程已实现基线功能和操作的完整性。

配置管理在采办管理系统寿命周期的每个阶段都会出现。它是一个迭代过程，它为管理变更提供了一个闭环流程。系统工程师可以在所有的系统工程产品中使用 CM

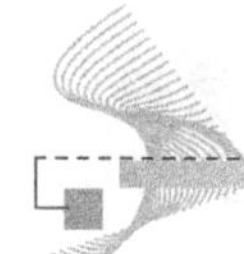

流程。

目的：配置管理流程制定和维持所有已识别的项目或流程输出，使它们可以为所有相关者使用。

4.4.1 输入

CM 流程的原始输入表述如下：

1. FAA 政策

FAA 序号为 1800.66 的“配置管理政策”部分描述了 FAA 的配置管理流程和步骤的需求和细节。该顺序可以控制向 NAS 引进新产品和服务，以及现有产品或服务的任何改变。该政策是一个独立的文件，它是 FAA 采办系统管理的组成部分。

2. 更该请求

（1）外部的更改请求一般在研发期间由承包商提出，并要求对承包商控制的基线进行更改。

① 技术更改建议（ECP）ECP 在解决办法实施之前对开发基线、分配基线和功能基线进行管理。承包商可以使用 ECP 来改进系统硬件和软件，管理已分配文件。

② 偏差和弃权声明书请求。在产品研发或生产期间，承包商可能需要一个需求偏差和弃权书。在适当情况下，承包商会提交一个改变或放弃某种特殊需求的请求。承包商会向 FAA 提交偏差请求（RFD）弃权请求（RFW），RFD/RFW 通常是暂时性的，会在过后一段时间使其正规化。

③ 承包变更工具。指的是那些影响流程变更的经承包商或开发者认可的 CM 计划文件（或“工具”）。

④ 谅解备忘录（MOU）。MOU 是指在双方之间没有正式的契约关系时，FAA 组织之间或 FAA 和外部的组织之间签订的具有证明文件的协议。谅解备忘录可以作为数据源被当作项目证明材料的一部分来保存，必要时在 CM 期间还可以被用来推动、验证和确认项目活动。

（2）内部变更请求由 FAA 组织内部的参与者提出，它给 FAA 管理的基线提供了更改建议。FAA 使用 NAS 更改方案来此内部更改请求。

NAS 更改方案（NCP）。NCP 是 NAS 内部使用的协调工具，可用来正式地管理基线。每一个 NCP 必须考虑变更可能引发的所有安全性或可靠性问题。

3. 系统工程管理计划（SEMP）

（1）配置管理计划。配置管理计划描述了 CM 策略、实施活动及用于执行 CM 以实现项目利益的标准实践。

（2）工作分解结构（WBS）。WBS 提供了一个开发产品的逻辑结构，该产品将受制于 CM。该逻辑结构可以帮助 CM 建立配置项。

4. 配置文档支持

配置文档支持或描述一个产品或服务，它必须被当作项目信息保留下来。一些内容通过 NAS 变更流程予以认可。具体实例包括以下几方面：

（1）需求（如 NAS-RD、PRD、SSD、IRD、ICD）。

（2）验证工具和参考模型。

（3）试验件和设备配置。

（4）设计文档。

（5）图样。

（6）技术说明书。

（7）维护手册。

5. 变更发布

变更发布通知一个变更或更改已发生。变更发布说明详细规定了发生变更的配置项、批准机关，有时还包括安装或实施日期。

6. 配置统计报告

配置统计报告（CSAR）：NAS 的 CSAR 可通过 FAA 的 NAS 变更流程的自动化配置管理支持工具和主配置指数（MCI）或其他项目数据源来使用。它们提供了配置项或源于寿命周期工程的工作产品的当前状态，以此来保持 CM 的当前状态。

4.4.2 配置管理流程要素

配置管理包括以下步骤：

（1）开发配置管理计划。

（2）识别配置。

（3）选择配置项。

（4）建立和维护基线。

（5）管理已批准基线的变化。

（6）提供配置统计。

（7）验证和审计的配置。

（8）监控配置管理活动。

这些活动中每一项具体描述如下：

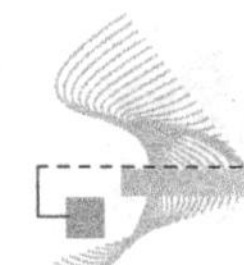

1. 制订配置管理计划

CM 计划确定了整个寿命周期的 CM 活动资源，建立了执行 CM 流程的机制，指定执行 CM 流程的组织的职责，确保在设备采购期间对供应商和承包商进行管理。

配置管理计划可以解决这些问题。在 4.1 节综合技术管理部分对 CM 计划进行了讨论。试样的 CM 计划内容可以在 FAA 的序号为 1800.66 的文件中找到。CM 计划确保项目经理和职能经理能够控制需求、设计、工程和成本权衡决策的完整性和连续性。配置管理计划可以包含在 SEMP 中以实现项目利益，或可作为一个独立的文档保存。

一个好的配置管理计划至少应该做到以下几点：

（1）识别利益相关者。

（2）识别和收集 CM 流程输入。

（3）在适当情况下，识别 CM 工具。

（4）制定 CM 活动时间表。

（5）建立与利益相关者的沟通计划。

（6）建立一个配置控制委员会（CCB）。

CCB 是由 FAA 授权的用于确定配置管理基线、评审和实施基线变更的讨论会。CCB 通过建立和实施有效的变更管理、控制实践和控制过程，使基线在功能和操作上达到完善。每个 CCB 都会根据其特定的任务和区域开发操作程序。FAA 序号为 1800.66 的文件介绍了开发和维护 CCB 规章和操作程序的需求。

（7）建立 CM 采办需求。

（8）制定 CM 采购策略。

2. 确定配置

配置识别是选择的产品属性、整理相关的属性信息，并描述这些属性的系统化过程。它包括为产品及其相关的文档指定和选用唯一的识别者，同时维护产品配置和文档修订之间的关系。在每个寿命周期阶段的关键里程碑中对这些属性的成熟度进行了确认，并将其并入基线。

3. 选择配置项

配置项（CI）是硬件、软件或满足最终使用性能的固件，它是配置管理专门指定的。

按照机构或组织的政策或实践，每个工作产品必须有一个指定的专门标识符，这样系统工程管理者才能使用该版本或修订版本（包括初级版本和草稿）查找 CI。文件命名规范应该与产品的标题是一致的，并且容易被查询到。

电子文件应独立保存以便于查找历史记录，每个新版本或文件的修改都必须有自己独特的标识符。系统工程管理者应保存原始文件，而不是将其覆盖掉。详见 FAA 序

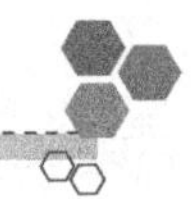

号1800.66文件的3.3.2.5节数据管理。

4. 建立和维护基线

产品在其寿命周期的发展过程是以一系列的基线形式来表现的。关键产品里程碑提供了产品在各个的寿命周期阶段配置的大致情况。已认可和记录的配置控制项和产品属性的定义就是一个基线。它们包括已批准和发布的文档的特定版本，该文档是管理变更的依据。由于NAS非常复杂，因此FAA负责维护企业级的基线和其他几个为采办项目而建立的基线。总共有五个基线：功能基线、分配基线、产品基线、设备基线和操作基线。

（1）功能基线。功能基线是用来描述系统的功能、性能、互操作性和接口需求及验证那些特殊需求成果所需的已获得批准的文档。功能基线代表一个项目的功能需求，它是在概念的研究之后最先建立的正式项目基线。

（2）分配基线。分配基线是用来描述配置控制项的功能、性能、互操作性和由系统的需求或更高级的配置项分配的接口需求并已获得批准的文档；它具有接口配制项的接口需求，以及确认特殊需求成果所需的验证过程。分配基线代表项目的设计需求，它通常是在系统需求评审之后建立的。FAA所采用的分配基线是指用于采办项目的系统和接口需求。

（3）产品基线。产品基线是指正在交付给客户的系统或产品的配置。它由用于生产/采购配置识别的综合性能/设计文档所构成。该文件包包括描述配置功能、性能、互操作性和接口需求，以及确认特殊需求成果所需的验证过程的累计基线文件。它还包括其他的设计文档，其范围从已确认的设计的适合信息到一个完整的设计披露方案。建立产品基线里程碑包括成功地完成正式的功能配置审计（FCA）和物理配置审计（PCA）。

（4）设施基线。设施基线是指识别和控制对最终状态和已完成的设施空间图和关键电源板时间表的更改所需要的信息。这个基准线是FAA计划的要素，可用来引入NAS系统和子系统。设施基线的建立是通过评估资本投资计划项目，以及局部和大范围发起变化和改进产生的影响来确定的。设施的配置管理在FAA标准号为058和顺序号为1800.66的附加文件在进行了描述。

（5）操作基线。操作基线是指表示已安装的硬件和软件的已批准的技术文档。它代表了适应当地条件的产品基线。操作基线包括最初描述交付系统的技术文档，还包括由于服务的更改/改进或由于FAA研发的文档/工具的增加而导致的交付系统的变化。操作基线包括产品基线和随后的所有更改。操作基线描述了在NAS中所部署的系统。

5. 数据管理

数据管理是指对任何性质/类型的记录信息（行政、管理、财政和技术）的准备、

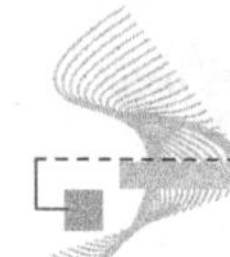

批准、分配和存储/归档，不管该信息指的是方法还是特性。数据管理包括架构、政策、实践活动，以及正确管理企业寿命周期内所有数据要求的程序开发和利用。在管理NAS产品或系统时，工作产品并不是产品的配置的一部分。在计划/项目内开发的要求管理者签名的工作产品必须经过协调控制和版本控制。识别与项目管理相关的工作产品，制定管理这些工作产品变更的需求。由项目负责人确定关键工作产品，它包括采办管理系统（AMS）管理的文件、合同文档和项目计划。与任何CM活动一样，工作产品生产步骤也应该被记录在计划文档中，以此来确保产品的统一性和质量。

6. 管理已批准的基线变化

配置控制是一个系统化的过程，它可以保证正确地识别、记录、评估由合适等级的权力机构批准、合并和确认所有已发布的配置文档的更改。产品、产品信息或相关的接口产品的更改都可以触发基线变更。

FAA 配置管理委员会（CCB）有权建立配置基线并对其作后续的更改。NAS 的 CCB 是 FAA 中最高级别的 CCB；它是由联合资源委员会（JRC）或其指定机构组建的。NAS 的 CCB 在必要时有权授予下属 CCB 特许权。服务机构通常会根据 NAS 项目任务来更新他们的 CCB 规章。

要实现对已批准的基线的更改，必须完成以下步骤：

（1）识别和描述更改——利用合适的更改方法记录基线的更改。在FAA，任何人都可以识别问题或在产品寿命周期的任何时间提出更改建议。更改文件陈述了问题或更改要求、更改提议、受到影响的CI、成本、更改实施计划、接口影响、风险、评估因更改提议的影响所需的其他因素。这些确定更改手段类型或更改手段需求类型的因素就是基线种类，它的作用就是控制基线和CM计划。更改是专用识别工具，它需要识别受影响的基线要素。针对NAS基线管理而言，FAA使用NAS变更建议书（NCP）的形式来实施管理，该建议书包含了已提议的被确定为NAS基线一部分的CI形式、配合和功能的变更。使用FAA序号为1800.66文件所述的国家CM支持工具来确定NCP的形式，完成对它的整理。项目问题报告（PTR）和硬件差异报告（HDR）是操作人员最早使用的工具，使用它可以在不影响基线任何方面的情况下纠正失误或不一致的现象。

（2）评估更改——更改的协调和审查是一种确保更改的有效性、可行性、对其影响进行评估的系统的方法。正式评审要了解每一个评审者的名字、组织、评论意见、评论日期，如果可能的话，还需要了解合适的评论方法。评审必须在做出决策之前进行。这种方法包括对所有正式和非正式的基线变更进行评审。

（3）确保更改的处置——更改处置是由合适的权威机构做出的决定，该决定涉及已提交需要批准的更改项适合或者不适合实施或发布。CCB的职能是讨论已提议的对正式基线的更改建议。每一个 CCB 在规定的权限范围内都是一个独立的决策机构。

CCB 具有决策权，可以对所有影响 CI 的分配给 CCB 实施的更改做出决策。

（4）监控实施——CM 的一项重要功能就是监测更改的实施，它可以确保公开和完成已批准的更改程序的安装或更新。通过配置控制决策（CCD）可以实现更改。CCD 是 CCB 决策和指令的官方的、具有法律约束力的 FAA 通告。CCD 可以确定需要采取的行动及组织完成这些行动应承担的责任。例如，CCD 的行动可能包括以下几方面：

① 易损伤的硬件、软件或设施的物理合并的批准。

② 技术评估、研究或测试的批准。

③ 合并基线文档变更的指导方法。

④ 当需要更改设施或操作设备时所进行的现场安装更改及跟踪。

7. 提供配置状况登记

配置状况登记（CSA）是对系统或产品配置状况的系统化记录和报告。CSA 包括基线变更状态和在 MCI 中获取的所有项目的变更史，包括从建立初始基线到产品服务终结整个过程。当设计文档不适用或还没有更新到当前配置时，CSA 不仅要汇报沟通状态，还要协助正式的配置审计的实施。CSA 信息可以通过国家的 CM 支持工具自动获取，以供 NCP 过程使用。SE 通过这些工具生成报告或实施 CM 寿命周期各个等级所需的 CSA。

（1）获取变更数据——通常使用自动的配置管理工具来获取变更数据，该工具可以在 CM 计划中被确定，能够记录和报告基线从开始到实施的变化状态和整个变化过程。

（2）获取基线配置状况——当提出、审查、批准和实施变更时，基线状态就会被更新。在 CSA 报告生成时获取基线“映射”，可以使用该“映射”进行审计或评审，或者仅用于检查那个时间点的基线信息。在产品寿命周期中，基线内容随着产品的变化而变化。

8. 验证和审计配置

审计和质量检查可以确保产品的完整性。功能和物理配置审计是建立产品基线的正式审计活动。功能配置审计可以验证该产品是否符合其功能和性能需求，达到预期功能。物理配置审计是一个 CI 的技术评审，用于验证“已生产的产品”是否与批准的基线技术文档相符。工作产品的质量检查、同行评审或内部审计是用来记录和管理非正式组织基线质量和有效性的一种非正式的方法。

9. 监控配置管理活动

监控配置管理活动通常是指在实施解决方案的过程中，监控承包商的 CM 活动。

合同数据需求列表（CDRL）和数据项描述（DID）是主要的监控方法，可以确保承包商交付需要交付的成果，确保可交付成果可以满足需求。承包商的 CM 计划或其他低级的项目协议也适用于监控 CM 活动及相关的流程。

4.4.3 输出

配置管理流程的主要输出如下：

（1）基线和更新的基线。指在 CM 过程中建立的基线及针对这些基线进行的所有更改。基线的类型包括功能基线、分配基线、产品基线、设备基线和操作基线。

（2）基线变更。根据要求所有 CM 用户、决策制定者和利益相关者都可以实施基线变更，并且它可供以上所有用户使用。

（3）配置状态统计报告（CSAR）。配置状态统计报告（CSAR）提供 CI 配置项的当前状态、工作产品或变更状态。根据要求或在预定的时间间隔内提供 CSAR。

附加信息

要了解本节内容的信息来源，可参照参考文献。

要了解更多本节提到的主题，可参照附加工具及阅读建议。

4.5 系统工程信息管理

FAA 会在不同的情况下使用术语“信息管理”，而不是在 INCOSE 系统工程手册和其他系统工程的国际标准中使用。因此 FAA 的 SEM 会使用术语“系统工程信息管理”（SEIM）来命名系统工程活动，该活动仅在 INCOSE 中被称为“信息管理”。

SEIM 过程可以收集、管理、存储和分配所有与特定项目相关的信息。该过程还管理项目实施期间所需的企业级信息。SEIM 应用各种政策、程序和信息技术来维持项目在寿命周期产生的所有信息的完整性。SEIM 过程可以确保在需要的时候所有的正确信息都是可以获取的。该过程及时地提供了准确、安全的项目信息，这些信息可用作其他系统工程流程的输入和输出。该过程支持综合技术管理流程许多的迭代过程。

信息是指任何和所有处理过的数据，数据一般被定义为原始的、未整理的事实。信息是指已经过整理的数据，因此它对于接受者来说具有一定的意义和价值。信息可以被存储并用于交流，它可能包括客户信息、专有信息或受保护的和不受保护的知识产权。接受者可以解释它的意义、得出结论和它的内涵。信息以多种不同形式存在，随着项目不同而有所不同。在项目寿命周期内，会使用、生成和收集很多信息。这些信息的价值在很大程度上取决于它的用户。随着项目和系统变得越来越复杂，与之相关的信息和数据也会变得很复杂。关键的一点就是要有一个系统的方法来整理和管

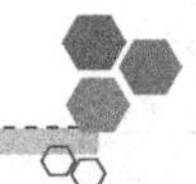

理整个寿命周期内所有的信息和数据。为了实现本手册的目的，将会交替使用信息和数据。

4.5.1　输入

流程输入是指 SEIM 流程所需的信息，它提供输入的方向；输入是 SEIM 流程活动的基础或者驱动 SEIM 流程活动向前发展，在一个或多个 SEIM 任务中所需要实施的行动。

主要的 SEIM 流程输入分为三类：信息管理、信息产品和信息请求。具体描述如下。

1. 系统工程信息管理指导

SEIM 指导是指信息管理的“计划、执行、检查和行动（PDCA）”的循环活动必须遵循的文档。1.4 节中介绍了 PDCA，它包括任何规定、限制条件或关于如何获取、维护和存储项目信息的说明。一些信息管理的指导甚至可以介绍某人能或不能获取某种特定的项目信息。SEIM 指导的例子包括以下几方面：

（1）FAA 政策、程序和订单。
（2）标准。
（3）项目的政策和程序。
（4）FAA 和组织协议。
（5）FAA 法规。

2. 信息产品

信息产品是指 SEIM 流程管理的事物。信息产品依赖于项目的范围，会因项目而异。项目经理和系统工程师会共同合作以确定一个项目的信息需求。信息产品可以是任何记录的信息，无论其形式或记录方法是什么。它可能包括行政、管理、金融、合同和技术等方面数据。因为信息产品在寿命周期内是变化的，所以它们会不断发展，它对成功地实现信息管理流程是非常有必要的，可以确保产品保持现有状态和最新状态。信息产品是 SEIM 流程的主要输入。信息产品的例子包括以下几方面：

（1）知识共享网络（KSN）或同等网络、数据共享和生产力库、工具和环境。
（2）NAS 操作信息内容。
（3）物流文档、图样、COTS 文档。
（4）事故调查文件。
（5）会议通信。
（6）项目管理报告工具。
（7）管理和预算办公室（OMB）/ 美国审计总署（GAO）/运输部（DOT）检察长

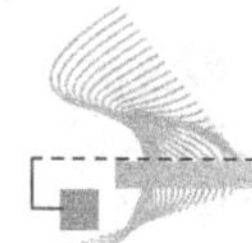

（IG）信件和初步审计结果。

（8）专有流程文档（风险、保密性、安全性、物流、设计、测试和运行操作权限等）。

3. 信息请求

分配项目信息和数据是 SEIM 流程的一部分，通常根据需求来分配信息。信息请求可能有许多不同的来源，这些请求的实现将由项目经理来裁决。保持完整信息请求记录和控制的信息发布记录将有助于保持项目的完整性。

4.5.2 系统工程信息管理流程要素

1. 计划系统工程信息管理

SEIM 在整个寿命周期内，为项目信息的获取、管理、存储和分配提供基础。因此，充分的计划很有必要。

SEIM 计划概述了如何获取、管理、分配和存储信息。该计划是项目 SEMP 的一部分。为了实现项目利益，应制订专门的 SEIM 计划以适应信息的需求。

一个好的 SEIM 至少应该做到以下几点：

（1）识别有效的信息来源。

（2）识别项目利益相关者的有效名单列表。

（3）定义信息格式要求。

（4）定义信息存储和保留要求。

（5）定义信息访问权限。

（6）定义信息安全需求。

（7）分配资源和制订计划以获取、维护、转移、分配和处理项目信息。

2. 执行信息管理系统工程

所有的流程活动都要遵守用于特定的指导项目、阶段和里程碑的 SEIM 指导方针。项目的信息产品既是这个阶段的输入也是输出。

SEIM 过程活动如下：

（1）获取信息产品。

（2）验证信息产品。

（3）维护信息产品。

（4）分配信息产品。

（5）存储信息产品。

（6）信息产品的淘汰（在必要的情况下）。

下面将描述这些活动：

1）获取信息产品

收集需要管理的信息是实施 SEIM 的第一步。要获取什么样的信息、何时获取信息、怎么样获取信息因项目的不同而不同。项目的系统工程策略可以识别信息来源、限制条件、格式、安全要求、相关的指导方针和利益相关者。它可以确保在不损坏信息完整性或违反任何组织、机构或国家政策、规定或法律的情况下及时收集可靠的、正确的和有用的信息。

当信息被获取或挖掘时，它会成为与某个特定项目相关的信息产品。如前所述，信息产品可以是任何形式的记录数据，如介质或特征。虽然可能会有一些情况需要人工手动获取信息，但是大多数的信息产品还是使用电子系统来获取的。

2）验证信息产品

通常过多的信息可以通过同一文档、规定、说明书、手册、图样等的多种形式来提供，这些信息需要被筛选以备目前或过去的基线版本使用，当出现疑问时可作为参照依据。例如，多次连续更改需求的合同可能需要一个变动基线的附件，根据当前的说明、配置进行标记并准备好，以便规范修订版再次发布。旧的信息产品版本、内容和参数验证需要系统工程资源来确保已确定的和正在使用的标记文档是现用版本。

3）保持信息产品

因为项目在其寿命周期内是不断发展的，所以获取信息产品之后，下一步就是维护这些产品。信息维护将很大程度上取决于信息产品的类型和已确定的利益相关者的信息需求。项目经理和系统工程师会共同协作，以确定如何维护及需要间隔多长时间维护这些信息。在项目 SEIM 计划中会详细描述这些信息。与数据发布相关的专有的、控制的、敏感的、安全的和其他法律限制必须经过适当的处理和考虑。

维护项目信息的常规任务包括以下几方面：

（1）存储信息产品，以便快速地检索。

（2）优化和审查信息产品以保证它们至少是准确的、具有关联性的、有效的和完整的信息。

（3）保护信息产品使其免受安全威胁和侵犯。

（4）保护信息产品使其免受破坏或自然灾害（如火灾、洪水、地震）的损坏。

（5）在适当的时间销毁一些工作文件，如旧的或重复的版本和过期数据。

4）发布产品信息

SEIM 的主要目标之一是确保信息在需要时是可以使用的。参与者、评审者和审批者中拥有一个正式的项目信息管理流程可以使他们更加容易和高效地分配这些信息。

一般来说，根据请求和需要来分配项目信息，将会对每一个请求进行评审和评估，以确定所需信息的可用性、有效性和请求者享有的信息特权。并不是所有的信息请求

都会被批准，信息请求被拒绝的原因包括请求者的访问权限及信息敏感性、安全性和实用性。

为了满足项目的信息请求，确保遵守必要的 SEIM 指导原则，SEIM 计划将会详细规定如何及何时分配或拒绝信息产品。

5）档案信息产品

在寿命周期内，会有许多信息产品产生，一些需要长期储存，这样就形成了“项目档案”信息产品。保持以往的信息产品记录对于识别经验教训和最佳实践非常有用。此外，保存可查证的历史数据对于识别项目风险是一种宝贵的资源。

项目经理和系统工程师决定哪些信息产品应该被存档。项目 SEIM 计划将概述信息产品存档要求和存档时间需求。

妥善保护和保存归档信息产品对这一步骤来说也非常重要。大多数的存档信息产品是独一无二的，因此将信息保存在一个安全的地方是很有必要的。

6）废弃信息产品

随着项目寿命周期的推进，一些信息产品将不再是相关的、准确的、必要的或有效的信息，需要被销毁或废弃。随着需求的发展将会根据需要完成该步骤。项目经理和系统工程师共同协商来确定哪些信息产品需要被废弃。

虽然废弃的信息是被认为不再需要的信息，但是还可能需要对其安全性、隐私性和合法性予以说明。信息产品的废弃必须遵守适用的 SEIM 指导原则、安全性和隐私性要求。不恰当地处置信息产品可能会损害到其他未被废弃的信息产品的完整性。

执行 SEIM 后，应该在某个集中的地方与团队成员共享信息产品，需要时可能会对在该场所使用的信息进行保护、定期维护。如果该信息产品不再相关时，可以对其作废弃处理。

3. 审查和更新系统工程信息管理活动

信息管理流程可能需要定期评审和更新。一些需要考虑的 SEIM 检查单项目包括以下几方面：

（1）SEIM 指导的日期和适用性。检查以确保根据最新版的组织政策、法律和规定执行的所有信息活动都可以保证信息产品的完整性。

（2）信息来源的有效性。通过有效的信息源获取信息产品可以节约成本，降低信息产品的访问性受到安全威胁和破坏的概率。

（3）信息需求者的访问权限和特权。确保合适的人获得正确的信息，在信息准确性、安全性和有效性方面是有具有益处的。

（4）信息产品的存储位置。将信息产品存储在安全、秘密的地方对整个信息管理过程来说都是有利的。

（5）还必须更新 SEIM 计划以体现指导或实施步骤的变化。

4.5.3　输出

SEIM 流程的主要输出就是及时、安全、正确的项目数据和信息。

4.5.4　工具

一些可以保持信息完整性、帮助和已授权的利益相关者共享信息的信息技术工具包括以下几项：

（1）DOORS：是一个主要的需求管理工具，可以使用它生成一个 VRTM。VRTM 由 DOORS 数据库产生，可以分配给其他人。还可以使用它控制版本、跟踪需求变更，确保可追溯性。

（2）NAS EA 门户：是一个企业级结构产品和需求很好的信息来源。指导文件是可用的。

（3）知识共享网络（KSN）：电子文档的访问权限受到控制的存储库。

（4）文件保存：存储官方文件。

（5）系统架构师（SA）：创建和编辑架构产品。通过适当的控制数据库，可以维护产品的版本。

附加信息

要了解本节内容的信息来源，可参照参考文献。

4.6　决策分析

决策分析是一种评估各种不同决策结果的方法，目的在于确定一个最佳或最优的决策。决策分析使用各种工具、方法和程序，它们通过识别和评估决策标准和选择方案提供一个决策，以便对结果有一个完整的理解。这个过程根据衡量指标量化了所选择决策方案的益处和结果，该衡量指标关系到利益相关者的期望和项目总体目标。决策分析过程在整个系统发展寿命周期内提供了一个制定决策的结构化方法。

决策分析和决策支持工具有助于制定决策、分析权衡、评估备选方案和实施贸易或市场研究，系统工程师和其他决策分析师使用它们制定各种决策，包括高层战略决策和偏重于技术的低级决策。决策分析对采办管理系统（AMS）寿命周期的所有正式决策门都是有益的，但是在投资分析决策门中尤为重要，FAA 通过该决策门来决定是否要将资金分配给某一个备选的方案。决策分析通过设计备选方案、系统权衡、任务的好处和系统寿命周期成本的分析，提供首选功能、需求或架构，对每个系统工程起到支持作用。许多工具和技术都可以支持决策过程，为决策制定提供依据。后面一节描述了一些比较常见的方法。为了充分地提供一个决策，系统工程师必须与重要的利

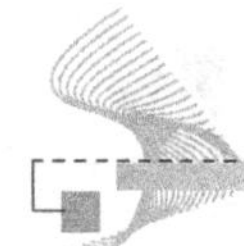

益相关者和分析师互相协作，通过组建一个综合的多学科团队（IMT）来制定决策。IMT 所有成员在一起共同确定正式的决定过程的需求，该需求可以启动决策分析过程。他们还会共同为决策制定专门的流程。决策分析过程的主要输出就是对备选方案的建议及其带来的影响。

4.6.1 输入

决策分析的输入过程因项目而异，在很大程度上取决于决策的范围。决策分析治理是指决策分析活动必须遵照的所有文件。决策分析治理可能对选择的解决方案、决策标准具有约束作用，在某些情况下可以确定项目预算和计划。为了获得最优决策，按照现有的决策治理方法和指导方针，实施决策分析活动是非常有必要的。决策分析治理的例子包括以下几方面：

（1）FAA 政策、程序、规则。

（2）标准。

（3）项目的政策和程序。

（4）FAA 和组织的协议。

（5）FAA 的法规。

（6）FAA 和项目的 SEMP。

（7）决策分析计划。

因为决策分析发生在整个寿命周期中，所以输入可能包括任何系统工程和技术管理流程的输出。然而，决策只是寿命周期中某个固定位置的完整输入列表的一部分。一些常见的决策分析输入例子包括以下几方面：

（1）决定需求。

（2）假设和约束条件。

（3）确定的独特的选择方案。

（4）用户需求。

（5）操作的概念。

（6）需求文件。

（7）企业体系结构。

（8）分析标准。

4.6.2 流程要素

决策分析计划可以保证当备选方案存在时，在备选方案中选择最佳的方案。实施前期计划可以防止项目管理者过早地做出决定，该决定存在也许不能实现成本效益、满足所有的系统需求或者包含不必要的风险。决策分析要求所有的 IMT 成员提出意见，目的是为了产生一个优化的设计。开发决策分析计划是计划决策分析所需的重要一步。

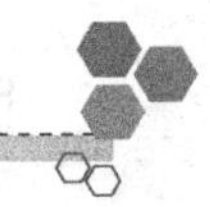

1. 实施决策分析的步骤

可以在SEMP中找到决策分析计划以获取项目利益。决策的形式决定了以下主要任务细节的精确度和等级。

（1）制订决策分析计划。

（2）确定和判定决策需求。

（3）确定的决策的范围和基本法则。

（4）定义评估标准和权重因素。

（5）确定替代方案。

（6）评估备选方案。

（7）进行灵敏度分析。

（8）审查结果并形成结论。

每个步骤描述如下。

1）开发一个决策分析计划

决策分析计划规定了如何实施一个特定决策的分析流程活动。决策分析计划包括在SEMP中，可用于获取项目利益。在4.1节“综合技术管理”部分提到了更多有关SEMP的有用信息。

决策分析计划包括以下内容：

（1）在整个过程中团队所需要记录的信息

（2）决策团队的角色和职责

（3）可能的话，应确定何时决策者需要做出决定

2）确定和判定决策的需求

正式决策分析需要大量的资源和时间，这取决于决策的复杂性和用于制定决策的技术的复杂性，因此需要一个正式的决策。同时决策分析范围与做决策所需的工作规模的层级完全匹配，这一点非常重要。决策分析流程应用不当可能会导致严重的进度拖延和分配预算超出。识别和验证之前的决策需求可以降低技术、进度和成本风险对项目的影响。导致做出决策、启动决策分析流程的原因包括以下需求：

（1）基于结构、性能和成本，在备选设计、实施策略或解决方案中做出选择，以满足利益相关者的需求。

（2）在开发或用于采办的COTS产品之间做出选择。

（3）选择一个服务供应商。

（4）记录和验证选择的系统要求解决方案。

（5）降低风险。

3）确定决策的范围和基本规则

识别决策需求之后，下一步就是了解该决策的目标和范围。为了确定目标和范围，工程师必须首先收集决策的输入。因为了解所有决策的利益相关者的看法就可以明确

地定义关键问题，所以与参与决策的利益相关者保持沟通对成功完成这一步至关重要。

在整个过程中，正确识别问题陈述，与所有决策的利益相关者达成共识可以使后续的任务变得更加容易，这样就节省了大量的时间。在确定决策范围时，决策分析要求决策团队识别决策分析所涉及的所有假设、简化流程或约束条件。决策分析的输出可能会随着所使用的不同假设或约束而发生巨大改变。这个过程使得识别与评估假设和约束对确定决策范围具有重大作用。

该决策的范围还需要确定团队用于分析和评估备选方案的工具、技术或方法。作为输出，被选择的工具、技术或方法需要提供决策所需要相同层级的细节图。如果提供的技术太精确，作出的决策信息就会不完整；如果技术精确度太高，该技术就需要更多不必要的资源和时间。有许多工具、技术和方法可供系统工程师用于决策分析，每一种都有自己的优点和局限性。为此，FAA 没有规定必须使用某个特定工具或推荐某种工具。本手册描述的一些比较常见和有用的工具供大家参考使用，包括何时这些工具可以提供最大好处的相关信息。最常见的工具往往是最容易使用和作出充分假设的工具和在复杂的决策中限制其用途的工具。因此，系统工程师在使用后面章节所描述的所有技术之前，应熟悉每个技术的假设和限制条件，以便保证决策和实际相符。

4）确定评估标准和权重因素

评估标准和权重因素可以确定量化指标，它可以对所选的替代方案进行判定。它们为评估替代方案提供了依据。针对一个特定的决策来说，评估标准是确定“什么重要”，权重因素是确定标准有“多么”重要。确定评估标准及其相关权重需做相当多的工程评判，并与参与决策的利益相关者之间进行多次沟通。重要决策的分析策略应该确定利益相关者。

系统工程师将与参与决策的利益相关者共同为重要决策确定正确的评估标准。通常情况下，需求可以分解为评价标准。尽管并非总是这样，但是评估标准应该是可衡量的。在一些情况下，标准是定性的，不可被衡量，决策分析计划应该确立一个质量量化值。用可量化的术语表达评估标准可以帮助工程师分析备选方案，并以更快、更有效的方式对它们进行相互比较。成本、可靠性、可支持性、可测试性和兼容性是决策分析流程中用于评估备选方案通用标准的几个应用实例。此外，每一个决策都包括多个决策专用标准。以下评估标准类型适用于多个不同种类的决策：

- 开发成本
- 寿命周期成本
- 需求符合
- 功能标准
- 预算风险
- 进度风险
- 可靠性、可维护性和可用性
- 性能标准
- 操作标准
- 计划标准
- 技术风险
- 操作复杂性
- 行业评估
- 系统成熟度

- 系统安全
- 人为因素
- 电磁环境影响
- 有害物质
- 测试和开发支持工具
- 熟悉备选的硬件和软件
- 后勤支持

分配权重因素可能是一项艰巨的任务而且具有非常大的主观性。并不是所有的评估标准都同等重要，相同的标准可能有不同的权重因素，这取决于决策的范围。系统工程师应负责根据已选择的评估标准正确地分配权重，而项目经理应确保所有参与决策的利益相关者达成共识。虽然没有标准的格式来分配权重因素，但是最常用的方法就是简单的1～10等级划分法(其中10代表识别的最重要的评估标准)和百分比方法，其中每一个标准就是一个加权，可作为完整标准列表的一部分。质量功能部署（QFD）和优先级矩阵是一些有助于确定评估标准和权重因素的附加工具。关键性能需求（CPR）也可以在评估标准和权重因素的输入和一个输出过程中发挥重要作用。通过确定不足之处或用户功能需求的权重因素，系统工程师可以使用评估标准来确定每个需求满足每个功能的程度，得分最高的要求就是最重要的要求。通过将CPR指定为关键要求，也可以把它们当作评估标准，该标准已经包含了权重因素。

实用工具：质量功能部署。

质量功能部署是一种在研究产品或服务过程中收集、解释，并部署利益相关者操作需求和要求的方法。QFD最初目的是消除三个主要问题：难以收集和解释的利益相关者的需求、信息丢失及不同个人和职能团队对相同需求的解释不同。QFD提供了一个使用加权选择标准确定备选方案的决策分析工具。QFD要求在IMT中进行团队合作，以满足多方面需求。QFD应该包括客户、产品开发和支持产品功能的代表和供应商。

最好在以下情况下使用：

（1）利益相关者的需求含糊不清、模棱两可或自相矛盾。

（2）需求的收集和解释涉及多个学科。

（3）缺乏明确的可行方案。

（4）成本或风险高得令人无法接受。

5）确定替代方案

确定评估标准和权重因素后，就是为感兴趣的决策确定一组可行的替代方案。贸易杂志、服务承包商的潜在投标人、技术人员、利益相关者和管理者在适当的情况下，可作为制定一组潜在的实现系统目标和目的的解决方案（如架构、设计和商用现货产品）的有用资源。

下一步就是确定一套可行的重要决策替代方案。在适当情况下，商业出版物、服务承包商的预期投标人、技术人员、利益相关者和管理人员都是开发一整套可能实现系统的目标和目的（如结构、设计和COTS产品）的替代方案的有用资源。当存在许

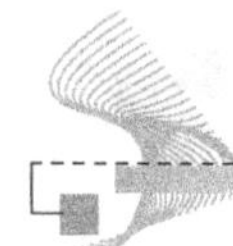

多可选的替代方案时，对每一个方案进行详细分析不仅不能实现成本效益，也不能有效地利用资源；因此工程师应该使用向下选择的方法，直到其结果显示出替代方案之间的显著区别。一般情况下，4～6 个替代方案足以代表所有的解决方及每一个替代方案的区别。如果 6 个替代方案之间没有显著的区别，那么系统工程师应该进行灵敏度分析。识别高风险的替代方案及那些可行性受到质疑或高寿命周期成本的替代方案，可以帮助减少需要分析的替代方案的数量。根据评估标准筛选替代方案也可以消除备选的替代方案。因此，系统工程师应该尽早识别和消除那些不符合基本评估标准的备选方案。记录所有经过考虑的替代方案，这一点非常重要。

有用的工具主要有以下两种。

（1）形态学矩阵。

形态学矩阵是一种探索所有可能的决策替代方案的技术。当使用这种技术时，IMT 对满足项目每一个功能标准的所有结构元素的替代方案进行集体讨论。通过根据每一个功能标准，选择一个结构要素替代方案作为设计选择，该流程为评估研究出一种系统层级的替代方案。虽然这种技术在理论上会产生成千上万的系统级替代方案，但是大多数是不可用的，因为组件不兼容会限制可利用选择方案的数量。

最好在以下情况下使用：

① 集体商讨以确定独特的技术替代方案。

② 定义功能或系统结构。

（2）基线参照法或皮尤矩阵（Pugn Matrix）。

基线参照法（也称为皮尤矩阵）包括对照基准线、传统设计或其他使用选定的评估标准的参照物来评估替代解决方案。该方法需要一个拥有多学科知识背景的团队来参与决策。每一个替代方案都会给一个等级评定，所有决策的利益相关者都必须同意每一个备选方案所给定的等级。通常，“(+)”符号被用来表示一个明显优于基准线的替代方案，“(-)”符号被用来表示一个明显比基准线差的替代方案，“(S)”代表与基准线相同水平的方案和“(U)”表示按照基准线来判定不适用的方案。

6）评估备选方案

系统工程师会更进一步分析步骤 4（确定评估标准和权重因素）中识别的替代方案，以确定它们和步骤 3（确定决策的范围和基本规则）中选择的评估标准之间的相符性。决策的范围、评估标准和可利用资源都会对特殊决策的评估技术和方法起一定的作用。

适用于重要决策的评价工具可以通过估算系统有效性、内在系统性能或技术属性和项目成本来分析替代方案，最终确定结果变量。

以下行为是评估备选解决方案最佳实践：

（1）对所有批准的可行替代方案进行详细评估。记录所有的问题，如果使用加权矩阵法，就可以不参考权重和标识而完成打分。

（2）对与评估标准相对应的替代方法进行评估。

（3）识别所有刚好没有通过合格标准的高权重得分的替代方案。与利益相关者讨论这些替代方案。

（4）单独评估整个决策分析过程中剩余评估标准的成本因素。

在某些情况下，所有的备选方案都不能达到评估标准的要求。在这种情况下，可能需要放宽一个或多个标准，研究其他的替代方案，或向利益相关者报告研究结果没有产生完全合适的解决方案。

实用工具如下：

（1）层次分析法。

AHP 使用一系列的成对比较，在此过程中将一个目标直接同另一个目标相比较来确定分值最高的替换方案。使用 AHP 流程，IMT 最先确定出评估标准。这些标准可能是定性的也可能是定量的。然后，IMT 在 1～9 级标准中指定一个标准作为优先选择标准，第 9 级标准具有最高优先权，逐一将每一个评价标准和其他所有独立标准进行比较。AHP 通过规范用于比较的标准中的一个标准的分值，求出结果的平均值，来计算最优分值。IMT 将每一个替换方案和每一个标准进行比较，继续推进该流程。需要注意的是，如果 IMT 确定该备选方案具有增值效应，他们是否可以制定出专门的评估准则来替代 1～9 级标准的评估等级，比较备选方案。AHP 使用与评估标准的优先级相同的规范化和求平均值的方法来计算备选方案的分值。为了获取总的分值，AHP 将标准的优先级增加到标准备选方案的分值，以便产生备选方案的总分值。

（2）根据与理想的解决方法（TOPSIS）的相似度来确定标准的优先等级顺序。

TOPSIS 和 AHP 相似，但是不同之处是它通过对照正理想的和负理想来评估备选方案，而不是通过比较备选方案来评估它们。TOPSIS 为每一个标准选择最具实用价值的备选方案来制定出一个假定的完美的（正理想的）方案，以此确定理想的解决方法。然后 TOPSIS 使用同样的流程在所有备选方案中为每一个标准选择实用价值最低的备选方案，以此制定出假定的最差的（负理想的）方案。通过分值与正理想之间的密切程度，以及和负理想之间的疏远程度来评定一个备选方案。离负理想距离最远，同时和正理想距离最近的替代方案被认为是最好的方案。假如该标准是可测量的，TOPSIS 还可以直接比较性能值，不需要对替代方案的性能进行定性评估。

最好在以下情况下使用：

① 有许多涵盖多个学科的决策标准。

② 有相对较少的替代方案。

③ 替代方案的整体性能是非常重要的。

④ 评估标准主要是以定量或性能为基础。

⑤ 该决策是一个较低级别的决定，几乎没有对成本和进度产生影响，风险很低。

（3）决策树。

决策树是一种分析所有决策可能产生的结果的方法，该决策首先形成了多个备选方案。系统工程师通过评估备选方案会产生某个值的概率来分析每个替代方案，这些概率就是与替代方案相关的偶然事件或风险。注意，偶然事件也可以产生后续的偶然事件，因此决策树通常是非常大的且包含许多分支的图。获得最高概率值的替代方案（大家公认具有最高的效用）被认定为首选的方案。决策树还通过其他方法提供了一个更全面和一致的决策制定过程，但要正确地开发决策树可能有一定困难或者比较费时。

最好在以下情况使用：

① 对偶然事件的不确定性和风险有一个全面了解。

② 为了产生最佳的选择方案，决策需要具有高度的一致性。

③ 决策主要根据价值来制定。

④ 注：最常见的 FAA 定义值为 FAA 成本÷收益比率，但是该值是一个通用术语，且考虑到其他的定义。

（4）影响图。

影响图是包含所有可能的决策的结果模型，类似于决策树。影响图使用四个组件模拟决定过程、决策变量、偶然事件、估算值和客观价值或效用。决策变量是 IMT 在实施分析之前定义的输入；这些通常就是影响图的起点。偶然事件是事件发生的概率场景，它们通常只是输入，仅会影响其他要素。计算值是决策过程包含的所有中间计算值。计算基于物理或数学模型以可重复的方式来加工输入数据。与决策树类似，FAA 的目标值很可能就是成本÷收益比率值。为了显示模块的交互作用，一个箭头会连接在另一个影响其他模块的模块之上。注意，影响箭头不能产生循环过程，因为目标值不存在。影响图提供了一个和决策树一样的完整、统一的流程，也是对其他技术的一种改进。

最好在以下情况使用：

① 分析决策树时情况变得过于复杂难以分析。

② 决策主要根据价值来制定。

③ 为了产生最佳的选择方案，决策需要具有高度的一致性。

④ 有可供偶然事件和计算值使用的数学或物理模型。

（5）决策分析的建模与仿真。

建模与仿真是标准的系统工程工具，它代表一个系统的关键功能、功能之间的交互作用以及与外部环境的交互作用。任何模型的定义特征就是它的目的。一般来说，一个建模表示系统如何在其环境中运作。要想有一个非常好的可遵循的指导方针就是要选择最复杂的模型，它可以提供了最明显的解决问题的办法。模拟是一种完整的方法，它可以通过研究决策结果以及决策对系统设计产生的影响、系统运行和系统成本，

对系统工程决策起到支持作用。利用模拟，可以很好地权衡工作要求和结果的质量之间的关系。当一个模拟能更好地表示真实结果时，它会使人们对决策产生更加准确的了解，但是这要求更多的研发和运行时间。在决策分析中使用模拟，系统工程师应准确地规定模拟的范围和要求的结果，并确定在系统研究模拟使用的时间范围内模拟是可用的，这一点非常重要。当决策比较复杂并包含许多未知变量时，不适合使用以上描述的其他任何一种方法（影响图除外），建议最好使用模拟进行决策分析。影像图通过确定工程设计选择权、风险性分析偶然事件、财务成本模型以及财务的和技术的利益之间的相互作用和共享参数，确定模拟实验的决策模型结构。有关决策分析建模和模拟的完整说明已超出本手册的范围，但可从该文件的交叉切割技术方法章节、FAA 网上信息库及 NASA 航空系统分部，获取有关建模和模拟的附加信息。

7）实施灵敏度分析

评估备选方案后实施灵敏度分析或许是有必要的。当备选解决方案得分基本相同时，灵敏度分析是非常有用的。

实施灵敏度分析的推荐活动包括以下内容：

（1）分析所有备选方案以确定是否所有分数之间真的存在很大差异，以及原始分数和权重的差异较小是否会影响选择。建议参考评估者指出的所有疑问或问题。每一个替代方案，包括所有适用的解决方法，都基于重新定义的及格/不及格标准；确定是否一组相关加权分数的全部加权分数都对权重或分数变化很敏感。

（2）当团队有关加权的决策引入偏差时，应评估对不同加权的权重分数产生的影响。与 IMT 一起重新评估加权可能会产生不同的结果。

（3）评估加权分数相对于分数变化的灵敏度。如果许多评估者已根据给定的标准评价了替代方案，那么记录的分数范围就为该变化提供有用的指导。

（4）记录分数和权重的范围，计算出加权分数的上限和下限。

记录与分数和加权评分标准对应的矩阵内的数据。

① 确定是否所有的差异都很大，需要检查或使用适当的统计检验予以特别重视。

② 评估对加权分数整体产生的影响，包括或不包括非关键标准。

常见的灵敏度分析和审查结果包括以下情况。

第 1 种情况：一个替代方案成为最佳的选择方案。

第 2 种情况：不止一个替代方案是可以接受的。

第 3 种情况：没有一个完全令人满意的替代方案。

第 3 种情况是最难解决的。评审评估标准可以显示该分析已确定没有令人满意的替代方案。在这种情况下，要求 IMT 和利益相关者使用工程判断和讨论来确定使用其他替代方案或接受一个不是很理想的替代方案。

8）评审结果并形成结论

这一步骤通常在完成所有可用备选方案的评估和分析之后提出一个方案作为最佳

选择方案，然后决策分析团队向指定的 FAA 决策权威机构提出建议，由其做出最后的决定。决定报告应该记录分析期间使用的所有假设、约束条件和基线变更。

9）验证决策分析活动

决策分析流程提供了信息和分析以确保在备选方案中选出最佳方案。因此，检查以确保该决策基于准确的信息，这对于获取有意义的结果是非常有必要的。

决策分析验证清单：

（1）决策信息的准确性、关联性和有效性。

（2）决策指导的准确性、关联性和有效性。

（3）评估方法：检查以确保正确的应用和实施该方法。

（4）分析报告。

（5）评估标准。

4.6.3 输出

决策报告是对决策分析流程结果的记录。该报告详细叙述了决策的结果，并为之前的寿命周期的决策提供了可追溯性文件。决策报告记录了决策的过程，此决策过程提供了优于其他方法的首选替代方法、假设及从决策者处获取的决策结果。IMT 应该为决策报告制定一个标准格式，以满足项目统一性和易操作性需求。决策报告至少应该包括以下内容：

（1）明确的问题说明。

（2）受影响的要求识别。

（3）基本规则和假设。

（4）决策标准。

（5）完成决策所需的资源需求说明。

（6）要完成的（实际和建议的）计划。

（7）所有可能的解决方案和筛选矩阵的评估。

（8）使用决策标准对替换方法进行比较。

（9）技术决策分析团队的建议。

（10）任何引发最终技术建议的决策记录。

附加的信息

本节内容的信息来源见参考文献。

4.7 验证及确认

验证与确认（V 和 V）是有区别的，它们是用来评估工作产品、产品组件及一个解决方案整个寿命周期的所有产品的一种严格的方法。产品可以被定义为“最终的系

统、服务、设施或向客户或最终用户所做的操作改变。”一个产品组件属于较低层次的部件、要素或产品模块。工作产品代表、定义或指导着产品的开发，通常是某种类型的文档。注解：在本节中，术语“系统”和“产品”经常被用来替代更通用的“解决方案”。

验证与确认的定义如下：

（1）验证确保选定的工作产品、产品组件和产品能够满足指定的要求和标准。验证在本质上来说，是一个渐进的过程，因为它在整个工作产品和产品的开发过程中都会存在。简单地说，验证可以确保产品的“制造是合格的。”

（2）确认是逐步确保一个工作产品、产品组件或产品在任何环境下都可以实现其预定目标的过程。根据最佳预测指标，即该产品和产品组件在多大程度上可以满足用户需求，对工作产品进行确认。当风险出现在寿命周期的早期阶段时，工作产品确认还可以降低项目的风险等级。确认能够从根本上保证“制造的产品是合格的。”

验证与确认的主要目的是确保生产出高质量的产品，它是一种具有操作实效的、适合的方法。正确实施验证与确认，可以尽早地检测和纠正缺陷以减小或消除其对未来活动的影响。验证与确认方法的附加应用指导指的是 2013 年 1 月归档的《FAA 采办管理系统（AMS）寿命周期验证与确认指南》（2.0 版本），以下简称验证和确认指南。独立的采办管理系统寿命周期阶段指导文档也有部分章节详细叙述了每一个阶段实施的验证和确认的类型。

4.7.1　产品寿命周期的验证与确认

验证与确认活动存在于整个采办管理系统寿命周期的全过程，它们可以帮助 FAA 为其代理商和利益相关者制造出最好的产品。作为系统工程的基本要素，经常使用“V”形图来表述验证与确认，V 形图可以使验证与确认的过程更加清晰明了。最后，综合计划对验证与确认的成功起着至关重要的作用。这些主题在以下章节中都有介绍。

1. 采办管理系统寿命周期

验证与确认可以支持所有的采办管理系统决策，并确保开发的产品——可能是系统、服务、操作上的变化或设施——满足服务需求和其他所有的需求。验证与确认应该考虑到这些重大决策的进入标准。质量验证与确认报告不仅有助于管理者做出明智的决策，进行风险管理，而且对整个项目的效益和效率也发挥着巨大的作用。要了解更多支持采办管理系统决策点的特殊系统工程产品和工件的信息，可参见 2.2 节：采办管理系统寿命周期管理过程阶段。虽然在采办管理系统寿命周期都会出现验证与确认活动，但是图 4-13 只描述了重大决策的之间的验证与确认的主要侧重点。注意这些并不是发生在寿命周期决策点的唯一验证与确认任务。

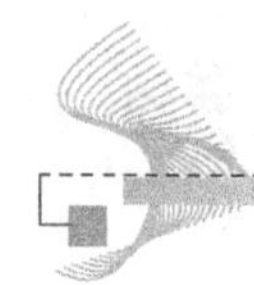

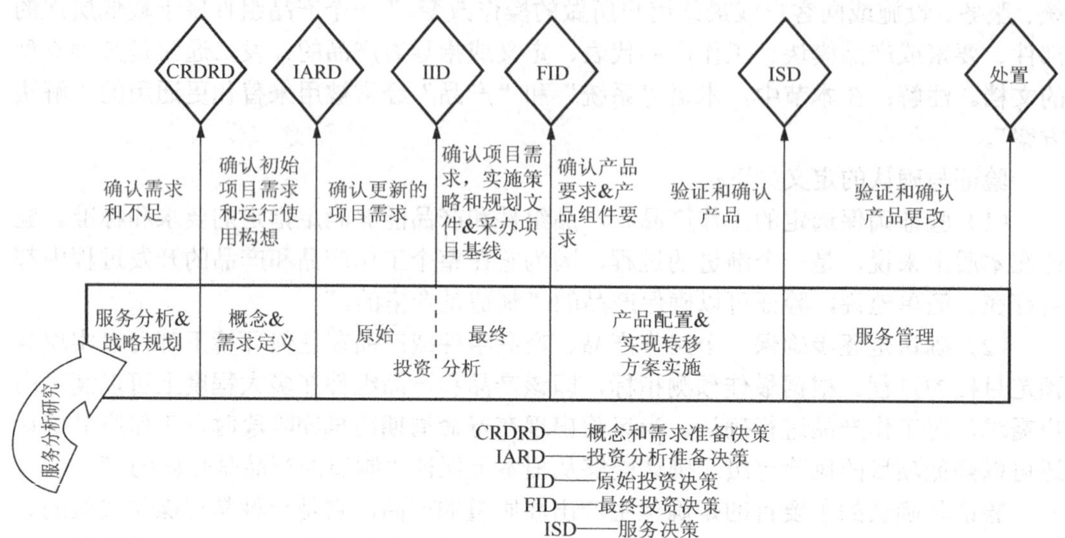

图 4-13 采办管理系统寿命周期主要验证与确认的活动

虽然系统工程师的作用和参与程度可能会因活动的不同而各不相同，但是他们都参与所有的验证与确认活动。例如，系统工程主要研究验证与确认早期阶段的概念和需求。负责服务的组织在验证与确认的设计过程中有更重要的职能，测试和评估（T&E）实施者会在方案的实施期间指导系统测试。

更加详细的有关采办管理系统（AMS）寿命周期内的验证与确认活动，见第 3 节验证与确认的指导方针。读者可能会在关于服务分析和战略规划、重要设计评审（CRD）和投资分析的指导文档的验证与确认部分发现更多的指导原则。

2. “V”形图

在验证与确认的过程中，将会对给定的工作产品、产品组件或产品进行验证或确认其是否符合前一阶段的工作产品所确定的标准。每个工作产品变成了未来的工作产品、产品组件和产品验证与确认的根据。为了更加形象地强调最后一节的要点，图 4-14 解释了 FAA 在整个解决方案的寿命周期内如何使用验证与确认过程。最初，即“V”形图左侧所列内容，主要由系统工程师开始使用验证与确认，工作产品几乎完全是概念文档、需求和结构等。“V”形图右侧内容，通常由支持试验与评估团队的系统工程人员负责。在方案实施阶段及以后，他们的重点工作就是根据要求改变产品组件和产品。

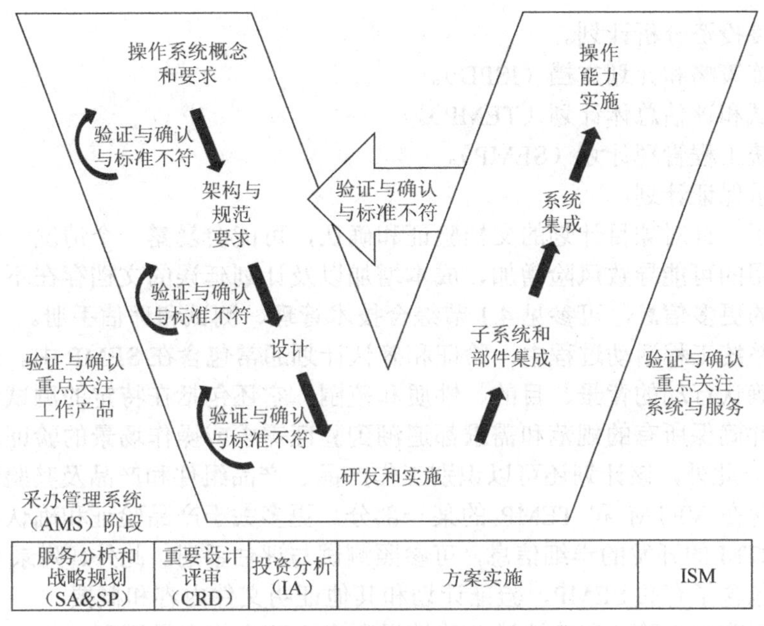

图 4-14 系统工程“V”模型

3. 测试与评估

测试与评估分为三个主要活动：开发测试（DT）、运行测试（OT）和独立运行评估（IOA）。DT 可以支持验证目标，确保测试的产品或产品组件满足所有指定的技术和性能要求。DT 还可以验证产品是否完全被集成，并保持稳定发展，DT 对其他 NAS 没有负面影响。OT 和 IOA 通过确保主要产品组件和产品有效运行，且适用于国家空域系统（NAS）验证目标，国家空域系统（NAS）基础设施已经为接受产品做好了准备。要了解 FAA 测试与评估活动详细信息，可参考 FAA 测试和评估过程指南（简称 T&E 指南）或 FAA 威廉·吉·休斯技术中心测试和评估手册（简称 T&E 手册）。T&E 指南和手册互为补充，应该一起参照。

4. 验证与确认计划和报告

详细计划和汇报验证与确认活动对降低方案所有缺陷的风险是至关重要的。在决策点确定之前对验证与确认进行合理地计划，有助于避免进度拖延的问题。所有的投资项目中都要求有验证与确认计划和报告，验证与确认计划和报告应该被正式纳入项目计划文档和寿命周期阶段入口标准中。这些计划文件可能包括但不限定于以下几方面：

（1）概念和需求定义。

（2）初始投资分析计划。

（3）最终投资分析计划。

（4）实施策略和计划文档（ISPD）。

（5）测试和评估总体计划（TEMP）。

（6）系统工程管理计划（SEMP）。

（7）质量保证计划。

举个例子，针对项目计划的文档验证和确认，可能会暴露一个情况：现在的文档和之前所使用的可能导致风险增加、成本增加以及计划延误的文档存在不一致性。有关技术计划的更多信息，可参见 4.1 节综合技术管理、测试和评估手册。

在指导系统工程活动过程中，验证和确认计划通常包含在 SEMP 中。计划包括每一个验证和确认行动的背景、目的、性质和范围，它还包括在特定的测试计划期间用作检查表，并确保所有的规范和需求都追溯到验证需求或操作场景的验证需求跟踪矩阵（VRTM）。此外，该计划还可以识别工作产品、产品组件和产品及其验证方法，该方法可能包含在 VRTM 和 TEMP 的某一部分。更多关于产品验证和确认计划，包括 TEMP 和 VRTM 的开发的详细信息，可参照测试与评估手册。此外，附录 B 综合技术管理细则中包含了有关 SEMP、验证计划和其他证明文件内容和概要。

以下是正确报告验证和确认活动的结果所必不可少的指导原则：

（1）必须记录验证和确认事件，对相应的文件进行管理并存档以确保历史记录被完好地保存。

（2）验证和确认报告应该确保特定的决策事件和风险管理是根据报告所包含的信息来实施的。

（3）有关工作产品质量的验证和确认报告应该确定这些工作产品对可使用的、合格的最终产品的开发起多少支持作用。

（4）测试和评估活动结果的验证和确认报告（包含在最终测试报告）应该确定产品或产品组件的制造情况，以及它们在多大程度上能满足使用要求。

（5）验证和确认报告应该确保后续的工作产品、产品组件和产品能够以报告中提供的信息为标准来制造。

表 4-11 显示了一个可用于验证需求的跟踪矩阵示例。

表 4-11　用于验证的跟踪矩阵

需求 ID	描　述	验　证	方　法	测试阶段
3.1.1.1 飞机 ID	[需求文本]	测试		
3.1.1.2 系统适配		演示		
3.1.1.4 接收时间		分析		

4.7.2　验证过程

验证过程可以确保正确地开发工作产品，它还可以确保根据所描述的支撑工作产

品的需求和规范正确地制造产品和产品组件。工作产品根据政策规定的标准、一般标准和确定产品内容和格式的模板进行验证。举例说明，原始项目需求文件是根据已批准的FAA项目需求文件模板进行验证。此外，还可以根据编写需求所使用的INCOSE指南对独立需求进行验证。该指导材料的缩写版本见3.3节：需求分析。在验证和确认指南文件中进一步描述了工作产品的验证过程，在本节不再作详细的阐述。

产品验证过程确保已实现的解决方案满足项目要求，该方案已为验证做好了准备。一个完全验证解决方案能够满足以下几方面：

（1）需求——功能、性能、分配、派生、接口。

（2）架构。

（3）系统规范。

（4）设计约束。

（5）适用标准。

验证过程在其寿命周期所有阶段，在整个产品验收和服务运行过程中都可以从概念中得出解决方案，这是一个确认产品可以满足所有要求和规范的基本的产品开发实践。这一原则并不意味着每一个需求都需要测试，但它确实意味着需要在适当的水平对给定需求进行有效的验证。随着需求的发展，系统工程师必须确保能够通过跟踪矩阵，如之前所描述和展示的验证需求跟踪矩阵（VRTM）获取这些需求。

验证方法的适用性取决于被验证的东西是否是工作产品、产品组件或产品。如果需要其他的完整材料或证明，可以通过组合方法对给定产品或工作产品进行验证。这些方法在前面列出的适用工作产品的验证计划章节已提到。然而所有的方法都可以分为以下几个基本类型：检查、分析、测试和演示。

1. 工作产品的验证方法

（1）同行评议。

（2）审计。

（3）检查清单。

2. 产品和产品组件的验证方法

（1）检查。

（2）模拟。

（3）同行评议。

（4）鉴定。

（5）审计。

（6）检查清单。

（7）分析。

（8）测试。

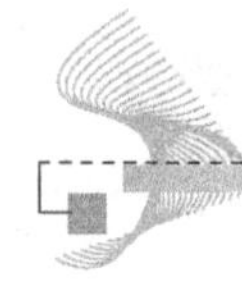

（9）演示。

验证活动分为三个不同的阶段：计划、验证和记录。计划包括确定所需资源、活动的顺序和时间、产生的文档记录和评估标准。验证的结果被列入前面所讨论的验证计划中，作为 SEMP、 PMP、ISPD 等现存文件的一部分。文件记录过程可以保证对所有的结果进行记录、整理，并将其提供给合适的利益相关者。

除了 FAST 网站的采办管理系统（AMS）政策，在测试和评估指导方针和手册中也详细地描述这些阶段发生的活动。

4.7.3 验证过程

验证过程证明一个工作产品、产品或产品组件达到其生产目标，满足利益相关者和服务的需求。工作产品确认能够确保这些工作产品支持实操有效的、合适的最终产品的开发。产品和产品组件验证保证了最终的集成产品是可操作的、有效的，能够满足终端用户和维护者需求。因为产品需求的发展是在系统工程师指导下进行的，所以验证可以确保这些需求准确反映利益相关者和服务需求。

成功的需求验证通常比验证本身更具挑战性——它需要运用许多时间和学科知识找出其根源，确保所有的需求都被准确地描述，确认已识别的需求对于预期的操作环境来说是合理的、相关的、在逻辑上看是正确的。为了实现目标，验证活动应在采办寿命周期尽可能早地实施。

运行概念（ConOps）描述了运行场景和利益相关者的期望——这些是系统或性能所需的基本要求，它们可以作为后续产品的验证标准。NAS 企业体系结构（EA） 是验证标准的主要来源，它为 FAA 所有资本资产定义了运行和技术框架，描述了当前架构和目标架构。此外，EA 也可以根据验证和确认的结果来更新和改进。需求验证随着项目需求而发展；该验证需在方案设计之前进行。由于这些需求本身是有等级划分的，它们随着寿命周期的发展不断增加细节得以发展，该验证是一个迭代的过程。在每一层需求的开发过程中，通过正确地追溯前一个等级和 EA 文档可以对它们进行验证。

通常 SE 过程的重要作用是确保在开发所有的方案之前，对需求进行充分审查和纠正。在每一个阶段，验证过程都为项目需求提供更多的可信度，确保不会为了开发不必要的需求方案而浪费资源。

1. 验证标准

许多工作产品都可被用作验证活动的标准。它包括但不限于以下几方面：

（1）企业体系结构。

（2）NAS 部分实施计划。

（3）解决方案 ConOps。

（4）NAS 需求文件。

（5）项目需求文件——基本的、初始的、最终的。

（6）关键性能需求。

（7）功能体系结构。

（8）投资分析评估。

（9）商业案例。

（10）实现策略和计划文档。

许多相同的验证方法也可以用于确认。

2. 确认方法

（1）检查。

（2）同行评议。

（3）审计。

（4）检查清单。

（5）分析。

（6）测试。

（7）演示。

（8）建模和模拟。

（9）演练或模拟排练。

（10）功能演示。

（11）用户调查或问卷。

（12）与用户讨论。

4.7.4　验证和确认工具

有几个专门的工具可用于协调需求、需求有效性和验证方法之间的关系。选择的工具应该确保所有数据是可移动的，能与其他相关的 SE 结果相结合，可以在国际系统工程协会的网站上（www.incose.org）找到推进该过程发展的工具列表。对于小型项目，可以利用一个简单的电子表格或数据库应用程序来替代专门的工具，并成功地协调这些关系。要了解更多关于需求管理工具的信息请参考 3.3.4 节。

附加信息

要了解本节内容的信息来源，可参照参考文献。

要了解更多本节相关主题，可参照附加工具及阅读建议。

第5章 专 业 工 程

在 FAA SEM（专业工程手册）中，专业工程这一类别包含除管理学科（第 4 章）及概念开发、功能分析、需求分析、结构设计（第 3 章）等核心系统工程学科以外的工程实践。虽然一些专业学科是 FAA 系统解决方案的核心组成部分，但是其他仅用于特定类型的项目中。国际系统工程协会（INCOSE）关于“专业工程”的定义如下：

“专业工程是指对某一系统的特定性能进行分析，运用特殊技能来确定系统需求并评估其对系统寿命周期的影响。”

本章包含的专业工程包括以下几项：

（1）可靠性、可维护性和可用性（RMA）。

（2）寿命周期工程。

（3）电磁环境影响和频谱管理。

（4）人因工程。

（5）信息安全工程。

（6）系统安全工程。

（7）危险材料管理/环境工程；环境、职业安全与健康。

5.1 可靠性、可维护性和可用性工程

本节提供了推动、管理和协调可靠性、可维护性和可用性工作及确保 RMA 在系统实施中可操作性的指南。RMA 工程基于 FAA RMA 手册（FAA-HDBK-006A），该手册介绍了 RMA 工程方法的基本原理并详细解释了其实施过程，该手册第 3 章中涵盖了 RMA 工程术语的定义和参数，并提供了 RMA 工程的背景和环境，手册附录部分提供了样本要求和辅助性分析材料。

本节旨在帮助 FAA 服务部门和采办经理制定主系统采购包的可靠性、可维护性及可用性（RMA）要求，其涉及的文件包括系统级规范（SLS）、工作声明（SOW）、提议预备信息（IFPP）文档和相关数据项说明（DID）。

5.1.1 定义

RMA 工程是指在整个系统寿命周期中，运用工程和管理的原理、标准和方法优化系统的 RMA 性能。

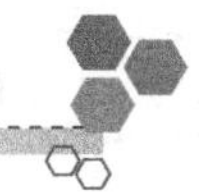

1. 可靠性

可靠性是指某一系统在运行环境中长期按设计运行而不发生故障的能力。系统可靠性通常由故障率和平均故障间隔时间（MTBF）来衡量，参数的定义见图5-1和图5-2。

$$故障率，\lambda=\frac{故障次数}{总运行小时数}$$

图5-1 故障率的计算

$$MTBF，\theta=1/\lambda=\frac{总运行小时数}{故障次数}$$

图5-2 平均故障间隔时间的计算

故障率（λ）表示瞬时故障率或某一特定时段内预计故障会发生的次数。平均故障间隔时间用符号θ所示，是指平均寿命或所有考虑产品的平均寿命。

针对可维修或可更换系统的联邦航空管理局（FAA）规范，大多都使用平均故障间隔时间（MTBF）。FAA的主要目标是安全，提高系统的可靠性对实现这一目标来说至关重要。系统可靠性支持可维护性和保障性，从而降低运行成本并保证安全。

实现系统可靠性的途径主要有两种：设计高可靠性系统，或者优化物流资源从而允许降低系统的可维护性和保障性。可靠性和可维护性是在系统设计中必须考虑的参数，要满足可用性等更高等级的需求，通常需要将这两个参数折中考虑。欲了解更多详细信息，请参见RMA手册。

2. 可维护性

可维护性是通过例行维护，保持产品处于某一规定状态，或者通过适当维修将其恢复至规定状态的能力来衡量。

可维护性由确定系统应达到输入标准的声明和图示引申而来，并进一步成为对计划维护水平、各水平实现的主要功能、组织的职责、主要支持策略、与支持要素相关的设计标准的说明，包括内部测试与外部测试、人员技能要求、有效性标准和期望维护环境要求。基本维护理念是在系统概念设计阶段提出来的，并不断更新对主流系统设计和开发提供所期望的影响。系统可维护性理念应回答“如何支持系统，在哪些情况下支持系统及提供支持的时长”等问题。

平均维修间隔时间（MTTR）是衡量可维护性的基本量度，被定义为诊断故障、隔离和更换故障部件并使系统恢复运行状态所需的总时间。MTTR是系统固有的一个设计特性，一般来说，该特性表示诊断、拆卸和更换某一系统中各类零部件所需的平均时间。实际上，它可以衡量定位故障设备的失能零部件、通过诊断和内置测试设备检测和隔离故障的有效性，以及使设备恢复运行所需采取步骤难易程度。对某一设备来说，MTTR与该设备各零部件的可靠性（故障率）和替换该零部件的时间相关。

对信息系统来说，通常使用平均服务恢复时间（MTTRS），包含软件重新加载时间、系统重新启动时间及设备维修时间。

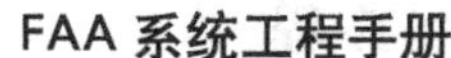
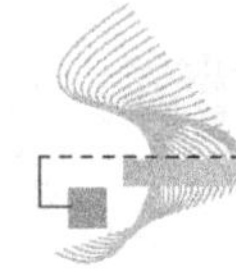

3. 可用性

可用性是指系统或系统某一部分在随机选择的任意时段可用的概率，或在总运行时间内系统或部分的有效运行时间。当用概率来衡量时，可通过以下几种方式来确定可用性：

（1）固有可用性（Ai）是指系统或部分的最大理论可用性。计算这一概念时只考虑硬件因素，并假定具有准确故障覆盖率、理想的支撑环境、无软件和电源故障。固有可用性量度中不包括计划停机时间。Ai 是系统的固有设计特性，不受系统在真实环境中实际运行和维护方式的影响。

（2）设备与服务可用性（Aes）是指与意外停机有关的所有停机，包括物流和管理延误，但不包括计划停机。Aes 是一个衡量所部署系统工作性能的量度，所有可报告设备和服务受美国国家空域报告系统（NAPRS）的监控。

（3）使用可用性（Aop）是指包括所有停机（计划停机和意外停机）的可用性。Aop 是对所部属系统的使用量度，受 NAPRS 监控。

4. 可靠性、可维护性和可用性之间的关系

按照图 5-3 所示的公式可以利用所需可靠性和可维护性参数推导出固有可用性：

$$\mathrm{Ai} = \frac{\mathrm{MTBF}}{\mathrm{MTBF} + \mathrm{MTTR}}$$

图 5-3　固有可用性的计算

固有可用性计算是通过将某个时间间隔内系统或服务可用的总时间除以间隔的总时间，FAA 将可用性作为所部属系统的使用性能量度。使用可用性将工作系统的可靠性性能与负责恢复服务（服务中断后）的维护人员的绩效组成了一个单一的性能指标。

可用性具有以下用途：

（1）作为评估结构选项的高级计划工具。

（2）作为执行可靠性和可维护性综合分析的工具进行物流和寿命周期成本研究。

（3）作为衡量所部属系统使用性能的量度。

需要指出的是，可用性不适合作为高可靠系统的主要规格纳入合同要求，因为当用于根据现成商用硬件开发而来的复杂的、软件密集型的容错信息系统时，可用性显然过于简单（参见 3.3 节可维护性和可用性（RMA）深入讨论的需求分析）。

可用性之所以不适合作为现代数字系统 RMA 的主要要求，其原因在于以下几方面：

（1）可用性意味着可以折中选择可靠性和可维护性。假设有两个自动化系统，一个系统的预计重新启动时间为 3 分钟，预计 MTBF 为 5000 小时，另一个系统的预计重新启动时间为 3 小时，预计 MTBF 为 34 年。虽然两个系统的预测可用度均为 0.99999，

但是故障造成的使用影响大相径庭。此外，虽然重新启动时间方便进行检验，但是预测 MTBF 为 34 年并不可信且无法验证。利用真实系统恢复时间和有问题的可靠性预测进行折中是不可接受的。

（2）无法足够准确有效地预测可用度。虽然可以直接用组合概率模型来预测硬件架构的固有可用度，但是软件密集型容错系统可用度的主要决定因素是故障检测和恢复软件的有效性。而该有效性取决于未知软件缺陷的影响，因此实际上不可能在软件开发出来之前运用任何可靠性来预测其可用度。

（3）无法对合同是否符合可用性要求进行验证。用统计学方法来有效推断系统所需的可用性显然是不切实际的。要获得有效的统计结果，可用度测试的时长必须超过系统的预期使用寿命。此外，几乎无法对系统可用性进行静态演示；软件的问题可能持续存在并得到纠正，但在需要就存在哪些相关故障及计算可用度应考虑多长的停机时间做出决策时，许多因素超出了承包商的能力控制范围。

因此，可用性不符合 SEM 指南中的要求。欲了解更多信息，请参见可维护性和可用性（RMA）手册 5.2.3 节及本手册第 3.2 节功能分析。

现代信息系统出现服务意外中断的主要原因在于恢复或更换故障备用设备时，存在潜在的软件故障和大量的维护延误，而非硬件故障。恢复时间更多地取决于计算机重启时间，而非硬件更换时间。

5.1.2 RMA 工程运用

对大多数政府机构而言，安全性只是防止造成人身伤害或环境危害等意外后果的设计限制，与它们不同的是，FAA 的首要使命是确保安全。因此，对 FAA 来说，RMA 工程与系统安全工程和风险管理密切相关。安全性和效率是 RMA 手册中针对 FAA 系统可用性要求自顶向下分配的一个首要考虑因素。

SME RMA 章节的主旨并非告知承包商如何构建可靠的硬件，而是指导 FAA RMA 工程师和采购经理如何解决其中的问题，包括架构问题、系统级 RMA 规范、采购包准备、承包商方案评估、设计开发监督，以及建立设计验证和可靠性增长标准。可靠性、可维护性和可用性直接影响系统工作能力和寿命周期成本，因此它在任何系统工程中都是重要的考虑因素。

FAA 系统的 RMA 特性可以直接影响执行任务的能力，因此具有独特的重要意义。如果向空中交通专家提供的重要服务中断，就会对空中交通活动的效率造成负面影响，管制人员需要采用人工程序来维护安全。但在从正常容量操作向降低容量操作过渡的时间段，管制人员需要增大间隔并清空空域直到实现稳定状态为止，即使这样，安全隐患同样存在。图 5-4 中说明了向降低性能状态过渡的过程和过渡期间的隐患间隔。阴影三角区展示了安全隐患风险可能增大的时间段。在大多数情况下，该时间段不存在或可忽略，但唯一的问题在于服务中断对效率的影响。

有些中断只会在全国范围内产生极小的影响，另外一些则会造成严重的全国性服务中断。无法处理飞行数据这种服务中断可能会对效率产生重大影响，但对安全影响较小。此外，无监视数据或语音通信会出现严重的安全隐患，直到管制人员降低交通密度并增加间隔为止。一旦认定某一项服务对为飞行器提供安全间隔非常重要，则必须为该项服务提供独立的支持，将风险降至可接受的水平。

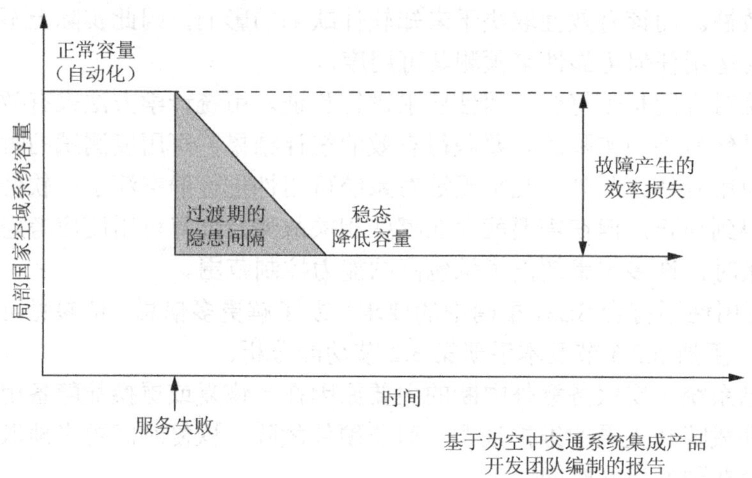

图 5-4　服务中断对 NAS 能力的影响

5.1.3　信息

RMA 工程的输入信息包括以下几方面：

（1）FAA 的政策和标准。

（2）NAS 企业体系结构。

（3）NAS 的需求。

（4）系统工程管理计划（SEMP）。

（5）计划需求。

（6）功能分析。

（7）物理架构。

（8）承包商技术交流会议和情况介绍。

（9）承包商数据项可交付成果。

1. 联邦航空管理局系统的 RMA

在 RMA 中，至少有三类 FAA 系统，即信息系统、远程分配式系统和基础设施系统。每个类别的属性各不相同，在定义 RMA 需求时需要进行单独处理。

2. 信息系统

这类系统特点是具有 NAS 级的 RMA 需求。信息系统包括软件密集型空中交通管制自动化系统和通信系统。这两类系统对可用性提出了严格要求，因此必须针对性地开发大量的定制软件，此举需承担重大的成本和进度风险。这些计划提供最重要的飞行服务，其可视性最高。因此，应点关注这两项能力。

3. 远程分配式系统

这类系统包括扇入至信息子系统的传感器等设备或从信息子系统扇出至显示工作站的服务。这类子系统只有借助为满足特定区域考量而采用的差异化和重叠覆盖等技术，才能达到必要的总体可用性。这类子系统非常坚固耐用，各因素发生故障时只会削弱子系统的整体性能。因此，不适合将可用性以自上而下的方式分配到此类子系统。可用性是“上或下”的二元量度，不适合用来辨别含多个独立因素的子系统。要将可用性分配给这些因素，需要对任意 *n* 分之 *r* 的故障进行定义，例如，要使监视子系统正常运行，必须让 50 个雷达中的 49 个处于工作状态。若只有 48 个雷达工作，则可认为整个监视子系统处于故障状态。这一点并不反映实际运行情况，但会使可用性分配脱离现实。此类子系统各组成因素的可用性要求最好由寿命周期成本因素和采购经理对所述因素能实现的可靠性等级的了解程度来确定。而实现子系统总体适用性的最佳途径是专家在确定子系统因素的数量和布局时做出判断，而非人工、随意地进行数学分配。

4. 基础设施系统

基础设施类系统是指支撑服务线程组成设备所需的系统，例如电力系统或暖通空调系统（HVAC）。此类系统会直接导致所支撑的系统发生故障，通常会破坏作为 RMA 计算基础的独立故障假设。因此，此类系统不适合以自上而下的方式分配可用性要求。FAA 需要制定一套非常明确的标准配置，且其所支持的服务线程的可用性要求必须一致。服务线程基于FAA 指令 6040.15中所规定的国家空域性能报告系统（NAPRS）服务。它们代表提供给空中交通专家的“最终用户”服务，本质上说是一个可靠性框图，包含向最终用户提供服务所需的全部设备。

对 RMA 需求做出规定是为了达成以下目标：

（1）对接用户需要和系统级规范。

（2）建立一个通用架构，据其来证明未来增删要求的合理性。

（3）使所采购各系统的要求达到一致，促使规范工程师和开发承包商之间达成共识。

（4）建立和维持确认并改善系统 RMA 特性的基准。

5.1.4 RMA过程任务

RMA工程遵循图5-5所列的特定过程任务。

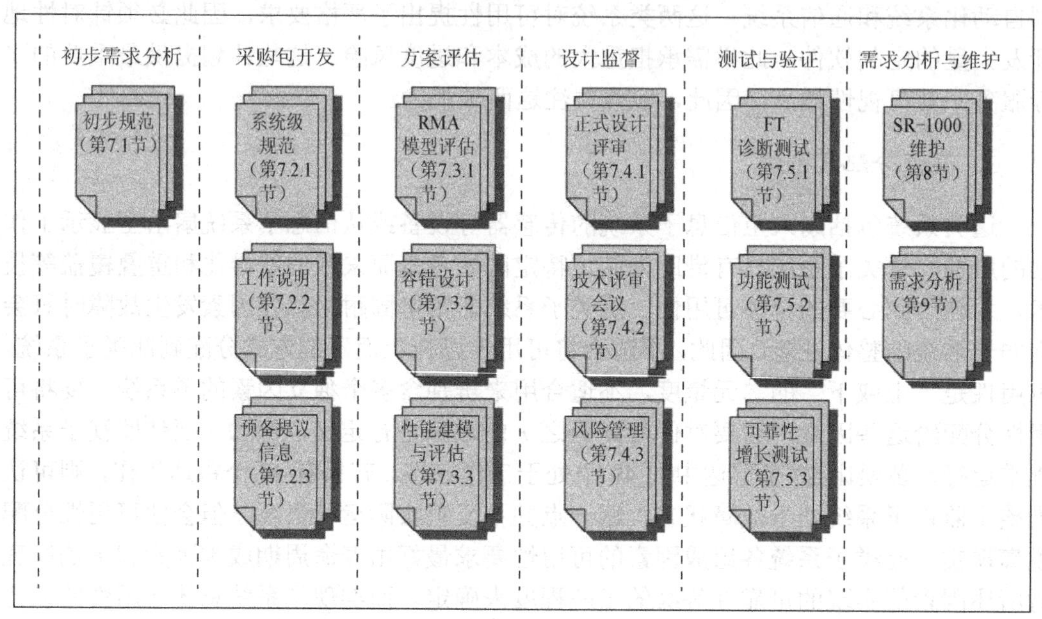

图5-5 RMA过程任务

该图展示了RMA六个过程任务之间的关系。过程任务流从左到右遵循采购的工艺流程。过程任务中的每一步对应RMA手册中介绍待制定文档的章节。

1. 初步需求分析

初步需求分析任务的主要目的是对接企业级要求和实施此类要求的系统采购规范。服务线程从本质上说是一个可靠性框图，包含向最终用户提供服务所需的全部设备。

RMA手册中介绍了将NAS架构能力相关的可用性需求分配给服务线程的过程。NAS发展变化时，这种分配方法随RMA手册、SEM和需求文档的维护而更新。该手册中说明了执行初步需求分析任务所用的详细方法（要了解更多详情，请参见RMA手册7.1节）。跟踪矩阵定义了NAS架构能力与服务线程之间的关系，该矩阵是NAS企业架构框架中系统功能跟踪业务活动矩阵（SV-5）的前身，其中NAS能力与业务活动（OV-5）相对应，而服务线程等同于系统功能（SV-4）。

三个危险度等级，又称为服务线程损失严重度类别（STLSC），均与某个服务线程所提供的服务中断和为每个服务线程建立的分配可用性要求相关。可靠性和可维护性要求是针对服务线程内的系统确立的，与所分配服务线程的可用性相一致。

这三个STLSC分别如下：

（1）必需。可以通过削减能力而不影响安全性的方式来调节服务线程损失，最终只会对NAS效率产生局部影响。（$A = 0.9999$）

（2）效率临界。可以通过削减能力、对NAS效率产生经济影响而不影响安全性的方式来调节服务线程损失，但最终会对局部或整个系统产生影响。（$A= 0.99999$）

（3）安全性临界。向降低产能运行过渡时，服务线程损失会带来难以接受的安全隐患。不允许任何单个服务线程提供安全性临界服务，因为不能保证单个服务线程能够接近所要求的可用度水平。而提议的任何安全性临界线程必须分解为两个独立的服务线程，每个子线程的可用度均为0.99999。

注意：当前的NAS无单个安全性临界服务线程，因为每个安全性临界服务的实例都包含一个主服务线程和一个备用服务线程。但无论出现何种情况，只有当主服务线程的可达到的可用度被证明不足时，才能添加备用服务线程。该必要条件旨在避免从开始就建立难以实现的可用度要求。

另请注意，STLSC有别于与NAS架构能力相关的传统临界状态。致命故障分为两个类别：引发重大系统风险的故障和仅影响系统能力的故障。无STLSC与规程相对应，这是因为自顶向下的可用性分配会导致对RMA的要求过低，从而引发系统失去可靠性，并产生额外的维护成本。

采购经理仅需识别与采购系统相关的服务线程和损失严重度最高的服务线程，并将与该类别相关的RMA需求用于系统即可。

大多数系统采购可以在现有的服务线程结构中进行调整，它们可以替代或改善现有服务线程中的部件。但计划完全提供新服务的系统时，需要同系统功能进行协调来确定新的服务线程。

除RMA的定量需求外，还需要满足以下RMA相关特性：

（1）计划停工时间。虽然计划停工时间是承包商控制不了的，但是它仍然是确保所采购系统操作适用性的一项重要因素。因此，计划采购时必须考虑计划停工时间，避免发生操作中断。

许多系统无需24/7全天候运行；一些机场限制夜间运行，一些气象系统只有在出现恶劣天气时才需要启动。若能够在不中断空中交通管理运行的情况下，在航班流量较低的时候通过计划停工时间来调整计划停工期，则不会造成影响。

相反，如果无法在不中断空中交通管理运行的情况下对计划停工期进行调整，则需要重新检查所考虑的方法。此外，还需要增添一个独立的备用系统，在主系统无法使用的时候能够提供所需的服务。

（2）冗余和容错要求。之所以需要具有冗余和容错功能，首要决定因素在于硬件结构必须保持固有可用度。若某一套系统元件的故障率和修复率无法支撑固有可用性要求，则必须增加冗余、自动故障检测和修复机制。因此必须有足够的硬件元件，在

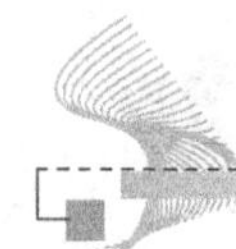

其故障率和修复率已知的情况下，备件用完的组合概率与固有可用性要求相符。当确定冗余和容错必须满足 RMA 要求时，需要对容错机制的性能（如转换次数和重新启动次数）做出详细定义。

除保持硬件结构的固有可用性以外，要求具有冗余或容错功能还有其他原因。即便系统硬件可以达到固有的硬件可用性，也必须具有冗余性才能达到所要求的恢复时间，并修复软件故障。

STLSC 为"效率-临界"的所有服务线程均具有快速恢复的时间要求，因为长时间中断服务会对 NAS 运行的效率造成严重后果。要满足这些恢复时间方面的要求，很可能需要使用冗余与容错技术。重新启动计算机来修复软件故障或死机现象耗时较长，因此需要配一台备用计算机，以快速接替发生故障的计算机。

要了解分配过程和初步需求分析的完整讨论，请参见 RMA 手册第 6 节和 7.1 节。

2. 采购包准备

准备采购包的主要目标如下：

（1）制定规范确定对所交付系统 RMA 和容错方面的要求，并以此在报价人与政府之间达成有约束力的合同。

（2）确定承包商提供设计开发监控所需的文档、工程和测试而必须完成的任务，同时支持开展风险管理、设计确认和可靠性增长测试活动。

（3）就技术协议 RMA 部分的内容为潜在报价人提供指导，包括所需的设计说明和程序管理数据，从而推动对报价人的容错设计方法、风险管理、软件避错和可靠性增长程序做出技术评估。

采购包中的 RMA 相关部分包括以下内容：

（1）系统级规范（SLS）。系统级规范是合同确定系统应具有的设计特性和性能的基础。从容错和 RMA 特性方面考虑，必须确定自动故障检测和修复机制的量化 RMA 和性能特性，还必须确定允许 FAA 设施人员执行实时监控、手动恢复操作，以及诊断、支持活动所需的操作要求。此外，SLS RMA 要求应包括从首次系统部署到最后一次系统部署所需的可靠性增长参数。

（2）工作说明（SOW）。工作说明中包括承包商需完成的 RMA 相关工作，即设计、分析和监控任务；实施避错计划；制定文档并为政府对 RMA、监控和控制功能，以及容错设计的监督提供所需的工程支持、支持容错风险管理，并开展可靠性增长测试。

（3）预备提议信息（IFPP）。IFPP 用于说明政府希望报价人方案中应包含的资料。RMA 手册第 7.2 节对准备 RMA 采购一揽子协议的内容进行了说明。

3. 方案评估

以下是评估每位报价人开发满足可靠性和可用性工作要求的系统时需考虑的主要

因素。

（1）可靠性建模与评估。报价人方案的固有可用性模型的评估过程简单明了，只需确认该模型是否准确反映结构及数学公式正确即可。同时，还要对报价人输入模型的平均间隔时间（MTBF）和平均修复时间（MTTR）数值的验证过程进行审查和评估。可通过 RMA 手册附录 B 中的图表，查询每位报价人的 RMA 模型。

（2）容错设计评估。应对报价人提议的自动故障检测和恢复/冗余管理设计进行评估，查看其完整性和一致性，评估时的一项关键因素是证明设计符合恢复时间的要求。一是软件的设计包含健康监测、故障检测、差错校正和冗余管理的协议，二是将容错功能融入应用软件。如果未将容错功能嵌入应用软件，自动恢复软件有效屏蔽软件故障的能力将受到严重限制。因此在开发应用软件时，必须包含处理多余、意外或错误信息和响应的能力。

（3）性能建模与评估。报价人应给出一个完整的预测系统载荷、容量和响应时间的模型，性能建模方面的政府专家应对这些模型进行评估。容错评估人员应从以下方面对模型进行审查：

① 容错协议的等待时间。在指定的响应时间内做出响应的能力对容错设计的成功与否至关重要。应当注意，在提议阶段，设计等级可能无法解决这一问题。

② 系统监控开销和响应时间。报价人应对额外的处理器加载信息做出预测，以支持利用监控功能及容错心跳协议和报错功能对系统实施监控，应对故障状态下稳态载荷和峰值载荷加以考虑。

③ 与总系统容量和响应时间的关系。系统应具有足够的备用容量才能适应外部工作负荷的峰值，而不会在处理容错协议时导致减速。系统应具有足够的内存才能避免发生模型预测法无法处理的分页延迟情况。

1）故障树分析

故障树分析（FTA）是一个常用的风险识别工具，具有标准化的危险评估与控制方法。FTA 过程用于解决安全性、管理事宜等各种问题。

工程师使用该工具来防止和降低危险、故障和风险。定性法和定量法用来发现系统中对安全运行最为关键的部分，故障树分析结束后可以形成图形显示，为技术人员和管理人员提供直观的结果显示。

FTA 是针对某一功能系统可能发生的故障事件做出的图形逻辑表示。这种逻辑分析必须是对系统的功能表示，必须包含会引发或导致不良事件的系统故障事件的所有组合。应对每一种故障事件做出进一步分析，以确定促使其发生的基础故障事件的逻辑关系。根据基本、可辨识故障对所有输入故障事件进行说明后才能将该故障事件树进行扩展，需要的话，还可以量化进行概率计算。完成概率计算后，该树会变成（一个和多个）故障路径的逻辑门网络。其中，既有事件也有包含主输入、次输入和上游输入的条件，这些输入会影响或控制危险模式。

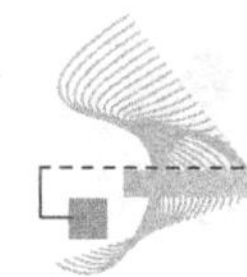

依据可用数据，可以指定每个事件的发生概率，可用代数表达式来确定顶层事件的发生概率。这一概率可以与可接受的阈值和所确定的校正措施的必然性和方向相比较。FTA 显示了故障事件与顶级风险或事件之间的逻辑连接。所使用的术语“事件”是指发生的任何类型的事情，例如风险及正常或异常的系统操作等。

FTA 的图形格式优于表格格式或矩阵格式，因为在这种格式下相互关系较为明显。FTA 图形格式对不甚了解所测试系统的分析人员来说是一个良好的工具。要通过危害分析获得严重性、危害性、谱系、事件概率、事件的起因和其他信息，仍需利用矩阵格式。由于这是一种自上而下的方法，与故障危害和 FMECA（参见下文）大不相同，FTA 可能会遗漏某些不明显的顶级危害。

2）失效模式和影响分析（FMEA）与失效模式和影响危害性分析（FMECA）

这项工作的范围取决于系统复杂性、子系统与外部接口及新设计因素。它也会影响可维护性、可测试性、后勤和安全分析。

FMEA 是一个评估过程，用于分析和评估某一系统中的潜在故障。其目的是确定失效对系统操作的影响、确认对运作成功和人员安全至关重要的失效，并根据对系统其他部分的影响评估每一个潜在失效。一般而言，通过逐条列举并评估系统组成和功能便可实现这些目标。

FMEA 是一种系统化方法，可以确认系统、组成部分的失效模式或功能并确定其对上一级设计的影响。还可以确定对每一种失效模式的检测方法。FMEA 可以是定量分析，也可以是定性分析，可对所有类型的系统执行分析（例如电气系统、电子系统或机械系统）。若执行的是定量 FMEA，则可以确定每一种失效模式的失效率。FMEA 的结果可以用来支撑其他分析技术，如故障树分析。偶尔使用的其他技术包括关系依赖图和马尔科夫分析法。

更详细的讨论请参见 RMA 手册第 7.3 节。

4. 承包商设计监控

在系统开发过程中，以下活动应由 FAA 专业工程师执行：

（1）正式的设计评审。正式的设计评审是一项合同要求。

虽然这些评审通常范围过大、过于正式，无法囊括与承包商开展的有意义的对话，但可以逐步扩大升级技术问题，从而引起管理层的注意。

（2）技术交流会议（TIM）。承包商的设计进展应在月度容错 TIM 上进行评审。除了对设计做出说明外，TIM 上应讨论控制容错协议运作的关键时序参数、分配给这些参数的值、模型预测的结果或为确认分配所进行的测量。

（3）容错设计风险管理。容错风险管理活动的目的是尽早揭发设计方面的缺陷，以便改正在关键路径上的缺陷，而不影响整个计划的成本和进度。一般情况下，重大采购计划都会着重强调正式的设计评审，如系统需求评审（SRR）、系统设计评审（SDR）、初步设计评审（PDR）和关键设计评审（CDR）。

成功完成CDR后，就会发布计算机程序配置项列表进行编码，合同进入实施阶段。完成CDR后，在实施阶段结束前没有其他正式的技术软件评审，此时开展功能配置审查和物理配置审查（FCA和PCA）及正式验收测试。应安排实施各项容错风险管理活动，以达到以下目的：

① 容错体系结构。

② 软件应用程序的错误处理。

③ 性能监控。

一般情况下，容错机制将由专业人员来开发，与容错机制开发相关的风险管理活动旨在发现逻辑缺陷和时序/性能问题。

相比较而言，应用程序开发人员的主要工作并非容错，他们的主要任务是开发应用程序所必需的功能。由于时间有限，在应用程序的开发过程中，通常会忽略或拖延需内嵌入应用软件的容错能力。一旦开发工作大体完成后，若要在事后将容错能力融入应用程序，则会难上加难。软件应用程序容错的风险管理包括为应用程序开发人员制定标准及确保遵循这些标准。

性能的风险管理一般主要强调系统的运行性能。此时需要特别重视性能监控风险管理活动，以确保正确地模拟故障检测、故障恢复操作、系统初始化/重新初始化及转换特性。

更加详细的讨论请参见RMA手册第7.4节。

5. 设计验证和可靠性增长

如前所述，无法在实际成本和进度限制范围内验证是否符合严格的可靠性需求。但要在设计运作容错机制的过程中及系统总体稳定性和部署准备方面建立自信，还有很多工作需要去做。

1）容错诊断测试

尽管这是一项非常积极的风险管理计划，但许多性能和稳定性问题只有经过大规模的测试后才能具体化。系统分析记录（SAR）及数据简化与分析（DR&A）能力可以利用系统测试期间记录的数据来观察容错协议的运行，并诊断协议运行期间的遇到的问题和异常。

要使系统测试保持有效，应在测试开始时具有SAR和DR&A能力。如果没有这些能力，就很难诊断和校正内部的软件问题。

2）功能测试

FAA威廉·J·休斯技术中心使用了大量的测试时间来验证是否符合每一项功能要求。这项测试还应包括验证是否符合系统运行功能的功能性要求，其中包括以下几方面内容。

（1）监控（M&C）。

（2）系统分析记录（SAR）。

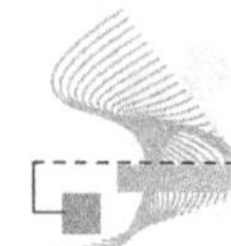

（3）数据简化和分析（DR&A）。

3）可靠性增长测试

根据测试结果来验收或拒绝系统的正式可靠性演示测试并不可行。获得统计学上有效的采样所需的测试时间非常长，况且在任何重大软件开发项目中遇到的大量软件故障基本上都无法证明符合要求。因此，为某一重大系统采购制定“合格-不合格”的准则并不可行。

可靠性增长测试是一个持续的故障测试与校正过程。可靠性增长最初是为了发现并校正硬件设计缺陷。采用统计方法预测系统在任何时间点的平均故障间隔时间（MTBF），并估计实现特定 MTBF 目标所需的额外测试时间。

适用于自动化系统的可靠性增长测试主要是一个发现和校正潜在软件缺陷的过程。系统测试期间发现的成百上千个软件缺陷，加上对这些系统严格的可靠性要求使得相关人员无法使用统计学方法来准确预测在系统部署前达到特定 MTBF 的测试时间。在现场部署前，没有有效的统计学方法来验证是否符合威廉·J·休斯技术中心的可靠性要求。其中的原因很简单，那就是威廉·J·休斯技术中心无法获得足够的运行时间将潜在缺陷数量减少至符合可靠性要求所需的程度。

因此，必然结果是需要试用无法满足可靠性要求的系统。系统运行所积累的大量时间将增大发现和校正软件错误的概率及系统 MTBF 的增长。

要想取得成功，可靠性增长计划必须解决以下两大问题。首先，承包商必须积极迅速地校正软件缺陷。承包商要安排最佳人选从头到尾负责这项工作，而不是调动他们去从事新的工作。第一步是从开始就在系统级规范中制定初始和最终可靠性目标，第二步在测试阶段由“擦除”过程完成。将运行时间除以故障数量即可计算出系统平均故障间隔时间。但是，如果承包商证明故障原因已得到校正，那么表明该故障已从故障列表中删除；如果 30 天时间内未再出现某个故障，那么说明该故障也已从数据库中删除。

因此，如果立即确定所有程序故障报告（PTR），即使系统仍然每天发生一次故障，计算出来的 MTBF 也会无穷大。该测量值作为一个衡量系统真实 MTBF 的指标毫无统计学意义。但在评估承包商对确定累积 PTR 方面的反应能力时，它是一个非常有用的量度。因为从数据库中删除故障的时间由政府代表决定，通过控制上报给高级项目管理官员的 MTBF 值，他们会对承包商产生巨大的影响。可能有其他量度或更好的量度可以用来衡量承包商确定 PTR 时的反应能力。重要的是，必须有一个过程来衡量承包商对可靠性增长的支持是否成功。

可靠性增长计划阶段必须处理的第二件事是现场工作人员对系统的可接受性。在所有概率中，在系统满足可靠性要求之前应先将其部署到工地现场。政府现场人员应参与威廉·J·休斯技术中心的可靠性增长测试中，并同意系统足够稳定时做出的有关决策，以保证将其发送至现场。

关于这些主题更加详细的讨论，请参见 RMA 手册第 7.5 节。

6. RMA 需求分析和维护

1）NAS-RD 维护

很显然，要让 NAS-RD 有效指导 NAS 体系结构的发展变化，它必须是一份动态文件。之所以要设计 RMA 需求，是因为除服务线程外，RMA 要求很大程度上应与 NAS 体系结构或NAS-RD 功能要求的变化无关。将 STLSC 分配给服务线程并将 STLSC 相关 RMA 需求应用于该服务线程的基本概念不受 NAS 体系结构发展变化的影响。

基于服务线程的方法的一大优势在于当 NAS 体系结构发生变化时，服务线程会保持相对稳定。NAS 体系结构的许多（如果不是大多数）变化都涉及更换服务线程可靠性方块图中单个方块所代表的子系统。因此，基本线程不需要变化，只有线程中方块的名称需要变化。NAS 发展变化时，服务线程图应随之而变化。

虽然 NAS 新增服务线程相对罕见，但是未来仍需添加服务线程以适应新的 NAS 能力。因此应做出对应的规定，以便在增加服务线程时不至于过于困难。采用一种灵活的服务线程影射方法有助于在需要时提供新的线程。

2）RMA 需求评估

NAS-RD RMA 需求应经过了修改，可以将 RMA 要求分配给基于FAA 指令 6040.15 中所述之国家空域性能报告系统（NAPRS）服务的服务线程。该服务线程方法将 NAS 级的要求应用于 FAA 工程和运行群体中明确界定且易于理解的真实服务和设施。

采用这种方法有几大好处，包括可以切断运行服务和系统所测 RMA 特性与这些系统的 NAS 级要求之间的联系。之前使 RMA 要求符合系统实际性能的唯一真实反馈现已融入威廉·J·休斯技术中心对新开发系统的测试。将 NAS 级要求与 NAPRS 运行服务联系起来，可以让系统工程师通过与当前所部属系统实现的可靠性和可用性相对比来评估要求的合理性。

RMA 手册第 8 节和第 9 节对该问题有更加详细的讨论。

5.1.5 结果

（1）初步需求分析——初步 RMA 需求分析已经完成，并记录在 NAS-RD 和 RMA 手册中。

（2）采购包编制——负责编制采购包的采购经理需要以下 RMA 工程结果：

① 系统级规范中 RMA 与容错相关的章节。

② 工作说明（SOW）中 RMA 与容错相关的章节。

③ RMA 和容错相关交付物的数据项描述。

④ 拟纳入 IFPP 的 RMA 和容错项。

（3）建议评估。

① RMA 模式评估。

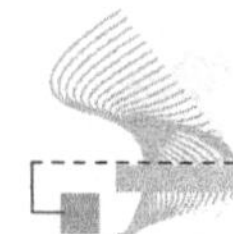

② 容错设计评估。

③ 容错性能评估。

（4）承包商设计监控。

① 正式设计评审。

② 技术交流会议。

③ 容错设计风险管理。

（5）测试与验证。

① 容错诊断测试。

② 功能测试。

③ 可靠性增长测试。

（6）需求分析与维护。

① NAS-RD 维护。

② 需求分析。

补充信息

欲了解本节所有内容的信息来源，请见参考文献。

5.2 寿命周期工程

寿命周期工程（LCE）旨在对产品或服务在其整个有效寿命内开发和运行相关的限制和依赖性做出评估。寿命周期工程寻求产品价值最大化，同时降低其寿命内的成本。寿命周期包括针对特定系统的所有活动，从确定需求开始，一直到设计、开发、生产、建造、实际使用、维持、系统退役直至最后的报废。

LCE 设计考虑事项包括采购和与产品使用寿命相关的事宜。必须考虑产品使用的环境，因为这会影响产品的成本和使用期限。在早期阶段做出的决策会影响产品在整个寿命周期的总成本。采购成本是与寿命周期早期最为明显的成本，寿命周期晚期产生的成本，如维护成本，与计划和采购时做出的决策有直接联系。因此，LCE 重视设计、实施和运行方面的决策，因为这些决策会对产品寿命周期成本产生巨大影响。

LCE 工作可以有助于成本/效益平衡和设计进程，衡量技术稳健性，降低风险水平。LCE 的主旨在于达成产品在其整个寿命周期中的成本和性能目标。LCE 从始到终控制着设备或项目在其预期使用寿命内的成本。LCE 的目标是制定工程规范，从而在艺术和科学结合上达到最好的平衡。

5.2.1 寿命周期工程的步骤

LCE 过程包括六个步骤，如图 5-6 所示。系统工程其他过程中的因素输入都需要执行 LCE，而 LCE 产品也需要有效地支持其他过程。

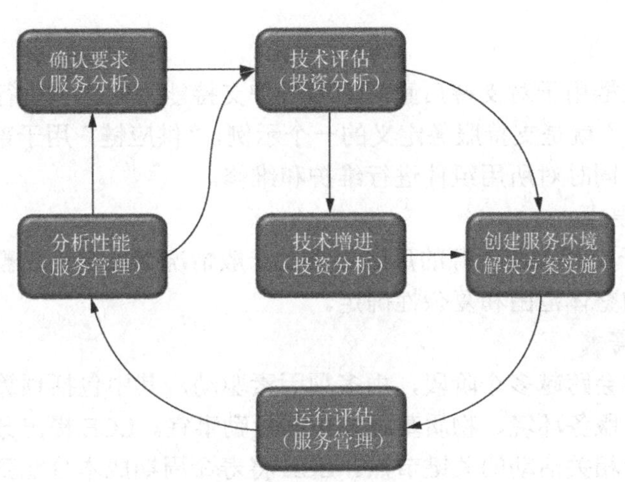

图 5-6 LCE 过程的步骤

LCE 活动支持 FAA 采购管理系统（采办管理系统（AMS））寿命周期的所有阶段和重大决策点。LCE 过程的步骤与这些阶段一一对应。通过步骤可以确定功能优势，并估算系统特性和更新在整个寿命周期内的成本。LCE 使用挣值测量（EVM）技术来确定成本和进度目标，并在投资分析（IA）和解决方案实施阶段为 F&E 资助的 LCE 活动状态报告提供量度。

投资分析针对的是所计划的系统采购，因此估算依据（BOE）文件一般是将基础成本假设和成本算法记入基线。要对成本、进度和技术变化做出解释，必须持续更新项目寿命周期内的估价，它可以为年度资源计划文件（RPD）的提交提供信息输入。最终报告中反映计划活动的范围、复杂程度及性价比目标。

资源计划文件不仅要说明 F&E 开发资金计划和使用的方式和时间，还要反映系统寿命周期维持的服务运行资金情况。

1. 确定需求

LCE 确定系统寿命周期的要求，包括不动产管理、部署、过渡、综合后勤保障、维持和处置。首先确定系统寿命周期服务分析阶段的需求。

1）确定 LCE 支持需求

LCE 取决于所确定的服务水平，而服务水平详细说明了其他系统和服务所需要的支持。这些需求和程序的需求共同决定了提供计划服务的方式。如采办管理系统（AMS）服务分析阶段的服务不足分析中所述，这一步旨在确定服务的需求。系统的任务通常是扩展其他服务的能力（如系统满足其他性能要求的能力）。以这种方式扩大服务范围是确定所述系统性能的重要因素。原系统的变化会影响对所述系统的服务，因此在确定 LCE 支持需求时必须对这些变化做出解释。

例如，美国广域增强系统的作用是增强美国国防部全球定位系统的完整性，以满足民航的需求。

系统的计划文档用于对支持后勤活动和维护支持能力的服务进行说明。为运行提供材料的“供应链”就是支持服务定义的一个示例，“供应链”用于部署新组件，以便维持和扩大系统，同时对所用组件进行维护和维修。

2）确定后勤要求

LCE 确定用于支持系统资源的后勤要求。一般情况下，在系统整个寿命周期中，资源保障由系统的整体范围和复杂性确定。

3）确定部署需求

系统部署通常会跨越多个阶段，由多项因素驱动，其中包括预算限制、供应商计划、技术成熟度、服务环境、物质基础设施和后勤事宜。LCE 提出分阶段部署，并确定了启动每一阶段相关活动的关键节点。LCE 将寿命周期成本分配到各部署阶段，包括与在线测试、后勤和维护支持相关的成本。

4）确定性能审查测量

LCE 可以确定和规定运行与维护量度，从而对具有多个部署阶段的系统的支持性能进行评估。支持性能要求适用于工程支持功能、维护人员和供应链组件。技术性能要求的确定是其他 SE 过程的结果（特别是运行理念开发（3.1 节）、功能分析（3.2 节）、接口管理（4.2 节）、验证与确认（4.7 节））。

5）制定后勤保障量度

分散的寿命周期活动应与工作分解结构的各条目保持一致，并用其入口和现存标准进行确定；然后制订计划和制定成本标准为这些标准提供支持。避免投入重复，除非合同要求如此。

2. 技术评估

技术评估在在线性能评审（ISPR）阶段进行，一般在调试结束后每两年开展一次。ISPR 是一项正式的技术评审，旨在通过评估风险、准备情况、配置和趋势以可量化表格的形式审查所部署系统技术和运行状况，从而证明现行的支持和预算方案（参见 4.1 节）。

此类评估不仅会将现有技术融入设计方案，还会审查该技术所带来的风险和局限性。根据技术的不断变化，对所考虑的方案进行分析。研究现有技术的成本效益、成熟度、在所考虑设计中的使用、对设计性能的潜在改善，以及对系统可维护性的改善。

技术评估的结果可能会显示系统能够充分运行（按照运行和性能标准），也可能显示需要采用新技术使系统恢复运行性能标准。这种评估还会为运行分析过程提供信息，最终用于 OMB-300 报告。

1）评估性能审查

分析性能审查结果，并说明风险管理因素中存在的问题。

2）评估维护支持设施

评估维护支持设施支持系统维护的能力。这一评估的结果将包括寿命周期成本估算（针对要求管理）和作为工作成果的问题（针对风险管理）。该评估具有特别重要的意义，因为二级工程和维护支持占预算的份额超过70%。

3. 技术增进

虽然新技术可以实现之前所不具备的性能或功能提升，但是对新技术的需要小心地与其带来的风险进行衡量。技术增强对成本、进度和性能的潜在利益必须大于其潜在风险。考虑潜在技术增强的同时，必须通过人因因素分析考虑其对最终用户的影响（参见第5.4节人因工程）。

如果技术评估结果显示新技术是有有效的，就会将有希望的候选技术评为可能的解决方案。根据与后勤因素相关的决策，可能会产生一些技术机会。如果决定使用商业现货（COTS）产品，LCE 应确定可能会淘汰的产品。因此，需要制订一项在今后几年系统寿命周期中支持所有 COTS 产品的计划。FAA COTS 风险减轻指南中提供了 COTS 产品淘汰阶段，以及如何限制其对系统性能潜在影响方面的信息和指引。

LCE 会提出预先计划的产品提升或替代提升方案等方面的建议，相关信息应包括技术增强带来的优势、技术评估结果、旨在发现商业市场上新 COTS 产品的市场调查结果、现有系统的运行和维护成本，以及投资分析结果。

LCE 可能会得出这样的结论：采用新技术超出了现有采购计划基线的范围。若技术增强可以提高安全性、显著降低成本或提高有效性，则可以对服务不足分析进行修正。更新后的所需能力章节应对技术做出说明。该说明不应阐述具体的解决方案或采购计划。

通过技术增强（TI） 还可以确定系统如何更换失效组件保持正常运行。

技术增强包括以下几步：

（1）确定服务分析寿命周期阶段的新技术。

（2）收集支持进度和成本决策的技术数据，从而对基线做出调整。

（3）确定支持设备以部署所计划的系统变更。

（4）找出促使维护支持设施发生变更的新技术（例如：二级工程支持、外包策略和其他维护要求）。

4. 分析性能

这一步定期以批准的基线（在 LCE 步骤开始时确定）为标准来衡量系统的性能，性能标准在设计过程中确定，在系统的寿命周期中定期对系统性能进行评估。

1）确定性能审查目标

性能审查旨在衡量系统（或服务）的技术性能，审查所系统的服务功能是否与所批准基线内的服务水平相符。所批准的基线会在系统寿命周期中发现变化，因此性能评估需要检验每个服务水平的功能。

2）分析投资表现

投资变现分析分为两个阶段。第一个阶段是采办管理系统（AMS）初期投资分析，主要研究可行备选方案的可行性。LCE 应估算每种备选方案的寿命周期成本，总结初步计划要求（pPR）。最终投资分析阶段需要定义所选方案的物理架构，并提高文档的成熟度，完成并确定最终计划要求（fPR）和计划说明。LCE 根据 fPR 对寿命周期成本做出调整。

投资绩效分析的步骤如下：

（1）确定受计划投资目标影响的量度，通过找出成本、进度和技术性能与基线计划的偏差来为企业提供支持。

（2）根据主要后勤因素要素确定寿命周期成本，这些因素包括与维持计算机资源支持相关的成本、支持设备（测试设备和工具），以及在系统寿命周期所有阶段的维护支持设施。

5. 运行评估

在部署阶段，系统与基线 fPR 高度吻合。随着时间的推移，运行需求会发生变化，或系统会因服务环境而偏离基线，任一项变化都需要做出运行评估。

运行环境评估（OEA）是对运行环境系统支持能力所做的重要衡量，系统一般根据所批准的基线进行配置。国家空域综合后勤保障（NAILS）文档中也对该评估考虑的因素进行了说明。但 LCE 运行环境评估活动的目标是监控运行过程和保障设施，以实现所部署系统的价值。

注意：综合后勤保障（ILS）和国家空域综合后勤保障（NAILS）是同一个概念，可以相互交替使用。NAILS 和 ILS 在 FAA 文档中都会提到。

监控和分析运行性能，并为优化当前运行和计划未来升级提供数据。FAA COTS 风险减轻指南/有效采购和支持的实用方法中提供了 COTS 产品淘汰阶段，以及如何限制其对系统维持潜在影响方面的信息和指引。

LCE 在数据分析阶段具有以下功能：

（1）监控和分析系统性能。

（2）优化当前运行。

（3）确认新技术机会并计划未来升级。

（4）找出报废节点并确定其影响。

6. 创建服务环境

LCE应对系统或其服务环境及提出的任何变化做出初始的范围和复杂性评估，还要进行系统寿命周期管理，包括不动产管理、部署、过渡、综合后勤保障、维持和处置。LCE可找出对系统寿命周期的限制性因素，限制性因素包括几方面：

（1）综合后勤保障。

（2）部署与过渡。

（3）不动产管理。

（4）维持。

（5）处置。

5.2.2 综合后勤保障

综合后勤保障旨在建立和维持FAA所有产品和服务的保障系统，其目标是以最低的寿命周期成本为最终用户提供所要求水平的服务。该政策不仅适用于新采购计划，还适用于在用产品和服务的维持。LCE负责系统寿命中的所有后勤活动，并确定所有计划的后勤属性。

综合后勤保障（ILS）为确定保障限制和采购保障资产提供了一个结构化的方法，因此可以在产品的整个使用寿命中对其进行操作、保障和维护。综合后勤保障（ILS）的主要目标是以最低的成本带来较高的产品可用性。

综合后勤保障（ILS）应负责通过因素分析找出保障项目，并采购所找出的保障项目，这些因素包括以下几方面：

（1）维护计划。

（2）维护保障设施。

（3）直接工作维护人员配备。

（4）供应保障。

（5）保障设备。

（6）培训、培训保障和人员技能。

（7）技术数据。

（8）包装、装卸、存储和运输。

（9）计算机资源保障。

对良好的综合后勤保障计划来说，重要的是要在产品寿命周期的每个阶段（服务分析、投资分析、解决方式实施和使用管理）范围内处理这些因素。还需要在每个阶段管理这些因素之间的相互依存关系，同时遵守资产供应链管理的原则（将供应商、用户和计划相结合）。

综合后勤保障（ILS）需要确定设备的参数（可靠性、可维护性和可用性）。这些

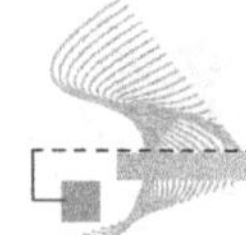

参数值将对节约、仓库维护、培训、维护计划和其他因素产生直接影响。成功采购的关键在于与后勤人员和系统工程师之间的良好交流。

1）综合后勤保障（ILS）信息

要有效地计划和执行综合后勤保障，需要诸多信息，必须兼顾FAA和空管局（ATO）的政策、市场研究、技术、承包商分析及其他问题。

另外，设计限制与行业研究报告还提供挑选各备选方案所需的信息。

2）综合后勤保障（ILS）过程

综合后勤保障（ILS）过程中涉及的一般步骤包括以下几方面：

（1）提出综合后勤保障（ILS）限制。

（2）确定候选方案的维护概念和保障策略。

（3）提出综合后勤保障（ILS）绩效、成本和进度优势。

（4）确定用于满足保障要求的策略。

（5）确定用于获得保障的工作任务。

（6）提出适用于采购包的综合后勤保障（ILS）信息。

（7）执行保障分析任务。

（8）确定维护保障设施限制。

（9）获得综合后勤保障资产。

（10）为综合后勤保障（ILS）实施使用准备状态审查。

3）综合后勤保障（ILS）结果

综合后勤保障（ILS）结果包括系统工程管理计划（SEMP）或综合后勤保障计划（ILSP）的综合后勤保障计划部分，包括维护概念、保障要求和其他相关的问题。该计划部分介绍了 FAA 如何为后勤因素提供支持。该计划制订于寿命周期的早期，与系统工程相协调，且在进一步确定信息时进行更新。它是承包商综合保障计划的基础。

5.2.3 部署与过渡

1. 部署

部署计划的任务是根据待实施的解决方案，并评估该方案的准备情况。部署计划包含在综合后勤保障计划（ILSP）中，始于寿命周期管理过程的早期，通常在采办管理系统（AMS）任务分析阶段的概念与需求开发过程中。所有计划都要经过不同程度的部署计划，从而确保新能力使用的主要方面得到计划和执行，以及确保该部署不会对其他项目中造成影响。

2. 过渡

过渡涵盖安装新系统及从旧系统向新系统转换的所有工作活动，此外，还涵盖在

每个场安装后续系统和取得运行服务资格的所有工作活动。这些活动包括 ISLP 的过渡计划部分，其中说明了如果将运行和维护从现有系统过渡到新系统。

活动包括准备场地、安装、测试设备、同步运行、熟悉新设备、获得所有运行支持，以及撤走和处理被替换的资产。要实现安全无故障部署和过渡，需要在寿命周期的早期做全面的计划，还需要服务机构、设施团队、系统承包商、区域和现场人员在部署过程精诚合作。

3. 部署与过渡信息

实施计划用于确定每个现场接收新设备、处置旧设备的时间，测试计划在制定总体部署或实施计划时使用。联邦航空管理局/空管局（FAA/ATO）政策确定部署和试运行的步骤。

部署与过渡过程如下：

部署计划需要多个重要职能部门的配合和参与。在成本、进度、性能之间寻求折中方案时必须包括对部署与实施的影响。部署计划工具有助于找出、记录和解决部署与实施过程中存在的问题。

统一的部署计划应包含在承包商的工作说明和相关成果中。定期总结部署计划（和问题解决）活动的结果（如在采购审查时），在 ISD 会议上提出，概括在 ISD 备忘录中，并在 ISD 后的追踪和监控活动中进行审查。更详细的指导，请参见本手册第 2.2.5 节中的部署与过渡。

4. 部署与过渡结果

在线评审清单和决策完成后，便可将系统部署到现场，进入采办管理系统（AMS）的解决方案实施阶段。部署与过渡的最终成果是新系统投入使用，并处置旧系统。

5.2.4 不动产管理

不动产管理过程应确保对 FAA 拥有、租借和使用的所有不动产进行记录。不动产责任制的职能应记录在自动化信息系统中，包括但不限于以下内容：记录、验证和确认不动产记录的存续。

金融服务助理署长负责对 FAA 的所有不动产进行记录和管理。更多信息，请参见 FAA 的临时资产系统数据库。

1. 不动产管理信息

不动产管理信息包括一系列空间限制、现有设备的位置，以及针对产品新设施或改装设施的建议，还需确定包含设备位置、备件存储、保障设备和测试工作台，以及占用空间的其他物品等内容的设施图样。

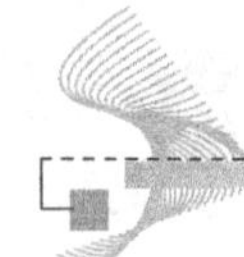

2. 不动产管理过程

系统工程师负责执行以下与资产管理相关的任务：

（1）确定新设施或改装设施的空间限制、位置和要求，从而决定是否必须为 FAA 相关项目采购不动产。

（2）将采购需求告知不动产专家，并确保在购买/租赁后将资产记录在不动产数据库中。

3. 不动产管理结果

不动产分析的结果是确定需要何种不动产的依据，不动产管理采用这一依据在不动产专家的帮助下通过采购、租赁或其他方式获得必需的不动产。

5.2.5 维持

维持是确保运用系统保持其所需功能和性能的活动。

1. 维持信息

维持/技术发展过程可能需要以下任一或所有信息：

（1）设计限制。

（2）外部压力。

（3）运行与维护成本。

（4）难以获得或无法获得的备件。

（5）可用来提高系统维持能力的新技术发展和组件。

（6）新商业产品和市场研究结果。

（7）厂商的演示。

2. 维持过程

服务不足分析（SGA）是投资分析的基础，应在投资决策时再次确认。LCE 应确保该文档中包含后勤信息，随着计划进入实施、使用、维持、升级和最终更换环节，需要对 SGA 进行定期更新。服务机构将与现场用户合作对现有设备当前的性能进行评估，分析维持系统的最佳方法，同时计划未来升级或更换。

投资决策中对如何实施预先计划的产品改进做出了规定。采购程序基线中的维持资源用于在需要时升级所用产品的组件（如打印机或处理器）。目标是快速采用新技术，而非定期更换所用的产品。

LCE 能够帮助服务机构和其系统工程人员在寿命周期中收集和评估数据，以用来评估产品或使用效能。此类活动应包括以下几方面：

（1）追踪和评估可靠性、可维护性、可用性表现及可支持性问题。
（2）分析由市场导向型产品引发的可支持性问题，分析系统或子系统的报废问题。
（3）确定规避预计可支持性问题的最具成本效益的手段。
（4）对淘汰导向性系统变化与新限制的结合进行评估。
（5）评估工程变化的影响、性能缺点或ILS产品的技术机会和保障服务。
（6）支持重新验证或编制初步缺陷分析报告。

3. 维持结果

LCE应制订纠正系统问题、消除系统缺陷和实施计划升级的计划。此外，还应列出新缺陷和适用于未来系统的技术改进。经验教训数据库可能包含此类计划的实例，或服务机构会有这样的示例。

使用寿命延长计划可通过新技术的采用在现场起到管控老旧系统的作用。这样可以延长系统的使用寿命，并降低维护成本。

5.2.6 处置

产品寿命周期中的一个重要环节是设备退役和最终处置的过程。除资金问题外，在系统接近其使用寿命终点时，应考虑诸多后勤问题。

处置包括与处置管理、拆除/拆毁、修复、消磁/破坏存储介质，以及回收退役设备、系统或场地有关的所有活动。

1. 处置信息

潜在处置信息包括以下几方面：
（1）新系统的实施计划和计划拆除现有系统的日期。
（2）备用品、线路可更换装置、文档及与所更换系统有关的其他物品。
（3）任何需要特殊处理的危险性物质或物品。

2. 处置过程

在新系统的实施阶段应对所更换旧系统的处置提供系统工程支持。综合技术管理（见4.1节）旨在制定符合FAA指令4800.2《利用和处置过剩和过剩的个人财产的处置计划。LCE可帮助综合技术计划（ITP）过程制定处置计划，确定需拆除、处置的系统、部件、组件、环境问题；处置地点、处置负责人及诸多其他因素。

LCE应对系统做出评估，以确定是否需要从拟报废的设施中回收可用的零部件/子系统。对停产的产品而言，此类可用零部件/子系统极其重要。必须将这种回收与组件拆卸、装运、车间/厂商整修和仓储的成本进行衡量。在确定系统中有无任何危险物质时，LCE可能需要使用工程技术服务人员的专业知识。

3. 处置结果

处置结果可能包括以下几点：

（1）确定何时拆除现有系统并将其运至处置地点的计划。

（2）内含危险物质或贵金属或需进行特殊处理的物品清单。

（3）可供其他系统使用的物品清单。

5.2.7 工具

LCE 工具包括以下几项：

（1）后勤信息系统，该系统是 FAA 的库存控制与订购系统。

（2）备用品计划模型，该模型有助于在应过程中根据故障率、成本和其他因素来估计备用品的范围和数量。

（3）后勤管理系统指南，该指南用于帮助承包商了解系统所必需的后勤分析及预期结果。

（4）条形编码，工作说明中对该技术进行了详细说明。其作用是追踪备用品和系统的配置管理。

（5）FAA 采购系统工具箱（FAST），这是 FAA 在采购过程中使用的工具。

（6）临时资产系统数据库，该数据库由金融服务管理局管理，用于记录不动产。

补充信息

欲了解本章所有内容的信息来源，请见参考文献。

5.3 电磁环境效应和频谱管理

电磁环境效应（E3）和频谱管理是两个密切相关的专业工程学科领域。两者都涉及如何处理不同类型的辐射对系统的影响，以及如何减轻这些影响。然而两者仍存在很多方面的区别，下述章节将从电磁环境效应开始分别进行讨论。

5.3.1 电磁环境效应

电磁环境效应工程是涉及有关辐射和传播电磁辐射的电子设备的安全高效运行的技术，其中包括某一给定系统处理环境辐射的能力及该设备自身对环境的影响。电磁环境效应活动应设法将电磁因素对系统的限制最小化，并记录系统部署后仍旧存在的限制和缺陷。

1. 电磁环境效应工程

电磁环境效应工程是与电子系统有关的工程专业，系统的范围涵盖从家用电器到

集成电路。

联邦通信委员会（FCC）负责编制并实施与电磁环境效应有关的政府法规，FCC尤为重视所谓的“电子设备”。联邦通信委员会对电子设备的定义如下：

“以超过每秒钟 9000 脉冲（循环）的速率产生及使用定时信号或脉冲，并且采用数字技术的无意识辐射体（装置或系统）；”

这些设备设计时必须使其符合有关电磁辐射的政府法规。

系统工程的作用：联邦航空管理局中部署的各个系统都必须符合政府法规，分析电磁环境效应，以保证各种电子系统能够在某一运行环境中正常运行，而且它们能够与该环境中的非电子元件兼容。这些分析也能够确定可能因环境变化而引起的问题。

有多种可能影响到某一系统的电磁兼容性的电磁环境效应，每种类型都是一个独立的专业领域。广义来讲，系统整个寿命周期内都需要妥善处理电磁环境。以下章节将探讨独立的电磁环境效应要素。（注：美国国家标准学会（ANSI）C63.14 中有与电磁环境效应相关的定义。）

2. 电磁环境

电磁环境（EME）由处于某一给定环境下的系统和其他要素（人员和自然）构成，识别和描述电磁环境是电磁环境效应的重要部分，其中包括描述该环境中的各种电磁干扰（EMI）及处于该环境的系统和其他要素的脆弱点。

系统工程的作用：系统工程师必须编写有关系统、子系统或设备常态电磁环境的完整说明。在某些情况下，商用现货系统已标明其电磁环境参数，即在该系统可安全不降级运行条件下的极端电磁环境。

3. 电磁兼容性

电磁兼容性（EMC）是某个系统在其电磁环境中运行的能力。电磁兼容性分析包括电磁环境（该环境中存在的各种电磁干扰）及对系统自身的电磁辐射的评估。

在进行电磁兼容性分析时，主要考虑两种常见类型的干扰：传导干扰和辐射干扰。传导干扰是通过物理连接传输的电流，例如到交流电源（AC）的噪声反馈。辐射干扰是有意或无意发出的可能无意被其他系统接收到的电磁波，电路中的整流波形可产生宽频带电磁辐射。

系统工程的作用：系统工程师利用电磁兼容性分析数据确定新系统或运行环境中的要素相互之间是否存在不利影响。电磁兼容性考虑是极为重要的，必须将其视为和功能、性能同等重要的设计指标，这样才能够保证将能够在实验室正常运行的系统到不同的电磁环境中时不会出现问题。电磁设备通用要求（FAA-G-2100）第 3.3.2 段电磁兼容性是针对所有采购的要求，其中参照了各项适用的联邦通信委员会条例和联邦航空管理局参考的军用标准，从而确保在该统整个寿命周期的电磁兼容性。

4. 电磁敏感性

电磁敏感性（EMS）特指因缺陷或缺乏特定电磁条件的弹性而造成的系统运行故障阈值。敏感性是一种能够使系统降级的条件，如传导敏感性是指系统没有能力承受输入其电源的噪声。

某个易受伤害的系统是指可能在潜在特定电磁环境下存在降级可能性的系统。对于在寿命周期内可能暴露于不同电磁环境中的系统而言，必须进行脆弱性分析，以阻止发生潜在故障。

系统工程的作用：系统工程师必须保证在实施系统之前解决系统敏感性和脆弱性问题。例如，依靠标准交流电源运行的设备必须不易受到因电力系统受闪电或其他电涌的影响而产生的突然短暂峰值或功率损失的影响。同理，必须进行电磁敏感性分析以确定实验室观察到的敏感性和脆弱性对运行的影响。

5. 电磁辐射的危害

电磁辐射危害（RADHAZ）特指处理与辐射电磁波有关的特定种类的危险，主要包括电磁辐射对燃料的危害（HERF）和电磁辐射对人员的危害（HERP）两种。电磁辐射对燃料的危害指的是具有足够磁场强度的电磁场可产生能够点燃挥发性可燃物（如燃油）的火花（电磁场可能在导电材料中引发电流，并在两个导体之间的空气间隙形成火花）。

电磁辐射对人员的危害特指电磁环境中电磁辐射对人员的危险。人员吸收微波后，身体体温会上升。有时大功率（来自雷达发射塔）的微波对人是有害的。即使低功率水平的 X 射线范围及更高（频率）的电磁波也可导致电离作用。

系统工程的作用：很难确认特定电磁环境中潜在的天线和火花间隙，因此，当存在燃料时系统工程师需要将电磁场的功率密度保持在安全范围内。在电磁环境效应分析中系统工程师也必须考虑电磁辐射危害，以保证电磁环境中非电子要素（如人员和自然）的安全。

6. 电磁脉冲

电磁脉冲（EMP）是电磁干扰的激烈爆发，例如因核爆而导致的电磁脉冲。这种脉冲可造成敏感电子系统的损坏或暂时故障。建议对进行电磁脉冲敏感性分析的需求做出评估。

7. 静电放电

静电放电（ESD）是静电从一个物体到另一个物体的无意转移。从人体转移到设备的静电电压可高达 25kV（如因走过地毯而产生的电压）。因此产生的短暂电流可造成集成电路和其他电子产品的损坏或故障。建议对进行静电放电敏感性分析的需求做

出评估。

8. 闪电

由于闪电具有巨大的能量且能够产生多重影响，因而在电磁环境效应中应尤为关注闪电。闪电的影响可分为直接影响（物理影响）和间接影响（感应电瞬变及与闪电相关的电磁场之间的交互作用）。建议对进行闪电敏感性分析的需求做出评估。

9. 沉积静电

沉积静电（P-Static）是因某个物体暴露于移动的空气、流体或微小固体颗粒（如雪或冰）之中而产生的静电积聚。它可导致明显的静电放电，在航空器和航天器机载系统中是一个重点考虑的因素。建议对进行沉积静电敏感性分析的需求做出评估。

10. 目的

除了法规强制规定的，电磁环境效应应当有助于降低成本、改进系统设计，有助于防止危害并满足国际关注问题。这些益处及法律强制要求使电磁环境效应成为系统工程不可或缺的组成部分。

11. 与电磁环境效应有关的政府法规

由联邦通信委员会编制并实施与电磁环境效应有关的政府法规。在一个新的电子设备能够在美国进行销售之前，它必须符合联邦通信委员会的标准。这些标准是美国联邦法规（CFR）标题47（第15部分）中的规章制度。

联邦通信委员会的要求着重于某个系统所产生的电磁干扰，而非其电磁敏感性。这些强制要求限制了数字设备的传导干扰和辐射干扰，并严格控制有关电场的辐射干扰。大多数与国家空域系统有关的电子/射频器件都被纳入联邦通信委员会A类（工商业或商业）条例，A类条例不像B类（家用电器）条例那样严格。由于政府法规会频繁进行更改，因此系统工程师必须确保达到当前的要求。可从联邦通信委员会网站获取相关信息，联邦通信委员可能会要求提供系统样机进行测试。

12. 系统性能及重新设计的成本

制造商和开发商努力符合政府规定的同时，也可能在系统中增加额外的电磁环境效应要求，以提升产品性能和客户满意度。政府的电磁环境效应要求并不能保证系统与其预计运行环境相兼容。因此，应由制造商和开发商考虑系统的电磁环境、该系统的电磁干扰对环境的影响，以及该系统的电磁敏感性，以避免出现联邦通信委员会条例无法预知的潜在问题。

开发商和制造商从开始就考虑潜在的电磁环境效应问题，可避免以后发生代价高

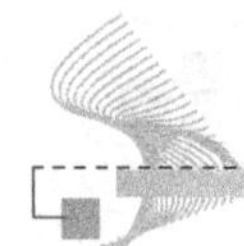

昂的重新设计。在系统的寿命周期内越早发现问题，纠正该问题所需的成本就可能越低。例如，如果在部署某个新系统之后发现了电磁兼容性问题，就可能需要对该系统进行大量的重新开发。但是，如果是在设计和计划阶段确定了该问题，就可以在开始制造之前解决此问题，从而节省大量的时间和资源。

13. 灾害防御

应考虑电磁辐射对燃料的危害（HERF）及电磁辐射对人员的危害（HERP）。虽然这些问题可能已包含在安全风险管理活动之中，但是仍需在电磁环境效应中予以考虑。

14. 国际化注意事项

全世界范围内的电磁干扰都在增加。那些需要在美国以外地区使用的系统（如航电系统）必须能够处理其他国家存在的可能与美国条件不同的电磁干扰类型和强度。建议设计这些系统时着重关注最大限度地减少电磁辐射的易损性。

另外，建议考虑能够产生显著的电磁干扰的故意干扰的可能性。

15. 电磁环境效应分析

本节专门讨论各种电磁环境效应相关分析。对于某个给定系统而言，并非所讨论的电磁环境效应分析都是必要的；在计划期间需最具时间和资源价值的电磁环境效应。

建议对商用现货系统和新系统进行电磁环境效应分析，以保证这些系统或可能采用的子系统的电磁环境的兼容性。电磁环境效应分析中涉及的细节随着系统工程寿命周期的各个阶段而增加。必须清楚地说明低级别技术分析中产品辐射评估的测量规程。电磁环境可能在某个系统的寿命周期中的任何点发生显著变化。因此，应重新进行电磁环境效应分析，以保证该电磁环境中每个系统的持续电磁兼容性。

16. 运行电磁环境说明

在进行任何电磁兼容性分析之前，必须确定系统所处的电磁环境，需详细说明运行环境中的各种电磁干扰来源。测量电磁环境的功率水平、辐射频率及其相对于系统的方位。在某些情况下，可能也需要指明与电磁环境中其他系统有关的固有敏感性。

现有运行服务与环境说明文件可作为电磁环境来源，运行服务与环境说明中包含有关运行环境及与该系统有关的系统/子系统的信息，但是运行服务与环境说明可能并未描述所有电磁环境参数。

可视情况编写系统能够在不降级使用的最恶劣电磁环境条件的说明，当不能确定系统不在某个特定的电磁环境下运行时（如预计该系统将会处于多个明显不同的运行电磁环境之中）这是很有用的。

17. 电磁兼容性分析

电磁兼容性分析用于确定与辐射干扰或传导干扰有关的兼容性问题，其中包括评估所处电磁环境及系统在电磁干扰方面有何彼此影响。

在进行电磁兼容性分析之前，必须计算该系统的电性尺度。这样做是为了确定（对于某个电磁兼容性分析而言）简单数学运算方法（如基尔霍夫定律）是否足够精确。如果该系统电性尺度偏大，那么简单数学运算已不够满足 EMC 计算需求，需要采用麦克斯韦方程组（Maxwell's Equations）。

18. 有关电磁辐射的联邦通信委员会规章

由于都是处理系统的电磁干扰问题，因而在电磁兼容性分析期间采用有关电磁辐射的联邦通信委员会规章是很方便的。虽然可能直到建立起某个系统之后才能够进行是否符合联邦通信委员会要求的实际验证测试，但是从系统开发开始时就融入这些规章有助于减轻合规性问题。

19. 电磁辐射危害分析

仅当电磁辐射与某个特定系统及其环境有关时才进行电磁辐射危害分析。例如，如果在运行电磁环境中未出现燃油，就不必进行 HERF。建议根据电磁环境描述确定需要进行的电磁辐射危害分析的类型。

20. 电磁敏感性分析

与电磁辐射危害一样，仅当存在相关性时才进行特定的敏感性分析。由于各种分析都需要（耗费）时间和资源，因此对与系统及其电磁环境无意义的分析投资是不切实际的。敏感性分析包括以下几方面。

（1）传导敏感性（交流电源线）。

（2）静电放电（ESD）敏感性。

（3）闪电敏感性。

（4）沉积静电（P-Static）敏感性。

（5）电磁脉冲（EMP）敏感性。

21. 电磁环境效应的输出与产物

电子系统寿命周期内的所有阶段都必须应用电磁环境效应分析和预测，以下章节将电磁环境效应活动的输出与整个系统工程流程相联系。需要注意的是，和其他专业工程分析一样，应将所有电磁环境效应分析记录在《设计分析报告》中。

22. 需求

大多数电磁环境效应活动都会生成提供给需求管理流程（见 3.3.2 节）的需求。其中包括不足分析、工作声明、规范及各种机遇性能的需求。

23. 关注及问题

除了明确必要的需求，电磁环境效应活动也可确定那些可能在某个系统寿命周期后期浮现的潜在问题。记录已发现的尚不需要进行纠正的系统敏感性也是一种很好的做法，这些问题包含在风险管理流程（见 3.3.2 节）中反馈的关注及问题之中。

24. 验证准则

必须提供验证准则，以确保达到规定的电磁环境效应性能需求。提供进行电磁环境效应测试及解读测试结果的详细信息也很重要。这部分提供给验证和确认流程（见 4.7 节）。

25. 电磁环境效应问题的解决方案

可采用多种方式（包括屏蔽、抑制辐射的部件或修改运行环境）纠正电磁兼容性和电磁敏感性问题。但是有些问题可能无法直接得到解决，会迫使设计人员进行大量成本高昂的产品重新设计。这也是之所以在系统开发早期考虑电磁环境效应问题更为有利的原因。

5.3.2 频谱管理

射频（RF）频谱是电磁频谱中有意用于发送和接收信号的部分。由于这是一个有限的频率集，因此必须在各级政府和工业部门之间进行有效地分配。联邦航空管理局、空军和海军是联邦政府内三个主要频谱使用者。联邦航空管理局众多的通信、导航和监视系统严重依赖于射频频谱，通过该机构 50 000 多次的频率分配即可证明其对频率的依赖程度。

联邦航空管理局内部频谱管理不仅可以确保使用射频技术的系统被分配适当的频段，而且不会降低其他射频系统的性能。

1. 定义

联邦航空管理局指令 6050.19中规定：“无线电频谱，特别是留作民用航空专门使用的航空无线电频谱是一种稀缺且有限的资源，通常联邦航空管理局和民用航空都致力于采用高效频谱技术和程序以保护频谱资源。”

频谱管理包括在系统之间分配联邦航空管理局的可用射频频谱、整合新射频技术、

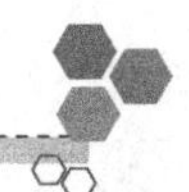

监控射频活动以保证射频系统之间不彼此干扰，并研究可能使其他系统性能下降的射频干扰（RFI）外部来源。

2. 配合技术运行服务

技术运行服务是一项联邦航空管理局与空中交通组织（ATO）相关的业务，负责管理联邦航空管理局对射频频谱的使用，并通过频率管理官（FMO）来解决射频干扰问题。在全国范围内，频率管理官是解决射频干扰联络人。频谱工程师进行详细的现场调查，从而迅速解决射频干扰问题以保持系统在无干扰的电磁环境中运行。频率管理官员也可以是由技术运行服务（办公室）批准的当地或“特定地点”无线电频率工程师。

空中交通组织的技术运行服务办公室、空中交通管制频谱工程服务（以前是频谱政策和管理——ASR）负责监管联邦航空管理局内部的频谱管理工作。所有开发需使用射频的系统项目团队都必须与空中交通管制频谱工程服务（办公室）协作，以保证所有频谱管理问题（包括分配射频频段）都得到正确的解决。项目团队必须在开发过程初期就与空中交通管制频谱工程服务（办公室）联系，以取得有关频谱问题的指导。

空中交通管制频谱工程服务（办公室）负责管理联邦航空管理局无线电频谱的使用，并通过维持频率管理官员网络来解决射频干扰问题。

3. 目的

机场之间安全飞行的基础是无干扰的无线电频率，从而使所有航空系统能够正常运作。联邦航空管理局的频谱工程服务办公室负责确保无线电频率始终清晰可用。

4. 所有射频系统都需要进行频谱管理

商务部下属的国家电信和信息管理局（NTIA）负责管理分配给联邦使用的频谱。该管理局有权授权符合特定要求的联邦机构使用频谱。

由（空中交通管制）频谱工程服务（办公室）监管分配给联邦航空管理局的射频频段，开发具有射频功能系统的项目团队必须与频谱工程服务（办公室）合作以获取频段分配。频谱工程服务（办公室）在系统的全寿命周期都持续开展频谱管理活动（如频率再分配、射频干扰调查）。

5. 射频系统性能

频谱管理能够保证射频系统的无干扰环境，如果没有频谱管理，就很难控制射频干扰，射频系统的性能也会严重下降。由于现有可用频段的数量有限，因而决定了组织、协调和监控频谱使用的必要性。

6. 频谱管理活动

频谱管理活动包括明确并保持某个射频系统的发射频率。

7. 初始射频频段分配

联邦航空管理局的频谱工程服务（办公室）将为新系统运行使用分配频段，未获取频率分配之前不得引入新的射频系统。

8. 射频干扰的检测和报告

必须对新系统进行测试，以确保其不会发送可能干扰其他射频系统的噪声。频谱工程服务（办公室）可提供特定的测试准则。

应向区域频率管理官报告任何在运行或使用过程中妨碍系统性能的（不知名的）外部射频干扰，以便进行调查。

9. 射频频段的修改

频谱工程服务（办公室）可在系统寿命周期的任何时间点更改任何或所有系统的频段。可能由于新射频系统的整合、客户需求的更改、美国频谱管理办公室射频频谱分配调整或其他国际问题而需要进行频率重新分配，项目团队和系统工程师必须按技术运行服务（办公室）要求的做好频段调整。

10. 电磁环境效应的输出与产物

以下章节将频谱管理活动的输出与整个系统工程流程相联系。应由技术运行服务（办公室）、空中交通管制频谱工程服务（办公室）直接解决各种频谱管理问题。

11. 计划准则及初始需求文件

在服务分析阶段的初期，射频系统团队必须确定频谱支持的需求并向频谱工程服务办公室提交申请，直到频谱计划团队委员会批准该申请之后才算完成了初始需求文件流程。将来自频谱工程服务办公室的反馈输送给综合技术计划流程（见 4.1 节）和需求分析流程（见 4.2 节）。

12. 要求与限制

频谱工程服务（办公室）可在某个射频系统寿命周期的任何阶段施加要求和/或限制。将这些要求和限制输送给需求分析流程（见 4.2 节）。

13. 验证准则

频谱工程服务（办公室）要求对任何在开发的射频系统进行验证，以确保该系统

在批准范围内使用射频系统。将这些内容输送给验证和确认流程（见4.7节）。

附加信息

有关用于生成整个本节的信息来源见参考文献。

5.4 人因工程

人因工程（HFE）是一门综合性学科，它通过生成和编纂有关人的能力和限制性的信息，并将这些信息用于以下几方面：

（1）设备、系统、软件和设施。

（2）规程、工作、组织设计、工作区及环境。

（3）培训、人员编制和人员管理，以产生安全、舒适、快捷有效的人为表现。

人因工程具有以下功能：

（1）开发或改进所有与该系统（有关的）人机界面。

（2）使系统运行、维护和支持过程中的人员/产品性能最优化。

（3）对人力资源、技能、培训和费用做出经济的决策将人因工程活动嵌入并整合到系统和设备采办之中，以降低寿命周期成本、提升人机性能并降低技术风险。人因工程理念将始终导致系统开发时无法满足工作需求，导致代价高昂的延迟和系统返工。

那些负责运行和维护软件/硬件的人员和软件及硬件本身一样重要。运行或维护该系统的个人及团队具有不同的知识、技能和能力，而且他们是在多种运行条件、组织结构、规程、设备配置和工作场景中运行软件/硬件。这些要素的总和将决定该系统的性能、安全和效率。为了实施有效的人因工程，必须规定系统的硬件、软件、设施和服务，同时还要规定将使用系统的用户（操作者和维护者）、品性及系统使用环境。

如果能够在寿命周期采办管理流程的早期应用人因工程，就可以提升改进性能、安全性和效率的概率，降低寿命周期人员编制和培训成本，而且能够很好地纳入项目战略、计划、成本和进度基准并进行技术权衡。在采办的后期阶段进行运行、维护或设计理念的更改不仅代价高昂，而且意味着高风险的项目调整工作。在投资分析和需求定义的过程中，明确系统运行和维护的寿命周期成本和人员表现组成部分能够降低项目风险并缩减长期运行成本。

5.4.1 输入

人因工程的用户性能需求及其他输入源自采办寿命周期自服务分析及战略规划阶段起的不同阶段，联邦航空管理局采办系统工具（FAST）中的联邦航空管理局人为因素采集工作辅助工具指南提供了将人因工程与采办管理流程整合的信息。项目团队必须熟悉人因概念并将人因工程原则植入其采办项目的流程。

表 5-1 确定并规定了产品团队需要在计划和实施设备及系统采办项目时考虑的多种人机接口。对这些接口进行分析能够提供确定人因工程流程任务输入的基础。这些输入可包括新的或此前进行的人因调查、研究和分析，人因标准和指南，人因技术方法和技术，人员表现数据准则或其他人机交互信息。

表 5-1　系统采办中的人员及表现接口

人员接口的类型	表现的维度	表现的目标
功能接口：人员相对于自动化对于运行和维护的作用；功能需求及任务；人员配备；以及技能和培训	工作表现	在时限和约束内完成任务的能力
信息接口：电子或硬拷贝的信息媒介；信息的特点及信息	处理/加工信息的表现	识别、获取、整合、理解、解读、应用和传播信息的能力
环境接口：生理、心理和战术环境	环境压力下的表现	在不利的环境下工作的能力，包括严寒酷暑、振动、衣着、照明、能见度下降、气候、有限时间及心理压力
运行接口：规程、工作辅助、嵌入式或有机培训和在线帮助	持续表现	在紧急情况和退化条件下能够保持繁重任务的工作的能力
组织接口：工作设计、政策、权限范围、管理结构和组织基础设施	工作表现	在管理和组织结构内执行工作、任务和职能的能力
合作接口：沟通、人际关系和团队表现	团队表现	共同达成任务目的的能力
认知接口：人机接口的认知方面、态势感知、决策、信息整合、工作量和短期记忆	认知表现	进行认知操作的能力，如解决问题、做出决策、整合信息和保持态势感知
物理接口： 该系统物理方面与人员的交互作用（如人机接口、控制和显示、工作站和设施）	运行和维护表现	在工作站和工作场所，以及在采用控制、显示、支持设备、工具、工作辅助、工作站配置和其他仪器的设施内实现访问并进行运行和维护的能力

研究人的表现限制和能力将是一项艰巨的任务，除非该任务被分解为许多部件且对人为因素进行详细分类。因此，可用表 5-2 中列出的针对感兴趣领域的要素反映潜在人因的风险和输入，在进行人因计划、需求、设计和其他活动开发的分析过程中需研究该列表。

表 5-2　人为因素的兴趣领域

序号	人为因素的兴趣领域
1	功能性角色的分配：将这些角色/需求/任务分配给能够执行的更好的人员或设备，同时使人员保持对运行状态的认知
2	人体测量学和生物力学：包含其用户群的物理属性（如 1%～99%）
3	沟通与团队合作：应用系统设计考虑，以提升用户间的沟通及团队合作
4	文化：调整将引入变化（包括新技术和规程）的组织和社会学环境

续表

序号	人为因素的兴趣领域
5	显示及控制：设计并安排显示和控制使其与操作者和维护者的任务和活动相一致
6	文档：采用合适的信息表现形式编写用户文件和技术手册，而且应具有所需的技术先进性和清晰程度
7	环境：适应系统将经受的环境因素（包括极端因素），理解其对人机表现的影响
8	功能设计：将以人为本的设计融入易用性和兼容性运行和维护理念之中
9	HCI（人机接口）：在系统功能设计时采用有效且一致的用户对话框、接口和规程
10	人为误差：检查设计和上下文条件（包括监督和组织影响）是否存在易于产生人为差错的地方，同时应考虑容错、防止错误及纠正/恢复错误
11	信息展示：通过采用有效且一致的标签、符号、色彩、措辞、首字母缩写词、缩略语、格式和数据字段提升操作者和维护者的能力表现
12	信息需求：保证操作者和维护者进行特定任务时所需信息的可用性和易用性，而且这些信息应为可直接使用的格式
13	输入//输出装置：选择能够使操作者或维护者迅速而准确地完成任务（尤其是关键任务）的输入和输出（I/O）方法和设备
14	知识、技能和能力：衡量执行工作相关任务所需的知识、技能和能力（KSA），并确定适当的用户选择需求
15	运行适宜性：确保该系统能够为预期功能提供适当的支持，同时与其他系统要素或支持系统保持互操作性和相容性
16	规程：设计运行和维护规程时应简单、一致且易于使用
17	安全与健康：防止或减少操作者和维护者暴露于安全与健康危害的情况
18	态势感知：使操作者和维护者感知和了解当前态势
19	特殊技能和工具：尽可能减少对操作者或维护者技能、能力、工具或特性的特殊要求
20	人员编制：适应人员水平和组织结构的限制和效率
21	培训：应用方法以加强操作者或维护者对为了操作系统而所需的知识和技能的获取，同时在设计系统时应使这些技能易于学习和保留
22	视觉/听觉警报：设计视觉/听觉警报（包括错误信息）以引起操作者和维护者的必要反应
23	工作量：采用目标和主观绩效指标评估净需求或对操作者或维护者的体力、认知和决策资源影响
24	作业空间：为人员及其工具或设备设计充足的工作空间，并为常规、不利和紧急条件下的运行和维护任务提供充足的人员空间

5.4.2 人因工程的流程

将人因工程整合到采办项目中需进行大量的技术和管理活动。其中许多活动都是在采办的多个阶段中反复出现的，而且经常呈现非线性顺序。其从属的活动包括关键任务分析、目标受众分析、认知分析、人在回路仿真、培训需求分析及原型设计等。在联邦航空管理局人因采办工作辅助工具中有关于这些活动的说明，更为详尽的说明参见人因工程参考手册。

以下流程概述了人因工程中的关键活动。

1. 将人因机会和限制融入服务分析中

采用不足分析的结果明确人员表现的限制和需要处理或解决的问题，并将其提供给服务分析，该信息来自于运行和维护分析或理念及可以提供深入了解人因工程表现或成本约束和对任务和系统的限制的其他文件。由于大多数采办工作都是渐进的，可从此前（信息）或类似架构、系统或子系统部件获取重要的人因工程信息。可能需要进行分析和权衡研究，以确定约束的作用及系统表现方面的问题。在这种情况下应研究现有的文献和经验教训数据库（参见《联邦航空管理局任务和服务区域分析人因整合指南》）。

2. 将人因需求融入项目需求中

初步、最初和最终项目需求文件中包含功能、性能和未规定某种特定的解决方案的可支持性需求。需求文件中规定了必要的功能和性能，包括与人相关部分。源于不足分析和运行维护理念，人因工程为需求文件提供影响系统设计和实施的人员绩效参数（例如任务时间、错误率和生产力能力）和设计符合性参数。必须明确所有安全危害、健康危害或可降低工作表现或系统有效性的关键性错误，同时说明对人员编制、培训理念及资源限制（如人员编制的限制、允许的培训时间）的需求，包括对培训装置、嵌入式培训及培训的后勤保障等的需求（参见《联邦航空管理局人因需求编制指南》）。

3. 将人因评估融入投资及业务案例分析中

人因工程提供了全方位的人力绩效和接口（如认知、组织、体力、功能和环境等）以达到可接受的性能水平来运行、维护和支持该系统。它为待评估的每个替代方案的投资分析和业务案例都提供了这些支持（参见投资分析中的人因评估）。这些分析提供为了符合最低系统性能需求的人员寿命周期成本和风险的已知和未知内容的信息。与投资和业务案例分析有关的人因工程领域包括以下几方面：

（1）人员表现（人员的能力和限制、工作量、职责分配、软件和硬件设计、决策辅助、环境限制、团队与个体的表现）。

（2）培训（培训时长、培训的有效性、再培训、能力的保持、培训装置和设施、嵌入式培训）。

（3）人员编制（人员编制水平、团队构成、组织结构）。

（4）人员甄选（资质、最低技能水平、特殊技能、经验水平）。

（5）安全和健康危害（有害的材料或条件、系统或设备的安全设计、运行或规程限制、生物医学影响、防护设备、必需的警告和报警）。

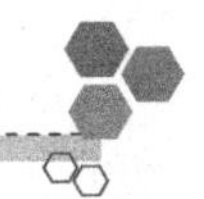

4. 将人因参数融入项目基线中

在初始和最终投资决策中制定的项目基线反映了采办机构选择实施的解决方案。根据该解决方案，人因工程对采办方案基线的输入是为了达到所要求的系统性能水平而需要的人员表现需求。这些输入源自于项目需求文件（初步、最初和最终项目需求）中规定的详细系统性能水平。其反映了逐步细化的过程，提供强化的定义、更为精确且更具有特征的相关人员系统性能特性。为了整合这些人因工程输入，项目工程师需要明确制约、限制和独特的或专门的培训需求、人员水平或人员技能要求。

另外，人员和系统性能的所需水平必须基于运行有效性和适用性的实际措施，而且应采用量化规定（完成某项给定任务的时间、要求的精度水平，以及每个单位时间应处理的生产量）。

5. 为服务组织指定人因协调员

服务组织指定一名人因协调员在系统采办期间编制、指导并监控人因工程活动。应在投资和业务案例分析的过程中尽早指派相关人员，以确保人员考虑成为市场调查、权衡分析和定义针对服务需求的候选解决方案需求工作的一部分。协调员的职责如下：

（1）在投资分析期间定义人员影响和限制，并确定人机功能、表现和接口需求。

（2）在市场调查、权衡分析和原型期间评估人机接口。

（3）编制并更新项目计划文件、采购包、评估和性能标准/衡量及数据收集工作中的人因工程部分工作。

（4）编制并分析运行场景和操作者及维护者的人机建模与仿真。

（5）审核并评估人因工程理念和设计。

（6）协调人因工程工作和工作组活动。

（7）协调人因工程与其他系统工程之间的关系。

上述内容可详细记录在《人因综合项目计划》之中。

6. 建立人因工作组

人因协调员可创建和领导人因工作组（HFWG），以便于完成人因工程任务和活动。根据采办项目的需求确定人因工作组的成员构成。该工作组通常由关键服务组织系统工程成员和专家组成，并根据需要引入外部成员。

7. 将人因战略和任务融入项目实施战略和计划之中

人因战略取决于需采办的系统的规模、成本和复杂性，以及人员-产品接口的性质和复杂度。建议在人因工程战略中着重下述因素：

① 人因工程的范围和水平。

② 人因工程中组织和承包商的角色及责任。

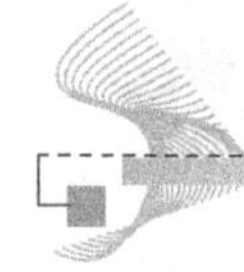

③ 评估人机接口。

④ 所需的数据来源及设施。

⑤ 资金和其他资源的分配。

⑥ 人因工程活动的时间选择及范围。

⑦ 人因工程与其他项目要素之间的关系。

人因工作组可协助不同类型的采办项目制定适当的战略，如非发展性项目、商业、现成产品或成熟新系统的采购。

人因任务和活动定义了项目实施过程中需完成的人因工程工作。对于各个项目而言，项目计划文件分配了负责人员和负责组织，明确了输出和批准机构，规定了应于何时完成任务，并且进行了资源分配。随着项目进展经过解决方案实施，应更新项目计划中人因部分的内容，以反映项目战略或执行之中的变化，并随着方案的发展提供更为详细的计划。

8. 编写完整的人因计划信息

对于管理良好的采办项目而言，由服务组织编写一份人因计划或将人因输入整合到系统工程管理计划之中。该信息结合了来自多个领域人因的输入，如培训、人员配置、人员甄选和安全等。在联邦航空管理局人因采办工作辅助中简要说明了建议的内容和格式。与该计划相关的任务包括以下几方面：

（1）定义运行理念和支持理念。

（2）描述目标人群。

（3）定义人员/系统接口。

（4）定义人员对系统的影响。

（5）定义人因工程战略。

（6）定义实施人因工程的任务、活动和进度表。

9. 将人因需求融入系统工作声明及规范之中

系统工作声明和规范以清晰、明确且具有合同约束力的形式将人员-系统的职能和性能需求和适当的人因工程工作明确给承包商。工作声明中包括承包商应执行的各种人因任务，并且在合同数据需求清单（CDRL）及相关人因数据项说明（DID）中规定了可交付的数据。系统规范解决了下述要素，以确保所需的人员表现能够对系统设计形成有效的影响：

（1）人员配置的限制。

（2）操作者和维护者的必要技能和技能水平。

（3）培训时间及正式、非正式和在职技能发展的成本。

（4）当由目标用户和维护者人群进行操作和维护时，人员和系统任务性能的可接

受水平。

（5）人员-系统接口需求。

10. 将人因融入来源评估准则之中

人员表现是评估因素的一项很好的候选项。通过向供应商提供明确的说明，表明政府很看重操作者和维护者是如何运行该系统的，即运行的适用性和有效性是至关重要的。

11. 进行人因工程分析

由负责的服务组织监督、监控并审查由实施组织进行的人因工程分析工作。这些分析涉及以下几方面。

（1）定义并分配系统职能和需求（人因需求分析、人机接口原型设计、人员配置分析、培训需求分析、培训有效性分析）。

（2）分析信息流和处理（信息需求分析、人机接口设计分析）。

（3）估测操作者和维护者的能力（任务表现分析、培训表现分析、时间和工时标定、安全性分析）。

（4）定义并分析体能和认知型任务及工作量（任务分析、工作设计分析、组织设计分析）。

（5）明确并衡量人为误差风险，定义其缓解措施及对设计、设备、规程和任务表现的影响（关键任务分析、用于可靠性、可维护性和可用性工程的人因可靠性分析，人因安全性分析，以及人因风险评估）。

12. 将人因工程应用到系统设计

将人因工程应用到系统设计活动中以优化人员-系统接口并保证满足人员表现要求。人因工程被应用于系统设计的各项范围内，包括实验、测试和研究，工程制图，工作环境、员工工作站和设施的设计，性能和设计规范，规程的编制，软件开发，以及工作辅助、技术手册和其他文件。系统设计中定义人员-产品接口时，可有效运营下述方法：

（1）原型和计算机模型。

（2）三维实体模型。

（3）成比例模型。

（4）静态和动态模拟。

（5）早期用户评估。

13. 按照人员表现需求进行系统测试

为了确定该系统是否符合人员表现需求，应在系统开发过程中尽早开始进行测试。

使用来自设计评审、原型评审、实体模型检验、演示、建模、模拟和其他早期工程活动/评估的人因工程发现项进行计划，并在随后开展更为严格的测试和评估活动。人因工程测试的重点是在于其运行环境中对用户人员进行验证，确认他们是否能够在常规和非常规运行条件下操作、维护并支持该系统。

14. 将人因考虑融入实施后评审之中

运行的适用性和有效性是决定将某项新的能力应用到运行服务之中时需要考虑的主要评估因素。令人满意的人员表现是运行适用性和有效性不可或缺的因素。在此项活动中将解决大部分人因工程问题。另外，在把新能力应用在运行环境后，编制评估和监控新能力的人员-系统性能的计划（特别是针对服役评审期间发现的风险和限制）。

5.4.3 输出

管理人因工程项目、制定需求、进行系统整合，以及测试和评估人因工程符合性可生成许多不同的人因工程输出和产物。这些产物包括初步采办文件，以及人因调查、研究和支持项目和设计决策及文件记录分析的人因输出。这些产物的示例包括人因风险分析、人因收益分析、性能评估准则、原型设计和关键任务分析等。

在联邦航空管理局人因采办工作辅助和其他政府及商业人因工程手册中更加详细地说明了人因工程活动及其成果，并反映在以下五个项目计划和实施的关键组成部分之中。

1. 人因工程计划标准

人因工程计划涉及编制详细的使用理念、用户和任务分析、人因工程活动进度表、投入水平、待采用的方法、开发和验证的策略，以及实施并与其他项目计划相进行整合的方法。该信息将输送给技术管理（见4.1节）。

2. 人因工程分析报告

人因工程分析涉及确定角色/任务/需求在人员、设备、软件或其组合方面的最佳分配，以达成采办目标。其中包括将功能分解到特定的任务之中，对任务进行分析以确定人员表现参数和信息需求，对任务参数进行量化以允许对与总体系统运行有关的人员——系统接口进行评估，并明确人因工程的风险领域和安全危害。

3. 人因工程设计和开发分析报告

人因工程的设计和开发涉及将任务、系统和任务分析数据转换为详细的设计和创建在人员表现能力内运行，符合系统功能需求并通过贸易研究评估能够实现任务目标的人员-系统信息流和接口的开发计划（见4.6节信息管理流程）。

4. 人因工程测试和评价分析报告

人因工程测试和评价涉及对预期的用户性能能力以内运行和维护的系统、设备、软件和设施进行验证，而且与总体系统需求、组织设计、运行节奏和资源限制相一致（见 2.2.5 节成果实现和 4.7 节验证和确认）。

5. 人因工程管理和协调分析报告

人因工程的管理和协调涉及协调并为可靠性、可维护性和可用性工程，系统安全，风险管理，设施和系统工程，综合后勤保障及其他人因工程职能（包括生物医学、人才选拔、人员配备和培训等职能）提供输入。

附加信息

有关本节内容的信息来源请见参考文献。

5.5 信息安全工程

信息安全工程（ISE）是系统工程（SE）的一门专业工程学科，主要为系统的整个寿命周期内与系统有关的信息安全风险的管理提供支持。信息安全工程的主要目标是将信息系统安全（ISS）风险降低至联邦航空管理局政策中规定的可接受水平，在当今的网络世界，风险管理的概念对信息安全工程而言是极为重要的。联邦航空管理局对信息安全的定义是“一种威胁的组合，其成功的攻击某个系统的可能性，以及因成功的攻击而产生的影响和危害”。为了减轻这些风险，需要可靠的安全风险管理，其中包括评估、减灾、监控和控制整个系统寿命周期内的安全风险。

5.5.1 信息安全工程的法定依据

美国联邦法律和法规，尤其是 1996 年的克林格·科恩法案，管理和预算办公室（OMB）A-130 号通报，2002 年联邦信息安全管理法案（FISMA）和国土安全总统指令 8 HS-PPD-8 确立了有关联邦信息技术（IT）资源信息安全风险管理的明确的法律依据。

联邦信息安全管理法案（FISMA）重申了美国国家标准与技术研究院（NIST）的作用，即制定标准并向联邦机构提供有关其任务、资产和运行风险的信息安全指南。由美国国家标准与技术研究院以特刊的形式出版该指南，且美国国家标准与技术研究院的标准被发布为联邦信息处理标准（FIPS），在经商务部部长批准后具有强制性，无任何追索权豁免。

交通部（DOT）和联邦航空管理局通过交通部网络安全纲要和联邦航空管理局 1370.82 号指令（信息系统安全项目）管理联邦信息安全管理法案的符合性。联邦航空管理局指令要求在任何联邦航空管理局采办中都应包含信息系统安全需求和相关成本，通过建立安全授权流程建立联邦信息安全管理法案符合性规制结构。

5.5.2 开展信息安全工程的驱动

除了在上一节中着重说明的政府法律法规，在联邦航空管理局系统的整个寿命周期内还有另外三种因素驱动着开展信息安全工程。

（1）信息时代的技术与自动化。联邦航空管理局采办管理系统（AMS）要求采用或选配可从市场上购买的 IT 产品来满足该机构的需求。这些商用现货产品可能会存在缺陷，除非经过适当的明确、控制和管理，否则可能会对联邦航空管理局的服务、能力和功能造成无法接受的风险。

（2）航空业的发展，国家空域系统的架构和运行理念。网络化信息的普遍性和联邦航空管理局系统增加的互联性显著的扩大了该机构受到不同来源的恶意活动的机会。虽然已引入的网络化和自动化扩展的服务和能力能够提升性能和效率，但是除非联邦航空管理局能够适当的解决安全性问题，否则这将极大地扩展系统保密性、完整性和可用性方面的漏洞。

（3）不断上升的恐怖主义和民族主义威胁。联邦航空管理局正在对其能力进行现代化，以确保航空运输系统足以抵御安全风险并保护公众的安全。作为国家空域系统的服务和能力，信息安全能够支持国土安全、应急响应和灾难复原工作，是美国的关键基础设施。

图 5-7 说明了包括政府法律法规在内的开展信息安全工程的四种驱动。

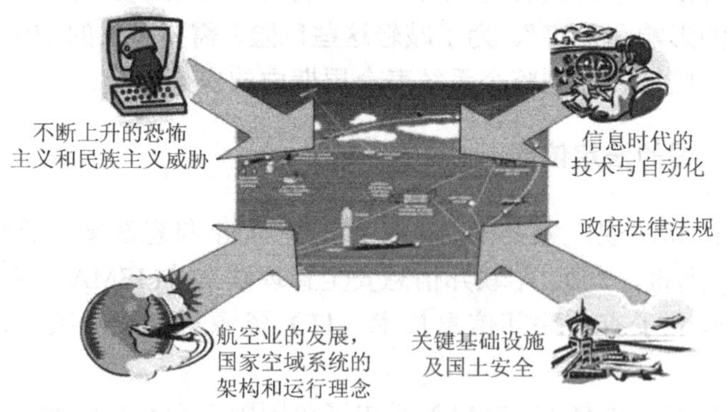

图 5-7 驱动安全性的因素

这四种因素推动联邦航空管理局在整个系统寿命周期内更彻底、更严格的执行信息安全工程。相对于在采办管理系统寿命周期的后期才加入安全控制的项目而言，那些在开发和采办的前期就纳入安全需求的联邦航空管理局项目通常成本更低，而且安全保证也更有效。自早期计划至合同收尾期间，信息安全工程流程为采办管理系统中提供信息安全风险管理框架。

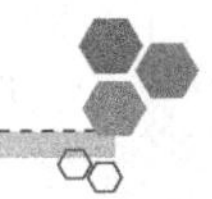

5.5.3 信息安全工程框架

信息安全工程框架是基于美国国家标准与技术研究院在众多美国国家标准与技术研究院特刊中提出的方法和原则，以及其中的联邦信息处理标准：

（1）联邦信息处理标准出版物 199，联邦信息和信息系统安全分类标准。

（2）联邦信息处理标准出版物 200，联邦信息和信息系统的最低安全要求。

（3）特刊 800-30 第 1 版，开展风险评估的指南。

（4）特刊 800-39，信息安全风险管理：组织、任务和信息系统角度。

（5）特刊 800-37，联邦信息系统应用风险管理框架指南：安全寿命周期方法。

（6）特刊 800-53，联邦信息系统和组织的推荐安全控制。

（7）特刊 800-53A，联邦信息系统和组织安全控制评估指南：建立有效的安全评估计划。

（8）特刊 800-27 第 A 版，信息技术安全工程原理（用于实现安全的基线），A 版。

信息安全工程框架确定了信息安全的原则、任务，以及支持采办/设计、实施、授权、服役所需的方法和处理航空管理局信息系统的方法。虽然该信息安全工程主要适用于美国国家标准与技术研究院特刊 800-37 中，推荐综合风险管理方法的第 3 层级（见图 5-8），但是信息安全工程也为说明了从较高层级提供给第 3 层级的战略方向，以及第 3 层级向更高层级的输入。

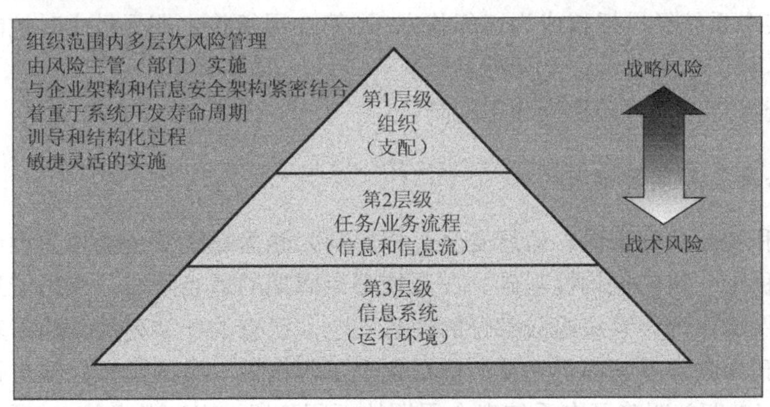

图 5-8　分层风险管理方法

信息安全工程会考虑较高层级对第 3 层级的战略方向（系统所有者或者某个预期系统的赞助商）如下：

（1）处理联邦航空管理局系统整个寿命周期的信息系统安全，尤其是确保将制定信息系统安全需求及其相关成本作为采办流程的一部分。

（2）采用美国国家标准与技术研究院信息系统安全方法，为联邦航空管理局系统开发并实施与其信息安全风险相称的安全控制。

（3）采用联邦航空管理局规制，结构支持联邦航空管理局安全控制的制定、实施和监控工作。

（4）采用联邦航空管理局标准化风险参数定义并衡量信息系统安全风险。

（5）只要可能，就应采用联邦航空管理局企业级别通用控制代替系统特定控制。

（6）确保在联邦航空管理局系统获得运行使用授权之前，将信息系统安全风险降低到联邦航空管理局规定的可接受风险水平或更低水平。如果某个系统未能将某些风险降低到联邦航空管理局规定的可接受风险水平，那么这些仍可按照个别情况获得运行使用授权，但是这些系统应制定《行动计划和里程碑（POAM）》以便在约定时间表内减缓这些风险。

（7）在取得系统授权后，系统将获得一份用于监控信息系统安全风险的计划。

信息安全工程也会考虑来自第 3 层级向更高层级的输入（系统所有者或者某个预期系统的赞助商）如下：

① 在理念和需求定义过程中，第 3 层级有助于明确将作为确定采办目录（ACAT）的输入的预期系统的安全风险。

② 在投资分析过程中，第 3 层级有助于明确费用评估因素及预期系统信息安全需求的益处。

③ 当某个系统经过授权成为运行状态后，第 3 层级将定期提供实时控制是否工作良好的评估。

④ 系统特定控制可转换为通用控制。

1. 信息安全工程的原则

从逻辑和实际角度来讲，信息安全工程原则为涵盖系统安全能力的设计、开发和实施提供了稳定一致的机构性基础。在系统寿命周期的适当阶段，应用信息安全工程原则将能够保障作为该系统组成部分的信息安全。已有的一系列的美国国家标准与技术研究院特刊为联邦系统提供完整的信息安全工程指南。美国国家标准与技术研究院特刊 800-27（A 版）明确了在系统寿命周期的不同阶段，应当考虑的 33 项信息安全工程原则。这些原则可应用于整个系统寿命周期，见表 5-3，其中一个对号（√）表示可使用该原则支持该寿命周期阶段，而两个对号（√√）则表示该原则对于顺利完成该寿命周期阶段而言是很关键的。

表 5-3 采办管理系统寿命周期的 IT 安全原则

（出自美国国家标准与技术研究院特刊 800-27，A 版）

序号	说明	服务分析和战略规划	概念和需求分析	初始投资分析	最终投资分析	实施解决方案	服役	处置
安全基础								
1	制定健全的安全政策作为设计的“基础”	√√	√√	√	√	√	√	√
2	将安全视为整体系统设计的一部分	√√	√√	√√	√√	√√	√√	√
3	清楚说明受相关安全政策管辖的物理和逻辑安全边界		√√	√√	√√	√	√	
4	确保已培训开发者如何开发安全软件					√√		
基于风险								
5	将风险降低至可接受的水平		√√	√√	√√	√√	√√	√√
6	假定外部系统是不安全的	√√	√√	√√	√√	√√	√√	√
7	明确降低风险与增加成本和其他方面运行有效性下降之间潜在的取舍关系			√√	√√		√√	
8	实施为系统定制的系统安全措施，以达到组织安全目标		√	√√	√√	√	√√	√
9	保护在处理中、传输中和存储中的信息		√	√√	√√	√√	√√	√
10	考虑定制产品以达到足够的安全性					√	√	
11	保护（系统）免遭各种可能的“袭击”		√	√√	√√	√√	√	√
易用性								
12	可行时，安全应基于可移植性和互操作性的开放标准		√	√√	√√	√		
13	采用公用语言制定安全需求	√√	√√	√√	√√		√√	
14	进行安全设计时应允许新技术的常规应用，包括安全且逻辑的技术升级流程		√√	√√	√√	√	√√	
15	谋求操作易用性		√	√√	√√	√	√√	
增强弹性								
16	实施分层安全（保证不会发生单点漏洞）		√	√√	√√	√	√√	√
17	设计和运行 IT 系统时应能够限制损害并具有响应弹性		√	√√	√√		√√	
18	当面对预期的威胁时，提供该系统处于且持续处于弹性状态的保证		√	√√	√√	√	√√	√
19	限制或含有缺陷			√√	√√	√	√	
20	将公共存取系统与关键任务资源（如数据、进程等）相隔离		√	√√	√√	√	√	

续表

序号	说　明	服务分析和战略规划	概念和需求分析	初始投资分析	最终投资分析	实施解决方案	服役	处置
21	采用边界机制使计算系统与网络基础设施相分离			√√	√√	√	√√	
22	设计并实施审核机制以检测未经授权的使用并支持事件调查		√	√√	√√	√√	√	
23	制定和实施应急和灾难恢复程序，以确保适当的可用性		√	√	√	√	√√	
24	力争简便	√	√	√√	√√	√	√√	√
25	尽量减少需要信任的系统要素		√	√√	√√	√	√√	
26	实施最低权限		√	√	√	√	√√	
27	切勿执行不必要的安全机制		√	√√	√√	√√	√	
28	确保系统关闭或处置时的适当安全性			√	√		√	
29	明确并防止常见错误和漏洞			√√	√√	√√		
设计时需考虑网络								
30	通过物理上和逻辑分配式措施的组合实现安全性		√	√√	√√	√	√	√
31	制定解决多个重叠的信息领域的安全措施		√	√√	√√	√	√	
32	验证用户和进程，以确保适当的内部和跨域访问控制决策		√	√	√	√	√√	
33	使用独特的身份，以确保问责制（的实施）		√	√	√	√	√√	

在系统开发的过程中，（至少）应采用下述信息安全工程原则将系统安全整合到设计之中：

（1）（序号 8）强调系统的运行环境及系统对联邦航空管理局任务和安全政策服务的贡献。

（2）（序号 3）清楚地说明相关系统安全政策所管辖的物理和逻辑边界。

（3）（序号 6）明确降低风险与提高成本或对运行有效性和适用性影响之间的潜在权衡。

（4）（序号 2～31）参与投资分析以明确安全关注点和问题，评估系统替代方案并分析替代方案之中存在的安全风险。这将保证该替代方案能够对可能的攻击类型进行防护。

（5）（序号 28）包含有关安全特性和运行持续性及灾害反应控制的考虑，以确保适当的可用性。

参与投资分析阶段可改进安全需求声明并避免费用高昂的安全服务专业控制，可由现有系统特性（如管理规程、运行控制或边界保护系统/服务）有效解决安全服务。图 5-9 展示了在系统寿命周期的早期纳入信息安全工程的好处。

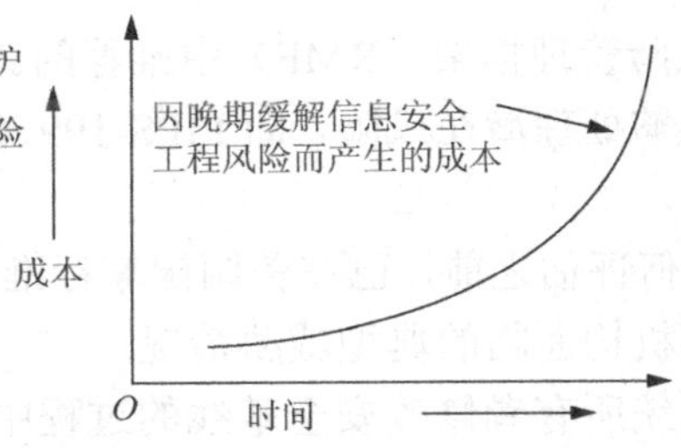

图 5-9 早期信息安全工程的益处

2. 风险评估方法学

信息系统安全风险是指如果一种威胁源成功突破系统漏洞，就可能造成潜在的个人伤害或者财产损失，或者对系统所服务机构的任务或者运行造成潜在损失或者损害。因此，风险评估方法学寻求两个定量风险因素功能作为信息系统安全风险的定量（估算）（依据）：风险的潜在损害和风险的可能性。通常通过基于 4.3.2 节中技术、进度和成本风险的表格取得这些风险因素的定量。因此，例如风险可能性因素将收到一个 1、2、3、4 或 5 评级；同时潜在风险损害也将收到一个 A、B、C、D 或 E 评级。最终可定量（估算）该风险。图 5-10 展示了这些潜在可能性和损害评级及与每对输入值（潜在损害和可能性对）相对应的风险的示例。

可能性 \ 潜在损害	A	B	C	D	E
5	L	L	M	H	H
4	L	L	L	M	H
3	L	L	L	L	M
2	L	L	L	L	L
1	L	L	L	L	L

图 5-10 潜在损害与可能性对

在该示例中假定风险只有三个值：高（H）、中（M）和低（L）；而且决策制定者表现出“勇于冒险”的态度——除了 3 对之外，大部分输入对的值都是低风险或中等风险。从理论上来说，某个组织用来进行风险赋值的风险表格能够反映出该组织在组织政策中规定的风险态度。

上述风险方法学明确考虑了潜在损害和可能性，可通过引入能够降低可能性或潜在损害或同时降低这两种因素的安全控制措施来降低风险。但是，美国国家标准与技术研究院引入了较为隐含的风险方法学，其方向是明确安全需求（或安全控制措施）。这种隐含的方法学是在美国国家标准与技术研究院专刊 NIST SP 800-37 和 NIST SP

800-53 中的风险管理框架（RMF）中推荐的。很明显，美国国家标准与技术研究院风险管理框架能够处理潜在风险，即 FIPS-199 安全类别，但是它只负责以下背景的威胁情况：

（1）在任何评估之前，已在美国国家标准与技术研究院专刊 800-53 安全控制基线中考虑了联邦机构面临的典型威胁情况。

（2）在系统所有者修改安全基线的过程中，按照各个系统的特定（威胁）环境调整基线控制。

信息安全工程规定了明确的和隐含的风险评估方法学。例如，明确的方法学是用来确定作为投资采办类别（采办目录）风险输入的投资机会信息安全风险的。但是美国国家标准与技术研究院风险管理框架风险方法学是说明选取系统信息安全控制（需求）的方法学。

3. 美国国家标准与技术研究院风险管理框架

美国国家标准与技术研究院风险管理框架是一套有效且完善的综合管理方法，自系统设计或采办计划阶段起，贯穿该系统的整个寿命周期，它都要保障信息系统的安全。美国国家标准与技术研究院风险管理框架通过图 5-11 所示和下文简述的六个步骤来达到该目的。

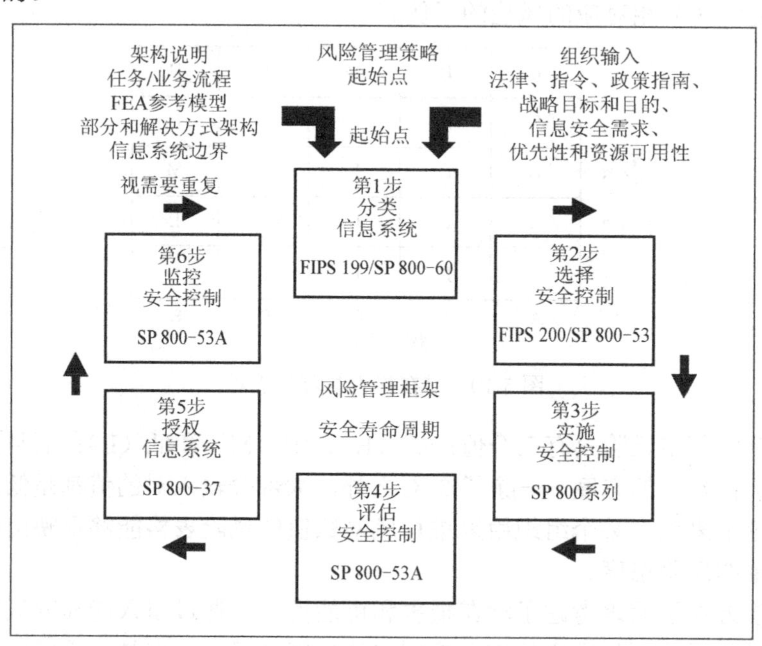

图 5-11　美国国家标准与技术研究院风险管理框架任务

（1）分类。根据影响分析对信息系统和该系统所处理、存储和传输的信息进行分类。

（2）选择。一套初始的信息系统基线安全控制是基于安全分类的；基于风险组织评估和当地条件根据需要对安全控制基线进行调整和补充。美国国家标准与技术研究院安全控制基线面向解决大量不同的安全威胁，但是并未解决各种已知威胁（美国国家标准与技术研究院特刊 800-53 第 4 版第 29～30 页）。例如，对于面临内部威胁的系统，需要用美国国家标准与技术研究院特刊 800-53 全种类需求中的其他控制措施，补充已选择的基线。该特刊不断更新以反映受到威胁领域的演变情况。

（3）实施。安全控制并描述在信息系统及其运行环境中如何应用这些控制措施。

（4）评估。采用适当的评估规程进行安全控制，以便确定按照预期运行时正确实施控制措施的范围，并产生所期望的能够符合系统安全需求的成果。

（5）授权。基于确定组织运行风险的信息系统运行，因信息系统的运行而导致资产、个人、其他组织和国家的风险，并决定该风险是可接受的。

（6）监控。不断对信息系统进行安全控制，包括评估控制的有效性、记录对系统或其运行环境进行的更改、进行相关更改的安全影响分析并向指定的组织官员汇报系统安全状态。

5.5.4 采办管理系统寿命周期中的信息安全工程活动

1. 服务分析及战略规划过程中的信息安全工程

在服务分析的过程中，服务机构首先要找出服务或能力不足，并起草一份初步分析报告，这是为针对服务或能力不足而提出投资建议的第一步。另外，必须对投资建议中的服务或能力不足的信息服务内容进行信息系统安全因素评估。如果服务需求涉及运行信息的发送、接收、处理和存储，服务或能力不足就需要信息服务内容。如果在系统架构计划阶段未确定此类信息服务，那么可以将此阶段的信息风险评估推迟到理念和需求定义（CRD）计划阶段，此时可更好地确定信息服务部件。

信息系统安全风险因素评估的输出包括以下几方面：

（1）构成信息安全优势点的初步能力说明，而且将说明预期能力的目的，预期运行环境及预期用户和潜在威胁。

（2）威胁概况，其中包括能够回答以下问题的信息：

① 谁是有动机、方式和机会访问并滥用该能力的未经授权的人员或实体？

② 是否应当考虑内部威胁？

③ 谁是有动机、方式和机会访问并滥用该能力的维护或配置的未经授权的人员或实体？

（3）根据风险管理框架第 1 步和初步能力描述中的信息类型而确定的临时投资建

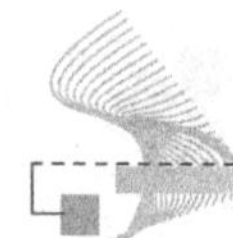

议安全类别。

风险因素评估的输出具有临时性质，因为在服务分析过程中可能无法获取必要的信息。事实上在许多案例中，可以将风险因素评估推迟到理念和需求定义（CRD）阶段。但是在其他一些案例中可能无法推迟，例如，可通过云服务解决的不足也需要早期云适用性评估，这同样需要该风险因素。

2. 概念和需求定义过程中的信息安全工程

在概念和需求定义的过程中，由服务组织确定必须满足哪些功能和性能需求，以解决服务不足或机会，并明确在最终投资分析过程中需要评估哪些替代方案。

在概念和需求定义过程中，编写诸如服务组织在（最终）不足分析报告、解决方案运行理念（CONOPS）及其他支持文件（如功能分析、企业架构联络性（OV-2）和信息交换（OV-3）观点）中所提出的具有决定性的服务不足。如果未能在系统架构计划阶段确定该服务不足是否具有信息服务组成部分，那么随着这些文件的编写完成，服务组织应当能够确定该服务不足是否具有信息服务组成部分。如果服务不足不具有服务信息组成部分，那么投资提议将不需要在此阶段或随后的阶段进行信息系统安全评估。否则，该服务组织将在概念和需求定义的过程中，开展初步信息系统安全评估（作为信息系统安全因素评估的延续）。

初步信息系统安全评估的输出包括以下几方面：

（1）基于应用风险管理框架第 1 步的（最终）投资提议安全类别、最终不足分析报告、功能分析和企业体系结构产品。

（2）基于最终不足分析报告的（最终）安全威胁概况。

（3）按照美国国家标准与技术研究院风险管理框架第 2 步获取的部分调整的信息系统安全需求。安全类别确定了美国国家标准与技术研究院专刊 800-53 的安全控制基线，即“低”、“中”或“高”基线。本阶段中进行的调整工作仅采取两种调整技术：采取系统层面的通用控制及选择补充控制措施，在下个计划阶段进行其余的调整技术。尽早明确和补充控制措施是很重要，因为这些措施能够解决未包含在美国国家标准与技术研究院安全控制基线中的与不足能力有关的威胁。

（4）信息系统安全成本与收益因素。

投资提议安全类别和安全威胁概况是依据采办目录确定流程而确定的风险因素。如果是在概念和需求定义过程中进行此项评估，这些风险参数也可用于云适用性评估。替代方案范围报告中也提供了信息系统安全成本和收益因素，这也是投资分析中业务案例分析的基础。最后，也很重要的一点是，调整后信息系统安全需求将构成 5.3 节所提到的初步项目需求。

3. 初始投资分析过程中的信息安全工程

在初始投资分析的过程中，对不同替代方案的成本、收益、风险、进度和其他相

关因素进行比较，以确定能够满足资金限制和运行需求的最佳总体解决方案。在初始投资分析的过程中，服务组织将通过进行初始信息系统安全评估，完成安全控制基线的调整工作，并明确信息系统安全成本和收益因素。

初始信息系统安全评估的输出包括以下几项：

（1）经过完全调整的信息系统安全需求是，初始项目需求文件（iPRD）中信息系统安全需求。

（2）适用于各个替代方案的更新后的信息系统安全成本和收益因素。

获得完全调整的需求标志着风险管理框架第 2 步工作的完成，采办管理系统最佳方法征询行业反馈的工作除外。通过市场分析筛选信息申请来征求业界反馈。如果优选解决方案的安全控制是可行的，或者业界可提供更经济且同样或更加有效的替代安全控制时，就可以编写筛选信息申请。因此，在最终投资分析的过程中完成风险管理框架的第 2 步。提供更新后的信息系统安全成本和收益因素作为初始业务案例流程的输入。

4. 最终投资分析过程中的信息安全工程

最终投资分析的目的是完善投资计划，使之成为联邦航空管理局投资项目中的低风险、高成功率的解决方案。在最终投资分析的过程中，服务组织将进行最终信息系统安全评估，并最终确认初始项目需求文件（iPRD）中确定并记录的安全控件，这些都是根据市场能力调查及其成果所反馈的信息。

此项评估的成果包括以下几项：

（1）最终信息系统安全需求构成最终项目需求文件（fPRD）中信息系统安全需求。

（2）用于估算信息系统安全成本和收益的任何更新后的因素。

采用此项评估的成果支持信息系统安全解决方案的实施流程：

① 取得并评估报价。

② 编写采办方案基准（APB）。

③ 编写服役评审（ISR）检查表。

④ 编写实施战略计划文件（ISPD）。

⑤ 编写系统安全计划（SSP）。

5. 解决方案实施和服役管理过程中的信息安全工程

实施解决方案的首要目标是满足记录在最终需求文件中的需求并取得业务案例中的收益目标。信息安全工程自编写系统安全计划时开始，在评估已实施的安全控件以获取安全授权时结束。图 5-12 联邦航空管理局文件安全授权流程的左侧列举了这些活动。

采办管理系统寿命周期的服役管理阶段中的信息安全工程活动如图 5-12 右侧所

示。定期更新下一章节中所述的安全授权文件，以反映联邦航空管理局中各个系统的当前状态。采用《年度安全状态报告》的形式代替《执行摘要》记录主要差异。

5.5.5 信息安全工程授权流程活动

图 5-12 展示了用于安全授权的联邦航空管理局文件流程。

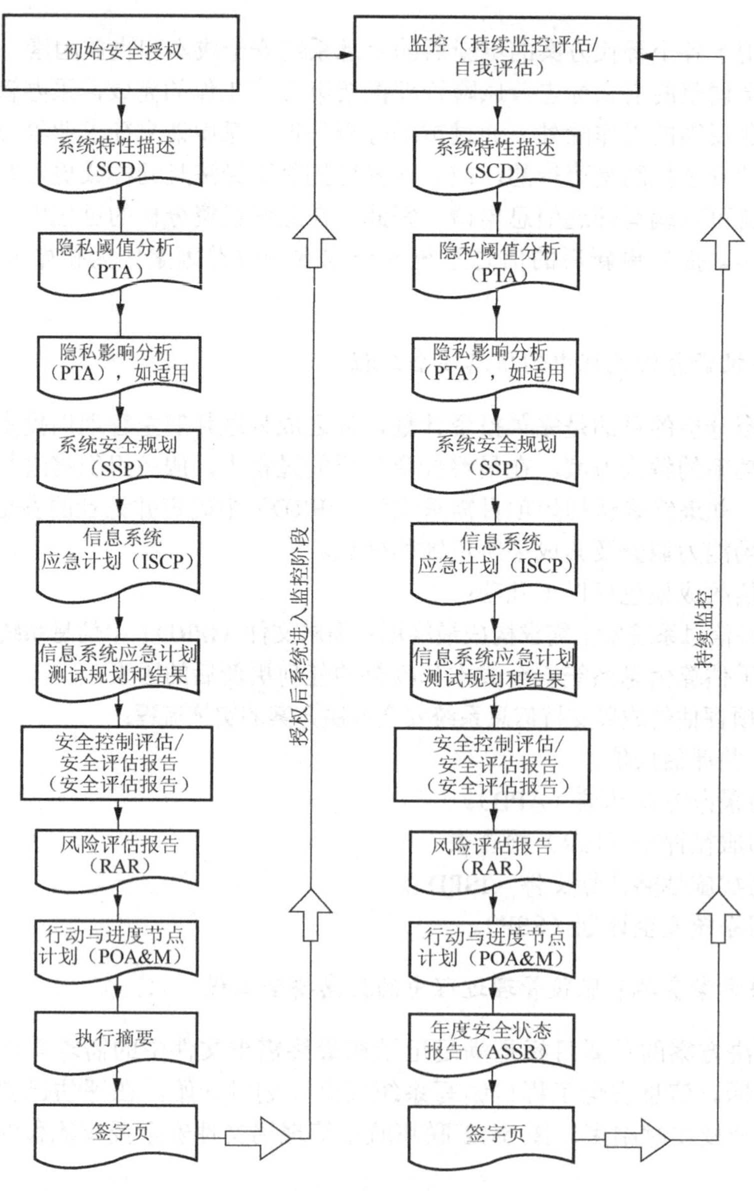

图 5-12　用于安全授权的联邦航空管理局文件流程

要求信息安全工程必须完全遵守适用于该系统开发过程中《授权手册》行业最新版本的要求。以下是各个安全授权文件流程的简要概述。

1. 系统特性描述文件

系统特性描述文件（SCD）必须是现行有效的文件，系统出现任何更改都应对该文件进行更新。系统特性描述中提供的系统信息可以在整个安全授权流程中反复使用，而安全授权包中的关键文件时常会提到这些信息。系统特性描述的目的是通过一份文件提供系统安全相关的所有信息，包括以下几项。

（1）明确该系统的任何未来更改。

（2）该系统的功能描述及其任务（包括系统架构）

（3）硬件及软件/固件资产。

（4）内部和外部接口。

（5）用户接口。

（6）安全授权边界。

（7）安全分类分析（数据类型）。

（8）电子证明的确定。

（9）隐私概要。

职员办公室（SO）监督并负责编制初始系统特性描述文件，还负责在该系统的整个寿命周期内对该文件进行维护。系统特性描述文件通常配合并接收来自信息主管（IS）、信息系统安全官员（ISSO）和个别业务范围（LOB）或职员办公室（SO）组织信息系统安全经理（ISSM）的输入。

2. 隐私阈值分析（PTA）和隐私影响分析（PIA）

隐私阈值分析（PTA）和隐私影响分析（PIA）：如果个人隐私相关的信息丢失或者被盗，会对个人、联邦航空管理局及其客户产生重大损害。因此，联邦航空管理局负责保护个人身份相关信息（PII）的隐私保护。2008 年 12 月 17 日发布（更改生效日期为 2011 年 8 月 16 日）的联邦航空管理局指令 1280.1B 暨保护个人身份信息（PII）中要求保护个人身份信息的机构必须符合联邦隐私法、行政管理和预算局（OMB）指令，以及运输部和联邦航空管理局隐私政策和规程。

（1）隐私阈值分析（PTA）。用于确定某个特定系统、商务活动、项目、信息收集或技术是否有必要制定隐私和其他信息收集的符合性文件。联邦航空管理局使用的每个信息技术系统、规则制定或者项目，都需要进行隐私阈值分析。另外，这些响应信息是向其他信息资产相关者发出项目/系统警示，以便他们确定各种责任范围相关的附加需求。

（2）隐私影响分析（PIA）。2002 年发布的《电子政府法案》（P.L. 107-347）要求系统所有者和开发者都要完成隐私影响分析，并以可识别形式处理项目/系统隐私身份

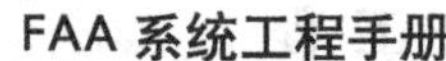

信息的隐私含义。用调整的隐私阈值分析确定项目/系统是否需要进行隐私影响分析。

3. 系统安全计划

《电子政府法案》第 III 部分，授权联邦信息安全管理法案（FISMA）要求各联邦机构编写、记录并实施机构范围内的信息安全项目，以便为信息和支持该机构的运行和资产的信息系统提供信息安全。其中包括由其他机构、承包人或其他来源提供或管理的内容。系统安全计划（SSP）是一项能够支持系统开发的重要活动。行政管理和预算局通告 A-130《联邦信息资源的管理》中要求所有信息系统都要编制一份系统安全计划。系统安全计划包括以下几方面：

（1）提供有关信息系统安全需求的概述。

（2）明确对以下内容的控制：

① 系统特定的——仅由该系统实施的控制措施（这些控制措施由职员办公室（SO）和授权官员（AO）负责）。

② 通用——从一个或多个系统继承的控制措施。

③ 混合——部分是通用（继承的）控制措施，而且部分是系统特定的控制措施。

（3）描述已到位（或已计划实施）的安全控制措施的实施以符合这些要求。

（4）描述安全控制措施的责任（通用控制措施提供者、系统特定的，或者混合型——通用控制提供者的部分责任/系统所有者的部分责任）。

（5）适当调整控制措施并明确补偿控制措施。

4. 信息系统应急计划和信息系统应急计划测试计划和结果

如果打算在发生破坏后恢复开发中的系统，那么必须制定并定期测试信息系统应急计划（ISCP）。信息系统应急计划用于在原始或替代位置（美国国家标准与技术研究院专刊 800-34 第 12 页表 2-2）恢复该系统。第二种应急文件是“灾难复原计划（DRP）”，“提供将信息系统重新安置在替代位置的规程”且“具有长期作用，在重大系统破坏后激活”。通常灾难复原计划将激活一个或多个信息系统应急计划（800-34，第 1 版，表 2-2）。该指南按照 NIST SP 800-53 第 3 版的控制要求更改，并将临时计划贯彻到风险管理框架（RME）的 6 个步骤中。NIST SP 800-34 第 1 版的另外一个显著更改是，按照联邦信息处理标准（FIPS）199“可用性”安全目标强调测试、培训和训练。

信息系统应急计划详细规定了在中断期间确保核心业务功能和服务持续运行的必要程序，以及出现失效故障后恢复系统功能的必要程序。信息系统应急计划至少应每年按照系统或者人员的变换进行维护和更新，或者按照系统应急计划中测试系统授权的结果进行维护和更新。只有依据测试结果及其教训进行测试并做相应更新后，信息系统应急计划才算最终完整。

信息系统应急计划的测试计划及其结果报告记录系统应急计划中所使用的方

法，并记录信息系统应急计划的一个或多个测试结果。应在实施之前测试信息系统应急计划，以便能够将信息系统应急计划的测试结果作为初始评估和授权的一部分进行评估。

美国国家标准与技术研究院专刊 NIST SP 800-34 第 1 版中规定了信息系统应急计划的两种测试方法：课堂（桌面）模拟和功能测试。课堂（桌面）模拟包括各责任方按程序模拟，但不执行实际恢复行动。课堂（桌面）模拟是两种测试方法中成本最低的一种基本测试方法，可以在功能测试之前，也可以结合功能测试进行。功能测试更为全面，要求模拟实际工作，并且关注于信息系统应急计划的一个或多个方面。

美国国家标准与技术研究院专刊 NIST SP 800-34 第 1 版建议了下述适用于其各自影响水平的开展测试、培训和操作（TT&E）指南。行政管理和预算局（OMB）要求至少每年对该系统进行一次测试。

（1）对于影响较小的系统而言，桌面模拟就已足够。桌面应模拟一次系统中断，包括信息系统应急计划的全部主要连接点，而且应由系统所有者或负责当局进行该操作。

（2）对于中等影响的系统而言，应进行功能操作。功能操作应包括所有信息系统应急计划接触点，而且应由系统所有者或负责当局提供协助。应编制包含从备份媒体中恢复系统（所需）要素的操作规程。

（3）对于较大影响的系统而言，应进行完全的功能操作。完全的功能操作应包括替代位置的系统失效备援。其中应包括附加活动，例如恢复位置的完全通知和关键人员的回复，从备份媒体或设置中回复某个服务器或数据库，并从替代位置的服务器进行处理。测试也应包括将信息系统完全恢复并重构到某个已知状态。

5. *安全控制评估（SCA）和安全评估报告（SAR）*

如美国国家标准与技术研究院专刊 NIST SP 800-37 第 1 版所述，安全控制评估的目的是确定正确实施安全控制要求，以及按照预期运行并获得符合系统安全要求的结果。安全控制评估能够及时反映运行系统和开发系统的安全状态，并使用所收集的数据来评估系统安全控制（优势）和缺乏安全控制（弱点）。这种评估通常由行业信息系统安全管理员（ISSM）行业的第三方评估人员或者评估团队来执行。

按照美国国家标准与技术研究院专刊 NIST SP 800-53A 第 1 版的要求，安全评估报告的主要目的是将安全评估结果转达给适当的主管人员。安全评估报告提供用于验证安全控制的充足性，以及美国国家标准与技术研究院专刊 800-53 第 3 版总体符合性的证据。安全评估报告中明确了弱点，提供了有关如何纠正控制措施中发现的弱点或不足的建议。其中也说明了一般方法、测试步骤和用于评估适用的管理、运行和技术基线控制的有效性的工具。美国国家标准与技术研究院 800-53A 第 1 版中提供了评估安全控制的标准方法和规程。

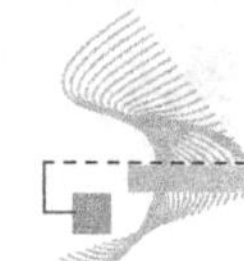

6. 行动与进度节点计划（POA&M）及执行概要

行政管理和预算局备忘录 M-02-01 中要求制订行动与进度节点计划，以提供风险管理框架流程中发现的所有弱点的清单、所建议的补救措施（包括可接受风险和相关理由）、接触点、所需资源（包括成本的理由）及预计完成日期。

系统所有者负责监督，而且具有审查和管理行动与进度节点计划输入项的主要责任。授权官员负责确认是否接受这种风险。

评审员、系统所有者和信息系统安全管理员必须检查安全控制评估的结果，以确定处理弱点的适当步骤。可由系统所有者和指定官员确定某个被称为"除满意外"的评估结果，对于该系统的安全而言是无关紧要的，是风险接受的候选项。此外，还可能出现存在某个弱点，但系统所有者认为弥补该弱点的补救措施不具有成本效率的情况，或者在某些情况下，无法不对系统运行产生不利影响的情况下采取补救措施的情况。在这种情况下，系统所有者应建议行动与进度节点计划取得授权官员的风险接受。其他发现项可被确定为对该系统有影响，并考虑其补救措施。这些发现项的高中低风险级别能够指导其优先性。

按照美国国家标准与技术研究院专刊 NIST SP 800-30 的指导，仔细检查已明确的低风险行动与进度节点计划项目，以确定是否需要采取补救措施，或者更适合于给出风险接受建议。虽然授权官员也可选择接受行动与进度节点计划重度或高度风险，但是美国国家标准与技术研究院专刊 NIST SP 800-30 中建议，根据成本效益分析和系统状态（如系统将于一年内退役）确定补救措施。在目标控制措施的系统安全计划控制说明中明确了已接受的风险。

由美国运输部（DOT）负责追踪补救任务，并向行政管理和预算局提供总水平状态报告。因此，关键是在每份行动与进度节点计划中准确记录实际信息，并致力于承担已发现的系统弱点的纠正工作。下文中的工作表包含行动与进度节点计划条目的特定方法、指南和格式，并提供在单独位置填写所要求的各项行动与进度节点计划数据的表格。在最终安全授权包中包括行动与进度节点计划信息作为执行摘要的一部分。

在完成风险评估流程且明确所得到的风险接受/补救行动后，更新系统安全计划以反映各受影响的控制措施的行动与进度节点计划项目，以及具有已接受风险弱点的控制措施。在持续监控和评估活动中包括并考虑这些控制措施。

行动与进度节点计划文件的完成允许采用安全授权工作流程检查单进行提交审查流程和编制安全授权执行摘要。授权文件一经签核，即将批准的行动与进度节点计划信息记录在网络安全评估与管理工具中。

安全授权执行摘要是基于安全授权工作结果的系统安全高级别说明。在模板中包含特定的方法、指南和初始安全授权执行摘要的格式。

美国国家标准与技术研究院专刊 NIST SP 800-137 中将信息系统持续监控（ISCM）

定义为“保持持续的信息安全、漏洞和威胁的认识，以支持组织的风险管理决策。”美国国家标准与技术研究院解释，其中的持续和不间断是指以足以支持基于风险的安全决策的频率对安全控制和组织风险进行评估和分析，以充分保护组织信息。

信息系统持续监控适用于组织信息系统内实施的各种安全控制措施，以及系统运行环境。其中包括自动化和程序（手册）方法。持续监控策略包括安全控制监控的频率和应调整的监控严密性；一种尺度并不适合所有情况。信息系统持续监控通过向授权官员（AO）提供按照风险承受能力和任务/业务优先性确定的潜在风险决策范围（即，接受、拒绝、分享、转移或缓解风险）信息来支持美国国家标准与技术研究院专刊800-39中固定的风险管理流程。

其目的是支持不间断的系统授权，授权官员充分了解信息系统当前的安全状态（包括系统内采用并继承的安全控制的有效性），以便根据持续的风险测定来确定是否可持续运行；当不能持续运行时，应重新执行风险管理框架中的哪些步骤以充分降低额外风险。当持续监控流程能够向授权官员提供管理因信息系统变更或运行环境变化而出现的潜在风险的必要信息时，无需正式的重新授权行动。如果需要正式的重新授权活动的话，组织最大限度的利用持续监控流程中生成的状态报告和安全状态信息，以尽量减少所需的工作水平。由授权官员决定进行正式重新授权的时机。如果需要正式重新授权活动的话，可重新采用持续监控和不间断授权流程中生成的当前有效的安全和风险相关信息，以支持重新授权。

完整初始授权或重新授权流程的系统应进入信息系统持续监控流程。如果在信息系统持续监控过程中出现系统漏洞，那么信息系统持续监控必须确定该漏洞是否严重，以保证系统的重新授权。由于系统漏洞很可能已被利用，因此可能需要进行更加深入的风险评估，以便彻底评估已知漏洞并明确此前未确认的漏洞。很可能需要实施和/或修改新的安全控制、系统修改和规程，以降低未来漏洞的风险，同时必须对所有适用的系统安全授权文件进行相应的更新。

应由配置管理和控制流程控制所有更改。对于可能影响系统安全的更改，必须进行安全影响分析。这将能够明确可能受到更改潜在影响的安全控制措施。采用安全影响分析的结果确定更改的影响是否值得进行重新授权和全面评估，或者不需要进行重新授权，仅通过针对更改的部分评估即可解决。

即使该系统自上一次评估后未进行更改，仍应审查系统文件的准确性，特别是应按照已完成的行动与进度节点计划进行审查。应在相应的系统文件中反映出各种更改：系统特性描述、系统安全计划、隐私阈值分析/隐私影响分析、信息系统应急计划、 信息系统应急计划测试结果报告。

信息系统安全授权决策是基于三年期间内控件的综合评估，其中每年都对一组核心安全控件进行评估。在信息系统三年授权周期内应至少对所有非核心控件进行一次评估。图5-13是系统三年评估周期的示例。每年都对核心控件进行评估，其余的安全控件则在该三年期间内进行评估。“其他测试结果”代表来自去年出现的定期/非定期

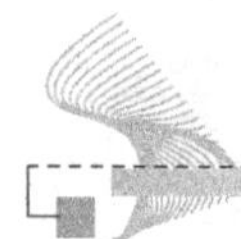

评估结果、来自维护活动、补丁安装、持续监控结果（例如，SBCC 和漏洞扫描）、审核记录的审查和其他类似事件的结果。

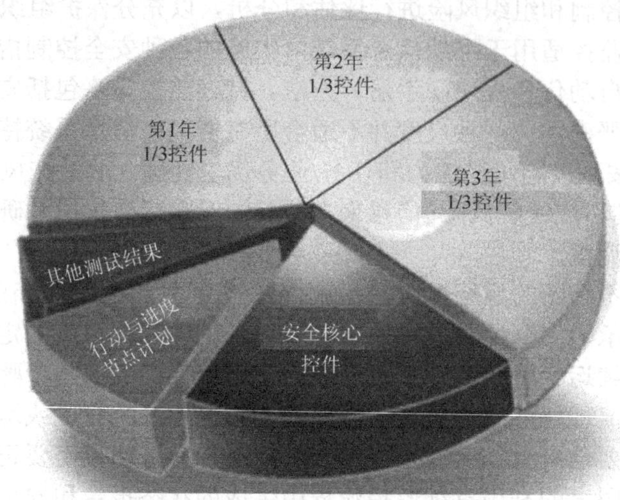

图 5-13 三年评估周期

由职员办公室/信息系统安全管理员采用联邦航空管理局三年评估周期追踪表记录核心安全控件和非核心安全控件评估日程。

在联邦航空管理局三年评估周期追踪表中标注整个三年周期内出现的“其他测试结果”活动（系统升级、应急计划、灾难恢复、维护活动等）的完成、持续监控活动的结果，以及行动与进度节点计划评估。除需要每年进行评估的被确定为核心控件的控件外，在三年评估周期的剩余时间内不需对其余控件进行测试

第 3 年评估的输出是该系统另一个三年期间的重新授权。应填写联邦航空管理局三年评估追踪表，并包括该三年授权周期的安全控制评估追踪。应维护该三年评估追踪表，并将其附在安全评估报告和年度安全状态报告中，以便使适用的安全控件具有现成的评估状态。

附加信息

有关用于编写本节内容的信息来源，请见参考文献。

5.6 系统安全工程

系统安全工程（SSE）是系统工程（SE）中的一门专业工程学科。它要求系统/安全工程师和项目经理参考联邦航空管理局安全管理系统（SMS）手册和系统采办安全风险管理指南（SRMGSA）以获取有关计划和进行系统安全工程的详细信息。以下段落说明了如何将系统安全工程融入到系统整体的系统工程之中。

5.6.1 定义

系统安全工程是应用工程和管理工具（包括原则、标准和技术）以在项目运行和项目限制范围内优化系统安全性。应用这些工具来明确、评估并控制与某个系统相关的危险。危险是指可能导致人员伤病或死亡；可能造成系统（硬件或软件）、设备或财产损害或损失；和/或对环境有害的任何实际或潜在状况。系统安全工程的目的是能够在系统早期明确危害，持续评估各种危害的风险（严重性和可能性）并积极控制最不可信的风险危害。安全管理系统手册和系统采办安全风险管理指南中提供了有关该主题的更多信息。

如图 5-14 所示，系统安全工程流程采用 5×5 安全风险矩阵对系统或被审查系统的安全风险评级进行归类。安全风险矩阵与本系统工程手册中所载的项目风险矩阵稍有不同。安全风险矩阵流程采用分为五个阶段的 DIAAT 方法：

（1）D（描述该系统）。

（2）I（明确危害）。

（3）A（分析风险）。

（4）A（评估风险）。

（5）T（处理风险）。

安全风险矩阵

严重性 / 可能性	轻微 5	较小 4	中等 3	较大 2	严重 1
经常 A	低	中	高	高	高
可能 B	低	中	高	高	高
很少 C	低	中	中	高	高
非常少 D	低	低	中	中	高
几乎不可能E	低	低	低	中	高/中

*当存在单点或共同原因失败时为高风险。
明确危害，确定最不可靠的风险，将这些风险缓解至可接受水平并监控这些缓解措施的效率。

图 5-14 系统安全工程风险矩阵

下述文件说明了联邦航空管理局内部如何开展系统安全工程：

（1）联邦航空管理局安全管理系统手册。

（2）系统采办安全风险管理指南。

联邦航空管理局安全管理系统手册是用于明确、分析、评估、管理和监控提供空中交通管理（ATM）和通信、导航和监视（CNS）服务安全风险的方针、政策、流程、规程和项目的集合。这是一种正式且持续的主动系统安全方法。

安全管理系统流程能够解决空中交通管理和通信、导航和监视服务中各个方面的安全问题，包括但不限于空域更改、当前运行规程和标准更改、新设备和改良设备（硬件和软件），以及相关的人机交互。安全管理系统也能够解决国家空域系统中的现有运行、设备和行为。为帮助保证国家空域系统的安全，安全管理系统强制要求收集并分析安全数据；采用安全审查、审计和评估；进行空中交通事件和事故调查；以及连续监控数据。

联邦航空管理局采用安全管理系统，通过与组织做法、员工培训、自愿申报和最佳实践相一致的安全目标政策来推进积极的安全文化。

系统采办安全风险管理指南是将安全风险管理（SRM）应用到影响国家空域系统的采办工作时所需的指南。系统采办安全风险管理指南的作用如下：

（1）采办管理系统循环的各个阶段中采办工作的安全风险管理指南：服务分析和战略规划（SASP）、概念和需求定义（CRD）、投资分析（IA），实施解决方案（SI）和服役管理。

（2）系统更改的具体指导。

（3）联合资源委员会（JRC）有关安全风险管理期望的定义。

系统采办安全风险管理指南提供框架和进一步流程定义以保证在某个系统或产品的整个寿命周期内能够执行安全风险管理。

图 5-15 展示了关于采办管理系统阶段的所需安全文件。安排这些分析工作的时间是为了能够更好地支持整个采办管理系统流程的阶段性需求和决策。

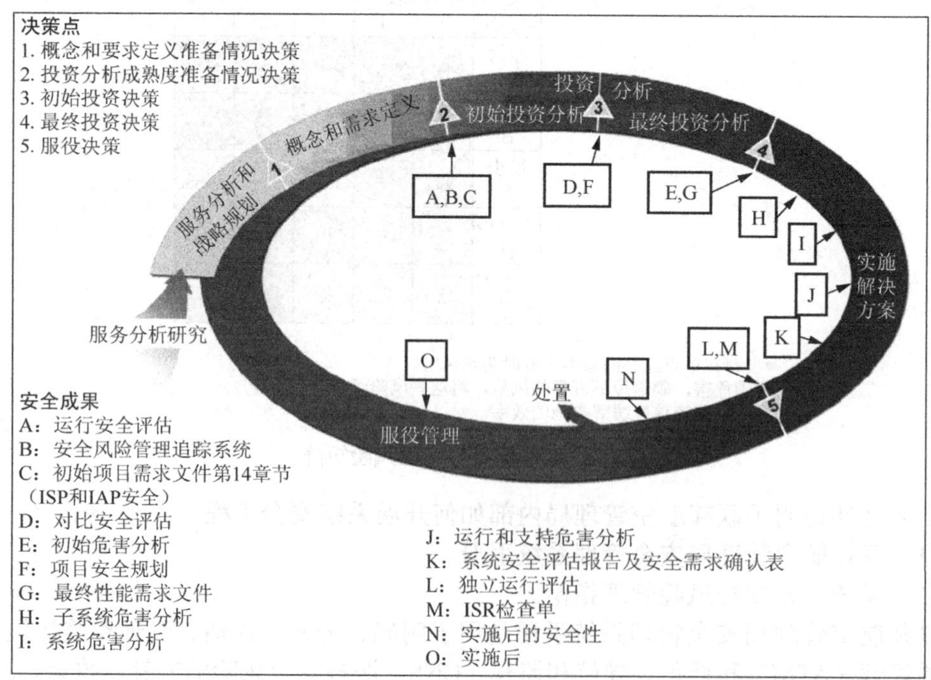

图 5-15　安全文件的类型及其在采办管理系统中所处的位置

在某个项目中执行系统安全工程能够通过识别、评估和控制危害实现优化的安全性。执行系统安全工程也可以包括以下几方面：

（1）遵从联邦航空管理局指令、安全管理系统和采办管理系统指示。联邦航空管理局的主要角色是保证国家空域系统的安全性。因此，该机构签发了联邦航空管理局指令 8040.4，指导机构中的所有组织都在进行决策时采用安全风险管理。在联邦航空管理局安全管理系统手册的安全风险管理章节中介绍了符合该指令的方法。另外，按照联邦航空管理局指令 8040.4 的采办管理系统政策要求项目都执行系统安全（工作），并在所有决策点和进行投资评审时报告系统安全项目状态。系统采办安全风险管理指南和采办管理系统中有关于此项内容的更多信息。

（2）降低总体开发成本。系统安全工程试图在某个项目寿命周期的早期降低安全风险，从而降低成本和项目风险，而且能够提高系统综合和系统工程的总体（水平）。此方法也能够对系统性能和总体进度产生有利影响，如图 5-16 所示。能够越早在寿命周期发现并管理问题，就越容易纠正该问题且所需的费用也越少。

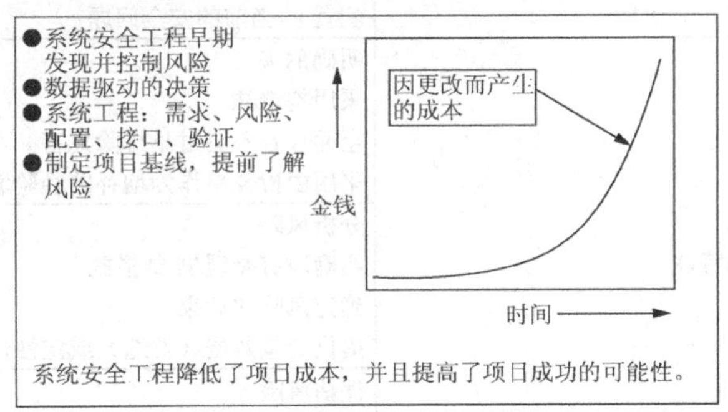

图 5-16　系统安全工程的益处

（3）提升项目集成。系统安全流程的输出反馈给其他系统工程流程，从而提升了系统的整体系统工程水平（见图 5-17）。

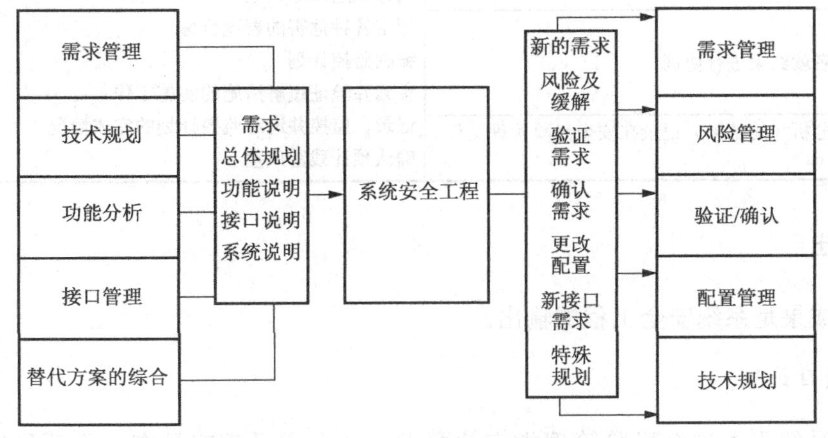

图 5-17　系统安全工程与其他系统工程流程之间的关系

5.6.2 系统安全工程的流程任务

系统安全工程遵循“通用专业工程流程任务”中列出的流程任务。这些通用任务与表 5-4 中列出的特定系统安全工程直接相关，而且如上文所述，在联邦航空管理局安全管理系统手册和系统采办安全风险管理指南中加以说明。

表 5-4 与系统安全工程任务相关的通用专业工程任务

<table>
<tr><th>通用专业工程的流程任务</th><th>特定系统安全工程的流程任务</th></tr>
<tr><td>获取或编制运行服务与环境说明</td><td rowspan="3">说明该系统
规定范围和目标
规定利益相关者
明确准则和安全风险管理工作计划（包括任何所需的潜在建模/模拟）
说明系统/更改（使用、环境及预期功能，包括未来的配置）/当前的安全问题</td></tr>
<tr><td>限制问题并定义研究和设计方面的制约</td></tr>
<tr><td>选取分析方法和工具</td></tr>
<tr><td rowspan="3">分析系统参数以确定系统特性</td><td>明确危害
采用构造法
全面（且不会过早排除危害）
采用由检查单作为增补的经验教训</td></tr>
<tr><td>分析风险
明确现有减缓/控制措施
确定风险的后果
提供定量数据（首选）或定性评估</td></tr>
<tr><td>评估风险
根据危害风险的严重性和可能性对危害进行排序、鉴定并进行优先排列</td></tr>
<tr><td>规定并记录专业工程需求</td><td rowspan="3">降低风险
明确可行的缓解选项
制订风险应对计划
规定各种危害的表现目标
编制监控计划
实施并验证缓解措施的实施工作
记录、监控并追踪监控计划的完成情况
确认预计残留风险</td></tr>
<tr><td>与利益相关者就结果进行协调</td></tr>
<tr><td>将专业工程分析（的结果）记录在安全风险管理文件（SRMD）之中</td></tr>
</table>

5.6.3 输出

下述成果是系统安全工程的输出。

1. 项目计划

按照系统采办安全风险管理指南的要求，各个项目都应具有一份项目安全计划

（PSP），即采办管理系统中进行系统安全管理的总体计划。建议单独项目在编制项目专用的项目安全计划时应参阅系统采办安全风险管理指南，其中也制定了针对项目供应商或承包人的系统安全项目计划（SSPP）要求。

2. 分析成果

表 5-5 列出了采办管理系统中安全风险管理（SRM）的成果，以及应从何处获取更多信息。

表 5-5 系统安全工程的成果

系统安全流程成果	参考
服务分析和战略规划（SASP）阶段	系统采办安全风险管理指南
运行安全评估（OSA）	系统采办安全风险管理指南
比较性安全评估（CSA）	系统采办安全风险管理指南
初步危害分析工作表（PHA）{用于采办管理系统的相关评估}	系统采办安全风险管理指南
危害分析工作表（HAW）（用于运行的相关评估）	安全管理系统手册
项目安全计划（PSP）	系统采办安全风险管理指南
系统安全项目计划（SSPP）	系统采办安全风险管理指南
子系统危害分析（SSHA）	系统采办安全风险管理指南
系统危害分析（SHA）	系统采办安全风险管理指南
运行及支持危害分析（O&SHA）	系统采办安全风险管理指南
系统安全评估报告（SSAR）	系统采办安全风险管理指南
安全管理追踪系统（SMTS）	安全管理系统手册 系统采办安全风险管理指南
安全需求验证表（SRVT）	系统采办安全风险管理指南

5.7 危险材料管理、环境工程及环境、职业安全与健康

危险材料管理/环境工程（HMM/EE）是有关明确并缓解环境对项目的影响，以及项目对环境的影响的专业工程子集。环境、职业安全与健康（EOSH）要求和合规性保证是应用于联邦航空管理局系统工程（SE）流程内的一种流程，能够保证某个项目持续符合适用的环境、职业安全与健康及可持续性（节能、节水）要求。联邦、州及地区机构制定了管理项目对环境、职业安全和健康，以及节能节水方面影响的指令。这些指令包括管理有害材料、保护自然资源（包括环境空气、水和陆上资源），以及防止人员遭受工作场所危险的要求。与管理联邦航空管理局活动的联邦环境、职业安全与健康有关的联邦航空管理局命令和指令（例如，防范、控制并减少联邦航空管理局设

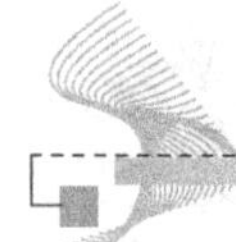

施的环境污染的联邦航空管理局命令 1050.10C），而且也提供针对于国家空域系统运行的额外环境、职业安全与健康要求。相反，环境对项目的不同影响则取决于可能影响联邦航空管理局运行要求的现场特定环境条件。以下章节说明了系统工程内危险材料管理/环境工程和环境、职业安全与健康的通用流程及目的。

5.7.1 定义

危险材料管理/环境工程和环境、职业安全与健康是应用于系统工程流程内用于保证某个项目持续符合适用的环境、职业安全与健康条例和要求的机制。在某个项目的整个寿命周期内需要符合多种环境、职业安全与健康条例，需要早期并持续应用危险材料管理/环境工程和环境、职业安全与健康原则。需要重点关注的方面有污染预防、职业安全与健康、文化和自然资源保护、公众参与及节水节能。通过危险材料管理/环境工程和环境，职业安全与健康，不断明确、监控和管理环境，职业安全健康的广度和可持续发展要求，以保证联邦航空管理局项目能够采取必要措施以保持合规性。

有关国家和地方环境、职业安全与健康要求对联邦采办的适用性的其他问题，应提交给首席顾问办公室对主权条款和主权豁免权的影响进行评估。例如，资源保护与恢复法案（RCRA）制定了管理和处置因项目运行期间不同流程而导致的，以及在项目寿命周期结束时的有害废弃物的标准。可由州立机构监管这些要求。

危险材料管理/环境工程是设计用于提供早期部署前计划和协调，以尽可能减少现场特定环境条件可能对项目运行造成的不利影响的系统工程。危险材料管理/环境工程强调了环境条件和现场特定特点可能对某个项目产生的影响。联邦航空管理局规范是用于描绘需要在项目开发阶段予以考虑的多种设备运行条件的主要工具。例如，用于电子设备的联邦航空管理局通用规范 FAA-G-2100H《电子设备通用要求》中详细说明了应遵循的设计标准，以保证处于地震带和温度极限环境条件中的设备功能。危险材料管理/环境工程验证在系统工程流程中是否考虑并遵循类似的标准，以保证处于独特环境设置中的系统的可靠性。

进行危险材料管理/环境工程和环境、职业安全与健康流程，以便达到以下目的：

（1）支持国家空域系统的安全可靠且持续的运行。

（2）保证联邦航空管理局、联邦、州和地区环境和职业安全与健康要求合规性。

（3）保证在采办管理流程中包含有关环境、职业安全与健康的考量。

（4）追踪环境、职业安全与健康问题在新系统和现有系统中的状态。

（5）通过早期发现环境、职业安全与健康问题尽量减少成本和进度风险，并将环境、职业安全与健康成本纳入项目基线之中。

联邦航空管理局采办管理系统（AMS）政策和指南要求在采办流程中考虑环境、职业安全与健康和可持续性要求。在采办管理系统的下述章节里说明了以下要求：

（1）采办管理系统政策章节 3.6.3：环境、保护、职业安全与无毒品工作场所。

（2）采办管理系统指南章节 T3.6.3：环境、保护、职业安全与无毒品工作场所（特定持续性要求）。

（3）政策章节 4.8，环境、职业安全与健康和能源考量。

此外，联邦航空管理局通过多项指令（例如，联邦航空管理局指令 1050.17A 航路设施环境与安全合规项目，联邦航空管理局指令 3900.19B 联邦航空管理局职业安全与健康项目，联邦航空管理局指令 1050.1E 环境影响：政策和规程等）强制执行适用的环境、职业安全与健康条例的合规性。联邦航空管理局采办系统工具（FAST）提供政策和指南以保证在采办流程中考虑环境、职业安全与健康条例的要求。环境、职业安全与健康政策如下：

联邦航空管理局投资项目需符合相关的联邦、州和地区法规，以及适用于环境、职业安全与健康要求和能源及水资源要求的联邦航空管理局指令、规范和标准。联邦航空管理局业务范围和员工办公室必须符合各项适用的，与当前版本的联邦航空管理局指令 1050.1《环境影响：政策和规程》相符的《国家环境政策法案（NEPA）》要求。负责实施投资项目的服务组织必须考虑环境、职业安全与健康，以及能源和水资源要求，并在整个寿命周期管理流程中解决这些问题，以便达到以下目的：

（1）确保系统、设备、设施的安装和运行，以及相关的项目活动不会对人员安全和健康或环境造成不利影响。

（2）确保投资建议的采办方案基线中能够反映出环境、职业安全与健康要求的日程和成本。

有关国家和地方环境、职业安全与健康要求对联邦采办的适用性的问题，应提交给首席顾问办公室对主权条款和主权豁免权的影响进行评估。

下述示例说明了一些要求：

（1）清洁空气法案（CAA）。清洁空气法案制定了用于保护和优化国家空气质量和平流层臭氧的综合项目。州立空气污染防治机构已制定了排放控制战略和许可项目，尤其是针对空气污染源的新建或改建。清洁空气法案还制定了要求对某些空气污染物的污染控制标准进行许可和实施的有害空气污染物国家排放标准（NESHAP）。

（2）清洁水法案（CWA）。清洁水法案建立了通过调节点源排放污染物进入美国水域来控制水污染的国家污染物排放消除系统（NPDES）。在空中交通机构设施中，冷却塔排放、锅炉排污和/或其他向美国水体的热排放都需要获得国家污染物排放消除系统许可。另外，因空中交通机构建筑活动而造成的雨水排放也可能需要获得国家污染物排放消除系统许可。

（3）文化资源的保护。空中交通机构在美国各地安装并维护数以千计的国家空域系统设施，因此必须考虑这些安装工作可能对著名文化景点造成的影响。著名文化景点包括但不限于（如国家历史地点登记中列出的）历史财产、美洲原住民坟墓和文化项目及考古现场。文化资源管理是指对这些资源的合法强制性保护。

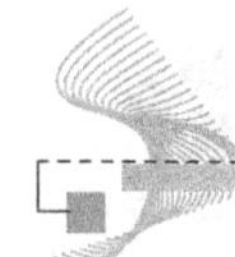

（4）国家环境政策法案（NEPA）。国家环境政策法案“要求为未断然排除的各项提议联邦活动编制环境评估或环境影响评介。根据其结果，环境评估可引出环境影响评介或非重大影响发现项。在规定的审查期间后，联邦航空管理局可对该联邦活动做出决策。”

（5）职业安全与健康要求。职业安全与健康管理局（OSHA）“要求所有雇员都具有健康且安全的工作场所，而且应符合职业安全与健康管理局的标准。”

例如：职业安全与健康管理局（29 CFR §1910.38）和总务管理局（GSA）（联邦物业管理条例）要求联邦航空管理局对所有联邦航空管理局的设施都制定并维持一份居住者应急预案。如果某个采办项目影响某处设施的出口路径或消防安全，那么必须由执行该项目的项目办公室或产品团队对该计划进行更新。

（6）可持续性要求。2005 年能源政策法案、2007 年能源独立和安全法案，以及相关的行政命令（行政命令 13423，加强联邦环境、能源和运输管理；和行政命令 13514，环境，能源，与经济绩效中的联邦领导）中规定了联邦政府节能高效、节水高效和雨水管理要求。其中要求联邦机构测量、报告并减少因直接或间接活动而导致的温室气体排放，并且杜绝浪费、进行回收并防止污染。另外，高性能和可持续建筑的联邦领导指导原则使联邦航空管理局致力于一套用于支持使用中或未使用的联邦航空管理局设施的关键系统的一体化设计、能源绩效和节水的通用可持续性原则。

（7）危险废弃物管理要求。资源保护与恢复法案（RCRA）是一项用于调整危险废弃物的管理和处置工作的主要联邦法令。空中交通机构设施必须按照联邦和州的特定项目要求来管理危险废弃物，以保证合规性并适当管理废弃物。联邦航空管理局对于危险废弃物具有“从始至终”的责任。妥善的管理和处置将能够减少该机构对此责任的接触。

自寿命周期管理流程开始到产品废弃处置为止，都适用环境、职业安全与健康和可持续性方面的考量。采办方案基线应结合合规的全部成本的预估并允许充足的时间开展相关工作。联邦航空管理局采办系统工具中有关于所需行动的程序指南。

如果能够在早期得以应用，那么危险材料管理/环境工程和环境、职业安全与健康流程就能够明确纳入新系统的开发和采办过程的适当要求，从而从缓解风险、规避成本和提高系统效率方面提供显著节约。例如，某个采用新系统的项目可能需要考虑如何进行设备维护工作，以及人员在进行维护工作时是否会处于危险环境之中。随后可评估消除危害的可选方案，或者将危害控制在可接受的风险水平内，并将相关成本融入到项目基线之中。在可能且适当时，产品规范必须要求采用可持续的产品，包括环境无害，能源和水的高效，循环利用的内容，不消耗臭氧，低毒或无毒性及美国农业部指定的生物基产品。例如，当编写物资和服务规范和采购说明时，必须保证符合清洁空气法案，以及环境保护局的重要新替代品政策（SNAP）项目批准的消耗臭氧层物质的安全替代品。另外，在系统开发阶段考虑环境对系统的影响可保证系统在不同的

现场条件下的功能。

当被应用作为服役项目管理工作的一部分时，危险材料管理/环境工程和环境、职业安全与健康流程将分析可能引发环境问题的现场工艺更改所产生的影响。此外，危险材料管理/环境工程和环境、职业安全与健康流程将评估环境、职业安全与健康条例更改对当前现场系统的影响。

当项目寿命周期结束时，危险材料管理/环境工程和环境、职业安全与健康流程能够保证在停止运作和处置期间符合适用的要求。在去除陈旧设备之后，应用危险材料管理/环境工程和环境、职业安全与健康流程可保证替代设备符合适用的环境、职业安全与健康条例和可持续性要求。此外，停止运行和移除陈旧设备时需要采用危险材料管理/环境工程和环境、职业安全与健康，以确保进行陈旧设备的最终处置/处理时能够符合适用的环境要求。

未能完全结合危险材料管理/环境工程和环境、职业安全与健康原则的项目可能会对国家空域系统的运行产生显著影响。不符合规定的项目可能会引发以下问题：

（1）通过监督强制措施而引起退役设备风险。

（2）需要代价高昂的现场应用后/翻新改装。

（3）因未能符合强制性要求而被罚款。

另外，如果未能在项目开发阶段考虑与新设备现场应用有关的成本，以及与陈旧设备的处理和处置有关的成本，将可能会导致严重的预算问题。

5.7.2 危险材料管理/环境工程和环境、职业安全与健康的输出

在整个系统采办流程的不同阶段，将危险材料管理/环境工程和环境、职业安全与健康原则用于关键文件的编制和评审工作之中。早期实施这些原则能够减少环境、职业安全与健康和可持续性要求可能对系统成本和运行产生的影响。在初始活动（例如，制定服务需求、要求和投资分析）期间，采用危险材料管理/环境工程和环境、职业安全与健康进行初始假设并预估在不同的寿命周期阶段之中环境、职业安全与健康和可持续性考虑是如何起作用的。此阶段之中的危险材料管理/环境工程和环境、职业安全与健康活动可包括以下几方面：

（1）明确与不同的项目备选方案有关的环境、职业安全与健康和可持续性要求，然后按照所选择的备选方案对要求进行调整。

（2）将环境、职业安全与健康和可持续性要求融入项目需求文件、业务案例分析报告（BCAR）和实施战略及计划文件（ISPD）之中。

在采办流程的解决方案实施阶段，危险材料管理/环境工程和环境、职业安全与健康流程被用于：

（1）形成工作声明（SOW）和系统规范文件中有关环境、职业安全与健康，以及可持续性考量的部分内容（例如，编写工作声明以支持联邦航空管理局符合国家环境

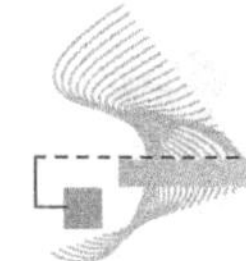

政策法案要求的工作，该联邦机构将环境影响作为所提议的建立能源高效性能标准的联邦活动的一部分加以考虑）。

（2）将环境、职业安全与健康和可持续性要求融入系统设计和实施计划之中。

（3）验证已通过现场符合性评审解决了环境、职业安全与健康和其他要求（例如，现场调查，环境/职业安全与健康、系统危害分析、工作危害分析和技术评审）。

在系统寿命周期的服役管理阶段，危险材料管理/环境工程和环境、职业安全与健康被用于解决现场意外发生的问题。尤其是开发时未考虑到危险材料管理/环境工程，环境、职业安全与健康和可持续性，可能需要采取纠正措施以符合当前条例要求的较为陈旧的设备（部件）。此外，不断变化的法规可能会影响系统的运行方式。最后，随着老旧系统的停用，需要应用危险材料管理/环境工程和环境、职业安全与健康，以确保在进行处置时考虑到各种适用的环境法律的要求。

图 5-18 列举了采办寿命周期中考虑环境、职业安全与健康和可持续性要求的关键活动，并将其融入不同的项目成果之中。

1. 项目整合

作为系统工程流程的一部分，危险材料管理/环境工程和环境、职业安全与健康可提供用于编写多种需要项目整合的文件的专业知识。在整个寿命周期的不同阶段，危险材料管理/环境工程和环境、职业安全与健康流程可以保证已适当考虑所有适用的环境、职业安全与健康和可持续性条例和要求，以便适当的解决其所带来的影响。例如，危险材料管理/环境工程和环境、职业安全与健康流程可为初始需求文件（IRD）的编写提供支持，谨记需要联邦机构确认其活动不会对某些生态系统产生不利影响的环境条例。同样，危险材料管理/环境工程和环境、职业安全与健康在制定综合项目计划、工作声明、重复利用和处置计划及其他此类文件过程中的角色是生成有关合规要求的意见和输入。合规要求可能会影响项目实施的进度，以及联邦航空管理局的合规状态和未来的责任。

在项目整合的危险材料管理/环境工程和环境、职业安全与健康方面之中包含运行服务与环境说明的功能分析（参见第 12 章功能和性能配置）。这部分功能分析能够保证全面考虑不同的系统将要面临的环境条件，并针对已明确的条件制定适当的计划。图 5-19 表明了危险材料管理/环境工程和环境、职业安全与健康的输入和输出。

2. 项目计划

联邦航空管理局指令 1050.17A 空中交通组织实施的环境合规性用于实现联邦航空管理局设施项目的总体环境合规性。该机构的每个区域都有一份环境合规计划（ECP）。设计环境合规计划的目的是为了明确并解决各个设施的 19 个环境区域中的合规性要求，从而解决某个区域内所有系统的合规性要求。

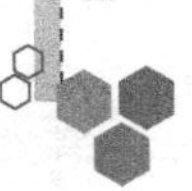

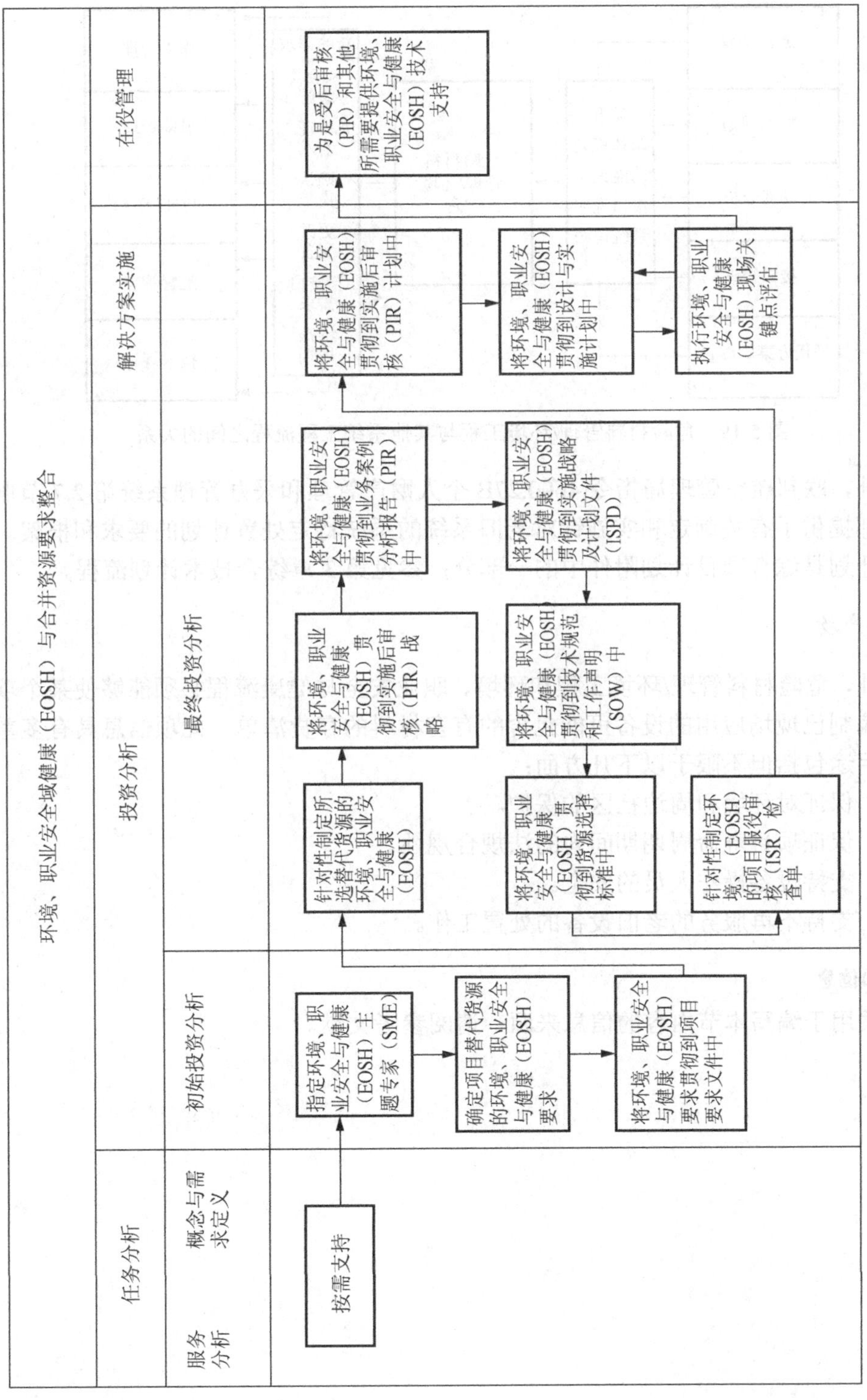

环境、职业安全域健康（EOSH）与合并资源要求整合

任务分析

投资分析

解决方案实施

在役管理

服务分析

概念与需求定义

初始投资分析

最终投资分析

按需支持

指定环境、职业安全与健康（EOSH）主题专家（SME）

确定项目替代货源的环境、职业安全与健康（EOSH）要求

将环境、职业安全与健康（EOSH）要求贯彻到项目要求文件中

针对性制定所选替代货源的环境、职业安全与健康（EOSH）

将环境、职业安全与健康（EOSH）贯彻到实施后审核（PIR）战略

将环境、职业安全与健康（EOSH）贯彻到业务案例分析报告（PIR）中

将环境、职业安全与健康（EOSH）贯彻到实施战略及计划文件（ISPD）

将环境、职业安全与健康（EOSH）贯彻到技术规范和工作声明（SOW）中

将环境、职业安全与健康（EOSH）贯彻到货源选择标准中

针对性制定环境、（EOSH）的项目服役审核（ISR）检查单

将环境、职业安全与健康（EOSH）贯彻到实施后审核（PIR）计划中

将环境、职业安全与健康（EOSH）贯彻到设计与实施计划中

执行环境、职业安全与健康（EOSH）现场关键点评估

为是受后审核（PIR）和其他所需要提供环境、职业安全与健康（EOSH）技术支持

图 5-18 采办管理系统寿命周期中环境、职业安全与健康要求的整合

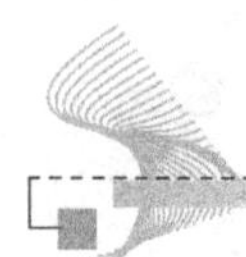

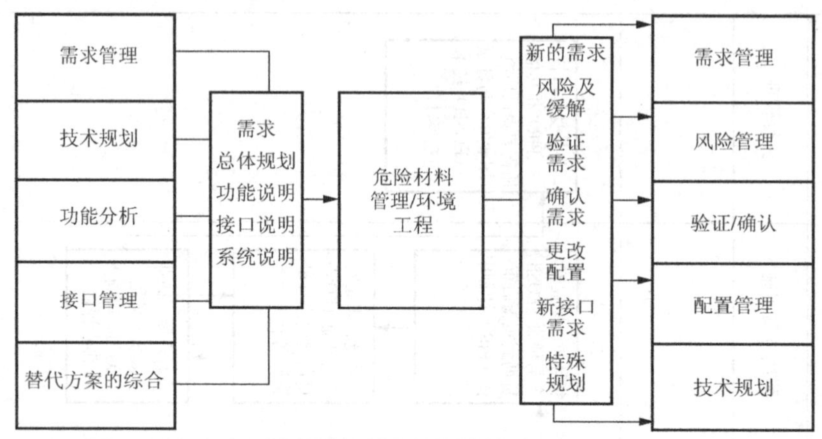

图 5-19　危险材料管理/环境工程与其他系统工程流程之间的关系

此外，联邦航空管理局指令 4600.27B 个人财产管理和采办管理系统第 2.7 节服役管理中都提供了有关制定和实施针对老旧系统的系统特定处置计划的要求和框架。这些处置计划是综合项目计划附件中的一部分；参见第 3 章综合技术计划流程。

3．*产物*

此外，危险材料管理/环境工程和环境、职业安全与健康流程必须能够使某个项目有能力编制已现场应用的设备可能包含的有害材料的存货清单。此项信息具有多重用途，其用途包括但不限于以下几方面：

（1）保证对环境和周边社区的保护。

（2）保证项目寿命周期期间内的法规合规性。

（3）支持设备操作人员的安全。

（4）支持不再服务的老旧设备的处置工作。

附加信息

有关用于编写本节内容的信息来源，请阅参考文献。

参 考 文 献

1. 参考来源

这些参考文献代表了文中引用，并且是用于编写整个列出的各个手册章节内容的信息来源。通过参考文献的参考代码表示其重复引用；有关完整的引用信息，请参阅下表首次提及的该参考代码。

参考代码	参考来源
1.4 计划、执行、检查、行动	
安德森（Anderson）2011	克里斯·安德森（Anderson Chris），《如何应用计划、执行、检查、行动循环》*Bizmanualz*，2011 年 6 月 7 日 http://www.bizmanualz.com/blog/how-are-pdca-cycles-used-inside-iso-9001.html
1.5 系统体系	
迈尔（Maier） 1998	马克·W·迈尔（Maier， Mark W），1998 年。“系统体系的架构原则”。系统工程 1（4）：267–284
卡洛克（Carlock） 2001	保罗·G·卡洛克（Carlock， Paul G）和罗伯特·E·芬顿（Robert E Fenton），2001 年。“信息密集型企业的系统体系（SoS）企业系统工程”。系统工程 4（4）：242–261
3.1 制定运行概念	
布兰卡德（Blanchard）1999	本杰明·S·布兰卡德（Blanchard，Benjamin S）和沃尔特·J·法布里斯基（Wolter J Fabrycky），1998 年。系统工程和分析，第 3 版。上赛德河，新泽西州：Prentice-Hall Inc.
CMMI-DEV 2006	用于开发的能力成熟度模型集成（CMMI），第 1.2 版。 标准。匹兹堡，宾夕法尼亚州：卡耐基梅隆大学/软件工程研究所（Carnegie Mellon University/Software Engineering Institute）。2006 年
EIA-632 1999	系统工程流程。标准。阿灵顿， 弗吉尼亚州：政府电子信息技术产业协会。1999 年
IEEE 1220 2005	电气与电子工程师协会（IEEE）系统工程流程应用和管理标准。标准。 纽约：电气与电子工程师协会。2005 年
IEEE 1362 1998	电气与电子工程师协会信息技术指南——系统定义——运行概念（ConOps）文件。标准。纽约：电气与电子工程师协会。1998 年 12 月 31 日
INCOSE 2010	国际系统工程协会（INCOSE）系统工程手册：系统寿命周期流程和活动指南，埃德·塞西莉亚·哈斯金斯（Ed. Cecilia Haskins），3.2 版，INCOSE-TP-2003-002-03.2. 西雅图，华盛顿州：系统工程国际理事会。2010 年
ISO-15288 2008	系统工程：系统寿命周期流程，标准。瑞士日内瓦：国际标准化组织。2008 年
NASA 2007	NASA 系统工程手册，手册。华盛顿特区：国家航空和航天局，2007 年 12 月

参考代码	参考来源
3.2 功能分析	
Blanchard 1999 CMMI-DEV 2006 EIA-632 1999 IEEE 1220 2005 IEEE 1362 1998 INCOSE 2010 ISO-15288 2008	上文引用
博德（Beude） 2000	丹尼斯·M·博德（Buede， Dennis M），系统的工程设计：模型和方法，纽约：John Wiley & Sons. 2000 年
格雷迪（Grady） 2006	杰弗里·O·格雷迪（Grady， Jeffrey O），系统需求分析，马萨诸塞州伯灵顿：Elsevier Inc. 2006 年
IEEE 830 1998	软件需求规范的电气与电子工程师协会建议做法，标准。纽约：电气与电子工程师协会计算机协会，1998 年 10 月 20 日
IEEE 1223 1998	编制系统需求规范的电气与电子工程师协会指南，标准。纽约：电气与电子工程师协会计算机协会，1998 年 12 月 8 日
3.3 需求分析	
EIA-632 1999 IEEE 1220 2005 INCOSE 2010 ISO-15288 2008 NASA 2007	上文引用
国防军需大学（DAU）2001	系统工程基本原理，弗吉尼亚州贝尔沃堡：国防军需大学出版社，2001 年 1 月
国防军需大学（DAU）2010	防卫指南，弗吉尼亚州贝尔沃堡：国防部，2010 年 12 月 22 日 https://dag.dau.mil/Pages/Default.aspx
联邦航空管理局采办管理系统 2012	联邦航空管理局采办管理系统寿命周期验证与确认指南，第 2.0 版，新泽西州大西洋城国际机场：威廉·J·休斯技术中心（William J Hughes Technical Center），联邦航空管理局，2012 年
3.4 架构设计综合	
EIA-632 1999 IEEE 1220 2005 INCOSE 2010 ISO-15288 2008	上文引用
3.5 技术方法	
IEEE 1220 2005 INCOSE 2010 ISO-15288 2008 联邦航空管理局	上文引用

参考代码	参考来源
AMS 2012 NASA 2007	
ATO-S 2008	ATO-S 2008-12 第 1.5 版，2008 年，系统采办安全风险管理指南，安全管理系统（SMS）及采办管理系统（AMS）指导性文件，12 月。
兰克霍斯特（Lankhorst）2009	马克·兰克霍斯特（Lankhorst，Marc），工作场所的企业架构，斯普林格（Springer），2009 年，第 122 页
4.1 综合技术管理	
Blanchard 1998 DAU 2001 DAU 2010 EIA-632 1999 IEEE 1220 2005 INCOSE 2010 ISO-15288 2008 NASA 2007	上文引用
塞奇（Sage） 2000	安德鲁·P·塞奇（Sage， Andrew P）和小詹姆斯·E·阿姆斯特朗（James E Armstrong Jr），系统工程简介，系统工程中的威利系列，纽约：John Wiley & Sons. 2000 年
4.2 接口管理	
IEEE 1220 2005 INCOSE 2010 NASA 2007	上文引用
4.3 风险管理	
IEEE 1220 2005 INCOSE 2010 ISO-15288 2008 NASA 2007	上文引用
联邦航空管理局采办系统工具（FAST）	联邦航空管理局采办系统工具，华盛顿特区：美国运输部，联邦航空管理局。 http://fast.faa.gov/
4.4 配置管理	
IEEE 1220 2005 INCOSE 2010 ISO-15288 2008 NASA 2007	上文引用
4.5 系统工程信息管理	
IEEE 1220 2005 INCOSE 2010 NASA 2007	上文引用

参考代码	参考来源
4.6 决策分析	
IEEE 1220 2005 INCOSE 2010 NASA 2007	上文引用
4.7 验证和确认流程	
CMMI-DEV 2006 EIA-632 1999 IEEE 1220 2005 INCOSE 2010 ISO-15288 2008	上文引用
联邦航空管理局采办管理系统 2012	联邦航空管理局采办管理系统寿命周期验证与确认指南，第 2.0 版，新泽西州大西洋城国际机场：威廉.J.休斯技术中心（William J Hughes Technical Center）。联邦航空管理局。2012 年
国际需求工程局（IREB） 2012	“国际需求工程局”，2012 年 http://www.certified-re.de/en/
5.1 可靠性、可维护性和可用性	
英文工具包 1993	可靠性工程师工具包，罗马实验室，格里菲斯空军基地，1993 年 4 月
联邦航空管理局可靠性、可维护性和可用性 2008	联邦航空管理局可靠性、可维护性和可用性（RMA）手册，FAA-HDBK-006A，2008 年 1 月 7 日
联邦航空管理局系统安全手册安全性 2000	系统安全手册，联邦航空管理局，2000 年 9 月 30 日
安全性 ARP4761 1996	民用机载系统和设备安全评估流程指南和方法，航天建议惯例 ARP4761，美国汽车工程师学会有限公司，发布日期 1996 年 12 月
软件 89-97714 1989	包含软件的系统的可靠性评估指南，文件编号 89/97714，英国标准协会，1989 年 9 月 12 日
5.2 寿命周期工程	
DOD MIL-PRF-49506 1996	物流管理信息，MIL-PRF-49506，华盛顿特区：美国国防部，1996 年 11 月 11 日
联邦航空管理局商用现货 2010	联邦航空管理局商用现货风险缓解指南/有效采办和支持的实用方法，2012 年 3 月 http://fast.faa.gov/docs/cotsriskguide.doc
联邦航空管理局采办系统工具	上文引用
联邦航空管理局 ILSPG 2001	综合后勤保障流程手册（ILSPM），华盛顿特区：美国运输部，联邦航空管理局，2013 年 4 月 http://fast.faa.gov/docs/ils_process_guide.doc
联邦航空管理局指令 4800.2C 1996	过剩和剩余个人财产的利用和处置，指令 4800.2C，华盛顿特区：美国运输部，联邦航空管理局，1996 年 5 月 31 日

参考代码	参考来源
联邦航空管理局指令6000.30C 2001	国家空域系统维护政策，指令6000.30C。华盛顿特区：美国运输部，联邦航空管理局，2001年1月25日
琼斯（Jones） 1998	詹姆斯.V.琼斯（Jones，James V），综合后勤支持手册，第2版。特别重印版。纽约州纽约：McGraw-Hill Professional Book Group，1998年 ISBN：0070331391.
5.3 电磁环境效应和频谱管理	
国防部 MIL-STD-461F 2007	子系统和设备电磁接口特性控制要求，MIL-STD-461F，美国国防部，2007年12月10日 http://snebulos.mit.edu/projects/reference/MIL-STD/MIL-STD-461F.pdf
国防部指令5240.3	射频频谱的应用，国防部指令 5420.3，美国运输部
联邦航空管理局G-2100H 2005	电子设备通用要求，第3.3.2节“电磁兼容性”，FAA-G-2100H， 美国运输部，联邦航空管理局，2005年5月9日
联邦航空管理局指令6050.19E 2000	射频频谱的计划，联邦航空管理局指令6050.19E，美国运输部，联邦航空管理局，2005年9月15日 http://www.faa.gov/documentLibrary/media/指令/6050_19F.pdf
联邦航空管理局指令6050.32B 2005	频谱管理条例及规程手册，联邦航空管理局指令6050.32B，美国运输部，联邦航空管理局，2005年11月17日 http://www.faa.gov/regulations_policies/orders_notices/index.cfm/go/document.information/documentID/73412
联邦航空管理局频谱2002	射频频谱计划2001—2010年（2002年版），美国运输部，联邦航空管理局，2002年9月30日 http://www.faa.gov/about/office_org/headquarters_offices/ato/service_units/techops/safety_ops_support/spec_management/library/view/documents/plan_r16.pdf
电气与电子工程师协会149 1977	电气与电子工程师协会标准天线测试规程，IEEE Std-149-1977，电气与电子工程师协会，纽约州纽约。（于2003年再次确认），ISBN 1-5593-7609-0。 http://standards.ieee.org/findstds/standard/149-1977.html
电气与电子工程师协会C63.5 1998	电磁兼容性美国国家标准——天线（9 kHz～40 GHz）电磁干扰（EMI）控制——校验的辐射发射测量，IEEE C63.5-1998，电气与电子工程师协会，纽约州纽约。 http://ieeexplore.ieee.org/xpl/freeabs_all.jsp?arnumber=741969（membership or payment required）
国家电信和信息管理局2011	联邦无线电频率管理条例及规程手册（2008年版，2011年5月修订版），美国商务部，国家电信和信息管理局，华盛顿特区，2011年 http://www.ntia.doc.gov/page/2011/manual-regulations-and-procedures-federal-radio-frequency-management-redbook
RTCA 1997	机载设备的环境条件及测试规程（及已出版的三版更改），RTCA/DO-160G， RTCA，Inc.，华盛顿特区，2010年 http://www.rtca.org/content.asp?pl=31&sl=35&contentid=35 （membership or purchase required）
SAE ARP958 1999	电磁干扰测量天线的标准校验方法，ARP958，D版，SAE International， 沃伦代尔，宾夕法尼亚州，1999年3月 http://standards.sae.org/wip/arp958d

参考代码	参考来源
5.4 人因工程	
奥斯龙（Ahlstrom）2011	V.奥斯龙（Ahlstrom，V）和 K.隆戈（Longo，K），人因设计标准，文件 F-STD-001，新泽西州大西洋城国际机场：联邦航空管理局威廉·J·休斯技术中心，2011 年 2 月（http://hf.tc.faa.gov/hfds/）
博夫（Boff） 1988	K.博夫（Boff，K.）和 J.林肯（Lincoln J.）编辑。工程数据纲要：人员的参与和表现。第 1-3 卷。俄亥俄州赖特-帕特森空军基地：哈里.G.阿姆斯特朗航天医学研究实验室，1988 年
布赫（Booher）2003	H·R·布赫（Booher，H.R.）编辑，人员系统整合手册，纽约州纽约：John Wiley & Sons，Inc.，2003 年
布赫（Booher）1990	H·R·布赫（Booher，H.R.）编辑，人力资源和人才整合：系统整合方法，纽约州纽约：Van Nostrand Reinhold，1990 年
查帕尼斯（Chapanis ）1996	阿方斯·查帕尼斯（Chapanis，Alphonse），系统工程中的人因，John Wiley and Sons，Inc.，1996 年
联邦航空管理局人因 ACQ 2003	联邦航空管理局人因采办工作辅助，华盛顿特区：美国运输部，联邦航空管理局，2003 年 12 月https://www.hf.faa.gov/HFPortalNew/jobaid.aspx#gsc.tab=0
联邦航空管理局人因整合 2004	联邦航空管理局任务和服务区域分析人因整合指南，华盛顿特区：美国运输部，联邦航空管理局，2004 年 9 月
联邦航空管理局人因投资 2006	联邦航空管理局投资分析中的人因评估：成本、风险和收益的定义及流程总结，第 1.4b 版。华盛顿特区：美国运输部，联邦航空管理局，2006 年 6 月
联邦航空管理局人因需求 2011	联邦航空管理局人因需求制定指南，华盛顿特区：美国运输部，联邦航空管理局，2011 年 6 月
联邦航空管理局 HF-STD-004 2009	联邦航空管理局人因项目文件要求，文件 HF-STD-004，华盛顿特区：美国运输部，联邦航空管理局，2009 年 6 月
联邦航空管理局指令 9550.8 1993	联邦航空管理局人因政策，联邦航空管理局指令 9550.8，华盛顿特区：美国运输部，联邦航空管理局，1993 年 10 月
亨德里克（Hendrick）2001	哈尔.W.亨德里克（Hendrick，Hal W）和布莱恩.M.克莱纳（Kleiner，Brian M），宏观功效学：工作系统设计简介，2001 年
麦斯特（Meister） 1985	D.麦斯特（Meister，D），行为分析及衡量方法，纽约州纽约：John Wiley & Sons，Inc.，1985 年
MIL-HDBK01908B 1999	人因术语的定义。MIL-HDBK-1908B，1999 年 8 月
威肯斯（Wickens）1997	C.威肯斯（Wickens，C），A.梅弗（Mavor，A）和 J.麦吉（McGee，J）编辑。飞向未来：空中交通管制中的人为因素。华盛顿特区：美国国家科学院出版社，1997 年
威肯斯（Wickens）1998	C.威肯斯（Wickens，C），A.梅弗（Mavor，A）和 J.麦吉（McGee，J）编辑，空中交通管制的未来：操作人员和自动化，华盛顿特区：美国国家科学院出版社，1998 年
5.5 信息安全工程	
联邦航空管理局采办系统工具（FAST）	http：//fast.faa.gov “安全”工作流

参考代码	参考来源
行政管理和预算局通告 A-11	管理和预算办公室通告 A-11，预算的准备、提交和执行
联邦航空管理局指令 1370.82	联邦航空管理局指令 1370.82，信息系统安全项目
联邦信息处理标准 PUB 199	联邦信息和信息系统的安全分类标准
联邦信息处理标准 PUB 200	联邦信息和信息系统的最低安全要求
联邦信息安全管理法案 2002	2002 年联邦信息安全管理法案（FISMA）
美国国家标准与技术研究院 800-18	美国国家标准与技术研究院特刊 800-18，信息技术系统安全计划编制指南
美国国家标准与技术研究院 800-27	美国国家标准与技术研究院特刊 800-27 A 版，信息系统安全工程原则（用于实现安全的基准）
美国国家标准与技术研究院 800-30	美国国家标准与技术研究院特刊 800-30，信息技术系统风险管理指南
美国国家标准与技术研究院 800-37	美国国家标准与技术研究院特刊 800-37，联邦信息系统安全认证和鉴定指南
美国国家标准与技术研究院 800-39	美国国家标准与技术研究院特刊 800-39，信息安全风险的管理
美国国家标准与技术研究院 800-55	美国国家标准与技术研究院特刊 800-55，信息安全性能衡量指南
美国国家标准与技术研究院 800-57	美国国家标准与技术研究院特刊 800-57，联邦信息系统中的安全控制评估指南
行政管理和预算局通告 A-130	行政管理和预算局通告 A-130，联邦信息资源的管理
5.7 危险物品管理/环境工程	
能源独立和安全法案（EISA） 2007	2007 年能源独立和安全法案
能源政策法案（EPA） 2005	2005 年能源政策法案
行政命令 13423	行政命令 13423，强化联邦环境、能源和运输管理
行政命令 13514	行政命令 13514，环境、能源和经济性能方面的联邦领导
联邦航空管理局采办系统工具 2.7	服役管理。联邦航空管理局采办管理系统，第 2.7 节。美国运输部，联邦航空管理局，华盛顿特区。 http://fast.faa.gov.
联邦航空管理局指令 1050.10C	联邦航空管理局设施环境污染的预防、控制和消除。 联邦航空管理局指令 1050.10C。美国运输部，联邦航空管理局，华盛顿特区
联邦航空管理局指令 1050.17A	航路设施环境和安全合规项目，联邦航空管理局指令 1050.17A。美国运输部，联邦航空管理局，华盛顿特区

参考代码	参考来源
联邦航空管理局指令 1053.1A	联邦航空管理局建筑物和实施的能源和水管理项目，联邦航空管理局指令 1053.1A。美国运输部，联邦航空管理局，华盛顿特区
联邦航空管理局指令 4600.27B	私人财产的管理，联邦航空管理局指令 4600.27B。美国运输部，联邦航空管理局，华盛顿特区
联邦航空管理局指令 5050.4B	机场项目国家环境政策法案（NEPA）实施指南，联邦航空管理局指令 5050.4B。美国运输部，联邦航空管理局，华盛顿特区
职业安全与健康法案（OSHA）1970	1970 年职业安全与健康法案， 以及实施的条例 1910 年 29 CFR，1926 年 29 CFR 和 1960 年 29 CFR

2. 其他工具及阅读建议

以下参考文件、工具和网址可为有兴趣了解更多特定手册的读者提供更多信息来源。

参考文献或工具	简要说明
2.2 采办管理系统管理流程的阶段	
联合计划和发展办公室（JPDO）运行概念 3.2 版，2011 年	联合计划和发展办公室运行概念提供了有关下一代航空运输系统（NextGen）的运行远景和 2025 年及之后它的运行情况，其中包括各个航空运输利益相关者（NASA、国防部、运输部、国土安全部等）的作用。 应将本文件作为了解空中交通总体管理能力长期影响的参考。 www.dtic.mil/cgi-bin/GetTRDoc?AD=ADA535795
国家空域系统的下一代航空运输系统中期运行概念 下一代航空运输系统中期运行概念 2.2 版. 2011	下一代航空运输系统中期运行概念描述了下一代中期高级别国家空域系统运行概念，它描述了联合规划和发展办公室所期望的从现行国家空域系统到下一代航空运输系统运行概念的过渡。 https://my.faa.gov/content/dam/myfaa/org/staffoffices/ang/NextGenMid-TermConOps_v2.2.pdf
航空无线电技术委员会（RTCA）下一代航空运输系统中期实施任务组报告	编写航空无线电技术委员会任务组报告的目的是在 2018 年过渡时期内，使推荐的下一代航空运输系统运行从改进到实施，得到社会的广泛认可。任务组在寻求机会加速下一代航空运输系统实施规划中所定义技术的转变。 应将本文件作为了解加速某种类型的技术的特定战略的参考。 https://www.faa.gov/nextgen/media/nextgen_progress_report.pdf
联邦航空管理局（2012）国家航空研究计划	国家航空研究计划确立了联邦航空管理局的研究和开发项目。每年出版的国家航空研究计划将联邦航空管理局的近期目标（2009—2013 年）与下一代航空运输系统实施计划的（2012—2018 年）中期目标，以及联合计划和发展办公室综合工作计划的（2015—2025 年）远期目标相联系。 国家航空研究计划可用于了解某一特定技术对该机构的近期、中期和远期目标的影响。 https://www.faa.gov/about/plans_reports/media/2012_NARP-WEB.pdf

参考文献或工具	简要说明
联邦航空管理局（2015） 下一代航空运输系统实施计划	下一代航空运输系统实施计划提供了有关联邦航空管理局持续转变下一代航空运输系统的概况，该计划列出了该机构在当前和中期时间框架（2012—2018 年）内的愿景。该计划明确了技术和项目部署的目标。 本文件可用于将特定的项目不足与下一代航空运输系统目标相联系。 https://www.faa.gov/nextgen/media/NextGen_Implementation_Plan- 2015.pdf
联邦航空管理局（2009—2013） 联邦航空管理局飞行计划(过时的)	该飞行计划中包含联邦航空管理局自 2009—2013 年的五年战略规划。现在联邦航空管理局正在制定一份被称为“联邦航空管理局 2014—2018 年战略举措”的文件，作为该飞行计划的替代文件。 http://www.faa.gov/about/plans_reports/
联邦航空管理局（2010） 投资决策机构（IDA）流程指南	此文件是对采办管理系统政策中所含信息的补充，其中解释了决策的类型、先决条件、角色和责任，以及从某个机构的投资决策机构获取投资决策时所需的规程。 此文件可用作各项必须在概念和需求定义成熟度决策之前完成的项目的参考。 https://intranet.faa.gov/faaemployees/org/linebusiness/ato/acquisition_business/ipm/media/file/Preparing%20for%20a%20JRC/IDAGuidance%208_13_2010.pdf
联邦航空管理局（2011） 采办管理系统政策	采办管理系统政策确定了联邦航空管理局采办管理的各项要求，尤其是其中包含了服务分析，以及概念和需求定义要求必须完成的各项活动，各项活动的输出和成果，各项活动的负责人（负责单位），以及有权批准各项输出的人（机构）。 http://fast.faa.gov
联邦航空管理局（2006） 国家空域系统系统工程手册（3.1 版）	该文件的此前版本提供了在联邦航空管理局内实施系统工程的框架。该文件并未指定任何正式的做法，但是却可作为执行特定系统工程活动的参考。 该文件不再公布在网上，如有兴趣请联系 ANG-B1 索取副本。
联邦航空管理局（2007） 国家空域系统企业架构框架（NASEAF），第 III 卷：成果实施方法（2.00 版）	https://sep.faa.gov/file/get/814 此文件说明了空中交通机构构建架构的方法，其中规定并说明了适用于各级别（企业、服务单元和项目）架构开发的成果和流程。 该文件可用于理解国家空域系统企业架构框架及其结构。在构建项目级别架构产品和进行修订时应参考该文件。
联邦航空管理局（2014） 服务分析和战略规划，以及概念和需求定义指南（第 6 版）	此文件说明了应“如何”通过采办管理系统的服务分析，以及概念和需求定义阶段进行指导。此文件包含特定信息，如模板、流程说明、要求的评审组织以及要求的签字机构等。除采办管理系统政策以外的此文件应用于理解服务分析，以及概念和需求定义的采办管理系统要求。 http://fast.faa.gov/docs/crdguidelines.docx
2.2.3 概念和需求定义	
联邦航空管理局采办系统工具	参见概念和需求定义政策、概念和需求定义成熟度决策政策及投资分析成熟度决策政策章节。 http://fast.faa.gov

参考文献或工具	简要说明
国家空域系统企业架构框架（NASEAF）	第 4.1.1 段定义了概念和需求定义过程中所需的架构产品。 https://sep.faa.gov/file/get/814
国家空域系统需求文件 NAS-RD-2012	这些企业级别需求制定了支持下一代航空运输系统开发和技术管理的更为详尽的顶级需求数据库开发工作。 可从 ANG-B1 索取该文件
2.2.4 投资分析	
联邦航空管理局 （2006）国家空域系统，系统工程手册（3.1 版）	参见需求管理、功能分析、贸易研究、专业工程、风险管理及验证和确认章节。 该文件不再公布在网上，如有兴趣请联系 ANG-B1 索取副本
联邦航空管理局采办系统工具	参见投资分析标准指南、投资分析流程指南及业务案例分析指南和模板章节。 http://fast.faa.gov
国家空域系统企业架构框架（NASEAF）	https://sep.faa.gov/file/get/814
联邦航空管理局投资计划及分析网站	参见投资分析流程和产品；建立业务案例；方法：成本分析，收益分析，经济性分析，风险分析，时间表分析；业务案例的传达；业务案例的评估；业务案例指南和模板；不足分析执行指南；定义和应用遗留案例指南；投资分析计划指南及模板；定义和确定所需的服务期间、经济服务寿命及分析期间指南；联邦航空管理局成本估算指南；预估成本基础记录指南；预估收益指南及报告模板；投资分析风险评估执行指南；AJF 业务案例考核与评估指南章节。 http://ipa.faa.gov
2.2.5 实施解决方案	
联邦航空管理局采办系统工具 采办管理政策第 2.5 节，实施解决方案	采办管理系统政策确定了整个寿命周期内联邦航空管理局采办管理的各项要求。尤其是其中规定了必须在实施解决方案的过程中完成的活动，各项活动的输出和成果，各项活动的负责人或负责机构，以及有权批准各项输出的人（机构）。 http://fast.faa.gov
联邦航空管理局采办管理系统寿命周期验证和确认指南，第 2 版（2013）	此文件对整个联邦航空管理局有关验证和确认政策的应用进行指导，其中定义了术语并举例说明了在采办管理系统寿命周期的各个阶段中应如何完成验证和确认工作。 http:/fast.faa.gov/VerificationValidation.cfm?p_title=Acquisition%20Practice s
下一代航空运输系统及运行计划服务、测试和评估流程指南（2014）	此文件提供了有关如何对与国家空域系统有关的系统进行测试和评估的详细指南。 http://fast.faa.gov/docs/teguidelines.doc
实施解决方案采办操作工具包	该工具包中包含流程、流程图、活动、检查单、工作成果的优秀示例，以及有助于协助团队成员执行解决方案实施工作的其他工具。 http://fast.faa.gov/SolutionImplementation.cfm?p_title=Lifecycle%20Phases%20Decisions

参考文献或工具	简要说明
2.2.6 服役管理	
联邦航空管理局采办系统工具	采办管理系统政策确定了联邦航空管理局采办管理的各项要求。尤其是其中包含了服役管理过程中必须完成的各项活动，各项活动的输出和成果，各项活动的负责人或负责机构，以及有权批准各项输出的人（机构）。 http://fast.faa.gov
3.1 运行概念开发	
国际系统工程协会系统工程手册：系统寿命周期流程及活动指南	编辑塞西莉亚·哈尔金斯(Cecilia Haskins)，3.2 版。INCOSE-TP-2003-002-03.2，华盛顿州西雅图：国际系统工程协会 描述了类似于运行概念的流程
OMG 系统建模语言的官方网站 OMG 系统建模语言	参见规范和教程（导览）。 http://www.omgsysml.org
编写更好的需求	伊恩.F.亚历山大（Alexander，Ian F）和理查德·史蒂文斯（Richard Stevens）。2002 年。编写更好的需求。纽约：Addison-Wesley.
系统的工程设计：模型及方法	丹尼斯·M·博德（Buede，Dennis M）。系统的工程设计：模型及方法。纽约：John Wiley & Sons.，2000 年
系统工程及分析	本杰明·S·布兰卡德（Blanchard，Benjamin S）和沃尔特.J.法布里斯基（Wolter J Fabrycky）。系统工程和分析，第 3 版。上赛德河，新泽西州：Prentice-Hall Inc.1998 年
系统需求分析	杰弗里.O.格雷迪（Grady，Jeffrey O）。系统需求分析。马萨诸塞州伯灵顿：Elsevier Inc.，2006 年
系统工程简介	安德鲁.P.塞奇（Sage，Andrew P）和小詹姆斯.E.阿姆斯特朗（James E Armstrong Jr），系统工程简介，系统工程中的威利系列。纽约：John Wiley & Sons.2000 年
系统工程及管理手册	安德鲁.P.塞奇（Sage，Andrew P）和威廉姆.B.劳斯（William B. Rouse）（编辑），系统工程及管理手册，第 2 版。系统工程中的威利系列。纽约：John Wiley & Sons.2009 年
系统实践常识	索克·沃尔特（Sobkiw，Walter），系统实践常识，新泽西州樱桃山：CassBeth，2011 年
3.2 功能分析	
国际系统工程协会系统工程手册：系统寿命周期流程及活动指南	编辑塞西莉亚·哈尔金斯(Cecilia Haskins)，3.2 版。INCOSE-TP-2003-002-03.2。华盛顿州西雅图：国际系统工程协会 描述了类似于功能分析流程的流程。
编写更好的需求	伊恩.F.亚历山大（Alexander，Ian F）和理查德·史蒂文斯（Richard Stevens）。2002 年。编写更好的需求。纽约：Addison-Wesley.
系统的工程设计：模型及方法	丹尼斯.M.博德（Buede，Dennis M）。系统的工程设计：模型及方法。纽约：John Wiley & Sons.，2000 年
系统工程及分析	本杰明.S.布兰卡德(Blanchard，Benjamin S)和沃尔特·J·法布里斯基(Wolter J Fabrycky)。系统工程和分析，第 3 版。上赛德河，新泽西州：Prentice-Hall Inc.，1998 年

参考文献或工具	简要说明
系统需求分析	杰弗里.O.格雷迪（Grady，Jeffrey O）。系统需求分析。马萨诸塞州伯灵顿：Elsevier Inc.，2006年
系统工程简介	安德鲁.P.塞奇（Sage，Andrew P）和小詹姆斯.E.阿姆斯特朗（James E Armstrong Jr），系统工程简介。系统工程中的威利系列。纽约：John Wiley & Sons.，2000年
系统工程及管理手册	安德鲁.P.塞奇（Sage，Andrew P）和威廉姆.B.劳斯（William B. Rouse）（编辑），系统工程及管理手册，第2版。系统工程中的威利系列。纽约：John Wiley & Sons.，2009年
系统实践常识	索克·沃尔特（Sobkiw，Walter）。系统实践常识。新泽西州樱桃山：CassBeth，2011年
3.4 架构设计合成	
国际系统工程协会系统工程手册：系统寿命周期流程及活动指南	编辑塞西莉亚·哈尔金斯(Cecilia Haskins)，3.2版。INCOSE-TP-2003-002-03.2。华盛顿州西雅图：国际系统工程协会 描述了类似于设计综合流程
系统的工程设计：模型及方法	丹尼斯.M.博德（Buede，Dennis M），系统的工程设计：模型及方法。纽约：John Wiley & Sons.，2000年
系统工程及分析	本杰明.S.布兰卡德（Blanchard，Benjamin S）和沃尔特.J.法布里斯基（Wolter J Fabrycky），系统工程和分析，第3版。上赛德河，新泽西州：Prentice-Hall Inc.，1998年
系统需求分析	杰弗里.O.格雷迪（Grady，Jeffrey O）。系统需求分析。马萨诸塞州伯灵顿：Elsevier Inc.，2006年
系统工程简介	安德鲁.P.塞奇（Sage，Andrew P）和小詹姆斯.E.阿姆斯特朗（James E Armstrong Jr），系统工程简介。系统工程中的威利系列。纽约：John Wiley & Sons.，2000年
系统工程及管理手册	安德鲁.P.塞奇（Sage，Andrew P）和威廉姆.B.劳斯（William B. Rouse）（编辑），系统工程及管理手册，第2版，系统工程中的威利系列，纽约：John Wiley & Sons.，2009年
系统实践常识	索克·沃尔特（Sobkiw，Walter），系统实践常识。新泽西州樱桃山：CassBeth，2011年
3.5 削减成本的技术方法	
4 技术管理原则	
系统工程简介	安德鲁.P.塞奇（Sage，Andrew P）和小詹姆斯.E.阿姆斯特朗（James E Armstrong Jr），系统工程简介，系统工程中的威利系列，纽约：John Wiley & Sons.，2000年
国际系统工程协会系统工程手册：系统寿命周期流程及活动指南	编辑塞西莉亚·哈尔金斯(Cecilia Haskins)，3.2版。INCOSE-TP-2003-002-03.2，华盛顿州西雅图：国际系统工程协会 描述了类似于质量管理流程的流程。
系统工程及分析	本杰明.S.布兰卡德（Blanchard，Benjamin S）和沃尔特.J.法布里斯基（Wolter J Fabrycky）。系统工程和分析，第3版。上赛德河，新泽西州：Prentice-Hall Inc.，1998年 提供有关帕累托图（Parato chart）的详细信息，包括构建一个帕累托图

参考文献

参考文献或工具	简要说明
4.1 综合技术管理	
系统工程及分析	本杰明.S.布兰卡德（Blanchard，Benjamin S）和沃尔特.J.法布里斯基（Wolter J Fabrycky）。系统工程和分析，第3版。上赛德河，新泽西州：Prentice-Hall Inc.，1998年 提供有关工作分解结构、日程和成本的详细信息。
系统工程简介	安德鲁.P.塞奇（Sage，Andrew P）和小詹姆斯.E.阿姆斯特朗（James E Armstrong Jr），系统工程简介，系统工程中的威利系列，纽约：John Wiley & Sons.，2000年 有关大型项目的正式系统工程管理计划的合理模板，请参见第483-484页。
电气与电子工程师协会关于应用和管理系统工程流程的标准	电气与电子工程师协会关于应用和管理系统工程流程的标准，标准。纽约：电气与电子工程师协会。 提供有关标准系统工程管理计划的信息
4.3 风险、问题和机会管理	
联邦航空管理局风险、问题和机会（RIO）记分卡	—
联邦航空管理局商用现货风险缓解指南	—
4.4 配置管理	
联邦航空管理局指令 1800.66“国家空域系统配置管理政策”	国家空域系统配置管理政策
EIA 649“配置管理的全国性共识标准”	配置管理的全国性共识标准
4.7 验证和确认流程	
验证和确认指南	联邦航空管理局采办管理系统寿命周期验证和确认指南
测试及评估指南	联邦航空管理局测试与评估流程指南
测试与评估手册	测试与评估手册

首字母缩略语及术语表

1. 首字母缩略语

	A	
ACAT	Acquisition Category	采办目录
ADS-B	Automatic Dependent Surveillance – Broadcast	广播式自动相关监视
AMS	Acquisition Management System	采办管理系统
ANSI	American National Standards Institute	美国国家标准学会
AO	Authorizing Official	授权官员
APB	Acquisition Program Baseline	采办方案基线
ASR	Airport Surveillance Radar	机场监视雷达
AT	Air Traffic （organization within the FAA)	空中交通（联邦航空管理局内部机构）
ATC	Air Traffic Control	空中交通管制
ATM	Air Traffic Management	空中交通管理
ATO	Air Traffic Organization	空中交通机构
	B	
BCAR	Business Case Analysis Report	业务案例分析报告
BOE	Basis of Estimate	预测基准
BPMN	Business Process Management Notation	业务流程管理符号
	C	
C&A	Certification and Accreditation	认证与鉴定
CA	Certifying Agent	认证机构
CAA	Clean Air Act	清洁空气法案
CCB	Configuration Control Board	配置控制委员会
CCD	Configuration Change Decision	配置变更决策
CDR	Critical Design Review	关键设计评审
CDRL	Contract Data Requirements List	合同数据需求清单
CFR	Code of Federal Regulations	联邦管理规章
CHI	Computer-Human Interaction	人机交互
CI	Configuration Item	配置项
CM	Configuration Management	配置管理

CMP	Configuration Management Plan	配置管理计划
CMTD	Concept Maturity and Technology Development	概念成熟度与技术开发
Comm，Comms	Communications	通信
ConOps	Concept of Operations	运行概念
COTS	Commercial-Off-The-Shelf	商用现货
CPR	Critical Performance Requirements	关键性能需求
CRD	Concept and Requirements Definition	概念与需求定义
CSA	Comparative Safety Assessment	比较性安全评估
CSA	Configuration Status Accounting	配置登记登记
CSAR	Configuration Status Accounting Report	配置登记报告
CTE	Critical Technology Element	关键技术要素
CWA	Clean Water Act	清洁水法案
	D	
DA	Decision Analysis	决策分析
DAA	Designated Approving Authority	指定审批机构
DAG	Defense Acquisition Guidebook	国防采办指南
DAR	Design Analysis Report	设计分析报告
DAU	Defense Acquisition University	国防军需大学
DC	Direct Current	直流电源
Dept	Department	部门
DID	Data Item Description	数据项说明
DM	Data Management	数据管理
DoD，DOD	Department of Defense	国防部
DoDAF	Department of Defense Architecture Framework	国防部体系结构框架
DOORS	Dynamic Object-Oriented Requirements System	动态目标需求系统
DOT	Department of Transportation	运输部
DR&A	Data Reduction & Analysis	数据简化与分析
DT	Development Test	研发测试
	E	
E^3	Electromagnetic Environmental Effects	电磁环境效应
EA	Enterprise Architecture	企业体系结构
ECP	Engineering Change Proposal	工程变更方案
EEE	Electrical，Electronic，and Electrochemical	电气、电子与电化学
EM	Electromagnetic	电磁
EMC	Electromagnetic Compatibility	电磁兼容性

EME	Electromagnetic Environment	电磁环境
EMI	Electromagnetic Interference	电磁干扰
EMP	Electromagnetic Pulse	电磁脉冲
EMS	Electromagnetic Susceptibility	电磁敏感性
Eng	Engineering	工程
ESD	Electrostatic Discharge	静电放电
Est	Estimate	估算
EVM	Earned Value Management	收益管理
EXT	External	外部
	F	
FA	Functional Analysis	功能分析
FAA	Federal Aviation Administration	联邦航空管理局
FAD	Functional Architecture Document	功能架构文档
FAST	Federal Aviation Administration Acquisition System Toolset	联邦航空管理局采办系统工具
FBR	Functional Baseline Review	功能基线评审
FCA	Functional Configuration Audit	功能配置评审
FCC	Federal Communications Commission	联邦通信委员会
FFBD	Functional Flow Block Diagram	功能流程框图
FIA	Final Investment Analysis	最终投资分析
FIPS	Federal Information Processing Standard	联邦信息处理标准
FISAA	Federal Information Security Amendments Act	联邦信息安全修正案
FISMA	Federal Information Security Management Act	联邦信息安全管理法案
FMEA	Failure Mode and Effects Analysis	失效模式与影响分析
FMECA	Failure Mode and Effects Criticality Analysis	失效模式与影响危害性分析
FMO	Frequency Management Officer	频率管理官员
FOIA	Freedom of Information Act	信息自由法
fPR	Final Program Requirements	最终项目需求
fPRD	Final Program Requirements Document	最终项目需求文件
FTA	Fault Tree Analysis	故障树分析
	G	
GA	General Aviation	通用航空
GAO	General Accountability Office	总审计局
Govt	Government	政府
GPS	Global Positioning System	全球定位系统
GSA	General Services Administration	总务管理局

H		
HAW	Hazard Analysis Worksheet	危险分析工作表
HCI	Human-Computer Interface	人机接口
HDBK	Handbook	手册
HDR	Hardware Discrepancy Report	硬件差异报告
HERF	Hazard of EM Radiation to Fuels	电磁辐射对燃油的危险
HERP	Hazard of EM Radiation to Personnel	电磁辐射对人员的危险
HF	Human Factors	人为因素
HFE	Human Factors Engineering	人为因素工程
HFWG	Human Factors Working Group	人为因素工作团队
HHA	Hazard Health Assessment	危险健康评估
HMM/EE	Hazardous Material Management / Environmental Engineering	危险材料管理 / 环境工程
HPI	Human Performance Interface	人为表现接口
HSI	Human System Interface	人为系统接口
HVAC	Heating，Ventilating，and Air Conditioning	暖气、通风与空调
HWCI	Hardware Configuration Item	硬件配置项
I		
IA	Investment Analysis 投资分析	
IARD	Investment Analysis Readiness Decision	投资分析成熟度决策
IARR	Investment Analysis Readiness Review	投资分析成熟度评审
IAT	Investment Analysis Team	投资分析团队
IBR	Integrated Baseline Review	综合基线评审
ICAO	International Civil Aviation Organization	国际民航组织
ICD	Interface Control Document	接口控制文件
iCMM	Integrated Capability Maturity Model	综合能力成熟度模型
ICR	Interface Change Request	接口更改申请
ID	Identification	识别
IDA	Investment Decision Authority	投资决策机构
IDEF	Integrated Definition for Function Modeling	功能建模综合定义
IEEE	Institute of Electrical and Electronics Engineers, Inc.	电气与电子工程师协会
I/F	Interface	接口
IFPP	Information for Proposal Preparation	方案准备信息
IG	Inspector General	总检察长

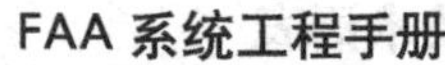

IIA	Initial Investment Analysis	初始投资分析
IID	Initial Investment Decision	初始投资决策
ILS	Integrated Logistical Support	综合后勤保障
ILSP	Integrated Logistical Support Plan	综合后勤保障计划
ILSPG	Integrated Logistics Support Process Guide	综合后勤保障流程指南
IM	Interface Management	接口管理
IMS	Integrated Master Schedule	综合主进度计划
IMT	Integrated Multidisciplinary Team	综合多学科团队
INCOSE	International Council on Systems Engineering	国际系统工程协会协会
I/O	Input – Output	输入 – 输出
IOA	Independent Operational Assessment	独立运行评估
IOC	Initial Operational Capability	初始运行能力
iPR	Initial Program Requirements	初始项目需求
iPRD	Initial Program Requirements Document	初始项目需求文件
iRD	Initial Requirements Document	初始需求文件
IRD	Interface Requirements Document	接口需求文件
ISAP	Implementation Strategy and Planning	实施策略与计划
ISD	In-Service Decision	服役决策
ISE	Information Security Engineering	信息安全工程
ISEF	Integrated Systems Engineering Framework	综合系统工程框架
ISO	International Organization for Standardization	国际标准化组织
ISP	Integrated Safety Plan	综合安全计划
ISPD	Integrated Safety Plan Document	综合安全计划文件
ISR	In-Service Review	服役评审
ISS	Information Systems Security	信息系统安全
ISSM	Information System Security Manager	信息系统安全管理员
ISSP	Information Systems Security Plan	信息系统安全计划
IT	Information Technology	信息技术
ITP	Integrated Technical Planning	综合技术计划
ITS	Intelligent Transportation System	智能运输系统
IWG	Interface Working Group	接口工作组
	J	
JRC	Joint Resources Council	联合资源委员会
	K	
KSA	Knowledge，Skills，and Abilities	知识、技能和能力
KSN	Knowledge Sharing Network	知识分享网络

L		
LCE	Lifecycle Engineering	生存周期工程
LOM	Level of Maturity	成熟度
M		
M&C	Monitor & Control	监视与监控
MCI	Master Configuration Index	主配置指标
MIL-HDBK	Military Handbook	军用手册
MIL-STD	Military Standard	军用标准
MOE	Measure of Effectiveness	效能指标
MOU	Memorandum of Understanding	谅解备忘录
MRS	Mature Requirements Statement	成熟需求声明
MTBF	Mean Time Between Failure	平均故障间隔时间
MTTF	Mean Time to （Initial) Failure	平均无故障（初始）时间
MTTR	Mean Time To Restore	平均修复时间
MTTRS	Mean Time To Restore Service	平均恢复服务时间
MVP	Master Verification Plan	主验证计划
N		
N^2	N-squared （used to denote an N by N open field matrix)	N的平方（用于表示N乘N的开放领域矩阵）
N/A	Not Applicable	不适用
NAILS	National Airspace Integrated Logistics Support	国家空域综合后勤保障
NAPRS	National Airspace Reporting System	国家空域报告系统
NARP	National Aviation Research Plan	国家航空研究计划
NAS	National Airspace System	国家空域系统
NASA	National Aeronautics and Space Administration	国家航空航天管理局
NATCA	National Association of Air Traffic Controllers	国家空中交通管制员协会
NAS EA	NAS Enterprise Architecture	国家空域系统企业体系结构
NCP	NAS Change Proposal	国家空域系统更改方案
NDI	Non-developmental Item	非开发项
NESHAP	National Emission Standards for Hazardous Air Pollutants	国家危险空气污染物排放标准
NEXRAD	Weather surveillance radars	天气监视雷达
NIST	National Institute of Standards and Technology	国家标准技术研究所
NPDES	National Pollutant Discharge Elimination System	国家污染物减排系统
NTIA	National Telecommunications and Information Administration	国家电信和信息管理局

	O	
OEA	Operational Environmental Assessment	运行环境评估
OMB	Office of Management and Budget	（美国）行政管理和预算局
ORD	Operational Readiness Date	运行就绪日
OSA	Operational Safety Assessment	运行安全评估
OSED	Operational Services and Environmental Description	运行服务与环境说明
O&SHA	Operating and Support Hazard Analysis	运行与支持危险分析
OSHA	Occupational Safety and Health Administration	职业安全与健康管理机构
OT	Operational Test	运行测试
OT&E	Operational Test & Evaluation	运行测试与评估
OV	Operational View	运行评估

	P	
PA	Process Area	流程领域
PAT	Production Acceptance Test	生产验收测试
PBM	Process-Based Management	基于流程的管理
PCA	Physical Configuration Audit	物理配置审核
PDCA	Plan，Do，Check，Act	计划、执行、检查、行动
PDR	Preliminary Design Review	初步设计评审
PDSA	Plan， Do，Study，Act	计划、执行、研究、行动
PHA	Preliminary Hazard Analysis	初步危险分析
PID	Probability Impact Diagram	概率影响图表
PIR	Post Implementation Review	实施后评审
Pkg	Package	成套方案
PLA	Program Level Agreement	项目级协议
PMBOK®	Project Management Body of Knowledge	知识项目管理机构
PMI	Project Management Institute	项目管理协会
PMO	Program Management Office	项目管理办公室
PPM	Program Performance Measurement	项目绩效测评
pPR	Preliminary Program Requirements	初步项目需求
pPRD	Preliminary Program Requirements Document	初步项目需求文件
POA&M	Plan of Action & Milestones	行动与进度节点计划
PRD	Program Requirements Document	项目需求文件
PRR	Product Readiness Review	产品成熟度评审
PRS	Primitive Requirements Statement	初始需求声明

PSP	Program Safety Plan	项目安全计划
P-Static	Precipitation Static	沉积静电
PT	Product Team	产品团队
PTR	Program Trouble Report	项目问题报告
PUB	Publication	出版物
	Q	
QA	Quality Assurance	质量保证
QE	Quality Engineering	质量工程
QFD	Quality Function Deployment	质量功能部署
QMS	Quality Management System	质量管理系统
Qtr	Quarter	四分之一
	R	
RAA	Responsibility，Authority，and Accountability	责任、授权与职责
RADHAZ	Hazards of Electromagnetic Radiation	电磁辐射危险
RAM	Requirements Allocation Matrix	需求分配矩阵
RCRA	Resource Conservation and Recovery Act	资源保护与恢复法案
RD	Requirements Document	需求文件
Ref	Reference	参考
RF	Radio Frequency	无线电频率
RFA	Request for Action	行动申请
RFD	Request for Deviation	偏差请求
RFI	Radio Frequency Interference	无线电频率接口
RFP	Request for Proposal	方案申请
RFW	Request for Waiver	弃权请求
RIO	Risk，Issue，and Opportunity	风险、问题与机遇
RM	Requirements Management	需求管理
RMA	Reliability，Maintainability，Availability	可靠性、可维护性和可用性
RMB	Risk Management Board	风险管理委员会
RMP	Risk Management Plan	风险管理计划
ROM	Rough Order of Magnitude	大致数量级
RPD	Resource Planning Document	资源计划文件
RSA	Research and Systems Analysis	研究与系统分析
RTCA	RTCA，Inc.	航空无线电技术委员会有限公司
RVCD	Requirements Verification Compliance Document	需求验证符合性文件

S		
SA	System Architect	系统结构设计员
SAE	Society of Automotive Engineers	汽车工程师协会
SAR	System Analysis Recording	系统分析记录
SARP	Standards and Recommended Practices	标准与建议实践
SAT	Site Acceptance Testing	现场验收测试
SBS	Surveillance Broadcast Service	监视广播服务
SCAP	Security Certification and Authorization Package	安全认证与授权包
SDR	System Design Review	系统设计评审
SE	Systems Engineering or Systems Engineer	系统工程或者系统工程师
SEM	Systems Engineering Manual	系统工程手册
SEMP	Systems Engineering Management Plan	系统工程管理计划
SGA	Service-Gap Analysis	服务差距分析
SHA	System Hazard Analysis	系统危险分析
SIAR	SE Investment Analysis Review SIR，	系统工程投资分析评审
SIRS	Screening Information Request（s）	筛选信息申请
SLC	System Lifecycle	系统生存周期
SLS	System-Level Specification	系统级规范
SME	Subject-Matter Expert	主题专家
SMS	Safety Management System	安全管理系统
SOA	Service-Oriented Architecture	面向服务的架构
SOC	Service Operations Center	服务运行中心
SOP	Standard Operating Procedure	标准运行程序
SoS	System of Systems	系统体系
SOW	Statement of Work	工作声明
SP	Special Publication	特殊出版物
SPICE	Software Process Improvement Capability Determination	软件流程改进能力测定
SQA	Software Quality Assurance	软件质量保证
SQAP	Software Quality Assurance Plan	软件质量保证计划
SRMGSA	Safety Risk Management Guidance for System Acquisition	系统采办安全风险管理指南
SRMTS	Safety Risk Management Tracking System	安全风险管理追踪系统
SRR	System Requirements Review	系统需求评审

SRVT	Safety Requirements Verification Table	安全需求验证表
SSAR	System Safety Assessment Report	系统安全评估报告
SSE	System Safety Engineering	系统安全工程
SSH	System Safety Handbook	系统安全手册
SSHA	Subsystem Hazard Analysis	子系统危险分析
SSMP	System Safety Management Plan	系统安全管理计划
SSPP	System Safety Program Plan	系统安全项目计划
SSR	System Specification Review	系统规范评审
STD	Standard	标准
STLSC	Service Thread Loss Severity Category	服务路线损失程度目录
SV	System View	系统视角
SYN	Synthesis	综合
	T	
TBD	To be determined	待定
T&E	Test and Evaluation	试验与评估
TEMP	Test and Evaluation Master Plan	试验与评估总体计划
TI	Technology Insertion	技术植入
TIM	Technology Interchange Meeting	技术互换会议
TOPSIS	Technique for the Order of Prioritization by Similarity to Ideal Solution	理想解决方案相似顺序优先技术
TPM	Technical Performance Measurement (or Measure)	技术性能测定
TPP	Technical Performance Parameter	技术性能参数
TRA	Technology Readiness Assessment	技术成熟度评估
TRR	Test Readiness Review	试验准备状态评审
	U	
UML	Unified Modeling Language	统一建模语言
	V	
VRTM	Verification Requirements Traceability Matrix	验证需求追踪矩阵表
V&V	Verification and Validation	验证与确认
	W	
WAAS	Wide Area Augmentation System	广域扩充系统
WBS	Work Breakdown Structure	工作分解结构
WJHTC	William J. Hughes Technical Center	威廉·J·休斯技术中心
WSDD	Web Service Description Document	网络服务说明文件
WSRD	Web Service Requirements Document	网络服务需求文件

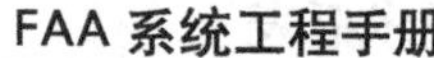
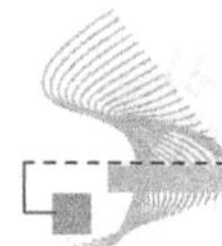

2. 术语表

术语		定义
英文	中文	
Activity	活动	一组消耗时间和资源的行动，其性能是实现或有助于实现一个或多个结果所必需的。（ISO/IEC 15288）
Allocated Baseline	分配的基线	说明从某个系统或更高级别配置项分配的配置项（CI）功能、性能、互通性及接口要求；带有接口配置项的接口要求；以及确认是否已达到这些规定要求所需的验证的经批准文件。（MIL-STD-973）
Allocation	分配	将系统级别要求自上而下的分配给子系统、要素、部件或受委派需要符合该要求的项目团队。分配也指将性能需求分配给（相应的）功能
Analysis	分析	对某个系统进行逻辑检查或研究，以确定其部件及环境的性质、关系和相互作用。
AND	与（AND）	（功能分析）需要所有此前或后续路径的条件
Availability	可用性	某个系统或组成部分在任何随机选取的时间段内的可用概率，或者该系统或组成部分可运行的总可用运行时间
Baseline	基线	在某个时间点，将用作更改定义的基础的对某个产品属性的商定的说明 （ANSI/EIA-649-1998）
Behavior Diagram	行为图	系统动态的图形化表示，而且结合了系统对输入的响应。行为图是一种功能流程图。行为图与功能流程图的区别是，行为图包含数据流和控制要素（参见功能流程框图）
Change	变更	某个产品或其已发布的配置文件的任何更改。配置更改可包括产品、产品信息及相关接口产品的修改。（ANSI/EIA-649-1998）
Component	部件	设计或生产的明确说明的一个（一套）产品零件
Computer Software Component	计算机软件部件	某个计算机软件配置项的功能或逻辑上的不同部分，通常是两个或更多软件单元的集合体
Computer Software Configuration Item	计算机软件配置项	设计用于进行配置管理，并且在配置更改流程中作为一个单一的实体来处理的软件的集合
Computer Software Unit	计算机软件单元	在设计某个计算机软件部件时规定的某个可独立测试或可独立编辑的要素
Concept of Operations (ConOps)	运行概念	说明希望从该系统中得到哪些（结果），包括该系统的各种运行模式及时序要求严格的参数
Configuration Control Board	配置控制委员会	某个经机构授权的，负责建立配置管理基线并评审和作用于这些基线更改论坛。配置控制委员会通过建立并执行有效更改管理以及控制实践和流程来确保某个基线的功能和运行完整性
Configuration Identification	配置标识	选取产品属性、与属性有关的组织相关信息，以及说明这些属性的系统流程。其中包括为产品及其相关文件指定并应用唯一标识符，以及保持文件版本与产品配置之间的关系
Configuration Item	配置项	硬件、软件、已加工材料、服务或能够论证配置管理并在进行配置管理的过程中作为单独实体来处理的任何分立零件

术语		定义
英文	中文	
Configuration Management	配置管理	一项用于建立并在某个产品的整个寿命周期内维持其性能、功能和物理属性与需求、设计和运行信息的一致性的管理流程。（ANSI/EIA-649-1998）
Configuration Status Accounting (CSA)	配置登记	系统或产品配置的系统记录和报告。配置登记包括自初始交付至产品服务结束的过程中的基线更改状态和主配置索引中所有项目的历史记录
Constraint	限制	内部或外部的边际条件，这些条件形成了系统或流程必须保持的极限范围。 限制、极限或规则，或者某种不能与其他要求交换的要求。（EIA标准 731）
Control Gate	控制域	寿命周期中的一个正式决策点，系统所有者及利益相关者使用控制域来确定是否已完成当前阶段的工作，以及团队是否已准备好进入寿命周期的下一个阶段
Critical Design Review	关键设计评审	为了评估设计、接口的完备性，以及开始初始制造的适宜性而进行的正式技术评审
Decomposition	分解	将某项要求划分/分解至较低级别的分立元件或零件
Demonstration	演示	一种通过运行、调整或对在特定情况下执行其设计功能的项目进行重新配置而实现的验证。演示与测试相类似，只是演示不需要使用仪器
Demonstrated Performance	已展示的性能	某项分析能够产生相较于通过建模系统的公共性能领域得到的结果更为有利的结果的能力
Derived Requirements	衍生需求	用户或利益相关者未明确规定的需求
Design Analysis Report	设计分析报告	用于记录带有论据的某一特定专业工程分析结果的报告。每份设计分析报告都包含系统特性说明、已经过验证与确认流程的现有需求列表、残余风险以及因该分析而形成的备选需求
Deviation	偏差	在制造某个项目之前，具体的经书面授权授予某个项目当前经批准的配置文件在特定件数或在某段规定的时间段内可与某个（或多个）特定要求之间存在差异。（偏差与工程更改不同，经批准的工程更改需要对该项目当前经批准的配置文件进行相应的修订，但是偏差则无此项要求。）（MIL-STD-973）
Digital Data	数字数据	以电子方式编制并保存，并以电子数据存储、交换、传递方式提供的，或者载于电子媒介中的信息
Digital Device	数字装置	任何能够产生并使用速率超过每秒钟 9000 脉冲（循环）定时脉冲且采用数字技术的无意识辐射体（装置或系统）……（联邦通信委员会）
Disposal	处置	（从寿命周期的角度来看）各种与处置管理、拆卸/拆除/移除、恢复、消磁或销毁存储媒介以及已退役设备、系统或现场的挽救等有关的活动

术语		定义
英文	中文	
Effectivity	有效性	特定产品的更改或变动将在规定的时间点、某一事件或某个产品范围（例如，序列号、批次号、型号、日期等）生效的说明。经授权和记录的某个零件、组件、装置等的某项特定配置的使用点
Electromagnetic Compatibility	电磁兼容性	是某个系统能够在其电磁环境中运行且不成为棘手的电磁干扰的能力。（美国国家标准学会（ANSI） C63.14）
Electromagnetic Environment	电磁环境	由该系统和其他要素（例如，人员和自然）构成，存在于正在（或即将）运行的某一给定系统区域内。（美国国家标准学会（ANSI） C63.14）
Electromagnetic Environmental Effects (E^3) Engineering	电磁环境效应（E^3）工程	处理有关辐射和传导电磁辐射电子设备的安全高效运行事宜的技术学科。其中包括某一给定系统处理其运行环境中此类辐射的能力，以及该设备对环境产生的影响
Electromagnetic Pulse	电磁脉冲	因核爆炸引起的电磁干扰的猛烈爆发。这种脉冲可导致敏感电子系统的损坏或暂时故障。（美国国家标准学会（ANSI） C63.14）
Electromagnetic Susceptibility	电磁敏感性	某一系统在特定的电磁环境中缺乏适应力或适应力不足的情况。（美国国家标准学会（ANSI） C63.14）
Electrostatic Discharge	静电放电	静电无意地从一个物体转移到另一个物体上。（美国国家标准学会（ANSI） C63.14）
(System) Element	（系统）要素	一组由某个子系统的规定部分组成的集成组件（例如，推进子系统的燃油喷射部分）
Enabling System	促成系统	在其寿命周期阶段内对某一系统利益形成补充，但并不一定对其功能产生直接贡献的系统。（ISO/IEC 15288）
Enterprise	企业	为了执行某项特定任务并取得相关目标和目的而组建的组织
(NAS) Enterprise Architecture	（国家空域系统）企业架构	为支持投资分析权衡的国家空域系统现代化战略和发展计划。该架构着重于定义并交付能够满足航空业和公众需求的服务，通过将服务分解为交付某项服务所需的功能和活动的能力来完成相关工作。需要交付由运行改进定义的各项能力。按照每个步骤所需提供的机制定义各项运行改进。最后，按照采购办公室提供的人员、系统和支持活动规定各项机制
Environment	环境	某一系统所经历的自然及诱发条件，包括其人员、产品及流程
Exclusive OR	异或	（功能分析） 某一需要一个或多个之前或之后路径（但不是所有路径）的条件
Extensibility	可扩展性	可将某一设计替代方案用于新用途或多种用途的能力。（与灵活性不同）
Facility Baseline	设施基线	识别并控制更改，以及记录地区配置控制委员会（CCB）机构各种配置项的配置和更改实施状态所需的信息
Failure Modes and Effects Analysis	失效模式及影响分析	用于分析并评估某一系统中的潜在失效的评估流程，即确定某一系统、组成部分或功能的失效模式的系统方法，以及确定其对下一更高级别设计的影响

术语		定义
英文	中文	
Failure Modes and Effects Criticality Analysis	失效模式及影响危害性分析	用于通过考虑到某一部件可能发生故障（失效模式）的各种可能的方式；可能产生各种故障的原因；发生频率的可能性；失效的危险程度；各种失效对系统运行（和不同的系统部件）所产生的影响；以及为了防止未来发生潜在问题（或降低出现潜在问题的可能性）而需要采取的纠正措施等，采取系统分析方法来明确潜在设计弱点的分析方法
Federal Aviation Administration Order	联邦航空管理局指令	适用于联邦航空管理局的个别对象或项目的永久性指令。指令采用动作动词来指导活动或行为。指令中还会规定符合所述要求或指导的政策、代表机构及授权和/或分配责任。指令的授权或指导仅针对联邦航空管理局人员，不影响承包商
Flexibility	灵活性	（某一设计替代方案）适应并满足增长需求的能力（与可扩展性不同）
Function	功能	为了达成某一期望的系统目标（或利益相关者的需求）而需进行特征动作或活动
Function name	功能名称	说明所需系统行为的活动。以后接名词或名词短语的动作动词的形式表示某项功能名称
Functional Analysis	功能分析	将利益相关者的需求转换成为有序且可追溯的功能架构的系统工程流程
Functional Architecture	功能架构	能够从性能和行为方面完整表示该系统的功能和接口分层安排
Functional Baseline	功能基线	说明某个系统或项目的功能、互操作性和接口特性，以及演示这些指定条件的成就时所需的验证工作的经批准的文件。（MIL-STD-973）
Functional Baseline Review	功能基线评审	为了保证能够完整而恰当的描述需求，并使实施组织与利益相关者之间能够相互理解而进行的正式评审
Functional Configuration Audit	功能配置审核	用于验证该系统及所有子系统能够按照其功能和分配的配置基线执行各种所需的设计功能而进行的正式评审
Functional Decomposition	功能分解	通过将功能和接口分配给更容易理解和管理的次级功能，从而降低功能复杂性的方法
Functional Flow Block Diagram	功能流程框图	详细规定了系统运行和支持顺序步骤的多层次且按时间顺序排列的步骤图（另请参阅行为图）
Functional Interface	功能接口	功能之间的逻辑或物理关联，允许跨边界的量的传输。这些量可包括电气、液压和气动动力；机械力和扭矩；气体；热；振动，冲击和负载；数据；以及其他量
Handbook	手册	包含用于设计、工程、生产、采办和/或供应经营管理的信息或指南的指导性文件。这些文件使用与流程、实践、服务或商品有关的数据或设计信息表示了信息、规程和技术
Hazard	危害	任何可能造成人员伤病死亡；系统（软件或硬件）、设备或财产损坏或损失；和/或环境损害的实际或潜在条件

术语		定义
英文	中文	
Hazardous Material Management/ Environmental Engineering	危险材料管理/环境工程	适用于系统工程流程内，用于保证某个项目能够持续符合适用的环境法律的机制。其中也包括设计用于提供早期、部署前计划和协调，以尽量减少现场特定环境条件对某个项目的可运行性所产生的负面影响的流程
Human Factors Engineering	人因工程	用来生成并编制有关人的能力和限制的信息，并将这些信息应用（于复杂系统的设计和采办）以生成安全、舒适且高效的人力绩效的一门多学科工作
Post-Implementation Review	实施后评审	一项能够生成关于未能部分或全部满足的需求的异常报告的评估
Inclusive OR	可兼的逻辑或	（功能分析）一种需要一个、某些或全部前面或后面多重路径的状态
Inspection	检验	一种在不使用实验室设备或规程的情况下，通过项目的目视检验、审查描述性文档，以及比较适当特性与预定标准的方式完成的能够确定要求的符合性的验证方法
Integrity of Analyses	分析的完整性	在某个项目的整个过程中严格遵循的流程，以保证分析工作能够提供所需的保真度、精确度，并能够及时地确认结果。通过胜任的用户反复的将经过验证的工具集应用于明确定义的数据集来保证完整性
Integrated Logistics Support (ILS)	综合后勤保障	一门定义支持限制和采办支持资产，以使现场应用的产品能够在其整个使用寿命期间得到有效的运行、支持和维护的结构化学科
Integrated Technical Planning	综合技术计划	界定问题、预测条件并协调项目要素，以使项目最大限度的专注于提供优质的产品和服务之上的战术和战略手段。（福斯伯格（Forsberg），穆兹（ Mooz）和科特曼（Cotterman）
Integration	整合	系统部件的渐进链接和测试，以将其功能和技术特性融入全面的、可互操作的系统之中。（美国商务部，电信研究所）
Interface	接口	建立某个共同边界所需的性能、功能和物理属性
Interface Control Document (ICD)	接口控制文件	说明接口需求文件（IRD）中包含的功能需求的详细的已完工实施工作的设计文件
Interface Management	接口管理	帮助保证该系统的所有部件都能够协同工作，以实现系统目标并随着系统寿命周期内的变动继续共同运行的系统工程要素
Interface Requirements	接口需求	规定需要在共同边界建立的性能、功能或物理属性的需求。该边界可存在于两个或多个功能、系统、系统要素、配置项或系统之间
Interface Requirements Document (IRD)	接口需求文件	提供两个要素之间的联邦航空管理局接口需求的文件，其中包括接口类型（电动、气动、液动等）以及接口（功能或物理）特性
Interface Working Group (IWG)	接口工作组	讨论接口问题的座谈会。举行接口工作组会议有两个目的：保证已知各方能够详细有效的定义接口，以及通过鼓励解决接口问题来促进初始接口需求文件、接口控制文件的基线制定工作

术语		定义
英文	中文	
Investment Program	投资项目	由投资决策机构为了响应优先性机构需求而在寿命周期管理流程的最终投资决策时开始的接受赞助且完全出资的工作。投资项目的目标是将满足采办方案基线中的性能、成本和日程目标及业务案例分析报告中的收益目标的某项新能力进行现场应用。（联邦航空管理局采办系统工具）
Lifecycle	寿命周期	对于给定系统的整个活动范围，从确定需求开始，经过系统设计和开发、生产和/或建造、运行使用、持续支持以及系统报废和逐步淘汰
Lifecycle Engineering	寿命周期工程	一项评估与某个产品或服务的开发和运行有关的制约条件和依赖关系，同时在尽可能减少整个寿命周期内产品或服务的所有权成本的情况下，寻求产品或服务价值最大化的客观流程
Maintainability	可维护性	使已现场应用的系统或组成部分的能力恢复至完全运行状态的措施
Master Configuration Index	主配置指标	现在可运行或按照当前已批准的基线文件正为国家空域系统采购的所有具有基线的系统、设备和软件的清单
Mature Requirement Statement	成熟需求声明	用熟悉的语言（通常为英语），采用特定业务领域的习语（例如，空中交通管制或航电术语）、用一个或多个完整句子表述的某项需求的书面声明
Mean Time Between Failure (MTBF)	平均故障间隔时间（MTBF）	在规定条件下的特定测量间隔期间，该系统的所有零件或组成部分能够在其规定范围内运行寿命单位的平均数
Mean Time To Failure (MTTF)	平均无故障时间（MTTF）	基于在规定条件下进行规定时间间隔期间的运行的类似系统的行为确定某个系统首次故障的平均时间
Mean-Time-To-Restore	平均修复时间	从初期故障到恢复运行的平均总耗时
Measure of Effectiveness (MOE)	效能指标 （MOE）	依据确定最关键的性能需求以满足系统级别任务目标的运行产出制定的运行有效性和适宜性的指标
Mechanism	机制	在系统寿命周期的给定点按照既定标准评估系统进度的控制域
Minimum Aviation System Performance Standard (MASPS)	航空系统性能最低标准（MASPS）	（由航空无线电技术委员会（RTCA）出版的）解决用户层面服务需求的标准。此标准用于证明某个航空系统具有运行验收资格，并用于将需求分配给子系统（包括航电（系统））。该标准提供有关解释系统特性，运行目标，需求和典型应用的基本原理的信息
Minimum Operational Performance Standard (MOPS)	运行性能最低标准（MOPS）	（由航空无线电技术委员会（RTCA）出版的）说明典型的（航电）设备应用和运行目标，并制定根据一套共同标准进行验证时所需的性能和测试规程的基础的标准。提供正确理解所必需的定义和假设，以及用于设备安装工作的已安装设备的测试和运行性能特性。运行性能最低标准中也提供了解释设备特性和规定要求的基本原理的信息
Model	模型	某个实际或概念系统的表示，其中包含数学（数字）、逻辑表达式，或可用来预测该系统在不同的条件下或在一系列恶劣环境中如何表现或生存的计算机模拟（另请参阅模拟）

术语		定义
英文	中文	
Module (Computer Software)	模块（计算机软件）	有关编译、与其他单元组合以及载入的独立且可识别的程序单元
N^2 Diagram	N^2图表	代表系统要素之间的功能或物理接口的可视化矩阵
National Airspace System (NAS)	国家空域系统（NAS）	航空器运行的整体环境，包括航空器、飞行员、塔台管制员、终端区管制员、航路管制员、海洋控制器、维修人员和航空调度员，以及相关的基础设施（设备、计算机、通信设备、卫星、导航辅助设备和雷达）
Operational Baseline	运行基线	适合当地条件的产品基线，即表示已安装的运行硬件和软件的经批准的技术文件
Operational Services and Environmental Description (OSED)	运行服务与环境说明（OSED）	一个说明构成系统特性的服务、环境、功能和机理的全面且整体的系统说明
Order (FAA)	（联邦航空管理局）指令	适用于联邦航空管理局的个别主题或项目的永久性指令。它采用行为动词指导行动或行为
Precipitation-Static (P-Static)	沉积静电（P-Static）	因物体暴露于移动的空气、液体或微小的固体颗粒（例如，雪或冰）之中而形成的静电积聚。（美国国家标准学会（ANSI） C63.14）
Part	零件	连接在一起构成一个部件的一个、两个或多个工件；通常无法在不破坏或损坏设计用途的情况下拆解这些工件——它们是系统中最低级别的可独立识别的项目
Performance	性能	与某项运行或功能的执行有关的物理或功能属性的特征化定量测量。性能属性包括量（多少或者多大）、质（多么好）、覆盖面（多少区域、多远）、时效性（响应程度、频繁程度）和准备情况（可用性、任务/运行准备情况）。性能是包括开发、生产、验证、实施、运行、支持、培训和处置工作的各个系统、人员、产品和流程的一项属性。因此，保障性参数、制造流程可变性、可靠性等都是性能指标
Physical Architecture	物理架构	硬件和/或软件部分以及说明该系统的物理定义的相关接口的分级布置
Physical Configuration Audit	物理配置审核	按照配置项的技术文件对其"完工"配置进行形式审查，以制定或验证该配置项的产品基线。（MIL-STD-973）
Practice (ICAO recommended)	（国际民航组织建议的）做法	除了不属于必要的而只是可取的，与标准是相同的。（参见下文（国际民航组织）标准）
Preliminary Design Review	初步设计评审	初始设计理念和文件的正式技术评审，以确认初步设计在逻辑上符合系统需求评审，符合需求，而且进一步规定了物理和功能接口需求
Primitive Requirement Statement	初始需求声明	一份没有标点符号或正式句型结构，而且未按照正式的规范形式编写的正式需求声明
Process	流程	能够将输入转化为输出的一套相互关联或相互作用的活动（ISO/IEC 15288）
Product	产品	设计、开发和/或生产的整个系统、实体或流程

术语		定义
英文	中文	
Program	方案	一组以协调方式管理的相关项目，以取得单独管理这些项目时无法取得的收益和控制。（项目管理协会（PMI）的知识项目管理机构（PMBoK））
Project	项目	为了创建某一独特的产品、服务或结果而从事的临时工作。在联邦航空管理局，该术语用于不是资本投资计划（CIP）方案的一部分工作。（项目管理协会（PMI）的知识项目管理机构（PMBoK））
Product Baseline	产品基线	交付给客户的系统或产品的配置。产品基线由用于配置项的生产/采购工作的综合性能/设计文件组成。该文件包包含说明某项配置项的功能、性能、互操作性和接口需求的已分配的基线文件，以及确认已达到这些指定要求所需的验证。其中还包括附加设计文件，包含从有关成熟的设计的形式和配合信息到认为配置项的采办所必需的完整的设计披露方案。（MIL-STD-973）
Product Definition	产品定义	配置项说明和定义某个产品时所必须支持性文件的集合体。其中包括各种硬件配置项（HWCI）和计算机软件配置项（CSCI）。在制定产品基线之后，产品定义将包括设计、建造、组装、测试、修改、维修或支持该产品时所需的所有文件。其中包括工具、计划、分析、零件清单、材料标准及与产品相关的其他项目
Quality Engineering	质量工程	所有计划及系统活动的客观分析，以确保某个产品或服务能够满足需求并且具有最优异的质量
Quality Function Deployment	质量功能的部署	基于明确用户或利益相关者的期望，以及应如何满足这些期望的用于捕捉和描绘需求的方法
Reference Analyses	参考分析	在随后分析中使用的作为参考分析而制定的一套经授权、验证的分析（模拟时需要经过认证）
Reference Model	参考模型	将把在某一经验证的特定工具中建立的功能模型视为比照的标准。建立参考模型是为了利用特定性能领域内的主要专业知识，并在子系统级别保持一致性
Reference Database	参考数据库	用表列值代表所选取的子系统的性能的数据库
Reference Check Case	参考检查案例	一套用做认证比较的基础的，有关正在研究的情况的具有代表性的条件或特性
Reliability	可靠性	某个系统及其零件在不发生故障、退化或不需要支持系统的情况下执行其任务的能力。其一般特征是平均故障间隔时间（MTBF）
Requirement	需求	某个系统或部件应达到或超越的某项关键特性、条件或能力，以满足合同、标准、规范或其他正式实行的文件（的要求）
Requirement Set	需求集	整体规定某个系统的特性需求的总和
Requirements Analysis	需求分析	根据对用户需求、需求和目标；人员产品和流程的预期使用环境；限制；以及效率措施的分析确定系统的特定特性
Requirements Document	需求文件	以用户规定的格式表示的需求及相关信息/属性的集合
Requirements Management	需求管理	为能够以始终如一、可追溯、相关且可验证的方式得出、明确、开发、管理并控制需求及相关文件而在某个系统的整个寿命周期都要执行的流程

术语		定义
英文	中文	
Requirements Verification Compliance Document	需求验证合规性文件	提供证据证明系统设计符合各个级别的各项产品需求的文件
Risk	风险	未来实际出现的可能性/概率（非零也非百分之百）的事件或情况，而且一旦出现这种事件或情况将会对成功完成明确的目标产生不利后果/影响
Risk (Information Security)	（信息安全）风险	威胁及其成功地攻击某个系统的可能性，以及成功地攻击之后所产生的影响和危害的总和
Risk Identification	风险识别	发掘可能发生的事件或条件的系统性工作，而且一旦出现这种事件或条件将可能会阻碍方案或组织目标的实现
Risk Management	风险管理	一种能够识别风险、评估或分析风险，并有效地减轻或消除风险以实现方案或组织目标的有组织的系统决策支持流程
Risk Realization (Date)	风险实现（日期）	某一事件使该风险成为该方案的实际部分，或者排除需要追踪该风险的时间点
Safety Risk	安全风险	某项危害的预测严重性和潜在影响的可能性的结合。 （1）初始。在首次明确并评估该危害时，预测的严重性以及某项危害产生影响或效果的可能性；包括当前环境中预先存在的风险控制措施的影响。 （2）当前。当前的预测严重性和可能性。 （3）残留。在实施各种选取的风险控制技术后仍旧存在的预测严重性和可能性。（联邦航空管理局指令 8040.4A ，安全风险管理政策）
SE Investment Analysis Review	系统工程投资分析评审	一项用于确定服务需求、能力不足以及相伴的替代方案集解决方案是否足够完整且能够支持某项决策的正式系统工程评审
Service Organization	服务组织	服务组织是不考虑提供服务的拨款事宜的管理投资资源的组织。服务组织可以是一个服务单元、方案办公室或董事会，而且可具有空中交通服务、安全、保障、监管、认证、运行、商业空间运输、机场建设或行政职能。（联邦航空管理局采办系统工具）
Similarity	相似性	通过分析确定的验证类型。适用于特性相似，在之前的系统内具有相似用途，而且此前的系统已取得等效或更高级别规范认证的部件及子系统
Simulation	模拟	运行某个系统模型，以检查该系统对所注入的输入的响应情况，通常在开发系统软件及硬件之前进行模拟。（另请参阅上文的模型）
Software	软件	使计算机硬件能够执行计算或控制功能是所需的相关的计算机指令和计算机数据定义的组合
Specialty Engineering	专业工程	定义并评估某个系统的特定区域、特征或特性的系统工程领域。专业工程通过定义这些特性并评估其对方案的影响来实现对设计流程的补充
Specification	规范	专门为支持某项已清晰而准确地描述采购材料或产品的基本技术要求，以及确定用于确定是否已满足这些需求的标准的采办工作而编写的文件

术语		定义
英文	中文	
Standard	标准	制定关于已被采纳为标准的流程、规程、实践和方法的工程及技术要求的文件。 国际空中导航安全或规律统一适用的，而且符合国际航空业界要求的物理特性、配置、材料性能、人员或规程的规范。（国际民航组织）
Subsystem	子系统	某一自身包含在更高级别系统中的系统（参考系统的定义）。子系统的功能有助于更高级别系统的总体功能。某个子系统的功能范围小于包含在更高级别系统中的功能范围
Synthesis	综合	将（性能、功能和接口）需求转化为可产生的“最有价值”设计解决方案的物理架构的替代方案的创新过程。该物理架构由人员、产品和针对需求的逻辑、功能分组的流程解决方案组成
System	系统	组合成为运行或支持环境以完成某项确定的目标的组成部分的综合体。这些部分包括人员、硬件、软件、固件、信息、规程、设施、服务以及其他方面的支持
System Boundary	系统边界	在设计控制下的系统要素与不受设计控制的要素之间的接口。
System Engineer	系统工程师	专注于整个（系统）的设计和应用的，不同于零件的个人，而且也会全面地看待某一问题，考虑各个方面、各种变量并将社会方面与技术方面相联系
Systems Engineering	系统工程	专注于不同于零件的整个（系统）的设计和应用的学科。其中涉及全面地看待某一问题，考虑各个方面、各种变量并将社会方面与技术方面相联系
System Engineering Management Plan (SEMP)	系统工程管理计划（SEMP）	确定需要开发、交付、整合、安装、验证和支持哪些项目的文件。其中规定了应何时完成这些任务，应由谁来执行这些任务，以及如何接受并管理产品。其中还规定了用于生成该项目的产品的技术流程。（加利福尼亚州运输局，智能运输系统（ITS）系统工程手册，1.1 版）
System-of-Interest	感兴趣的系统	寿命周期在审议之中的系统。（ISO/IEC 15288）
System Requirements Review	系统需求评审	确认需求已得到完整而恰当的确定，而且需求是正确的正式评审。可在不同的级别进行该评审，这取决于待评审的需求集
Technical Performance Measurement	技术性能衡量	随着架构和设计的发展，持续评估和评价其妥善性的流程，以满足该方案的需求和目标
Technical Performance Parameter	技术性能参数	支持关键运行需求，并从本质上衡量某项设计的成功或者失败以符合这些需求的关键技术性能要求
Technology Maturity	技术成熟度	是所推荐的关键技术对方案目标的符合程度的衡量；而且也是方案风险的一项主要因素。技术准备情况评估工作可检查方案理念、技术需求，并展示技术能力以确定技术成熟度。（DOD 5000.2）
Technology Readiness Assessment	技术准备情况评估	一种被认为能够满足用户需求的多学科技术审查；分析企业架构（EA）框架内的运行能力及环境限制的关键技术元素（CTE）的成熟度的多学科技术评审
Test	测试	在相应条件下，采用仪器系统的实行系统运行训练，并收集、分析和评估定量数据以完成的一种验证。其中包括实验室和飞行试验

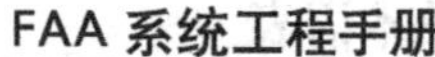

术语		定义
英文	中文	
Thread	路线	系统输入、系统输出、有关待执行的转变的说明，以及这些转变出现的条件
Threshold Requirement	临界需求	那些对于满足用户所需而言非常重要的需求，一旦某个系统未能满足这些需求，则将被视为不必要或不可接受的
Traceability	可追溯性	可将某一设计级别的需求与另一级别的需求相联系的特性。可追溯性包括性能需求和得出性能需求的功能之间的关系
Trade Study	贸易研究	为了对一系列设计替代方案进行系统的评估并推荐能够提升整体系统和/或功能的价值和性能的首选可行解决方案而进行的分析。各项评估都具有适当的详细程度，以便使替代方案之间存在差异
Validated (method, model, or tool)	经验证的（方法、模型或工具）	已经证明的能够在相关保真度水平下为某一给定的分析或研究提供可靠的结果的（事物）
Validation	确认	确认工作能够展示在将某个产品放置于任何一种预期环境（例如，运行、培训、制造、维护或支持服务）之中时，是否将能够完成其特定目的。用于完成确认工作的方法可适用于工作成果以及产品之中。根据有关该产品及产品部件能够在多大程度上满足用户需求及其给方案带来的风险水平的最佳预测选取工作成果。需要在产品寿命周期的早期进行确认，并在整个寿命周期逐步开展确认工作，通常需要进行严谨的分析以确保能够采购合适的产品。确认某个产品的要求足够正确和完整。（美国汽车工程师学会 ARP 4761，1996 年联邦航空管理局采办管理系统寿命周期验证和确认指南，2.0 版）
Validation Table	确认表	说明某项需求是否已经过确认的各项需求列表，其中包括需求、确认的来源、必要时待采取的纠正措施，以及纠正措施的所有者
Variance	差异	在特定件数或特定时间段内，允许某个产品的当前经批准的配置文件与特定要求存在差异的具体书面授权。（差异不同于工程更改，经批准的工程更改需要对该产品当前经批准的配置文件进行相应修订，而差异则无此项要求）
Verification	验证	验证工作能够保证所选择的工作成果、产品部件以及产品符合特定要求和标准。验证本质上是一项渐进的流程，因其发生在工作成果和产品开发的整个过程中，从初始概念开始，经过随后的变化进展，并在整个寿命周期得以持续。（联邦航空管理局采办管理系统寿命周期验证与确认指南，2.0 版）
Test Readiness Review (TRR)	试验准备情况评审（TRR）	确保已满足所有系统工程考虑因素，而且所有支持、测试和运行系统都已准备就绪能够开始进行系统级研发试验的正式评审工作
Verification Requirements Traceability Matrix	验证需求可追溯性矩阵	将需求与有关的验证方法相关联的矩阵。验证需求可追溯性矩阵（VRTM）中固定了如何验证各项（功能、性能和设计）需求，进行验证的阶段，以及适用的验证水平
Waiver	弃权	在制造过程中，或者已提交检查或验收后发现某个项目与规定的要求不同，但尽管如此仍认为该项目适合“按原样”使用，或者在经过批准方法维修后可供使用，从而接受某个项目的书面授权
Work Breakdown Structure	工作分解结构	计划的一个关键要素，其中详细说明了将要执行的活动。它是组织并规定了项目总体范围的可交付的项目要素定向分组。每个向下的级别都代表着更为详尽的项目组成部分定义

附录 A 有关系统体系的特殊考虑事项

在《系统工程手册》（SEM）的介绍中，包含了对系统体系（SoS）考虑事项的简要介绍。一些系统工程师可能需要或希望获得更多关于系统体系的信息。考虑到这一点，本附录提供了系统体系的定义，这是将系统体系与其他类型的系统区分开来的一个方法，并列出了已知的挑战。此外，SEM 还从现有的研究出发，给出了关于系统体系工程和集成的一些建议。

从根本上讲，系统体系至少是一个作为其他自主系统的集合而存在的系统。联邦航空管理局认为系统体系是一种具有独有特点和特征的独特实体。从这一观点出发，将国家空域系统（NAS）作为系统体系就有了充分的理由，因为它需要予以特殊的考虑。SEM 将系统体系认定为有明确的用户需求、有专门用于满足此需求的资源、有负责此需求的机构的一种独特的系统类型。

1. 识别系统体系

系统体系是独立系统的集合，这些独立的系统共同工作，来实现某些共同的目标（DeLaurantis，2005 年；Manthorpe，1996 年；Shenhar，2009 年）。NAS 是一个非常复杂的系统体系，因为它包含了许多设施（如 TRACON、ARTCC 和机场）、各个系统（如 ERAM、TFMS 和 SWIM）、设备和程序，它们共同合作，提供一项公共服务：为商业和通用航空的用户提供安全、高效的飞行环境。因此，NAS 及其许多个组成系统，呈现出多种系统体系的区别性特征，如物理上分散的系统、由系统之间的连接而产生的新智能、系统的异质性（Kotov，1997 年）、随时间而缓慢演变及比开发独立的系统更复杂的研发工作（Crossley，2004 年）。NAS 内部这种独特的单个系统的集合，其中许多是系统体系，形成了一个新的系统体系，其功能不同于任何一个单个系统（Shenhar，1997 年），且 NAS 中的各种系统可共同实现其无法单独实现的目标（DeLaurentis，2004 年；Carlock，2001 年）。

另一个常用的对系统体系的描述说明，这种组成系统的集合具有两个额外的属性：每个组成系统必须具有其自身的、独立于其他系统的目的，且组成系统必须保持其独立性（Carlock，1999 年）。Boardman 和 Sauser（Kang，2005 年）从这一描述出发，查阅了关于系统体系的 41 份论文，从中提取具有共性的定义。这些论文的作者将各种特征划分为共同的描述性特征，这些特征定义了系统体系并将其与其他系统区分开来。这五个“基本特征”如下：

（1）自主性——完成其自身目标的能力。

（2）多样性——系统体系内的每个系统都有不同的目标。

（3）归属性——为系统体系的目标发挥作用，从而推进系统目标的实现。

（4）连接性——系统以鲁棒的方式相互连接的动态连接性（Baldwin，2011-A；Baldwin，2009 年）。

（5）功能产生——存在某种出现于系统体系内部的行为或功能，但无法归因于任何一个组成系统（Baldwin，2011-A；Kang，2005 年；INCOSE，2010 年）。

总之，NAS 等系统体系是一种由一组不同的、具有独特作用的系统构成的系统类型。系统体系与传统系统的区别在于：系统体系由多个多样化的自主系统组成，而传统系统的组成部分不具自主性（Baldwin，2011-A）。表 1 列出了系统体系与传统系统的区别。

表 1　系统体系与传统系统之间的区别

传统系统	系统体系
系统整体是自主的，但其各部分不是	整体系统体系及其组成系统均具自主性
系统有着专门的目标	系统总体目标不同于其组成系统的目标
系统行为为系统特有	互联系统所产生的复杂性带来新功能的产生，换言之，即无法归因于任何组成系统的系统行为
系统中的不同部分仅达到其设计的合作程度	组成系统按需合作，帮助达成其目标
系统中的不同部分静态连接	组成系统可按需动态连接，或与系统体系合并或分离
每个系统是独特的	系统体系由不同的组成系统构成
系统比其各部分之和更有效，但不一定复杂	系统体系可具有无法归因于任何特定的组成系统，但可能产生于组成系统的动态连接的功能
ERAM、ADS-B、WMSCR 等服务单元系统	目前的和未来的 NAS（如下一代航空运输系统）

2. 系统体系的类型

和系统有许多类型一样，系统体系也可能有多种类型。下列五种类型也许并不详尽，但却说明了系统体系可能有着怎样的区别。

（1）虚拟系统体系是组成系统的集合，这些系统在构造或获得时并不是为了成为系统体系的一部分，但连接之后却形成了系统体系的特征（Gorod，2008 年）。

（2）协作系统体系中的组成系统主动进行交互，实现集体目标（Baldwin，2011-B）。在协作系统体系中，各系统实际上相互融合，其系统集成相对简单。

（3）混沌系统体系没有一致认可的目标，且其组成系统在其认为适合时进行交互。这会随机的交互会导致不可预测的行为（Gorod，2008 年）。

（4）公认系统体系具有公认的总体目标，但其组成系统保持着独立性（Baldwin，2011-B）。此类系统体系的一个例子是联邦系统，系统中有一个中心计划办公室，但其组成系统通过形成文件的协议来参与。

（5）专用系统体系是为特定的目的构建和集成的（Baldwin，2011-B）。从一开始，

就有意识地将其设计和构建为系统体系（Gorod，2008 年）。

3. 系统体系的挑战

NAS 等系统体系带来了系统工程领域的独特挑战，这些挑战包括以下几方面：

（1）在系统的大部分中，各系统的自主性使每个系统都独立运作（DeLaurentis，2004 年）。

（2）对整体系统体系的功能需求可能具有模糊性（DeLaurentis，2004 年）。

（3）随着系统体系中组成系统的增加，系统的交互呈指数级增长（DeLaurentis，2004 年）。

（4）随着系统交互的增长，接口发生冲突，文档定义变得不清晰，接口管理的重要性增加。

（5）各组成系统的管理工作量超过了系统体系的工程工作量（DeLaurentis，2004 年）。

（6）系统体系内的模糊边界造成混乱（DeLaurentis，2004 年）。

（7）系统体系配置的多样性导致管理问题（DeLaurentis，2004 年）。

（8）系统体系随时间而发展变化，因此工程工作永远不会结束（Carlock，1999 年）。

（9）组成系统的互操作性导致一个系统的变化会对其他系统产生意想不到的影响（ODUSD，2008 年）。

（10）组成系统之间的连接会产生新的功能（Kotov，1997 年）。

（11）测试和验证是分配式和联合的，这增加了测试的复杂性（ODUSD，2008 年）。

系统体系不断演化的本质可能带来数量未知的挑战，因此上述挑战列表可能并不全面。在面对 NAS 及其组成系统时，上述挑战中的许多已经出现，在面对下一代航空运输系统时，挑战应该还会更多。例如，在面对系统体系中任一组成系统时，一个显而易见的挑战便是风险管理。由于系统具备互联的性质，一个系统的改变可能波及其他系统。然而，传统的风险管理关注的是所涉及的系统，通常没有在其领域外降低风险的权限。

系统体系独特挑战的另一个例子，是系统体系工程（SoSE）通常涉及多个系统的寿命周期，而这些周期并不一定在某个单独的采购计划中。NAS 等系统体系及其组成系统可能包含老旧系统、采购项目中的研发系统、技术嵌入、延寿项目及与其他计划有关的系统。系统体系能力的获得通常不是由单个组织独自负责的，而是可能涉及多个项目办公室和支持团体（ODUSD，2008 年）。因此，由于其架构是随系统体系的发展而不断变化的，寿命周期工程的架构管理有着不同的挑战。分配给每个组成系统的寿命周期工程师必须经常沟通，为由其他系统带来的改变做好准备。系统体系随着新系统的上线、旧系统的退役而不断发展，SoSE 的寿命周期工程也必须更关注其处置流程。

下一代航空运输系统、NAS 和非 NAS 项目，以及外部利益相关方等各方之间协作的增加，使得下一代航空运输系统不断发展。与此同时，上述挑战也必须加以解决。不论如何，此列表都为系统工程师提供了在下一代航空运输系统的工程方面可能面临的困难情况。在本手册的多个章节中，都可能找到与系统体系相关挑战的讨论。

4. 系统体系工程（SoSE）

经典系统工程的大多数方面，即便不是所有方面，都适用于系统体系的某些部分，但经典系统工程尚不足以处理这些复杂系统的所有方面。既然系统体系与传统系统不同，就需要有相应的工程技术来解决这些问题。一个主要的差异便是除了每个系统的功能，还需要关注组成系统之间的关系。一般系统理论认为，“无法从孤立的部分中概括出整体的行为，要理解各部分的行为，就必须考虑各种次级系统和上级系统之间的关系”（Biggiero，2001 年）。这种考虑整体与部分之间相互作用的方法就是系统论方法。

在系统体系中，由组成系统之间的动态连接形成的相互关系会产生许多新的特性（Calvano，2004 年）。人们开始采用一种系统论方法看待这种互联，即除系统本身之外，还要考虑系统之间的差距。这种系统论方法可以定义为“以采取广域视野、尽量考虑所有方面、专注于问题不同部分之间的相互作用的方法来解决问题”（Gideon，2005 年）。不过，这种系统论方法并未抛弃强调整体观的简化论。简化论是一种侧重于简化各部分的相互作用，或侧重于更基本事物的科学方法。此外，整体论将系统或事物作为一个整体，对整体论最好的概括或许是，认为整体大于各部分之和。真正的系统论方法是通过将复杂系统简化为其各部分的交互，即简化论，同时又将系统作为一个整体看待，即整体论，来理解复杂系统的本质。

还有一个需要系统论方法的新出现特征是系统体系的自适应本质。其组成系统可能不是以传统的方式集成的，而更可能是按需合作。在设计和管理上，这样的组成系统必须能够优化合作的机会。在系统体系内共同运转的系统的组合，会影响系统体系的整体功能和性能，且系统体系的行为对组成系统之间关系的依赖性可能高于预期。在其平时的使用中，单个系统可能并不是为此种依赖程度而设计的，而系统体系的功能可能更依赖于新出现的行为，而不是单个系统通常的预期行为。单个系统的新兴行为可能会提高也可能降低系统体系的性能。

5. 系统体系的集成

由于组成系统的多样性和自主性，系统体系的测试和组装要比单个系统更困难。虽然组成系统可能满足所有的要求，但将这些系统组网到系统体系内却可能带来新的漏洞。此外，应清楚地评价通信系统的保密性、安全性、可靠性和质量保障。SoSE 方面的一个挑战，是如何平衡组成系统的功能和性能，使其实现所需的系统体系功能。

系统体系的性能不仅依赖于各个组成系统的性能，也依赖于其演变状态。系统体系要发挥功能，其组成系统就必须进行集成，实现各级的物理连接和互操作性，包括物理、逻辑、语义和句法互操作性。具备了互操作性，就可在整个系统体系中定义所需的连接。由于系统体系的操作环境具有动态操作重点、多任务及经常是临时性的性质，任何系统体系的边界都可以是相对模糊的。在这种环境中，有可能出现跨组织和系统边界的特定耦合，以支持所产生的依赖关系。因此，为了成功地在系统体系环境下使用各系统，用于支持接口规范的协议应该是普遍存在的。接口是系统体系的关键收敛点，而且可能无法在不对整个系统体系造成重大影响的前提下改变接口。通过系统体系的进化进行系统体系架构的开发和管理，这是用于在组成系统之间记录和共享信息从而支持集成的机制（ODUSD，2008 年）。

理解组成系统的特点、功能和接口对于系统在系统体系中的集成至关重要。某些组成系统可能具有其变化不会产生重大影响的接口，但其他组成系统的接口修改则可能非常昂贵，或可能是基于现有的标准 2 的。很多接口可能定义不明确，或可能与其他系统冲突（DeLaurentis，2004 年）。因此，SoSE 必须解决系统集成中的接口和交互问题。除了强调重视，目前对于如何使这个过程取得成功，几乎没有什么指导性意见。

6. 参考文献来源（见表2）

表2 参考文献来源

参考文献号	参考文献来源
Ackoff 1971	Ackoff，R.L.“Towards a System of Systems Concept.” *Manag. Sci.* 17，661-671（1971）.
Baldwin 2009	Baldwin，W.C. & Sauser，B.“Modeling the Characteristics of System of Systems.” *2009 IEEE International Conference on System of Systems Engineering （SoSE）*（2009）.
Baldwin 2011-A	Baldwin，W.C.，Felder，W.N. & Sauser，B.J. “Taxonomy of Increasingly Complex Systems”. *Int. J. Ind. Syst. Eng.* 9，298-316（2011）.
Baldwin 2011-B	Baldwin，W.C.，Ben-Zvi，T. & Sauser，B.J. “Formation of Collaborative System of Systems through Belonging Choice Mechanisms.” *IEEE Trans. Syst.，Man，Cybern. A，Syst.，Humans* Early Access，1-9（2011）.
Biggiero 2001	Biggiero，L. “Sources of Complexity in Human Systems.” *Nonlinear Dynamics，Psychology，and Life Sciences* 5，3-19（2001）.
Boardman 2006	Boardman，J. & Sauser，B.“System of Systems: The Meaning of *Proceedings of the 2006 IEEE/SMC International Conference on System of Systems Engineering* 118-123（2006） doi：10.1109/SYSOSE.2006.1652284
Calvano 2004	Calvano，C.N. & John，P. “Systems Engineering in the Age of Complexity.” *Syst. Eng.* 7，25-34（2004）.
Carlock 1999	Carlock，P.G.，Decker，S.C. & Fenton，R.E. “Agency-Level Systems Engineering for “Systems of Systems.” *Systems and Information Technology Review Journal* 7，99-110（1999）.

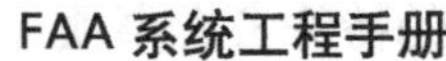

参考文献号	参考文献来源
Carlock 2001	Carlock, P.G. & Fenton, R.E. "System of Systems (SoS) Enterprise Systems Engineering for Information-Intensive Organizations." *Systems Engineering* 4，242-261（2001）.
Carney 2005	Carney, D., Fisher, D. & Place, P. *Topics in Interoperability: System of Systems Evolution.*（Carnegie Mellon University/Software Engineering Institute：Pittsburgh，PA，2005）. http://www.sei.cmu.edu/publications/documents/05.reports/05tn002.ht ml
Checkland 1999	Checkland，P. *Systems Thinking，Systems Practice：Includes a 30- Year Retrospective.*（John Wiley & Sons：Chichester，England，1999）.
Crossley 2004	Crossley，W.A. *System of Systems：An introduction of Purdue University Schools of Engineering's Signature Area.*（School of Aeronautics and Astronautics，Purdue University：2004）. http://esd.mit.edu/symposium/pdfs/papers/crossley.pdf
Dahmann 2008	Dahmann，J.S.，Rebovich Jr，G. & Lane，J.A. "Systems Engineering for Capabilities." *CrossTalk* 21，4-9（2008）.
DeLaurentis 2004	DeLaurentis，D.A. & Callaway，R.K." System-of-Systems Perspective for Public Policy Decisions." *Rev. Pol. Res.* 21，829-837（2004）.
DeLaurentis 2005	DeLaurentis，D.A. & Crossley，W.A. "A Taxonomy-Based Perspective for Systems of Systems Design Methods. *Systems，" Man and Cybernetics，2005 IEEE International Conference on* 1，86-91（2005）.
Exton 1972	Exton Jr., W. "*The Age of Systems：The Human Dilemma.*"（American Management Association，Inc.：United States of America，1972）.
Gideon 2005	Gideon，J.M.，Dagli，C.H. & Miller，A. "Taxonomy of Systems-of- Systems." *Proceedings CSER 2005*（2005）.
Gorod 2008	Gorod，A.，Sauser，B. & Boardman，J. "System-of-Systems Engineering Management: A Review of Modern History and a Path Forward." *IEEE Syst. J.* 2，484-499（2008）.
INCOSE 2010	*INCOSE Systems Engineering Handbook：A Guide for System Lifecycle Processes and Activities.* Ed. Cecilia Haskins. 3.2 ed. INCOSE-TP-2003-002- 03.2. Seattle，WA: International Council on Systems Engineering. 2010.
Kang 2005	Kang, T. & Mavris, D.N. "*A System-of-Systems Approach for Application to Large-Scale Transportation Problems.*" 2005
Kotov 1997	Kotov，V. *Systems-of-systems as Communicating Structures.*（Hewlett Packard Computer Systems Laboratory：1997）.
Krygiel 1999	Krygiel，A. *Behind the Wizard's Curtain.*（Institute for National Strategic Studies: Washington，DC，1999） http://www.dodccrp.org/html4/books_downloads.html
Maier 1998	Maier，M.W. "Architecting Principles for System-of-Systems." *Syst. Eng.* 1，267-284（1998）.
Manthorpe 1996	Manthorpe，W.H.J. "The Emerging Joint System-of-Systems：A Systems Engineering Challenge and Opportunity for APL." *Johns Hopkins APL Technical Digest* 17，305-310（1996）.

参考文献号	参考文献来源
ODUSD 2008	ODUSD（A&T）SSE *Systems Engineering Guide for Systems of Systems*.（Office of the Deputy Under Secretary of Defense for Acquisition and Technology：Washington，DC，2008）. http://www.acq.osd.mil/se/docs/SE-Guide-for-SoS.pdf
Phillips 1972	Phillips，D.C. "The Methodological Basis of Systems Theory." *Academy of Management Journal* 15，469-477（1972）.
Schelling 1978	Schelling，T. *Micromotives and Macrobehavior*.（W.W. Norton & Co.: New York，1978）.
Shenhar 1997	Shenhar，A.J. & Bonen，Z. "The New Taxonomy of Systems：Toward an Adaptive Systems Engineering Framework." *IEEE Trans. Syst.，Man，Cybern. A，Syst.，Humans* 27，137-145（1997）.
Shenhar 2001	Shenhar，A.J. "One Size Does Not Fit All Projects：Exploring Classical Contingency Domains." *Manag. Sci.* 47，394-414（2001）.
Shenhar 2009	Shenhar，A.J. & Sauser，B. "Systems Engineering Management：The Multidisciplinary Discipline." *Handbook of Systems Engineering and Management* 117-154（2009）.
von Bertalanffy 1950	von Bertalanffy，L. "An Outline of General Systems Theory." *British Journal for the Philosophy of Science* 1，139-164（1950）.

附录B 综合技术管理细节

1. 综合技术管理

计划是有效行动的基础，通过计划，可以预判和为必将影响项目进展的变化做好准备；通过计划，可以为未来和当前的行动作出基本的预期，从而使所有的组织部门为相同的目标同步行动。通过建立这样的基线，组织能更好地适应其面临的不可避免的变化。通过计划，明确在产品开发的全过程中，需求管理的任务、产品、责任和时间表。

所有的系统工程（SE）计划都应写入《系统工程管理计划》（SEMP），或制定单独的独立计划（如《风险、问题和机会（RIO）管理计划》，这样能确保成本核算更准确，并明显有助于项目的成功完成。SEMP 是唯一的综合所有系统工程活动的文档，它明确地将实现项目/计划成本、性能和进度目标所需的所有要素联系在一起。SEMP 确认并确保对整体系统工程的控制，并在系统工程的实现方面，提供比《实现策略和计划文件》（ISPD）更详尽的细节。执行这些计划活动将显著降低《使用测试与评估》中要求的占比。在 ISPD 的采购管理系统（AMS）中，详细明确了所需的最低程度的计划工作。ISPD 包括项目的和选定的系统工程计划要素，这些计划要素是 SEMP 对相同要素的计划的总结。NAS 现代化系统安全管理计划（SSMP）主管着采办管理系统（AMS）中的系统安全工作，并要求每个项目根据项目的安全需求，开发一个集成系统安全项目，作为 ISPD 的一部分。AMS 还需要制定致力于具优先级的服务需求的《概念和需求定义》计划，并为《投资分析就绪水平决策》（IARD）开发所需的信息。

1）实现策略和计划文件（ISPD）

ISPD 是采办管理系统（AMS）中，在成本、进度、优势和性能基线以内，计划项目落实的活动和行为的主要文档。在初始投资决策（IID）里程碑中，要求有初始 ISPD。初始 ISPD 仅包含以下部分：概述、采购计划和合同管理、系统工程和开发、物理和功能集成、维护人员配备和计划、以及系统安全管理。初始 ISPD 中的信息是对每个部分的备选方案进行比较分析。

在最终投资决策中，批准最终的 ISPD。最终 ISPD 是在 IID 中选择的备选方案的总体实施计划。在所有的后续系统工程和采购评审中，均要对 ISPD 进行审查和更新，它反映着项目在整个寿命周期中的变化。FAST 中可找到 ISPD 的模板，表 1 中也进行了总结。

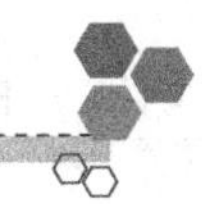

表1 实现策略和计划文件（ISPD）的内容

1	概述
1.1	服务需求
1.2	说明
1.3	关键输出和结果
2	采购计划
2.1	合同目的
2.2	来源
2.3	竞争
2.4	合同类型与激励
2.5	来源选择
2.6	政府提供的资产和信息
2.7	担保和数据权限
3	项目与合同管理
3.1	项目管理
3.2	合同管理
4	系统工程、开发与生产
4.1	系统工程
4.2	硬件与软件
4.3	可靠性、可维护性及可用性
4.4	配置管理
4.5	人为因素
4.6	专业工程
4.7	生产
5	物理和功能集成
5.1	不动产
5.2	物理空间与集成
5.3	运行集成
5.4	环境要求
5.5	无线电通信
5.6	频谱管理
5.7	信息互操作性
6	综合后勤保障（ILS）
6.1	维护计划
6.2	供应保障
6.3	包装、搬运、存储和运输
6.4	保障设备
6.5	维护保障设施

6.6	直接维护人员配备
6.7	培训、培训保障和人员技能
6.8	技术数据
6.9	计算机资源保障
7	安全与健康
7.1	系统安全管理
7.2	雇员健康与安全
7.3	有害材料
8	保密与隐私
8.1	物理安全
8.2	信息安全
8.3	人员安全
8.4	隐私
9	测试与评估
9.1	测试策略概述
9.2	独立使用评估（IOA）
10	部署
10.1	部署策略
10.2	服役中决策策略
10.3	处置策略
11	项目进度

2. 系统工程计划

出于项目方面的各种原因，SEMP 各组成要素可能需要更详细的独立计划（如 RIO 管理计划）。任何计划的一个主要功能便是定义任务和产品流程，以及给各个子过程分配职责。另一个重要功能是描述可交付成果，并说明每项任务的完成和每个产品交付的时间表。所有系统工程要素的单个独立计划的细节如下。计划从《服务分析和战略规划》开始，在《最终投资分析决策》中通过计划文件明确基线，并按需更新。

1）SEMP 介绍

如前所述，SEMP 明确地将达到项目/计划成本、性能和进度目标所需的所有系统工程要素联系在一起。它能够识别并确保对整体系统工程过程的控制，且提供的落实细节多于 ISPD。SEMP 的制定从《服务分析和战略规划》开始，SEMP 的初步版本通常在投资分析的第一阶段发布，完整版本在《最终投资决策》时发布。在《方案实施》中对其按计划进行更新，必要时进行附加的更新，以反映整个计划/项目过程中输入条件的变化。

2）系统工程计划的输出

每个计划都必须说明与某个系统工程要素相关的 SEM 章节中所详细说明的流程中的任务，这包括对产品的定义、该要素各子流程的责任，以及任务完成进度。同时，计划还应详细说明偏离系统工程要素流程的原因和偏离情况。由于计划的一个重要功能是明确系统工程要素流程内各项任务的职责，因此必须确保每项任务（如表 2 中所述）是分配给特定个体的。根据产品和组织的不同，这种职责分配可能差别很大。计划部门应针对该系统工程要素（如：架构设计合成任务）提供时间表。建议在时间表中说明每个产品的交付日期。时间表应列出事件的顺序，以及任务的开始日期和结束日期，并将这些日期和 ISPD 模板中概述的事件关联（http://fast.faa.gov）。另外，建议在计划中反映该系统工程流程的政府和行业标准，如 MIL-STD-961 或 MIL-STD-490 等规范，以及 EIA 632。

主要的计划工具是一个文字处理工具。衡量计划进度的主要指标是按时间点发布计划，如选择其他指标，应在计划中予以说明。

表 2　单独系统工程要素计划的内容

系统工程要素（SEM 章节）	独立系统工程计划中的内容
需求分析（第 3.3 节）	此计划详细说明在需求管理方面的总体工作，包括识别和掌握需求、分析和分解需求、分配需求（3.3.2 节）。与需求相关的另外两个子流程：开发验证方法和分析验证数据，是 4.7 节“验证和确认流程”的主题
功能分析（第 3.2 节）	此计划明确产品开发过程中功能分析的任务、产品、责任和时间表。由于在项目的早期阶段，尚没有项目层面的 SEMP（即投资分析的第一阶段），由 NAS 层面的 SEMP 在这些阶段为功能分析提供指导。在制订了 ISPD 之后，由为项目专门制定的 SEMP 为功能分析提供指导。《最终投资决策》将明确计划部分的基础，并在后续评审中根据需要进行更新。这个计划部分将详细说明管理功能分析的总体工作。这项工作包括分析使用和环境概念、将功能分解为子功能、分解并将需求分配给各部门、评估备选分解方案、定义功能顺序和时间线、定义功能接口并记录功能基线。 必须计划好开发每个功能分析产品所需完成的任务。任务包括以下： 定义使用任务、环境和要求 开发操作（使用）概念 定义顶层功能，并分解至最低层级 定义内部和外部接口 评估其他分解方案 制定次序和时间线 开发功能体系架构

续表

系统工程要素（SEM 章节）	独立系统工程计划中的内容
架构设计合成（第 3.4 节）	架构设计合成的计划包括所有将需求转换成备用解决方案的活动，这些方案应设计平衡，以满足和提供所需的功能，同时遵守项目、操作、环境和技术的限制。 必须计划好开发每个架构设计合成产品所需完成的任务。任务包括以下各项： 评审需求基线和功能架构： 设计解决方案集 确定设计方案集的替代品 ——执行比较分析的要求 ——启动需求反馈回路 ——启动设计反馈回路 将需求分配给系统各要素 定义设计和性能特征 定义物理架构 设计备选方案分析和细化 检查是否符合需求 选择倾向性设计方案
决策分析（第 4.6 节）	此计划是对如何以公平、公正的方式，为与计划/项目产品开发相关的问题或设计缺陷寻找解决方案的正式管理文件。 决策分析计划应包括如下内容： 在设计评审中，向管理层呈交结果和信息的格式。 确定担任决策领袖的组织或人员。 确定用于执行决策的工具（即成本模型、计算机模拟、测试物品和设备、分析工具）。 进行决策分析所依据的标准（包括限制）。 明确结果和数据应存储在何处以供将来参考，以及负责维护数据的组织 资源的识别
接口管理（第 4.2 节）	此计划是确保接口硬件、软件和设施之间物理和功能兼容性的系统界面控件的正式管理文件。此计划提供识别和解决接口不兼容情况，以及确定界面设计变更的影响的方法。它为所有的系统功能性和物理接口提供指导、管理、控制和文件记录。“接口控制计划”一节还包含准备、修改和处理项目专有的接口控制文件（ICD）的接口要求和模板。“接口控制计划”一节还明确了供应商参与接口过程的事项。此节： 提供了识别、定义、记录和控制所有系统层面接口的手段。 提供了根据设计的演化改变接口及解决接口不兼容问题的方法。 为所有的系统功能和物理接口的管理、控制和文件记录提供指导。 建立了接口工作组（IWG）及其政策和程序。 任命 IWG 主席，此人同时也是计划协调员，负责开发和建立识别、定义、记录、审核和控制接口的政策和程序 包含准备、修改和处理接口文档的要求和模板；标识产品 明确了接口管理程序的参与方及其责任 建立了接口管理计划

续表

系统工程要素（SEM 章节）	独立系统工程计划中的内容
专业工程（第 5 节）	可靠性、可维护性和可用性（RMA）计划涵盖 RMA 的所有方面（见 5.1 节）。 磁环境影响（E^3）计划涵盖 E^3 的所有方面（见 5.3 节）。 人为因素工程（HFE）计划涵盖 HFE 的所有方面（见 5.4 节和 FAA 采购系统工具）。 质量工程（QE）计划涵盖 QE 的所有方面。这包括所有在质量体系内实现的、可证明产品或服务能满足需求的信心的活动。 信息安全工程计划涵盖信息安全的所有方面（见 5.5 节）。 安全（第 5.6 节）——指 NAS 现代化 SSMP（http://fast.faa.gov/） 有害物质管理/环境工程（HMM/EE）计划涵盖 HMM/EE 的所有方面（参见第 0 节）
风险管理（第 4.3 节）	此计划说明了 RIO 管理的方式、方法、程序和标准，以及如何将其整合到项目决策过程中。在整个项目过程中，此计划都在不断更新
配置管理（第 4.4 节）	此计划是正式配置管理（CM）文件，此管理系统确保项目经理和职能经理记录、沟通并控制了在技术性能、可生产性、可操作性、可测试性和可支持性之间权衡而做出的设计、工程和成本决策的完整性和连续性。CM 计划促进了以下流程： 配置识别流程，在系统的采购周期中，确定指定为配置项（CI）的选定系统组件的功能和物理特性 配置控制流程，在系统的采购周期中控制配置项的改动 配置状态统计流程，记录/报告改动的处理和实现状态 配置审计流程，对硬件配置项（HWCI）、计算机软件配置项和系统本身的当前开发状态进行说明
检验和验证（第 4.7 节）	此计划是对整个验证项目的说明，并提供所有验证活动的详细内容和深度。此计划描述和定义了每项主要的验证活动，提供了主要验证工作的大致时间安排和次序。它还对支持验证工作的测试软件（包括代码和文档）、地面保障设备和设施进行了说明。系统工程师和验证工程师与设计和测试组织共同制定此计划，参与各方均对验证项目的概念、各级的项目需求和验证需求跟踪矩阵（VRTM）中确定的验证方法有着全面的了解
寿命周期工程（第 5.2 节）	此计划确保实现综合寿命周期支持所需的所有工作均有充足资源。综合寿命周期计划包括综合后勤保障、部署和过渡、不动产管理、维护和技术发展、处置

3. 系统工程要素计划的输入

下文表 4 中的每个系统工程要素都需要不同的输入。这些输入的成熟度反映了项目的成熟度。

4. 系统工程计划步骤

单项计划的步骤与 SEMP 相同（见第 4.1 节“综合技术管理”）。

5. 系统工程计划的输入

表 3 为系统工程要素计划的输入。

表 3　系统工程要素计划的输入

系统工程要素	系统工程计划的输入
需求分析 （第 3.3 节）	需求分析中定义的内部和外部需求 针对具体组成部分的项目指南 针对项目的组织性限制和项目中将使用的前提条件 针对项目的时间安排限制和事件 顶层概念性方案、功能分析、设计支持方案和初始系统评估 技术的可用性或制约
功能分析 （第 3.2 节）	缺口分析和最终项目需求（fPR）详细说明了预期的系统操作环境 针对具体组成部分的项目指南 针对项目的约束和前提，例如项目团队的性质 针对项目的时间安排限制和事件 NAS SEMP，它提供了将系统工程作为 NAS 现代化的一部分的总体计划
架构设计合成 （第 3.4 节）	缺口分析和最终项目需求（fPR）详细说明了预期的系统操作环境 针对具体组成部分的项目指南 针对项目的约束和前提，例如项目团队的性质 针对项目的时间安排限制和事件 NAS SEMP，它提供了将系统作为 NAS 现代化的一部分的总体计划
决策分析 （第 4.6 节）	要研究的问题的定义 计划/项目进度 计划/项目需求 文件准备工具
接口管理 （第 4.2 节）	ISPD。需要用它来制订接口管理计划，并确保系统各级的接口设计一致、完整、统一、及时。 SEMP。“接口管理计划”一节依赖于 SEMP 所定义的产品和进度。 系统需求文件。此文件定义了系统段之间的系统外部接口和（内部）接口。 系统功能和物理架构。这些架构决定着系统/系统段接口的位置，是接口详细识别和定义的起点。 设计评审计划。这些计划的用途是作为接口审查和审计的基础（参见第 3.4 节“架构设计合成”）
专业工程 （第 5 节）	详见第 0 至 5 节
风险管理 （第 4.3 节）	项目的目标 项目的局限 ISPD/综合总计划（IMS） 粗数量级估算/估算根据
配置管理 （第 4.4 节）	概念（初始、基线）。这些数据确定所选系统组件的功能和物理特性，以及要管理控制的配置项。 数据管理计划。 实现策略和计划要求。这些数据确定合同和非合同约束条件，如项目可交付产品、成本及进度
检验和验证 （第 4.7 节）	系统运行概念 SEMP 最终项目需求 系统物理和功能架构

6. 系统工程计划的指标

表 4 列出了独立计划的指标。

表 4　系统工程要素计划的指标

系统工程要素	建议的计划指标
需求分析 （第 3.3 节）	需求的数量，包括利益相关方特有的和由项目衍生的需求 已变化需求的数量。包括利益相关方或者项目发起的需求 技术需求，包括已确认的、待定义的和未知的技术需求 不清晰的、未定义的或不明确的需求 从启动需求变更到决策的周期时间 从变更决策到纳入基线的周期时间 经验证需求在需求提议总量中的占比
功能分析 （第 3.2 节）	已完成分析研究的百分比（计划/进度） 作为与目标深度的比例，功能结构层次的深度 分配至最低功能结构层次的性能要求的比例
架构设计合成 （第 3.4 节）	对已批准的工程变更报告： ——数量，按问题报告的类型统计 ——从提出变更到将变更写入发布的工程文件的周期时间，按报告的类型统计 技术性能测定：目标与已实现值的比较 已批准的工程变更的数量，按产品、类型和阶段统计 提交以供工程发布的文件/图纸： ——不可接受的提交文件 ——总提交数量 在评审和核准过程中确定的技术行动项目的数量 设计效率指标，如重量、需用功率和包线尺寸（体积） 完成合成步骤的成本和进度差异 未满足的系统需求 经过系统分析验证的系统需求的数量或百分比 系统架构或设计中待定项目的数量 接口的数量问题未解决 已定义的明确系统要素的百分比
决策分析 （第 4.6 节）	制定和更新计划的成本 决策满意度评估
接口管理 （第 4.2 节）	从 pPR 到接口需求文件（IRD）获批的时间 从 IRD 获批到接口控制文件（ICD）发布的时间 接口控制文件/接口要求符合接口要求的情况（%“是”）
专业工程 （第 5 节）	计划的完成 进度和进展 资源和成本 过程性能 客户满意度 产品质量

续表

系统工程要素	建议的计划指标
风险管理 （第 4.3 节）	RIO 管理可按三个不同的类别进行跟踪： ● 董事会管理——按照发布的时间表举行并出席董事会会议 ● 培训——跟踪已受过正式 RIO 培训的经理和董事会成员 ● 记录管理——有关 RIO 管理活动和及时性的指标。示例如下： 随着时间推移确认的总 RIO、总高 RIO、总中 RIO（提供随时间推移的 RIO 趋势） 获批管理计划中 RIO 的百分比（中、高）（用于测量处理 RIO 所需行动的有效性） 逾期管理行动的百分比（测量实现管理计划进度的效率） 现行 RIO 记录的老化（从而了解 RIO 数据库的及时性） 已过其实现日期的 RIO 的数量（提供及时处理 RIO 的效能的指标）
配置管理 （第 4.4 节）	配置管理的度量标准应与每个配置管理流程任务相关联。例如，配置管理计划： 配置管理计划制定的里程碑 质量完整性 计划是否落实
检验与验证 （第 4.7 节）	已检验需求的百分比 已验证需求的百分比 验证计划制定与评估的及时性 验证计划制定的质量 在收集和审查验证计划的输入方面，完成验证计划的制订和分配的周期时间

7. 需求管理的计划

表 5 说明了在需要时，单独的《需求管理计划》的内容。不过，此项计划基本总是包括在 SEMP 中。

表 5 《需求管理计划》的内容

《需求管理计划》的模板		
1	范围	
1.1	概述	
1.2	流程概述	包含一幅显示各流程要素相互关系的框图，包括需求管理工具（如果有的话）
2	相关文件	
3	任务	按照第 3.2.4 节内容，说明与具体组织或项目需求相关的任务
3.1	识别并掌握需求	
3.2	分析和分解需求	
3.3	分配需求	
3.4	衍生需求	
3.5	管理需求的变化	

续表

《需求管理计划》的模板		
4	产品	描述各种项目需求文件，并说明由何种组织机构接收产品。例如：产品组、利益有关方、其他项目组、管理或外部组织，如生产、产品支持、测试与评估或供应商管理
4.1	需求文件	列举并描述将产生的各种项目需求文件
4.2	需求分配矩阵	说明本项目将产生的需求分配表的特征
5	职责	详细说明各组织机构完成上文第3节中所述任务时的职责。这些职责与第3节中的任务相关联
6	时间表	与ISPD里程碑相关联的时间表
7	自动化需求工具	说明计划使用的需求管理工具，如果可用的话
8	注	
	附录	

8. 功能分析的计划

表6说明了在需要时，单独的《功能分析计划》的内容。不过，此项计划基本总是包括在SEMP中。

表6 《功能分析计划》的内容

《功能分析计划》的模板		
1	范围	
1.1	概述	
1.2	流程概述	包含一幅显示各流程要素相互关系的框图，包括工具（如果有的话）
2	相关文件	
3	任务	按照第3.2节的内容，说明与具体组织或项目需求相关的任务
4	产品	描述各种功能分析输出，并说明由何种组织机构接收产品。例如：产品组、利益有关方、其他项目组、管理或外部组织，如生产、产品支持、测试与评估或供应商管理
5	职责	详细说明各组织机构完成上文第3节中所述任务时的职责。这些职责与第3节中的任务相关联
6	时间表	与ISPD里程碑相关联的时间表
7	自动化需求工具	说明计划使用的需求管理工具，如果有的话
8	注	
	附录	

9. 架构设计合成的计划

表7说明了在需要时，单独的《架构设计合成计划》的内容。不过，此项计划基本总是包括在SEMP中。

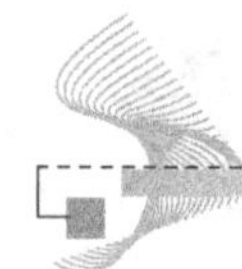

表 7 《架构设计合成计划》目录

《架构设计合成计划》的模板		
1	范围	
1.1	概述	
1.2	流程概述	包含一幅显示各流程要素相互关系的框图，包括工具（如果有的话）
2	相关文件	
3	任务	按照第 3.4 节的内容，说明与具体组织或项目需求相关的任务
4	产品	按照第 3.4 节的内容，说明各种架构设计合成输出，以及由何种系统工程要素接收产品
5	职责	详细说明各组织机构完成上文第 3 节中所述任务时的职责。这些职责与第 3.4 节中的任务相关联
6	时间表	与 ISPD 里程碑相关联的时间表
7	自动化需求工具	说明计划使用的需求管理工具，如果有的话
8	注	
	附录	

10. 决策分析的计划

表 8 说明了在需要时，单独的《决策分析计划》的内容。不过，此项计划基本总是包括在 SEMP 中。

表 8 《决策分析计划》的内容

《决策分析计划》的模板		
1	范围	
1.1	概述	
1.2	流程概述	包含一幅显示各流程要素相互关系的框图，包括工具（如果有的话）
2	相关文件	
《决策分析计划》的模板		
3	任务	按照第 4.6 节的内容，说明与具体组织或项目需求相关的任务
4	产品	说明决策分析活动的输出
5	职责	详细说明各组织机构完成与决策分析相关的任务时的职责
6	时间表	与 ISPD 里程碑相关联的时间表
7	自动化需求工具	说明计划使用的工具
8	注	
	附录	

11. 接口管理的计划

表 9 说明了在需要时，单独的《接口管理计划》的内容。接口管理经常单独制订计划。

表 9　《接口管理计划》概况

《接口管理计划》概况	
1	范围
1.1	概述
1.2	系统概述
2	相关文件
3	接口工作组
3.1	接口工作组的政策与程序
3.2	接口工作组的成员与职责
3.2.1	接口工作组的负责人
3.2.2	接口管理方
3.2.3	接口参与方
4	接口控制流程
4.1	建立接口
4.1.1	确认接口
4.1.1.1	范围表单
4.1.1.2	ICD 的文件记录
4.1.1.3	接口协调
4.1.1.4	ICD 的审查、状态检查和控制
4.1.1.4.1	授权 ICD 列表
4.1.1.4.2	SRR 审核
4.1.1.4.3	SDR 审核
4.1.1.4.4	初期设计评审（PDR）审核
4.1.1.4.5	CDR 审核
4.1.1.4.6	FCA/PCA 审核
5	修订接口
5.1	变更请求的准备
5.1.1	审核/协调变更请求
5.1.2	变更批准与文件记录
6	接口管理时间表
7	注
附录	

12. RIO 管理的计划

RIO 是每一个项目固有的内容。利益相关方对此都很了解，并期望承包商在项目计划中纳入 RIO 的内容。系统工程致力于 RIO 的三个方面：技术、进度和成本。技术 RIO 包括所有可能使项目达不到合同要求的事件，包括性能、可保障性、可维护性和

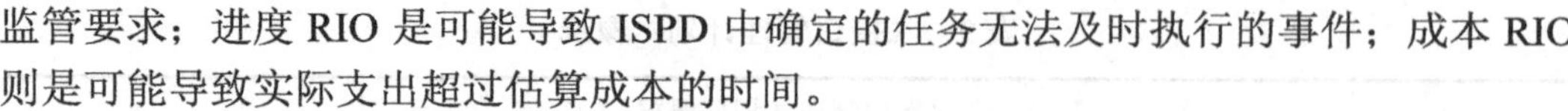

监管要求；进度 RIO 是可能导致 ISPD 中确定的任务无法及时执行的事件；成本 RIO 则是可能导致实际支出超过估算成本的时间。

RIO 是系统工程管理中的一个关键过程，由项目经理和职能经理落实，确保使用适当的资源将 RIO 降低到可以接受的水平。RIO 管理包括五个关键的组成部分：确定 RIO、RIO 分析、确定缓解选项、实现 RIO 降低计划、监控 RIO。

“RIO 管理计划”一节说明了 RIO 管理的方式、方法、程序和标准，以及如何将其融入到项目决策过程。在整个项目周期中，不断地通过 SEMP 对其进行更新。

表 10 是《RIO 管理计划》可以使用的模板。

表 10 《RIO 管理计划》的内容

“RIO 管理计划”一节概要	
1	介绍——目的、范围、文件组织
2	RIO 管理流程——定义、第一步、第二步……状态选择
3	RIO 管理会议——RIO 管理委员会、经理状态会议、会议频率
4	RIO 工具
5	作用与职责
6	流程健康状态指标
7	流程改进与培训
8	需求
9	安全与保密风险协调
	附录——委员会结构、参考、会议议程、RIO 来源、评分卡等

13. 配置管理计划

通常由“配置管理组织”主管这部分的计划。来自系统工程过程的输入可能早在投资分析的第一阶段即启动此部分的计划，但其正式开始是在投资分析的第二阶段，且随系统的发展贯穿项目并不断改进。

配置管理计划的输出应为 SEMP 中的“配置管理计划”部分，此部分列出了所有的任务与相应的完成日期，以及负责完成任务的人员，或为一项独立的计划，其包含的信息与表 11 中的模板相同。

表 11 《配置管理计划》的内容

《配置管理计划》概要	
1	范围
1.1	概述
1.2	系统概述
2	配置管理评审组
3	配置管理流程

续表

《配置管理计划》概要	
3.1	流程
3.2	配置管理评估标准和缓解要求
3.3	关键决策点
3.4	文件要求
4	配置管理监控程序
5	配置管理时间表
6	数据管理计划
7	注解与参考
8	附录
8.1	文件表格
8.2	配置管理工具

14. 概念和需求定义计划

《概念和需求定义计划》（见表12）针对提议的概念和需求定义（CRD）工作，明确范围、前提、限制、方法、数据来源、资源、控制策略、团队组成、作用和职责、时间表以及和可交付产品。CRD计划致力于优先级服务需要，并形成“投资分析就绪水平决策”（IARD）所需的信息。

表12　CRD计划的内容

《概念和需求定义计划》的模板		
1	范围	
1.1	初期缺口分析	确认具体的功能，或检查“服务水平缺口分析”的组成部分
1.2	服务交付战略	定义这些功能或组成部分如何适应服务组织的总体服务交付战略服务
1.3	前提、限制及指导	说明在进行CRD工作时，制约CRD团队的关键前提、限制和指导意见。这些包括以下几方面： 应解决的量化能力不足 现有能力的剩余使用寿命 新的或替代能力的要求使用日期 在所提议的新能力中，优先级高于整体、应提前交付的任何组成部分 提议新能力的要求工作寿命，或经济使用寿命 IARD的提议日期——所有CRD工作必须完成，并已向下列委员会提交其发现和建议的日期：空中交通组织（ATO）的相关决策委员会（执行委员会（EC））、信息技术执行委员会（ITEB），评审并向FAA机构和某些任务支持机构提供投资相关建议、行业（LOB）审查委员会，在行业内审查并提出投资建议

续表

《概念和需求定义计划》的模板		
1.3	前提、限制及指导	新的或替代能力必须实现的任何设计成本、单元购置成本、运行成本或任何其他经济目标（如“单元初始购置成本必须低于 200 万美元。”） 新的或替代能力必须实现的任何 ATO/LOB 性能目标（如“每次飞行成本降低 1%。”） 新的或替代能力必须满足的任何里程碑制约（即外部影响） 任何对于选择其他方案的限制（例如“不得开发强制要求航空公司和其他国家空域系统（NAS）用户使用新航电设备的方案。”） 任何影响、限制或规定选择新的或替代能力、或使用要求的指导性政策 任何必须满足的、与其他新的、现有的或提议的联邦航空管理局资产的相互依赖关系（如“安装新的数字式标准航站自动化替代系统之前，Radar-11 型新型数字式机场监视雷达必须完成交付。”） 任何影响、约束或规定新的或替代能力的选择的 NAS 安全事项 任何要求的安全风险验收和安全风险管理文档
1	方法论	确定每项 CRD 工作与任务中将使用的方法和技术
2	相关文件	
3	任务	定义确保项目已准备好进行投资分析所必须完成的任务
3.1	确定所需资源	确定完成 CRD 工作所需的资源和各项成本。例如，需要哪些团队成员？要求怎样的技能水平？成员需要付出何种强度的劳动（每周工作时间）？需要什么级别的合同支持？是否需要顾问？需要差旅、培训或技术（软件或硬件）吗
3.1.1	人员	确定所需的团队成员的技能。确定工作时间（工作强度）
3.1.2	合同支持	确定需要何种程度的合同支持
3.1.3	培训	确认是否需要专门的培训
3.1.4	差旅	确定是否有差旅需求、有怎样的需求
3.1.5	技术需要	确定完成 CRD 流程是否有技术（硬件和/或软件）需要
3.16	成本	确定第 3.1.1 至 3.1.5 节的成本
3.2	明确工作组组成	按名字的字母顺序和联邦航空管理局附属组织，明确 CRD 团队的组成。采购管理系统政策将 ATO 操作计划（ATO-P）系统工程指定为主导者
3.3	定义数据需求	确定每项 CRD 工作将使用的数据来源
3.4	控制策略	描述 CRD 团队领导将使用的控制策略，从而确保向 EC/LOB/ITEB 及时交付高质量的 CRD 产品。讨论如何保证对这些工作的投入
3.4.1	承诺	建立一种方法，以确保有能够实现团队承诺的人员。可通过参与请求、行动或谅解备忘录、协议书、交涉协商或管理协调来实现
4	可交付产品	列出并描述了所有 CRD 可交付产品，并提供了每项产品要求的完成日期。作为最低要求，CRD 可交付产品应包括内容为初期项目需求、功能架构和技术说明的“初期项目需求附件”；确定将在初始投资分析中评估的备用方案，并粗略估计每个方案的寿命周期成本；依据企业和安全架构评估各备用方案；使用安全评估；安全风险管理决策的备忘录；初始投资分析计划

续表

《概念和需求定义计划》的模板		
4.1	系统工程	列举并说明将形成的各种系统工程分析及文件
4.2	成本	列举并说明将形成的各种成本分析及文件
4.3	简报	讨论简报及其有关内容、格式和进度标准
5	责任	明确每个团队成员在每项CRD工作中和可交付产品上的作用与职责，并明确由谁负责CRD简报的准备，由谁负责向EC做简报
	制定任务分解结构（WBS）	为所有CRD工作中和可交付产品制定任务分解结构以及相应的组织分解结构
6	时间表	为所有CRD工作和要求的可交付产品的完成提供时间表和综合网络。时间表应显示所有主要CRD工作的开始、持续时间和完成时间。综合时间表至少应明确诸如工作的依赖关系和相互依赖关系、延缓时间和项目完成的关键路径等内容
7	自动化需求工具	说明计划使用的需求管理工具，如果有的话
8	注	
	附录	

15. 验证计划

1）验证计划

验证计划是对整个验证项目的说明，并提供所有验证活动的详细内容和深度。此计划提供了主要验证工作的大致时间安排和次序，还对支持验证工作的测试软件（包括代码和文档）、地面保障设备和设施进行了说明。系统工程师和验证工程师与设计和测试组织共同制定此计划，参与各方均对验证项目的概念、各级的项目需求和验证需求跟踪矩阵（VRTM）中确定的验证方法有着全面的了解。

2）验证需求跟踪矩阵

VRTM是需求文件的一部分，它定义了每个需求如何进行验证。矩阵中包括描述验证工作及其结果的计划，包括测试的可追溯性（在验证报告中）。VRTM的基础是《验证报告》中的“验证表”。VRTM由设计、测试、系统工程和验证团队成员共同开发，形成验证项目的基础。

3）需求验证合规文件（RVCD）

RVCD提供各级需求合规并符合VRTM要求的证据。从需求文件到VRTM的流程构成了完整的需求可追溯性。遵守所有需求，能够确保系统级的需求得到满足。

RVCD为每一项需求定义验证的方法和相应的合规信息。验证工作的结果，包括完成工作的证明，在RVCD中进行记录和说明。建议在RVCD中写入关于每项验证工作结果的信息，以及对一致性、不一致性的说明和处理、结论以及建议。合规信息提供符合需求的实际数据或参考实际数据的位置。此文件还包括一个对不合规详情进行说明的章节，建议在此节中明确适用的重新验证程序。RVCD是需求管理流程（第3.3

节）的输入。有关如何处理需求不合规的决策在“需求管理”中做出。

4）验证计划指标

验证计划详细说明了每项主要的验证工作，其提供的详细内容和深度便于理解验证工作。它包括事件进度和顺序。表 13 是此计划的模板。

表 13 《验证计划》的内容

《验证计划》的模板		
1	范围	
1.1	概述	
1.2	流程概述	包含一幅显示各流程要素相互关系的框图，包括工具，如果有的话
2	有关文件	
3	任务	说明按照第 4.12 节的要求，与具体组织和项目需求相关联的任务。包括硬件、软件和程序的资质、验收、预研、使用和处理验证活动
4	产品	描述所有相关的产品（例如 VRTM 和 RVCD）
5	职责	详细说明各组织机构在完成检验与验证任务时的职责
6	时间表	包括与 SEMP 里程碑相关联的时间表
7	检验与测试	描述支持验证工作所需的硬件和软件、保障设备与设施
8	注	
	附录	

16. 综合人为因素计划

表 14 显示了单独的综合人为因素计划的内容，如项目认为有必要就此单独制订计划的话。

表 14 《综合人为因素计划》的内容和格式

标题		内容
背景	项目总结	项目的简要说明 说明使用与维护概念
	项目时间表	系统采购时间表概述
	目标人群	确认： 使用者和维护者 人口统计资料 履历 以往培训 能力 与任务相关的经验 人体测量数据 身体素质 组织关系 工作空间要求

续表

标题		内容
	指导意见	归纳收到的所有指导意见
	限制	说明新系统是否需要额外的人员配备 说明是使用已有的职位类别，还是创造新的类别 写明可提供的培训时间限制 在新系统列装时，确立可接受的工作条件标准 说明由维护政策带来的限制 按照形成的一致认识制定需求
问题和改进	问题说明	说明问题的背景、重要性以及后果，或支持采购项目需要完成的任务
	目标	明确人为因素项目的目标 按照时间和准确度，提供绩效的度量方法及标准，以便完成评估问题解决效果的任务 在已知人为绩效阈值的前提下，在采购项目中尽早明确研发人员的任务，以便影响需求和系统工程 确定解决每个问题需采取的行动 说明每个问题目前的状态
	行动	确定解决问题需采取的行动 说明每项行动目前的状态
工作	工作说明	确定解决问题需执行的任务、进行的研究或分析（例如：按照MIL-HDBK-46855制定承包商的《人因工程项目计划》、进行功能分析，为按职能分配设备与人员提供依据、进行任务分析，形成具体的运行方和维护方任务清单）
	工作时间表	按照采购阶段，从“谁、何事、何时、何方式（资源）”的角度，说明人为因素任务。 明确对ILS、培训及测试于评估项目的馈送和依赖性
策略	目标和需求	根据主要的考量、问题、时间表、任务、指导意见、限制、目标和方式，为人为因素项目制定策略 回答这一问题：“政府希望实现怎样的目标？” 回答这一问题：“政府将如何实现这些目标？”
	方式	确定人为因素项目的负责人 理清所需的承包商支持程度 明确如何组织和管理人为因素资源，支持系统的采购
	参考	明确全面了解人为因素项目所需的相关参考
评审	评审	明确行政操作程序 明确时间表与程序的更新 明确评审程序

附录 C　系统工程技术评审及相关检查单

1. 介绍

此附录和相关风险清单用于支持第 4.1.4 节“技术监测和控制”中规定的系统工程（SE）技术评审的落实。附录包含有关单项系统工程技术评审及辅助评审的技术要素的章节，这些章节说明了每个类型系统工程技术评审的目的、进入准则、计划、时间、实施、退出标准和完成。

第 4.1.4 节中规定的系统工程技术评审（或里程碑）是联邦航空管理局系统工程流程和寿命周期管理中不可或缺的部分。图 4-1“联邦航空管理局产品开发过程”表明了这些里程碑与采购阶段和决策点的关系。技术评审提供了对项目的技术进展和可能需要采取纠正措施的重点领域的独立评估。

提示：这些评审并非解决问题的步骤，而是确保问题正在得到解决。这是一个管理系统开发或部署的技术进展的风险减低方法。

此附件的内容为指导意见。应根据项目的需求和经验，对评审和检查单内容进行调整。在调整或去除某个特定的系统工程里程碑时，应与 NAS 系统工程（或 NAS 之外的对应部门）进行协调，并记录在项目的《系统工程管理计划》（SEMP）中。根据项目的结构和采办管理系统（AMS）进入点，项目可能不需要进行所有的评审，某些评审可能通过配置项逐步执行，尤其是复杂系统。

2. 系统工程里程碑和技术评审

每项技术评审或审查都应明确项目进入系统寿命周期下一阶段的就绪水平。通常，评审关注的是研发的阶段，在此方面，系统工程为投资项目带来的益处最大。在开发周期中的战略点上，均会安排评审和审查，通常与决定是否进入下一阶段的寿命周期阶段里程碑结合进行，或为其做准备。技术评审所使用的具体标准根据每个寿命周期阶段进行调整，在解决已识别的能力缺口的过程中，这些标准对技术进展的内容进行验证。

联邦航空管理局确定了一套评审，来支持其系统寿命周期模型。第 4.1.4 节论述了技术评审的通用用途和结构，但人们也意识到，这个通用结构必须针对每项评审进行一定程度的调整。此附录包含通用评审模型的应用和具体的评审调整细节，以及一些最佳的实操技术和方法。

在任何既定的技术评审中，都由一位主席领导评审工作。评审本身要按照主导的

SEMP 的条目进行并获得批准。系统工程技术评审批准与本附录有关，其定义如下：

（1）在评审中产生的行动请求（RFA）的批准。

（2）设计/开发进入项目的下一个技术阶段的就绪水平。

（3）评审中进行的风险评估的传播。

（4）所有 RFA 表格均已得到处理并评估，对其状态取得一致认识，更新的风险评估已完成，且评审纪要已公布之后，技术评审的完成。

1）服务分析和战略规划阶段

根据 FAA 采办管理系统（AMS），服务分析和战略规划是寿命周期管理过程中至关重要的开始阶段，它决定了在现在和未来，必须实现哪些能力，才能达到组织的目标和客户的服务需求。其结果表示为企业体系结构中的“目前”和“将要”状态，以及从目前转变为未来状态的路线图。以下系统工程里程碑与服务分析和战略规划阶段有关：技术就绪水平评估（TRA）。

2）概念与需求定义

所有需要已批准采购项目基线之外资金的投资机会，均需进行概念和需求定义。概念和需求定义针对改进服务交付能力所需的能力，将企业体系结构中的优先使用需求转换为初步的需求和使用解决方案概念，还将服务的缺陷量化为充分的细节，以定义现实的初步需求和评估潜在的成本和收益。以下系统工程里程碑与概念和需求定义阶段有关：投资分析就绪水平决策。

3）投资分析阶段

根据 FAA 的采办管理系统（AMS），采购寿命周期的投资分析阶段是为了确保 FAA 的关键需求通过实际的和可负担的解决方案得到满足。初始投资分析严格评估备选解决方案是否满足服务需求，并决定哪个方案能在可接受的成本和风险以内，为联邦航空管理局及其客户提供最佳价值和最大益处。最终投资分析为提议的投资计划制定详细的计划和最终需求，包括明确成本、进度、性能、利益和项目执行中风险管理边界的采购项目基线。以下系统工程里程碑为作出有利的投资决策而服务：系统需求评审（SRR）——项目层面。

4）解决方案实施阶段

采办管理系统（AMS）的方案实施阶段从最终投资决策开始，即 JRC 批准和为投资项目提供资金、针对偏差跟踪明确项目基线、并授权服务机构继续全面实施。解决方案实施的结束，即新的服务或功能投入操作使用。以下系统工程技术评审服务于解决方案实施阶段的项目执行：

（1）系统需求评审（SRR）——合同层面。

（2）系统设计评审（SDR）。

（3）系统规范评审（SSR）。

（4）初期设计评审（PDR）。

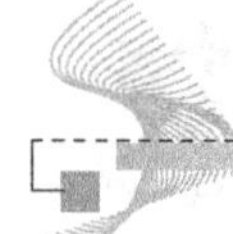

（5）关键设计评审（CDR）。

（6）测试就绪水平评审（TRR）。

（7）服役中评审（ISR）。

（8）技术就绪水平评估（TRA）。

5）服役中管理

服役中管理工作服务于联邦航空管理局提供空中交通管制和其他服务的使命，这包括操作、维护、保护和维持系统、产品、服务和设施，实时提供用户和客户所需的服务水平。它还需要定期监测和评价已入列的产品和服务，并将性能数据反馈到任务和投资分析中，作为重新验证是否需要维持已部署资产或采取其他行动来改善服务提供的依据。以下系统工程技术评审支持服役中管理：

（1）服役中性能评审（ISPR）。

（2）功能配置审查（FCA）。

（3）物理配置审查（PCA）。

（4）生产就绪水平评审（PRR）。

6）处置

采办管理系统（AMS）要求“服务组织必须清除并处置其已不再需要的资产和服务。这包括恢复部署过过时产品或服务的场地、政府财产处置、贵金属回收、有用资产的解体拆用。清除和恢复的成本写入替代项目的 Exhibit 300 项目基线。如果没有替代项目，就必须将成本纳入到服务领域的使用计划内。清除和处置包括系统和设备的退役、拆解、拆除，恢复场所，包括环境清理和危险物质处置、政府财产处理、贵金属回收和剩余资产再利用。”

没有专门支持处置阶段的系统工程里程碑。有关系统工程决策工作在寿命周期的早期阶段进行。

3. 联邦航空管理局系统工程里程碑和技术评审

本节对系统工程里程碑进行了说明——每个里程碑都有其自己的“情况说明书”。这些说明书说明了每个系统工程里程碑的目的、时机、进入准则、计划、实施、退出标准（也称为技术评审）以及有用的提示。

每项系统工程技术评审都有一个相关的项目风险评估检查单。这些检查单应可在项目执行期间，结合 SEMP 使用。风险检查单是不断发展的文件，应根据用户经验进行更新。在准备和进行评审时，这些检查单是有效的工具。使用以下标准制作清单：

（1）绿色。必要的标准和/或文档已备好，且其质量适合评审使用。

（2）黄色。必要的标准和/或文档已备好，部分适合评审使用。

（3）红色。必要的标准和/或文档未备好，或不足以供评审使用

1）技术就绪水平评估（TRA）

TRA 是一项多领域的技术评审，评估对象是考虑用于应对用户需求的关键技术要

素（CTE）的成熟度，并在企业架构框架内分析操作功能和环境制约因素。TRA 验证需要由服务单位或业务线（用于支持服务单位提交最初的“缺口分析”）解决的、NAS（或非 NAS）层面的能力差距，并确定可能已足够成熟，可考虑用于解决差距的新技术和/或新工艺。如果某项具体技术或其应用是新技术或新工艺，那么该技术就被认为是 CTE。TRA 不是风险评估，而是一项系统的参数标准工具，用于识别和对技术成熟事件给予早期关注。TRA 使用 9 级成熟度（LOM）（见表 1），对每一项已确认的 CTE 的硬件和软件进行评分。

表 1　成熟度说明

成熟度	定义	说明	支持文件
1	已了解基本原理并报告	技术就绪的最低水平。科学研究开始被转化成应用研究和研发。实例如对某项技术的基本性质的研究	确定该技术基本原理的已发表的研究。 说明何人、何地、何时
2	形成技术概念和/或应用	发明开始。了解了基本原理后，即可发明实际的应用。应用是推测性的，可能没有证据和详细的分析来支持假设。实例仅限于分析研究	出版物或者其他说明该应用正在被考虑，以及支持此概念的分析的参考文献
3	分析及实验性关键功能和/或概念的特性证明	开始积极的研究和研发。这包括分析研究和实验室研究，在物理上验证该技术中各独立要素的分析预测。实例包括还未集成的或代表性的组件	为测量有关参数而进行的实验室测试的结果，以及与关键子系统分析预测的比较。 说明何人在何时何地进行了这些测试和比较
4	实验室环境中的部件和/或试验板验证	基本技术组件集成，使其共同工作。此时的集成与最终的系统相比，相对“逼真度低”。实例包括在实验室中进行的“临时”硬件集成	已考量过的系统概念和通过实验室规模的试验板获得的结果。 说明何人在何时进行了以上工作。 对试验板硬件和测试结果与预期系统目标的差异进行估计
5	在相关环境中验证部件和/或试验板	试验板技术的逼真度显著增加。基本的技术组件通过具合理真实性的支持要素集成，使其可在模拟环境中进行测试。实例包括“高逼真度”实验室组件集成	在模拟的操作环境中，将实验室试验板系统测试结果与其他支持要素集成。 “相关环境”与预期的操作环境有何不同？ 测试结果与预期相比如何？ 遇到了怎样的问题？如果有的话。 试验板是否经过了改进，更接近预期的系统目标？
6	在相关环境中演示系统/子系统模型或原型	在相关环境中测试远远超过 5 级 LOM 的代表性模型或原型系统。这是一项技术演示其就绪水平的重要一步。实例包括在高逼真度的实验室环境中或在模拟的操作环境中测试原型	接近预期配置的原型系统的实验室测试结果，以性能、重量和体积等表示。 测试环境与使用环境有何不同？ 何人进行了以上测试？ 测试是否符合预期？ 遇到了怎样的问题？如果有的话。 在进入下一级前，有或采取了那些计划、选择或行动来解决问题？

续表

成熟度	定义	说明	支持文件
7	在使用环境中演示系统原型	按照或贴近计划中的操作系统制作原型。这是从 6 级 LOM 上升的重要一步，需要在使用环境中演示实际的系统原型，如飞机、车辆或空间。实例包括在测试用飞机上测试原型	在使用环境中测试原型系统的结果。 何人进行了以上测试？ 测试是否符合预期？ 遇到了怎样的问题？如果有的话。 在进入下一级前，有或采取了那些计划、选择或行动来解决问题？
8	实际系统完成，并已通过测试和演示	技术已被证明能以其最终形式并在预期的条件下工作。在几乎所有情况下，这个 LOM 等级都代表着真实系统开发的结束。实例包括在其预期的武器系统中对系统进行研发测试和评估，以确定是否符合设计规范	在系统将要操作的环境条件范围内、以系统的最终配置进行测试的结果。 评估系统是否达到其使用要求。 遇到了怎样的问题？如果有的话。 在设计定型前，有否采取了哪些计划、选择或行动来解决问题？
9	实际系统通过成功的任务使用得到确认	技术以其最终形式并在任务条件下进行实际应用，条件和使用测试与评估相同。实例包括在操作任务条件下使用该系统	使用测试与评估（OT&E）报告

（1）在 AMS 中的时间和关系。

对新的和/或有潜力的技术的评估发生在 AMS 寿命周期中两个不同的点上，即产品计划和开发程序：

① 在“服务分析和战略规划”中进行，以判断是否应在投资分析中考虑这些替代技术。

② 在 AMS 的“服役中管理”期间进行，以判断该技术的使用是否确保能够满足用户需求。

相关 AMS 产品：

① 缺口分析。

② “服务分析和战略规划”的标准、指导原则和工具。

（2）进入标准和输入。

包括以下各项：

① 企业体系结构。

② 运行概念。

③ 考虑事项和问题。

④ 技术。

⑤ 市场研究。

⑥ 需求。

⑦ 公司策略和目标。

⑧ 旧有系统。

（3）任务。（保留）

（4）退出标准和输出。

包括以下各项：

① 企业体系结构中经过验证的NAS功能部分。

② 技术机会。

③ 更新后的风险评估。

④ 缺口分析。

（5）指标。（保留）

（6）工具。

TRA风险降低检查单（参见文件060517 FAA TRA检查单V31）。

2）功能基线评审（FBR）

FBR是一项正式的评审，其目的是确保已全面正确识别需求，且落实组织与利益相关者之间已达成共识。此项评审验证项目费用、进度和性能，为里程碑批准提供依据。通过评审掌握“服务分析和投资分析”阶段的功能需求，并建立功能基线作为主导的技术说明，这是在进入下一个采办管理系统（AMS）阶段或决策门之前需要完成的。

（1）在采办管理系统中的时间和关系。

在即将作出初期投资决策前进行（采办管理系统里程碑3）。.

（2）进入标准和输入。

包括以下各项：

①（pRD—以往为iRD）。

② 局限。

③ FAA政策。

④ 标准。

⑤ 综合主进度（IMS）。

⑥ 投资风险。

（3）任务。（保留）

（4）退出标准和输出。

包括以下各项：

① 最终需求组（fRD）。

② 项目工作细分结构（WBS）。

③ 项目工作说明书（SOW）。

④ 最终SEMP。

（5）指标。（保留）

（6）工具。FBR风险降低检查单。

3）系统需求评审（SRR）

通过SRR确定《系统需求文件》（A类规范）是否正确并全面反映了fPR中定义

的操作和约束性需求。这项评审也决定拟议的功能架构是否符合系统需求。SRR 在研发过程的早期、产生任何设计定义开支之前进行。作为判断系统需求和架构是否符合任务需求的过程中的一部分，应根据系统需求反映所有的 TPP 价值并与目标值和在投资分析中确定的关键限制进行对比。TPM 分析的结果成为 SRR 输出的一部分，还可能根据 SRR 中批准的需求变更情况，添加额外的 TPP。关键性能的限制也可以根据批准的需求变更进行调整。

① 项目层面。SRR 是一项正式的联邦航空管理局内部评审，目的是确保系统的需求已经被完全和正确地识别，验证项目费用、进度和性能，为里程碑批准提供依据。它评估项目开始实施的技术就绪水平，并建立“分配基线”作为指导性的技术说明，这是进入下一个 AMS 采购阶段所必需的。

② 合同层面。在合同层面，SRR 是一项正式的、系统级的评审，其目的是确保系统需求已经完全和正确地识别，且政府与承包商之间认识一致。它对承包商开始研发的就绪水平进行评估。

（1）在 AMS 中的时间和关系。

项目 SRR 在即将作出投资决策前进行（AMS 投资里程碑 4）。合同 SRR 在 AMS 里程碑 4 和签署合同后不久（功能分配工作开始之前）进行，以评估承包商开始研发的就绪水平。

（2）进入标准和输入。

获得 IMS 和 LCE 成本估算是成功进行 SRR 的先决条件。要求在进行 SRR 之前先完成的产品包括以下几项：

① pPR/fPR。

② 分配的 TPP 和相关关键性能限制与目标值列表。

③ 局限。

④ IRD（草案）。

⑤ 风险识别和消减计划。

⑥ 作为 SRR 准备工作的结果，任何建议对上述各项进行的更改。

在 SRR 中应提交以供评审的产品包括以下几项：

①《系统需求文件》/A 类规范（草案）。

②《系统功能架构》（草案）。

③ TPM 分析结果报告。

④ 系统规范、工作说明书以及合同工作细分结构（包括合同层面 SRR）。

（3）任务。

成功完成 SRR 要求完成以下任务（独立等级）：

① 定义 SRR 目标和范围。

a. 确定成功标准、先决条件（进入标准和要采用的方法）。

b. 确定 SRR 的日期和评审的准备工作。

c. 为评审制定议程。

d. 确定并通知各参与方及利益相关方其职责与责任。

② 识别待评审项和各项的评审范围。

③ 编纂 SRR 相关的数据包。这个数据包包含 SRR 演示材料和所有相关的备份材料。

④ 将 SRR 文件分发给利益相关方的代表，并要求其及时针对评审作出响应。

⑤ 获得 SRR 就绪批准，了解通过“评审项目差异”提交的对数据包的评论。

⑥ 根据需要对数据包进行更改。

⑦ 总结各方提交的所有问题及对问题的回答。

⑧ 根据评审情况更新风险管理计划。

⑨ 更改后进行 SRR。

⑩ 记录并发布 SRR 的纪要。

⑪ 编写行动项目和问题列表。

⑫ 跟踪行动项目和问题。

⑬ 记录已完成的行动项目并分发给 SRR 的利益相关方。

（4）退出标准和输出。

包括以下各项：

① 已批准的《系统需求文件》/A 类规范。

② 已批准的系统功能架构。

③ 已批准的对 fPR 的更改。

④ 已批准的对 IRD 的更改。

⑤ 已批准的对 TPP 的更改。

⑥ 已批准的 TPM 报告。

⑦ 已更新的《风险管理计划》。

⑧ 系统规范（包括在合同 SRR 层面获得承包商认可）。

⑨ 建议的备选方案的风险。

⑩ 建议的备选方案的 LCE 成本估算。

⑪ 草拟的服役中评审（ISR）检查单。

⑫ 接口文件。

⑬ 承包商工作说明书。

（5）指标。

此项评审的指标主要包括以下各项：

① 客户适应度。

② 与最初的需求数量相比，在后期的评审中出现的系统需求的数量。

③ 失误更正。

如果为了系统需求的定案而制作了原型，那么就有可能测量 TPP 状态的变化。否则，此项评审的指标中将不包括技术性能测定（TPM）。

（6）工具。

此项评审使用的主要工具如下：

① 需求数据库。

② 风险数据库。

③ 行动项目数据库。

④ 问题数据库。

⑤ TPM 数据库（如作为指标使用）。

⑥ SRR 风险降低检查单。

4）初期设计评审（PDR）

PDR 是一项正式的评审，是按照分配基线对初期设计进行评估，并确认初期设计在逻辑上符合 SRR 的结果且满足需求。其通常的结果是批准开始进行详细设计。许多组织将此项评审看做最后一个可行的有效技术插入点。

初期设计描述分配给子系统的系统功能和配置项的水平。此方案设计的定义缺乏大量的细节，且反映在包括 B 型和 C 型规范的功能、性能和接口需求，以及接口控制文件（ICD）草案中。PDR 演示的是：初期设计与此前批准的 A 类规范所规定的相同，满足系统和项目需求。作为确定设计是否符合需求的流程的一部分，所有分配给该设计的 TPP 值都要与在投资分析中确定的目标值和关键限制进行对比。TPM 的分析结果成为 PDR 输出的一部分。根据 PDR 批准的设计或需求变更，也可能添加额外的 TPP。还可能根据批准的需求变更，调整关键性能限制。

（1）在 AMS 中的时间和关系。

PDR 在承包商完成功能分配工作之后和详细设计开始之前进行（见图 4-1“FAA 的产品开发过程”）。

（2）进入标准和输入。

针对每个硬件和软件配置项的分配基线完成后，记录在设计规格中，形成进行评审的基础。要求在继续 PDR 之前由承包商完成或作为合同的一部分提供的产品包括以下内容：

① 分配的 TPP 及相关关键性能限制和目标值列表。

② 局限。

③ A 类规范。

④ 功能架构。

⑤ IRD。

⑥ 风险识别和消减计划。

⑦ 作为 PDR 准备工作的结果，任何建议对上述各项进行的更改。

在 PDR 中应提交以供评审的产品包括以下几方面：

① B 类规范（草案）。

② C 类规范，如果需要的话（草案）。

③ 需求分配矩阵（草案）。

④ ICD（草案）。

⑤ TPM 分析结果报告。

⑥ 初期设计文件（概念布局等）。

（3）任务。

成功完成 PDR 要求完成以下任务：

① 定义 PDR 目标和范围。

a. 确定成功标准、前提条件（进入标准和要采用的方法）。

b. 确定 PDR 的日期和评审的准备工作。

c. 为评审制定议程。

d. 确定并通知各参与方及利益相关方其职责与责任。

② 识别待评审项和各项的评审范围。

③ 编纂 PDR 相关的数据包。这个数据包包含 PDR 演示材料和所有相关的备份材料。

④ 将 PDR 文件分发给利益相关方的代表，并要求其及时针对评审作出响应。

⑤ 获得 PDR 就绪批准，了解通过“评审项目差异”提交的对数据包的评论。

⑥ 根据需要对数据包进行更改。

⑦ 总结各方提交的所有问题及对问题的回答。

⑧ 根据评审情况更新风险消减计划。

⑨ 更改后进行 PDR。

⑩ 记录并发布 PDR 的纪要。

⑪ 编写行动项目和问题列表。

⑫ 跟踪行动项目和问题。

⑬ 记录已完成的行动项目并分发给 PDR 的利益相关方。

（4）退出标准和输出。

成功完成 PDR 后，详细设计的开始获得批准，且产生以下输出：

① 更新后的风险消减计划，写入在 PDR 中确认的风险。

② RFA 及已批准的行动计划。

③ 已批准的分配基线。

a. 初期 B 类规范。

b. 初期 C 类规范。

c. 需求分配矩阵。

d. 初期 ICD。

④ 已批准的对 A 类规范的更改。

⑤ 已批准的对功能架构的更改。

⑥ 已批准的对 IRD 的更改。

⑦ 已批准的 TPM 报告和已批准的对 TPP 的更改。

⑧ 在 PDR 过程中发现的所有合同范畴问题的解决方法。

（5）指标。

PDR 的指标如下：

（1）客户适应度。

（2）与最初的需求数量相比，在后期的评审中出现的系统需求的数量。

（3）作为在 PDR 之前进行的不恰当分析的结果，与最初的数量相比，设计特点数量的变化。

（4）有正式行动计划、已接受的 RFA 的数量。

TPP 的状态也作为项目进度的测量指标使用。

（6）工具。

此项评审使用的主要工具如下：

（1）PDR 风险降低检查单（参考文件待定）。

（2）需求数据库。

（3）风险数据库。

（4）行动项目和问题数据库。

（5）TPM 数据库。

5）关键设计评审（CDR）

CDR 是一项正式的评审，其目的是评估设计的完整性、接口和开始初期生产的适用性。CDR 从最低的设计层面开始，评估系统或配置项（CI）的设计。它根据分配基线评估初期系统产品设计方案，在详细设计基本完成的项目设计与开发阶段进行。此项评审包括以下几方面：

① 确定被评审的系统或配置项的详细设计是否满足“初期硬件产品规格”或“硬件配置项”（HWCI）研发规格中的性能和工程专业要求。所有分配给该设计的 TPP 值都要与此前确定的目标值和关键限制进行对比。TPM 的分析结果成为 CDR 输出的一部分。

② 建立配置项与设备、设施、计算机软件和人员等其他项之间的详细设计兼容性。

③ 评估系统或配置项的风险领域（在技术、成本以及进度方面）。

④ 评估针对系统硬件进行的可生产性分析的结果。

⑤ 评审初期硬件和/或软件产品的规格。对于计算机软件配置项（CSCI），此项评

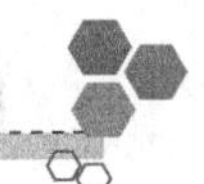

审着重于确定详细设计的可接受性、设计方案的性能和测试特点，以及使用和支持文档是否充分。

（1）在采办管理系统（AMS）中的时间与关系。

图 4-1“联邦航空管理局产品开发过程”显示，CDR 在配置项详细设计工作完成时、硬件制造和/或最终软件模块编码（通常是“90%”设计点）之前，在方案实施期间进行。

（2）进入标准和输入。

要求在进行 CDR 之前由承包商完成、或作为合同的一部分提供的产品包括以下几方面：

① 分配基线（即 A 类规范、IRD、功能体系结构等）。

② 分配的 TPP 及相关关键性能限制和目标值列表。

③ 局限。

④ CDR 计划文件。

⑤ 主验证计划。

⑥ 风险识别和消减计划。

⑦ 此前评审的 RFA 和行动项目。

⑧ 作为 CDR 准备工作的结果，任何建议对上述各项进行的更改。

在 CDR 中应提交以供评审的产品包括以下几方面：

① 详细的 B 类规范和 C 类规范。

② 详细需求分配矩阵。

③ 详细的接口控制文件。

④ 子系统功能体系结构。

⑤ 对每个硬件和软件配置项（装配布局等）已完成的设计方案，带支持设计文档。

⑥ 测试计划草案。

⑦ TPM 分析结果报告。

⑧ 每个配置项的需求合规矩阵。

（3）任务。

若要成功完成 CDR，就先要求完成以下任务：

① 定义 CDR 的目标和范围。

a. 确定成功标准、先决条件（进入标准和要采用的方法）。

b. 确定 CDR 的日期和评审的准备工作。

c. 为评审制定议程。

d. 确定并通知各参与方及利益相关方其职责与责任。

② 识别待评审项和各项的评审范围。

③ 编纂 CDR 相关的数据包。这个数据包包含 CDR 演示材料和所有相关的备份材料。

④ 将CDR文件分发给利益相关方的代表，并要求其及时针对评审作出响应。

⑤ 获得CDR就绪批准，了解通过“评审项目差异”提交的对数据包的评论。

⑥ 根据需要对数据包进行更改。

⑦ 总结各方提交的所有问题及对问题的回答。

⑧ 根据评审情况更新风险消减计划。

⑨ 更改后进行CDR。

⑩ 记录并发布CDR的纪要。

⑪ 编写行动项目列表。

⑫ 跟踪获批的行动项目。

⑬ 记录已完成的行动项目并分发给CDR的利益相关方。

（4）退出标准和输出。

成功完成CDR后，用户认可详细设计满足系统功能和性能要求，且可以开始制造。CDR的输出或退出标准如下：

① RFA及已批准的行动计划。

② 已批准的对分配基线各要素的更改。

③ 已批准的TPM报告。

④ 更新后的风险消减计划，写入在CDR中确认的风险。

⑤ 在CDR过程中发现的所有合同范畴问题的解决方法。

（5）指标。

CDR的指标如下：

① 客户（利益相关方）适应度，其定义为对于CDR结果是否达到已明确目标的满意程度。可通过访问和/或在每项评审中对每次演示的反馈表（渐进的和最终的）对此项进行测量。

② CDR所要求的数据按进度准备好的比例。在涉及供应商的技术评审中，可将其作为按进度提交的与评审相关的CDRL的比例来测量。

③ 与最初的需求数量相比，在后期的评审或测试中出现的、新的子系统需求的数量。用变量来测量会导致合同行为的范围问题的数量。

④ 有正式行动计划、已接受的RFA的数量。

TPP的状态也作为项目进度的测量指标使用。

（6）工具。

此项评审使用的主要工具如下：

① CDR风险降低检查单。

② 需求数据库。

③ 风险数据库。

④ 行动项目和问题数据库。

⑤ TPM 数据库。

6）测试就绪水平评审（TRR）

测试就绪水平评审是一项正式的评审，评估承包商是否已准备好针对硬件和软件配置项，开始产品的技术评估（即包括测试在内的检验）。

（1）在采办管理系统（AMS）中的时间与关系。

VRR 在系统制造完成时、正式的检验工作开始之前进行（见图 36“联邦航空管理局的产品研发过程”）。

（2）进入标准和输入。

包括以下各项：

① 正式配置控制下的系统定义。

② 所有检验计划已获批。

③ 检验程序草案已准备好。

④ 检验资产/资源已识别且可用。

（3）任务。

有关任务详情，参见第 X 节。

（4）退出标准和输出。

成功完成 VRR 后，即批准开始正式检验。其输出包括以下各项：

① VRR 更新后的风险消减计划，写入在 VRR 中发现的风险。

② 详细的检验程序。

（5）指标。（保留）

（6）工具。VRR 风险降低检查单。

7）功能配置审查（FCA）

FCA 是一项正式的评审，评估完工的系统及其所有子系统是否能够按照其功能与分配配置极限，实现所要求的设计功能（下文中的图 69 说明了 FCA 过程）。FCA 为 PCA 的完成提供基础。

FCA 记录利益相关方对检验的批准，即某配置项的实际性能满足在系统功能基线中确定的功能和性能要求。FCA 针对每个新的配置项或每组相关配置项进行，FCA 可在系统寿命周期的服役阶段进行，以检验对某配置项进行的改进和更新，或对产品和流程的改善。此项审查的进入和退出标准应写入 SEMP。FCA 是系统检验过程中的一个渐进的部分，涉及多个配置项的系统更改可能需要进行多次审查。还要进行一次最终审查，或系统检验评审，以确认针对某个具体研发项目所计划的所有审查都已成功完成。由于 FCA 是通过测试来确定某配置项是否符合所有规定的要求，因此测试是进行 FCA 的前提条件。图 1 中为 FCA 基于流程的管理图表。

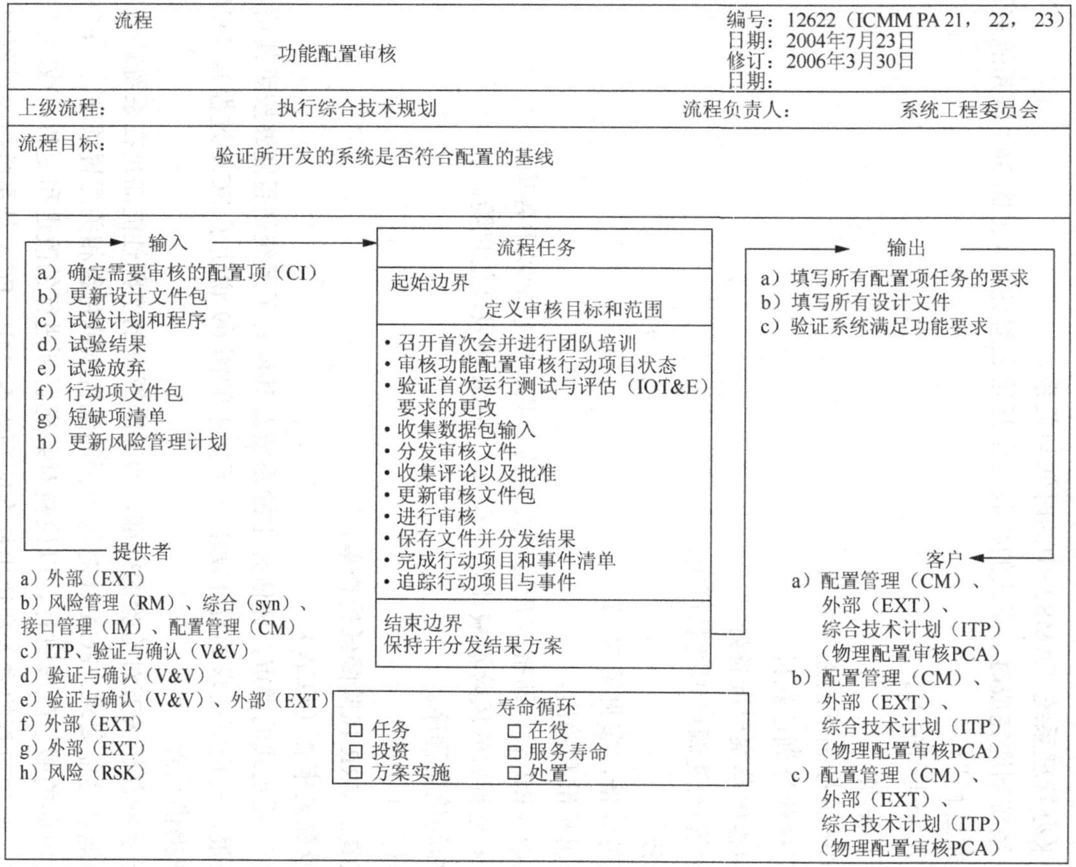

流程	功能配置审核	编号：12622（ICMM PA 21，22，23） 日期：2004年7月23日 修订：2006年3月30日 日期：
上级流程：	执行综合技术规划	流程负责人：系统工程委员会
流程目标：	验证所开发的系统是否符合配置的基线	

输入

a）确定需要审核的配置项（CI）
b）更新设计文件包
c）试验计划和程序
d）试验结果
e）试验放弃
f）行动项文件包
g）短缺项清单
h）更新风险管理计划

提供者

a）外部（EXT）
b）风险管理（RM）、综合（syn）、接口管理（IM）、配置管理（CM）
c）ITP、验证与确认（V&V）
d）验证与确认（V&V）
e）验证与确认（V&V）、外部（EXT）
f）外部（EXT）
g）外部（EXT）
h）风险（RSK）

流程任务

起始边界

定义审核目标和范围

- 召开首次会并进行团队培训
- 审核功能配置审核行动项目状态
- 验证首次运行测试与评估（IOT&E）要求的更改
- 收集数据包输入
- 分发审核文件
- 收集评论以及批准
- 更新审核文件包
- 进行审核
- 保存文件并分发结果
- 完成行动项目和事件清单
- 追踪行动项目与事件

结束边界

保持并分发结果方案

寿命循环

☐ 任务　☐ 在役
☐ 投资　☐ 服务寿命
☐ 方案实施　☐ 处置

输出

a）填写所有配置项任务的要求
b）填写所有设计文件
c）验证系统满足功能要求

客户

a）配置管理（CM）、外部（EXT）、综合技术计划（ITP）（物理配置审核PCA）
b）配置管理（CM）、外部（EXT）、综合技术计划（ITP）（物理配置审核PCA）
c）配置管理（CM）、外部（EXT）、综合技术计划（ITP）（物理配置审核PCA）

图1　功能配置审查流程

（1）在采办管理系统（AMS）中的时间与关系。

FCA 在认证和综合测试完成时、在第一件生产产品交付前进行。

（2）进入标准和输入。包括以下各项：

① 检验计划已完成。

② 检验报告已获批。

③ 确定被检验产品的配置符合设计包的程度。

FCA 的基本输入包括以下几项：

① 确认待审查的配置项。

② 所有规格的更新及设计文档的完成（A、B、C 类规范，需求分配矩阵，接口控制文件，系统运行概念（ConOps），子系统功能架构，物理架构和配置项说明）。

③ 所有生产流程要求和文件定稿（D、E 类规范）。

④ 测试计划和程序。

⑤ 测试结果。

⑥ 要求的或经用户批准的所有对配置项的偏差/免责列表。

⑦ 由测试结果导致的所有修正性行动项目的列表。

⑧ 拟议修正性行动的文件。

⑨ 完整的缺陷列表。

⑩ 根据测试结果更新后的风险消减计划。

（3）任务。

成功完成 FCA 要求落实以下任务：

① 定义 FCA 的目标和范围。

a. 确定成功标准、先决条件（进入标准和要采用的方法）。

b. 确定 FCA 的日期和审查的准备工作。

c. 为审查制定议程。

d. 确定、通知各参与方及利益相关方其职责与责任并给予指令。

e. 识别待审查的配置项和各项的评审范围。

② 收集供 FCA 简报和文件使用的数据包输入。

③ 将 FCA 文件分发给利益相关者代表，以评审其完整性、正确性、清晰度和组织架构。

④ 获得 FCA 就绪批准，了解通过“审查工作表”对数据包作出的评论。

⑤ 根据工作表对 FCA 文件进行更新。

⑥ 进行 FCA。

a. 报告检验状态——经检验的需求与计划的修正行动比较。

b. 报告所有研发与设计文件的完整性，包括与修正行动相关的计划中的修订。

c. 报告在评审 FCA 文件时发现的关键问题。

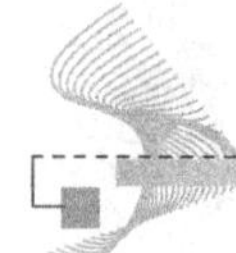

d. 报告风险评估和消减计划。

e. 分配修正行动和文件修订的职责。

f. 获得利益有关方进行此项工作的批准。

⑦ 记录并发布 FCA 的结果。

⑧ 编写行动项目和问题列表。

⑨ 跟踪行动项目和问题。

⑩ 记录并发布行动项目和问题的解决方案。

（4）退出标准和输出。

FCA 的关键成果是确定要求的与检验的性能之间是否有差距。关键的 FCA 输出如下：

① 检验系统是否满足功能需求：检验 A 类规范。

② 按照需求完成所有的配置项检验任务。

a. 检验 B 类规范

b. 检验 C 类规范

d. 检验需求分配矩阵

e. 检验接口控制文件

f. 记录要求性能与检验性能之间存在的所有差距

③ 所有研发与设计文件完成。

A、B 和 C 类规范。

b. 需求分配矩阵。

c. 接口控制文件。

d. 系统层面的运行概念。

e. OSED。

f. 功能体系架构。

g. 物理架构。

h. 配置项的说明，包括检验计划中的产品与设备包定义的配置之间的配置调节列表。

（5）指标。此项审查的指标是客户批准 FCA，如为有条件的批准，还包括生成的开放工作表的数量。

（6）工具。此项审查的主要工具如下：

① FCA 风险减低检查单。

② 需求数据库。

③ 行动项目数据库。

④ 问题数据库。

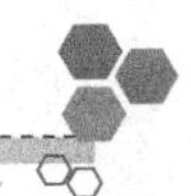

8）物理配置审查（PCA）

PCA 是一项正式的审查，这项审查为配置项的正式配置控制和后期的寿命周期阶段建立产品基线，评估交付系统是否符合产品设计和生产文件。成功完成 PCA 标志着正式的配置控制完全从开发者转移给产品所有者。

提示：PCA 通常在早期生产的配置项上进行。PCA 的实际有效性是以风险的转移为核心的。由于在这一节点上要进行正式的配置控制，更改责任便成为了要考虑的问题。尽可能晚地进行此项审查符合系统所有者的利益，而开发人员会尽可能早地将改动的风险转移给所有者。设置实际的有效性往往会成为一个合同或范围问题。

PCA 形成的文件记录为：利益相关方认可由指定生产流程所制造配置项的实际配置符合技术数据方案对配置项基线的描述。此项审查还要确保已有能够确认以下各项的适当流程和程序：

（1）配置项设计的定义和计划是当前有效的。

（2）硬件/软件符合设计方案和需求，且存在的差异已经解决。

（3）产品不良率已经按照适用的程序解决。

（4）制造商已经完成了指定的生产测试。

（5）配置项的零件号和名称符合图样和零部件清单，且项目名称符合批准的名称。

（6）PCA 装置和正式检验装置之间的所有配置差异都已识别、记录，且要纳入配置的差异已获得适当的授权。

（7）初始产品基线包括所有已授权的更改、当前完整的设计和生产方案、接口控制文件和验收测试程序。

PCA 针对每个新的配置项或每组相关配置项进行，PCA 可在系统寿命周期的服役阶段进行，以检验对某配置项进行的改进和更新，或对产品和流程的改善。此项审查的进入和退出标准以及其他所有相关成果和成功标准均应写入 SEMP。涉及多个配置项的系统更改可能需要进行多次审查。还要进行一次最终审查，以确认针对某个具体研发项目所计划的所有审查都已成功完成。

（1）在采办管理系统（AMS）中的时间与关系。

PCA 在初期生产装置交付后、承包商验收和检验之前进行。

（2）进入标准和输入。

要成功进行 PCA，必须实现另外两个控制功能：完成独立使用评估（IOA）和完成 FCA。

PCA 的基本输入包括以下几项：

① 识别待审查的配置项。

② 完成技术数据包。

a. 完成对所有规范和设计文档的更新（A、B 和 C 类规范，需求分配矩阵，接口控制文件，系统运行概念，子系统功能体系结构，物理架构和配置项说明）。

b. 纳入所有通过 IOA 识别出的必需的更改。

③ 完成制造和质量控制计划，且获得质量控制结果。更新所有的制造过程需求并完成文档（包括 D 和 E 类规范）。

④ FCA 装置和 PCA 装置之间的配置差异已协调。配置项所有偏差/免责列表，要求的或客户批准的。

⑤ 完成缺口列表。

⑥ 根据 FCA 的结果更新后的风险消减计划。

（3）任务。

PCA 基于流程的管理图表（见图 2）解决以下任务：

① 定义 PCA 的目标和范围。

a. 确定成功标准和先决条件（进入标准和要使用的方法）。

b. 设定 PCA 以及为审查作准备的工作的日期。

c. 为审查制定议程。

d. 确定并通知参与方和利益相关方的角色和责任。

e. 识别待审查的配置项及各项的审查范围。

② 审查 FCA 制定的行动项目的状态，确定这些项目已得到充分解决；识别所需的纠正措施。

③ 确认在 IOA 中确定的所有更改都已落实；识别所需的纠正措施。协调建议的和实际的配置与批准产品基线之间的所有差异。

④ 对配置项进行物理评审，并将该配置与提议的基线文件进行比较；识别所需的纠正措施。

审查通常是在生产待审项目或其选定组件的设施中进行。生产者应确保有适当的设施和支持。PCA 计划应该明确待审项目及其各自的时间表。

提示一：产品审查最常见的方法是将所选项目与其文档进行物理比较。对于复杂系统，这种方法通常是通过对选定组件和部件进行单独审查而逐步完成，最后进行至系统层面的最终审查。被审查项目应在进入生产过程之前指明序列号，以减少可能进行的破坏性拆除或拆卸。

提示二：对于符合 ISO 标准的组织，可考虑采取流程审查方法。此方法基于 ISO 的周期性合规性采样流程，识别和确定关键流程已到位、且符合该组织的 ISO 认证。要确认这种方法的完整性，建议选择单个项目，并一次性验证其主要流程。此项验证成功的标准是必须得出以下结论：该项目在物理上符合其设计文档，且其流程中的所有文档均能够支持该项目的生产和配置控制。

流程审查方法包括以下任务：

① 收集用于 PCA 简报和文档的数据包输入。

② 将 PCA 文件分发给利益相关方的代表，以评审其完整性、正确性、清晰度和组织架构。

流程

物理配置审核

编号：42622 （ICMM PA 21, 22, 23）
日期：2004年7月23日
修订：2006年3月30日
日期：

上级流程：执行综合技术规划　　流程负责人：系统工程委员会

流程目标：为配置项正式配置控制建立配置基线

输入

a）确定需要审核的配置项（CI）
b）完成首次运行测试与评估（IOT &E）
c）完成首次运行测试与评估（IOT &E）的更改
d）更新所有文件
e）偏差/超越清单
f）行动项存档
g）短缺项
h）更新风险防范计划

提供者

a）外部（EXT）
b）风险管理（RM）、综合（syn）、接口管理（IM）、配置管理（CM）
c）ITP、验证与确认（V & V）
d）验证与确认（V & V）
e）验证与确认（V & V）、外部（EXT）
f）外部（EXT）
g）外部（EXT）
h）风险（RSK）

流程任务

起始边界
定义审核目标和范围

- 召开首次会并进行团队培训
- 审核功能配置审核行动项目状态
- 验证首次运行测试与评估（IOT &E）要求的更改
- 收集数据包输入
- 分发审核文件
- 收集意见以及批准
- 更新审核文件包
- 进行审核
- 保存文件并分发结果
- 完成行动项目和事件清单
- 追踪行动项目与事件

结束边界
保持并分发结果方案

输出

a）产品满足所配置要求，认证合格
b）设计文件基线完成，认证合格

客户

a）配置管理（CM）、外部（EXT）
b）配置管理（CM）、外部（EXT）

寿命循环

☐ 任务　☐ 在役
☐ 投资　☐ 服务寿命
☐ 方案实施　☐ 处置

图 2　物理配置审查过程

③ 获得 PCA 就绪批准，了解通过“PCA 工作表”对数据包作出的评论。

④ 根据工作表对 PCA 文件进行更新。

⑤ 进行 PCA。

a. 报告更改状态——落实的更改与计划的修正行动进行比较。

b. 报告所有研发与设计文件的完整性，包括与修正行动相关的计划中的修订。

c. 报告对配置项与文档一致性进行检验的情况，包括进化中的修正措施。

d. 报告在评审 PCA 文件时发现的关键问题。

e. 报告风险评估和消减计划。

f. 分配修正行动和文件修订的职责。

g. 获得利益有关方进行此项工作的批准。

⑥ 记录并发布 PCA 的结果。

⑦ 编写行动项目和问题列表。

⑧ 通过 PCA 工作表跟踪行动项目和问题。

⑨ 记录并发布行动项目和问题的解决方案。

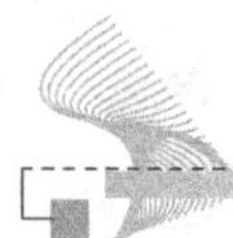

（4）退出标准和输出。

成功完成PCA后，即颁发已签署的PCA证书。这意味着系统已展示出与其设计方案的相符性，且正式的配置控制已可从落实者处转交给项目或系统的所有者。证书为“无条件”时，PCA完成，也就是说，证书颁发时已没有任何未尽行动项目或不相符情况。如果有未尽行动项目或不相符情况（通过PCA工作表记录、跟踪和解决的），均要在PCA证书上注明，此时认证被认为是“有条件的”。在所有工作表行动计划完成、且被认证方接受后，其状态改为“无条件”。PCA的关键输出如下：

① 产品满足分配需求的认证。

A、B和C类规范已检验。

需求分配矩阵已检验。

接口控制文件已检验。

② 所有研发与设计文件完成。

A、B和C类规范。

需求分配矩阵。

接口控制文件。

系统层面的运行概念。

OSED。

功能体系架构。

物理架构。

配置项的说明。

i. 用户手册。

（5）指标。

主要指标是客户颁发PCA证书，表明此项里程碑事件已无条件完成。临时指标包括生成工作表的数量/未尽（有条件完成）和/或完成的增量PCA的数量（如果使用增量方法）。

（6）工具。此项审查使用的主要工具为PCA风险减低检查单（参考文件待定）。

① 需求数据库。

② 行动项目数据库。

③ 问题数据库。

9）服役中性能评审（ISPR）

ISPR是一项正式的技术评审，通过能体现服役中支持和预算优先事项的可测量方式，进行风险、就绪水平、配置和趋势的评估，从而说明已部署系统在服役中的技术和使用状态。此项评审的目的是按照基线值和客户期望，对性能进行评估。在部署地点进行的落实后审查能够帮助确定是否实现了Exhibit 300项目基线中明确的性能和收益。如某些预期未被实现，则计划并实施纠正措施。对已入列装备的周期性使用评估

贯穿在服役中管理之中，从而发现性能缺陷、确定所有权成本趋势、识别不良的保障趋势。这些评估为再次验证持续投资资产的价值或采取其他行动的必要性提供基础。评估的结果反馈到服务分析中，通过分析决定是否继续维持现有资产，或建议通过新的投资来解决使用环境中的系统性操作问题。

（1）在采办管理系统（AMS）中的时间与关系。

“服役中管理”阶段开始于新系统、软件、设施或服务进入操作使用时，且贯穿产品的使用过程。这一阶段的特点是提供、使用和支持组织之间的持续的伙伴关系。此项审查通常在新的能力引入操作 NAS 环境中后，至少进行两年。

（2）进入标准和输入。（保留）

（3）任务。（保留）

（4）退出标准和输出。

此项评审的结果是确定某个配置项（或系统）是否已达到使用寿命，或不再满足某个明确的需求。其结果可能是一系列的意见——从继续支持已形成能力的策略，到淘汰现有系统、进入服务分析阶段，以解决由此产生的预测需求缺口的决议。（有关此结果的进一步讨论，见第 5.2 节“寿命周期工程”。）

（5）指标。（保留）

（6）工具。此项审查使用的主要工具为 PCA 风险减低检查单。

4. FAA 对相关评审的系统工程输入

每个系统工程控制门或里程碑都处于采办管理系统（AMS）的框架以内，并支持各种投资决策。系统工程里程碑和采办管理系统（AMS）投资决策点的进入和退出标准都是为了使读者能够了解两种需求的重叠程度。

5. 投资分析就绪水平评审（IARR）

（保留）

（1）综合基线评审（IBR）

（保留）

（2）服役中评审（ISR）

（保留）

6. 行动要求（RFA）表格和流程

（保留）

附录 D　使用 PDCA 的示例

PDCA（计划-实施-检查-改进）循环可以应用在许多领域（见图 1）。下面的安全改善或事故消除的示例说明了 PDCA 的应用。

1. 计划

识别问题。在过去的一年中，出现了事故导致的时间损失和医疗索赔增加的情况。该机构安装了某些新设备，并聘请了大量新员工来替代退休人员。在某些区域，安装了新的节能照明设备。时间损失和医疗索赔使该机构花费了大量金钱。

分析问题。事故的原因是什么？受伤的是谁？照明的变化是否也是事故的起因？新员工是否训练有素？新员工是否不像资深员工那样注意力集中？新的设备是否需要新的程序？

分析表明：受伤的主要是新员工。一项经批准的照明分析法显示，任务照明是适当的。新员工接受了一些在职培训，但许多资深工人已经退休。该机构要保持盈利，就必须解决安全问题。

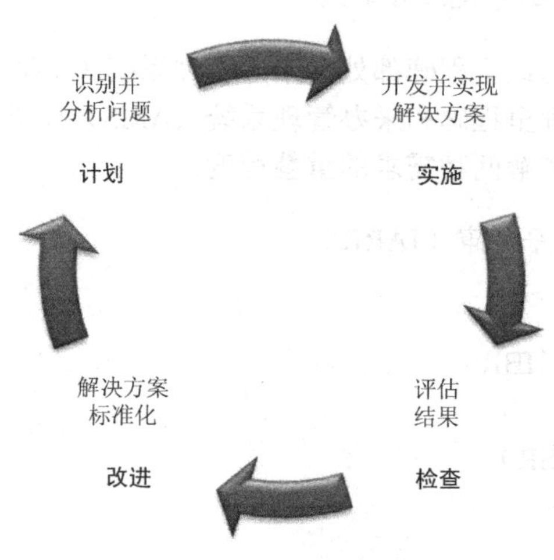

图 1　PDCA 循环——安全改进示例

2. 实施

开发解决方案。确保该机构的程序仍然适合新的设备，也可以制定正式的新员工培训课程。是否应该雇请某个外部组织来实施培训呢？

实现解决方案。决定聘用部分已退休员工来培训新员工。

3. 检查

评估结果。新员工培训减少了天数的损失和伤害索赔的数量。

所需的目标实现了吗？如已实现，进入“改进”步骤。如未实现，进入“计划”步骤。

如果进入“计划”步骤，可安排对本机构使用机器的程序进行评审。新机器的使用与以往的机器一样吗？（注意：如果执行此步骤，则为第二次重复“计划”和“实施”步骤。）

4. 改进

解决方案标准化。当问题再次发生，应已做好对新员工进行培训的准备。为预防问题的出现，建立针对所有新员工的培训计划。

如想了解关于 PDCA 的更多信息，可参阅以下参考文献。

参考文献及有用信息	适用章节
Shewhart, Walter Andrew （1939）. *Statistical Method from the Viewpoint of Quality Control*. New York：Dover.	1.4
Deming, W. Edwards（1986）. *Out of the Crisis*. MIT Center for Advanced Engineering Study.	1.4
Anderson, Chris. How Are PDCA Cycles Used?, *Bizmanualz*, June 7, 2011.	1.4
http：//en.wikipedia.org/wiki/File：PDCA_Cycle.svg?qsrc=3044	1.4
ISO 9001 Quality Management Systems - Requirements. ISO. 2008. pp. vi.	1.4

声　明

我社已多次主动通过美国联邦航空管理局（FAA）官方网站公布的电子邮箱，联系 *FAA System Engineering Manual*（《联邦航空管理局系统工程手册》）中文版授权之事，但一直没有得到回复。现因译者科学研究需要，将该手册英文版翻译成中文，只印刷少量供教学或者科研人员使用。若 FAA 看到本声明，可与我社联系授权事宜。

联系方式：010-88254502，guosj@phei.com.cn

电子工业出版社

2016-7-28